中国农业标准经典收藏系列

最新中国农业行业标准

第五辑

2

农业标准出版研究中心 编

中国农业出版社

目　　录

ICS 65.060.20
B 91

中华人民共和国农业行业标准

NY/T 1646—2008

甘蔗深耕机械 作业质量

Operating quality for deep plowing machinery of sugarcane

2008-07-14 发布　　　　　　　　　　　　　　2008-08-10 实施

中华人民共和国农业部 发布

NY/T 1646—2008

前　言

本标准由中华人民共和国农业部农业机械化管理司提出。

本标准由全国农业机械标准化技术委员会农业机械化分技术委员会归口。

本标准主要起草单位:广西壮族自治区农业机械化技术推广总站、广西壮族自治区农业机械鉴定站。

本标准主要起草人:刘文秀、黄尚正、陈世凡、张庆辉、庞少欢、黄晓雪、黎波、邱恒先、卢一福、姚炜。

甘蔗深耕机械 作业质量

1 范围

本标准规定了甘蔗深耕机械的作业质量指标及检测方法和检验规则。

本标准适用于甘蔗深耕机械作业质量的评定。

2 规范性引用文件

下列文件中的条款通过本标准的引用而成为本标准的条款。凡是注日期的引用文件,其随后所有的修改单(不包括勘误的内容)或修订版均不适用于本标准,然而,鼓励根据本标准达成协议的各方研究是否可使用这些文件的最新版本。凡是不注日期的引用文件,其最新版本适用于本标准。

GB/T 14225.3—1993 铧式犁 试验方法

3 术语和定义

下列术语和定义适用于本标准。

3.1

甘蔗深耕机械 deep plowing machinery of sugarcane

配套功率不小于 59 kW、耕深为 30 cm～45 cm 的大型拖拉机进行甘蔗深耕翻作业的机具。

3.2

耕深 plowing depth

甘蔗深耕机械作业后底面与作业前地表面的垂直距离。

3.3

耕深稳定性变异系数 stability variation coefficient of plowing depth

犁耕过程中沿前进方向,作业机组实际耕深的标准差与平均耕深之比。

3.4

漏耕 missing plowing

除地角余量外的未耕面积。

3.5

入土行程 distance between beginning and stable plowing depth

第一犁体铧尖着地点至全部犁体达到稳定耕深时犁的前进距离。

3.6

植被覆盖率 vegetation cover rate

甘蔗深耕机械作业后,在一定面积上被覆盖在地表以下的作物残茬和杂草的质量占耕地前同一面积上作物残茬和杂草总质量的百分率。

3.7

碎土率 crushed soil rate

土壤在甘蔗深耕机械作业后,取样按土块大小分级,计算各级土块质量占相应耕层内土壤总质量的百分率。

4 作业质量指标

4.1 作业条件

作业地块尽量连片集中,对于分散的地块应有可供机具转移的机耕道路;土壤绝对含水率为15%～30%,植被自然高度应小于20 cm,最大作业坡度小于150;蔗地无过大的石头、大树桩等坚硬的异物。

4.2 作业质量指标

在4.1规定作业条件下,作业质量指标应符合表1规定。

表 1 作业质量指标

序号	检测项目名称		质量指标
1	平均耕深,cm		N[1] ±3.0
2	耕深稳定性变异系数,%		≤10
3	漏耕率,%		≤1
4	植被覆盖率,%		≥60
5	碎土率(耕作≤5cm[2] 土块)%		≥50
6	入土行程,m	总耕幅＞1.8	≤6
		总耕幅≤1.8	≤4

[1] 根据农艺要求确定的耕作深度;
[2] 土块三维尺寸中的最大值。

5 检测方法

5.1 作业条件

5.1.1 植被状况

测点选取和检测方法按GB/T 14225.3—1993中第2.4条的规定进行。

5.1.2 土壤绝对含水率

测点选取和检测方法按GB/T 14225.3—1993中第2.4条的规定进行。

5.2 耕深和耕深稳定性

测定区距离地头5 m以上,测定区长度为20 m,沿前进和返回方向随机取样各不少于2个行程,采用耕深尺或其他测量仪器,测量沟底至未耕地表面的垂直距离,每个行程测11点。如耕地后进行,则测量沟底至已耕地表面的距离,按0.8折算求得各点耕深。按式(1)、(2)、(3)计算平均耕深、耕深标准差、耕深稳定性变异系数。

$$\bar{a} = \frac{\sum a_i}{n} \quad\text{……………………………………} (1)$$

$$S = \sqrt{\frac{\sum (a_i - \bar{a})^2}{n-1}} \quad\text{…………………………} (2)$$

$$V = \frac{S}{\bar{a}} \times 100 \quad\text{………………………………} (3)$$

式中:

$\bar{a}$——平均耕深,单位为厘米(cm);

a_i——各测点耕深值,单位为厘米(cm);

n——测点数;

S——耕深标准差,单位为厘米(cm);

V——耕深稳定性变异系数,单位为百分数(%)。

5.3 漏耕率

漏耕率测定在作业后的整块地中进行,测量各漏耕点的面积和检测地块的面积,按式(4)计算漏耕率。

$$L = \frac{\sum N_i}{N} \times 100 \quad\cdots\cdots\cdots\cdots\cdots\cdots\cdots\cdots\cdots\cdots\quad (4)$$

式中:

L——漏耕率,单位为百分数(%);

N_i——第 i 个漏耕点的漏耕面积,单位为平方米(m²);

N——检测田块的面积,单位为平方米(m²)。

5.4 入土行程

测定最后犁体铧尖着地点至该犁体达到稳定耕深时犁的前进距离,稳定耕深按试验预测耕深的80%计,共测定四个行程。

5.5 植被覆盖率

测点选取和检测方法按 GB/T 14225.3—1993 中第 2.4 条的规定进行。按式(5)计算植被覆盖率,求其平均值。

$$F = \frac{Z_1 - Z_2}{Z_1} \times 100 \quad\cdots\cdots\cdots\cdots\cdots\cdots\cdots\cdots\cdots\quad (5)$$

式中:

F——植被覆盖率,单位为百分数(%);

Z_1——耕前平均植被质量,单位为克(g);

Z_2——耕后地表面上的平均植被质量,单位为克(g)。

5.6 碎土率

在测区内对角线取样不少于 3 点。每点在 b×b(cm²)(b 为犁体工作幅宽)面积耕层内,分别测定的最大尺寸小于(含等于)5 cm 的土样质量及该测点土样总质量,按式(6)计算碎土率,求各测点的平均值。

$$C = \frac{G_S}{G} \times 100 \quad\cdots\cdots\cdots\cdots\cdots\cdots\cdots\cdots\cdots\cdots\quad (6)$$

式中:

C——碎土率,单位为百分数(%);

G——土样总质量,单位为千克(kg);

G_S——小于(含等于)5cm 土样质量,单位为千克(kg)。

6 检验规则

6.1 抽样方法,根据作业地块数量,当作业地块多于 3 块时,随机抽样 2 块;当为 2 块时,均为样本;当作业仅在一块地内或者仅对这块地进行评定时,取地块的长和宽的中心线将其分为 4 块,随机抽样对角线的 2 块作为样本。

6.2 甘蔗深耕机械的作业质量指标应符合第 4 章的规定。

6.3 检测方法应符合第 5 章的规定。

6.4 评定规则

6.4.1 不合格项目按其对作业质量的影响程度分为 A、B 两类,不合格项目分类见表 2。

6.4.2 采用逐项考核评定,A 类不合格项次为零;B 类允许有一项次不合格,则判定作业质量合格,否则判定为不合格。

表 2 不合格项目分类

分类	项	检测项目
A	1	平均耕深
	2	耕深稳定性变异系数
B	1	漏耕率
	2	植被覆盖率
	3	碎土率
	4	入土行程

ICS 67.080.20
B 31

中华人民共和国农业行业标准

NY/T 1647—2008

菜 心 等 级 规 格

Grades and specifications of flowering chinese cabbage

2008-07-14 发布   2008-08-10 实施

中华人民共和国农业部 发布

前　言

本标准由中华人民共和国农业部种植业管理司提出并归口。

本标准起草单位:农业部蔬菜水果质量监督检验测试中心(广州)。

本标准主要起草人:王富华、刘洪标、赵沛华、方园、王旭、万凯、赵小虎、李桂斌、林海宁。

菜 心 等 级 规 格

1 范围

本标准规定了菜心等级规格的要求、包装和标识。

本标准适用于菜心等级规格的划分。

2 规范性引用文件

下列文件中的条款通过本标准的引用而成为本标准的条款。凡是注日期的引用文件,其随后所有的修改单(不包括勘误的内容)或修订版均不适用于本标准,然而,鼓励根据本标准达成协议的各方研究是否可使用这些文件的最新版本。凡是不注日期的引用文件,其最新版本适用于本标准。

GB/T 8855 新鲜水果和蔬菜的取样方法

GB/T 8868 蔬菜塑料周转箱

GB/T 9689 食品包装用聚苯乙烯成型品卫生标准

NY/T 1430 农产品产地编码规则

GB 8854 蔬菜名称

国家质量监督检验检疫总局 2005 年 75 号令 定量包装商品计量监督管理办法

农业转基因生物标识管理办法

3 要求

3.1 等级

3.1.1 基本要求

——同一品种或相似品种;

——形状基本一致,不带根,清洁、无杂物;

——外观新鲜,表面有光泽;

——不脱水,无皱缩,无腐烂、发霉;

——无异常的外来水分;

——无严重机械损伤;

——无冻害、冷害伤;

——无异味;

——无害虫;

——无空心。

3.1.2 等级划分

在符合基本要求的前提下,菜心按其外观分为特级、一级和二级。各等级应符合表1的规定。

表 1 菜心等级

等 级	要 求
特级	薹茎长度一致,粗细均匀,色泽一致,茎叶嫩绿,叶形完整;无凋谢、黄叶、病虫害和其他伤害,无白心;无机械损伤;花蕾不开放现花。

表 1（续）

等 级	要 求
一级	薹茎长度较一致,粗细较均匀,茎叶嫩绿,叶形较完整;无凋谢、黄叶、病虫害和其他伤害,无白心;允许1～2朵花蕾开放;无机械损伤。
二级	具有菜心固有的形状、色泽;允许薹茎稍有弯曲,粗细基本一致;可有少许黄叶或破损叶;允许有少量虫咬叶,但不严重,心叶完好;允许少量花蕾开放;允许少量机械损伤。

3.1.3 允许误差范围

按质量计:

a) 特级允许有5％的产品不符合该等级的要求,但应符合一级的要求;

b) 一级允许有8％的产品不符合该等级的要求,但应符合二级的要求;

c) 二级允许有10％的产品不符合该等级的要求,但应符合基本要求。

3.2 规格

菜心按其切口端至花蕾的长度为划分规格的指标,分为大(L)、中(M)、小(S)三个规格。

3.2.1 规格划分

菜心各规格的划分应符合表2的规定

表 2 菜心规格

规 格	大(L)	中(M)	小(S)
薹茎长度,cm	>20	15～20	<15
同一包装中最长和最短的长度差异,cm	≤3	≤2.5	≤2

3.2.2 允许误差范围

按质量计:

a) 特级允许有5％的产品不符合该规格的要求;

b) 一、二级允许有10％的产品不符合该规格的要求。

4 抽样方法

按 GB/T 8855 规定执行。

5 包装

5.1 基本要求

同一包装内产品的产地、等级、规格应一致,产品整齐排放。包装内的产品可视部分应具有整个包装产品的代表性。包装的体积应限制在最低水平,在保证盛装保护运输贮藏和销售的功能前提下,应首先考虑尽量减少材料使用总量。

5.2 包装材质

包装容器(箱、筐等)应符合食品包装卫生要求。大小一致、清洁、干燥、牢固、透气、无毒、无污染、无异味。内无尖实物,外无钉头尖刺。塑料周转箱应符合 GB/T 8868 的要求,聚苯乙烯箱应符合 GB/T 9689 的要求。

5.3 净含量及允许误差范围

每个包装单位净含量及允许负偏差应符合国家质量监督检验检疫总局 2005 年 75 号令的要求。

5.4 限度范围

每批受检样品,等级或规格的允许误差按其所检单位(如每箱、筐)的平均值计算,其值不应超过规定的限度,且任何所检单位的允许误差不应超过规定值的2倍。

6 标识

6.1 基本要求

标识的内容准确、清晰、显著,所有文字使用规范的中文;任何标签或标识中的说明或表述方式均不应有虚假、误导或欺骗,或可能对其任何方面的特性造成错误印象;任何标签或标识中的文字、图示或其他方式的说明或表述不应直接或间接提及或暗示任何可能与该产品造成混淆的其他产品;也不应误导购买者或消费者。

6.2 名称

包装物上或者附加标识物应标明品名,品名符合 GB 8854 的规定。

6.3 产地、生产者

包装物上或者附加标识物应标明产地、生产者或者销售者名称,该名称是能承担产品质量安全责任的生产者或销售者的名称和地址。

6.4 产地编码

对蔬菜生产地进行编码,编码符合 NY/T 1430 的规定。

6.5 生产日期

包装物上或者附加标识物应标明生产日期,即蔬菜的收获日期。生产日期按年、月、日顺序标注。标注在显著位置,规范清晰,符合对比色的要求。

6.6 认证标识

获得认证的,应按照认证机构要求标注。

6.7 等级、规格和转基因标识

有分级和规格标准的,标明产品质量等级和规格。转基因生物产品标识按照《农业转基因生物标识管理办法》规定执行。

6.8 贮存条件和方法

应标明产品的贮存条件及贮存方法。包装箱上应有明显标识,内容包括:产品名称、等级、规格、产品执行标准编号、商标、生产单位名称及详细地址、产地、净含量和采收、包装日期等。若需冷藏保存,应注明其保存方式。标注内容要求字迹清晰、完整、准确。

7 参考图片

菜心等级实物彩色图片见图1,菜心规格实物彩色图片见图2,菜心包装实物彩色图片见图3。

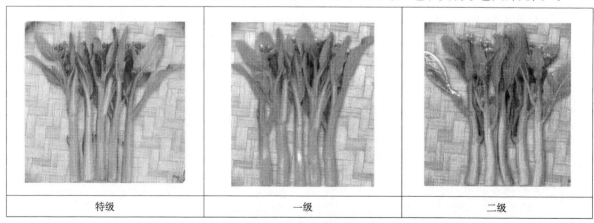

| 特级 | 一级 | 二级 |

图 1 菜心等级实物彩色图片

| 大(L) | 中(M) | 小(S) |

图2 菜心规格实物彩色图片

| 聚苯乙烯箱 | 聚苯乙烯箱 | 塑料箱 |

图3 菜心包装实物彩色图片

ICS 67.080.10
B 31

中华人民共和国农业行业标准

NY/T 1648—2008

荔枝等级规格

Grades and specifications of lichee

2008-07-14 发布
2008-08-10 实施

中华人民共和国农业部 发布

NY/T 1648—2008

前　言

本标准由中华人民共和国农业部提出并归口。

本标准起草单位：农业部蔬菜水果质量监督检验测试中心（广州）。

本标准主要起草人：王富华、万凯、王旭、杨慧、王瑞婷、赵沛华、张冲。

荔枝等级规格

1 范围

本标准规定了荔枝等级规格的术语和定义、要求、抽样方法、包装及标志。

本标准适用于新鲜荔枝的等级规格划分。

2 规范性引用文件

下列文件中的条款通过本标准的引用而成为本标准的条款。凡是注日期的引用文件,其随后所有的修改单(不包括勘误的内容)或修订版均不适用于本标准,然而,鼓励根据本标准达成协议的各方研究是否可使用这些文件的最新版本。凡是不注日期的引用文件,其最新版本适用于本标准。

GB/T 191 包装贮运图示标志

GB/T 5737 食品塑料周转箱

GB/T 6543 瓦楞纸箱

GB/T 8855 新鲜水果和蔬菜的取样方法

国家质量监督检验检疫总局 2005 年 75 号令《定量包装商品计量监督管理办法》

3 术语和定义

下列术语和定义适用于本标准。

3.1

缺陷果 defective fruit

机械伤、病虫害等造成创伤的果实或未发育成熟的畸形果。

3.2

一般缺陷 general defection

荔枝果皮受到介壳虫等为害或轻微机械伤而影响果实外观,但尚未影响果实品质。

3.3

严重缺陷 serious defection

荔枝果实受到荔枝柱果害虫、荔枝椿象、吸果夜蛾、荔枝霜疫霉病等病虫的为害或严重机械伤,导致严重影响果实外观和品质。

4 要求

4.1 等级

4.1.1 基本要求

根据对每个等级的规定和允许误差,同一品种荔枝应符合下列基本条件:

——果实新鲜,发育完整,果形正常,其成熟度达到鲜销、正常运输和装卸的要求;

——果实完好,无腐烂或变质的果实,无严重缺陷果;

——清洁,无外来物;

——表面无异常水分,但冷藏后取出形成的凝结水除外;

——无异常气味和味道。

4.1.2 等级划分

在符合基本要求的前提下,荔枝分为特级、一级和二级。各等级的划分应符合表1的规定。

表 1 荔枝等级

等 级	要 求
特 级	具有该荔枝品种应有的颜色,且色泽均匀一致,无褐斑;果实大小均匀;无机械伤、病虫害、未发育成熟的缺陷果
一 级	具有该荔枝品种应有的颜色,且色泽较均匀一致,基本无褐斑;果实大小较均匀;基本无机械伤、病虫害、未发育成熟的缺陷果
二 级	基本具有该荔枝品种应有的颜色,且色泽基本均匀一致,少量褐斑;果实大小基本均匀;少量机械伤、病虫害、未发育成熟的缺陷果

4.1.3 允许误差范围

允许误差按质量计:

a) 特级允许有5%的产品不符合该等级的要求,但应符合一级的要求;

b) 一级允许有8%的产品不符合该等级的要求,但应符合二级的要求;

c) 二级允许有10%的产品不符合该等级的要求,但应符合基本要求。

4.2 规格

4.2.1 规格划分

以果实千克粒数为指标,荔枝分为大(L)、中(M)、小(S)三个规格。各规格的划分应符合表2的规定。

表 2 荔枝规格

单位为粒/kg

规 格	大(L)	中(M)	小(S)
果实千克粒数	<38	38~44	>44
同一包装中的最多和最少数量的差异	≤6	≤8	≤12

4.2.2 允许误差范围

允许误差按数量计:

a) 特级荔枝允许有5%的产品不符合该规格的要求;

b) 一、二级荔枝允许有10%的产品不符合该规格的要求。

5 抽样方法

抽样按GB/T 8855的规定执行。

6 包装

6.1 基本要求

同一包装内产品的产地、等级、规格应一致,包装内的产品可视部分应具有整个包装产品的代表性。

6.2 包装材质

包装容器(箱、袋等)要求大小一致、清洁、干燥、牢固、透气、无污染、无异味。塑料箱应符合GB/T 5737的规定,纸箱应符合GB/T 6543的规定。

6.3 净含量及允许误差范围

每个包装单位净含量及允许负偏差应符合国家质量监督检验检疫总局2005年75号令的要求。

6.4 限度范围

每批受检样品,等级或规格的允许误差按其所检单位的平均值计算,其值不应超过规定的限度,且任何所检单位的允许误差不应超过规定值的 2 倍。

7 标识

包装上应有明显标识,内容包括:产品名称、等级、规格、产品执行标准编号、生产者、供应商、详细地址、净含量和采收、包装日期等,若需冷藏保存,应注明其保存方式。标注内容要求字迹清晰、完整、准确、且不易褪色。包装、贮运、图示应符合 GB 191 的要求。

8 参考图片

8.1 荔枝包装方式实物参考图片

荔枝包装方式实物参考图片见图 1。

图 1 荔枝包装方式

8.2 各等级荔枝实物参考图片

各等级荔枝实物参考图片见图 2。

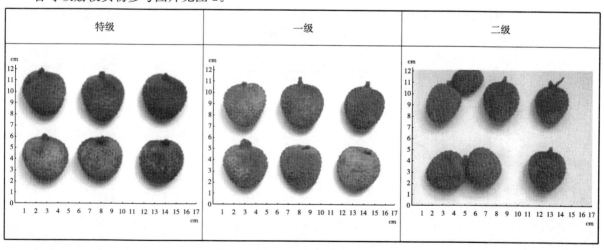

图 2 荔枝等级

8.3 各规格荔枝实物参考图片

各规格荔枝实物参考图片见图 3。

各规格荔枝

大(L) 中(M) 小(S)

注1：参考图片中荔枝品种为妃子笑；

注2：妃子笑的规格划分为：大(L)约34粒/kg(约30g/粒)；中(M)约43粒/kg(约23g/粒)；

小(S)约58粒/kg(约17g/粒)。

图3 各规格荔枝

ICS 65.100
B 17

中华人民共和国农业行业标准

NY/T 1649—2008

水果、蔬菜中噻苯咪唑残留量的测定
高效液相色谱法

Determination of thiabendazole residue in fruits and vegetables by HPLC

2008-07-14 发布   2008-08-10 实施

中华人民共和国农业部 发布

前　言

本标准由中华人民共和国农业部提出并归口。

本标准起草单位：农业部农产品质量监督检验测试中心（杭州）。

本标准主要起草人：张玉、王强、王小骊、徐丽红、王钫、徐俊锋、陈笑芸。

水果、蔬菜中噻苯咪唑残留量的测定
高效液相色谱法

1 范围

本标准规定了水果、蔬菜中噻苯咪唑(噻菌灵)残留量的高效液相色谱测定方法。

本标准适用于水果、蔬菜中噻苯咪唑(噻菌灵)残留量的测定。

本标准方法检出限为 0.01 mg/kg。

2 规范性引用文件

下列文件中的条款通过本标准的引用而成为本标准的条款。凡是注日期的引用文件,其随后所有的修改单(不包括勘误的内容)或修订版均不适用于本标准,然而,鼓励根据本标准达成协议的各方研究是否可使用这些文件的最新版本。凡是不注日期的引用文件,其最新版本适用于本标准。

GB/T 6682 分析实验室用水规格和试验方法

3 原理

样品中噻苯咪唑经甲醇提取后,根据噻苯咪唑在酸性条件下溶于水,碱性条件下溶于乙酸乙酯的原理,进行净化,再经反相色谱分离,紫外检测器 300 nm 检测,根据保留时间定性,外标法定量。

4 试剂与材料

除非另有说明,在分析中仅使用确认为分析纯的试剂和符合 GB/T 6682 一级的水。

4.1 甲醇,色谱纯。

4.2 乙酸乙酯。

4.3 氯化钠($NaCl$)。

4.4 盐酸溶液[$c(HCl)=0.1$ mol/L]:吸取 8.33 mL 盐酸(HCl),用水定容至 1 L。

4.5 氢氧化钠溶液[$c(NaOH)=1.0$ mol/L]:称取 40 g 氢氧化钠($NaOH$),用水溶解,并定容至 1 L。

4.6 无水硫酸钠(Na_2SO_4):650℃灼烧 4 h,干燥器中保存。

4.7 噻苯咪唑(thiabendazole):纯度大于 99%。

4.8 标准贮备液(100 mg/L):准确称取噻苯咪唑 0.010 0 g,用甲醇(4.1)溶解后,定容至 100 mL。置 4℃保存,有效期 3 个月。

5 仪器与设备

5.1 高效液相色谱仪,配有紫外检测器。

5.2 分析天平:感量 0.01 g 和 0.1 mg。

5.3 组织捣碎机。

5.4 旋转蒸发仪。

5.5 机械往复式振荡器。

5.6 布氏漏斗。

6 试样制备

将水果、蔬菜样品取可食部分,用干净纱布轻轻擦去样本表面的附着物,采用对角线分割法,取对角部分,将其切碎,充分混匀,用四分法取样或直接放入组织捣碎机中捣碎成匀浆。将试样分为两份,一份供检测,一份备用。匀浆放入聚乙烯瓶中于−20℃~−16℃条件下保存。

7 分析步骤

7.1 提取及净化

称取 10 g 样品,精确至 0.1 g,放入 250 mL 平底锥形瓶中,加 40.0 mL 甲醇(4.1),在机械往复式振荡器上振摇 20 min,布氏漏斗抽滤,并用适量甲醇洗涤残渣 2 次,合并滤液,在 50℃下减压蒸发到剩余 5 mL~10 mL,用 20.0 mL 盐酸溶液(4.4)洗入 250 mL 分液漏斗中,加入 20.0 mL 乙酸乙酯(4.2)振荡静置,乙酸乙酯层再用 20.0 mL 盐酸溶液(4.4)萃取一次。合并水相用氢氧化钠溶液(4.5)调 pH 至 8~9,加入 4 g 氯化钠(4.3),移入分液漏斗中,用 40.0 mL 乙酸乙酯分别萃取 2 次;合并乙酸乙酯,经无水硫酸钠(4.6)脱水,在 50℃下减压旋转蒸发近干,残渣用流动相溶解并定容至 5 mL,经 0.45 μm 滤膜过滤后待测。

7.2 液相色谱参考条件

色谱柱:C_{18},3.9 mm×150 mm(5 μm)或相应类型色谱柱。

流动相:甲醇+水=50+50。

流速:1.0 mL/min。

检测波长:300 nm。

柱温:室温。

进样量:10 μL。

7.3 标准工作曲线

吸取标准储备液(4.8)0、0.10、0.50、1.00、2.00 mL,用流动相定容至 10 mL,此标准系列质量浓度为 0、1.0、5.0、10.0、20.0 mg/L,绘制标准曲线。

7.4 测定

将标准工作溶液和待测液分别注入高效液相色谱仪中,以保留时间定性,以待测液峰面积代入标准曲线中定量,同时做空白实验。

8 结果计算

试料中噻苯咪唑残留量以质量分数 w 计,单位以毫克每千克(mg/kg)表示,按公式(1)计算:

$$w = \frac{\rho \times V}{m} \quad\cdots\cdots\cdots\cdots\cdots\cdots\cdots\cdots\cdots\cdots\cdots\cdots\cdots\cdots\cdots\cdots\cdots\cdots\cdots \quad (1)$$

式中:

ρ——由标准曲线得出试样溶液中噻苯咪唑的质量浓度,单位为毫克每升(mg/L);

V——最终定容体积,单位为毫升(mL);

m——试样质量,单位为克(g);

计算结果保留到小数点后两位。

9 精密度

在重复性条件下获得的两次独立测试结果的绝对差值不大于这两个测定值的算术平均值的 10%,以大于这两个测定值的算术平均值的 10% 情况不超过 5% 为前提。

10 色谱图

1.0 mg/L 的噻苯咪唑标准溶液图谱见图 1。

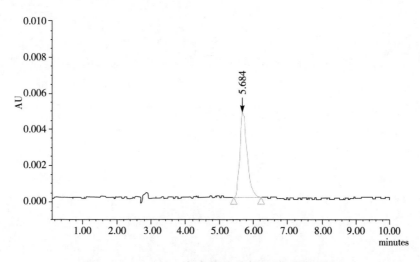

图 1   1.0 mg/L 的噻苯咪唑标准溶液色谱图

ICS 67.080.10
B 04

中华人民共和国农业行业标准

NY/T 1650—2008

苹果及山楂制品中展青霉素的测定
高效液相色谱法

Determination of patulin in apple and hawthorn products—
High performance liquid chromatography

2008-07-14 发布

2008-08-10 实施

中华人民共和国农业部 发布

NY/T 1650—2008

前　言

本标准中附录 A 为资料性附录。

本标准由中华人民共和国农业部农垦局提出并归口。

本标准起草单位:农业部食品质量监督检验测试中心(上海)。

本标准主要起草人:孟瑾、黄菲菲、韩奕奕、韩惠雯、吴榕、何亚斌。

苹果及山楂制品中展青霉素的测定
高效液相色谱法

1 范围

本标准规定了苹果及山楂制品中展青霉素的高效液相色谱测定方法。

本标准适用于苹果及山楂制品中展青霉素的测定。

本标准中液体样品检出限为 8 μg/L、固液体及固体样品检出限为 12 μg/kg。

2 规范性引用文件

下列文件中的条款通过本标准的引用而成为本标准的条款。凡是注日期的引用文件，其随后所有的修改单(不包括勘误的内容)或修订版均不适用于本标准，然而，鼓励根据本标准达成协议的各方研究是否可使用这些文件的最新版本。凡是不注日期的引用文件，其最新版本适用于本标准。

GB/T 6682　分析实验室用水规格和试验方法

3 原理

试样中的展青霉素经乙腈提取，提取液经净化柱净化后，用高效液相色谱柱分离，以紫外检测器于276 nm 处检测，外标法定量。

4 试剂和材料

除非另有说明，在分析中仅使用确认为分析纯的试剂和符合 GB/T 6682 规定的一级水。

4.1　乙腈(CH_3CN)，色谱纯。

4.2　果胶酶(pectinase，EC 232‑885‑6)，活性不低于 1 500 IU/g，贮存于 2℃～8℃的冰箱中。

4.3　四氢呋喃溶液〔$\varphi(C_4H_8O)=0.8\%$〕，吸取 8 mL 四氢呋喃(C_4H_8O)稀释至 1 000 mL 水中，充分摇匀。

4.4　展青霉素标准液：100 mg/L，0℃～4℃条件下贮存。

4.5　展青霉素标准贮备液：准确移取 1.00 mL 展青霉素标准溶液(4.4)于 10 mL 容量瓶中，用乙腈(4.1)稀释定容，充分混匀。该溶液每毫升含展青霉素标准物质 10.0 μg，有效期 6 个月。

4.6　羟甲基糠醛标准物质：质量分数≥99.0%。

4.7　羟甲基糠醛标准贮备液：准确称取 0.02 g 羟甲基糠醛标准物质(4.6)于 50 mL 烧杯中，用甲醇(CH_3OH)溶解并定容至 100 mL，混匀。该溶液每毫升含羟甲基糠醛标准物质 0.2 mg。置于 0℃～4℃冰箱中保存，有效期 6 个月。

4.8　羟甲基糠醛标准工作液：准确吸取 1.0 mL 羟甲基糠醛标准贮备液(4.7)，用甲醇稀释定容至 10 mL，混匀。该溶液每毫升含羟甲基糠醛标准物质 20.0 μg。置于 0℃～4℃冰箱中保存，有效期 2 周。

4.9　展青霉素混合标准工作液：分别移取 1.00 mL 展青霉素标准工作液(4.5)和 1.00 mL 羟甲基糠醛标准工作液(4.8)于离心管中，氮气吹至近干，用四氢呋喃溶液(4.3)转移至 10 mL 容量瓶中，定容至刻度，每毫升含展青霉素标准物质 1.00 μg、羟甲基糠醛标准物质 2.00 μg，置于 0℃～4℃冰箱中保存，有效期 2 周。

4.10 净化柱:Mycrosep®228AflaPat柱(内装涂硅藻土、硅胶、硅酸镁载体、无水硫酸钙)*或相当者。

4.11 滤膜:0.45 μm。

5 仪器和设备

常用实验室仪器有以下各项。

5.1 高效液相色谱仪,配有紫外检测器。

5.2 分析天平:感量为0.0001g和0.01g。

5.3 漩涡振荡器。

5.4 氮吹仪。

5.5 具塞刻度试管,50 mL。

6 操作步骤

6.1 试样制备

6.1.1 液体试样:准确移取4 mL试样于50 mL具塞刻度试管(5.5)中,待提取。

6.1.2 固液体、固体试样:固液体样品匀浆、固体试样粉碎后,称取4 g(精确至0.01 g)于50 mL具塞刻度试管(5.5)中,待提取。

6.2 提取

6.2.1 液体试样:试样(6.1.1)中加入21 mL乙腈(4.1),于漩涡振荡器(5.3)振荡2 min后,静置分层,直接读取上清液体积V_1。

6.2.2 固液体、固体试样:试样(6.1.2)中加入4 mL水,加入75 μL果胶酶(4.2),40℃下放置2 h(或室温下放置16 h)。加入21 mL乙腈(4.1),于漩涡振荡器(5.3)振荡1 min后,静置分层,直接读取上清液体积V_1。

6.3 净化

移取约8 mL提取液(6.2)于试管中,过Mycrosep®228AflaPat净化柱(4.10),收集净化液,准确移取5 mL于10 mL试管中,40℃条件下用氮气吹至近干,加入0.50 mL四氢呋喃溶液(4.3),混匀,过滤膜(4.11),试液供测定。

6.4 液相色谱分析
6.4.1 色谱参考条件

色谱柱:C_{18},5 μm,250 mm×4.6 mm(i.d.),或性能相当者;

流动相:四氢呋喃溶液(4.3);

流速:1.0 mL/min;

检测波长:276 nm;

柱温:30℃;

进样量:10 μL。

6.4.2 测定

准确移取展青霉素标准混合工作液(4.9)和样品待测溶液(6.3),分别进样,外标法定量,色谱图参见附录A。同时做空白试验。

7 结果计算

试样中展青霉素的含量以质量分数w计,单位为微克每千克或微克每升(μg/kg或μg/L)表示,按

---

* Mycrosep®228AflaPat柱是商品名的示例。给出这一信息是为了方便本标准的使用者。

公式(1)计算：

$$w = \frac{A_s}{A_{sd}} \times \rho_{sd} \times \frac{V_1 \times V_3}{m \times V_2}$$ ·· (1)

式中：

A_s——试样溶液中展青霉素的峰面积；

A_{sd}——标准溶液中展青霉素的峰面积；

ρ_{sd}——展青霉素标准溶液的质量浓度，单位为毫克每升(mg/L)；

V_1——试样提取液的体积，单位为毫升(mL)；

V_2——收集试样净化液的体积，单位为毫升(mL)，$V_2 = 5$ mL；

V_3——试样最终定容体积，单位为毫升(mL)，$V_3 = 0.5$ mL；

m——试样质量或体积，单位为克或毫升(g 或 mL)。

计算结果保留二位有效数字。

8 精密度

在重复性条件下获得的两次独立测试结果的绝对差值不大于这两个测定值的算术平均值的15%，以大于这两个测定值的算术平均值的15%情况不超过5%为前提。

在再现性条件下获得的两次独立测试结果的绝对差值不大于这两个测定值的算术平均值的30%，以大于这两个测定值的算术平均值的30%情况不超过5%为前提。

附　录　A

（资料性附录）

展青霉素混合标准溶液色谱图

A.1　展青霉素混合标准溶液色谱图

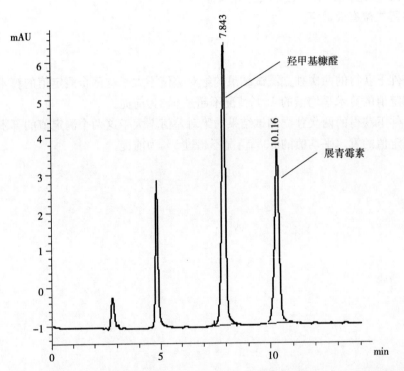

图 A.1　2.00 mg/L 羟甲基糠醛和 1.00 mg/L 展青霉素混合标准溶液色谱图

ICS 67.080.20
B 31

中华人民共和国农业行业标准

NY/T 1651—2008

蔬菜及制品中番茄红素的测定
高效液相色谱法

Determination of lycopene in vegetables and derived products—HPLC

2008-07-14 发布

2008-08-10 实施

中华人民共和国农业部 发布

前　言

本标准的附录 A 为资料性附录。

本标准由中华人民共和国农业部种植业管理司提出并归口。

本标准起草单位：农业部蔬菜品质监督检验测试中心（北京）、中国农业科学院农业质量标准与检测技术研究所。

本标准主要起草人：刘肃、王敏、靳松、邵华。

蔬菜及制品中番茄红素的测定
高效液相色谱法

1 范围

本标准规定了用高效液相色谱仪测定蔬菜及制品中番茄红素的方法。

本标准适用于番茄、胡萝卜、番茄汁、番茄酱等蔬菜及制品中番茄红素的测定。

本方法的线性范围为 10 ng～1 000 ng。

本方法的检出限为 0.13 mg/kg。

2 原理

蔬菜及制品中的番茄红素经丙酮—石油醚混合溶液$[\psi(C_3H_6O+C_6H_{14})=1+1]$提取后,用石油醚液萃取,再用二氯甲烷定容,最后用配有紫外检测器的高效液相色谱仪在波长 472 nm 处测定,根据色谱峰的保留时间定性,外标法定量。

3 试剂

除非另有说明,在分析中至少使用色谱纯试剂和 GB/T 6682 中规定的一级水。所有有机试剂每 1 000 mL 中加入 1 g 2,6-二叔丁基对甲酚(3.1)。

3.1 2,6-二叔丁基对甲酚,分析纯。

3.2 丙酮(C_3H_6O),分析纯。

3.3 石油醚(C_6H_{14}),60℃～90℃,分析纯。

3.4 丙酮—石油醚混合溶液$[\psi(C_3H_6O+C_6H_{14})=1+1]$。

3.5 甲醇(CH_3OH)。

3.6 乙腈(CH_3CN)。

3.7 二氯甲烷(CH_2Cl_2)。

3.8 甲醇—乙腈—二氯甲烷混合溶液$[\psi(CH_3OH+CH_3CN+CH_2Cl_2)=20+75+5]$

3.9 无水硫酸钠(Na_2SO_4),分析纯。

3.10 番茄红素标准品,纯度≥95%。

3.11 番茄红素标准贮备液:准确称取 0.001 00 g 番茄红素标准品,用二氯甲烷(3.7)溶解,转移至 10 mL 容量瓶中,定容至刻度,得到质量浓度为 100 mg/L 的番茄红素标准贮备液。分装于三个样品瓶中,应避免光照和高温,贮于−20℃～−16℃冰柜中备用。

3.12 番茄红素标准工作溶液:使用时番茄红素标准贮备液(3.11)用二氯甲烷(3.7)稀释得到质量浓度为 20 mg/L 和 5 mg/L 的番茄红素标准工作溶液。

4 仪器

4.1 高效液相色谱仪,配紫外检测器。

4.2 分析天平,感量 0.01 mg 和 0.01 g。

4.3 砂心漏斗,G4。

4.4 分液漏斗,250 mL。

4.5 旋转蒸发仪。

4.6 氮吹仪。

4.7 组织捣碎机。

5 试样制备

蔬菜样品洗净后去蒂、去皮,若有籽去籽,按照四分法取样后放入食品加工机中捣碎成匀浆。将匀浆试样放入聚乙烯瓶中于−20℃～−16℃条件下保存。

蔬菜制品密封好后置于−20℃～−16℃条件下保存。

6 分析步骤

6.1 提取

将试样充分混匀,蔬菜或汁类制品称取试样5 g,酱类制品称取试样2 g,精确至0.01 g,置于150 mL烧杯中,加入适量丙酮—石油醚混合溶液(3.4)直至完全淹没试样,用玻璃棒搅拌后静置,使番茄红素充分溶解,然后移入砂心漏斗(4.3)中真空抽滤,滤液收集于试管中。重复上述步骤直至将试样洗至无色。

6.2 净化

6.2.1 蔬菜和汁类制品

将全部滤液转移至分液漏斗中,静置分层,上层有机相通过装有无水硫酸钠(3.9)的玻璃漏斗后收集至圆底烧瓶中,下层水相继续用20 mL石油醚(3.3)萃取,继续收集有机相,无水硫酸钠用石油醚(3.3)洗至无色并收集滤液。全部有机相在水浴温度35℃的旋转蒸发仪上浓缩至近干,再经氮气吹干。若有残留水分可加入少量无水硫酸钠(3.9)吸附。用10.00 mL二氯甲烷(3.7)溶解,如颜色较深,再用二氯甲烷(3.7)稀释5倍,过0.45 μm微孔滤膜,待测。

6.2.2 酱类制品

将全部滤液转移至圆底烧瓶中在水浴温度35℃的旋转蒸发仪上浓缩至近干,再经氮气吹干。若有残留水分可加入少量无水硫酸钠(3.9)吸附。用10.00 mL二氯甲烷(3.7)溶解,如颜色较深,再用二氯甲烷(3.7)稀释5倍,过0.45 μm微孔滤膜,待测。

6.3 色谱参考条件

检测波长:472 nm。

色谱柱:C_{18}不锈钢柱,柱长250 mm,内径4.6 mm,粒径5 μm,或相当者。

流动相:甲醇—乙腈—二氯甲烷混合溶液$[\psi(CH_3OH+CH_3CN+CH_2Cl_2)=20+75+5]$。

流速:1.0 mL/min。

进样体积:10 μL。

6.4 测定

分别将标准溶液和待测液注入高效液相色谱仪中,以保留时间定性,以待测液峰面积与标准溶液峰面积比较定量。

6.5 空白测定

除不加试样外,采用完全相同的测定步骤进行平行操作。

7 结果计算

试样中番茄红素含量用质量分数w表示,单位为毫克每千克(mg/kg),按公式(1)计算:

$$w = \frac{\rho_s \times V_s \times A_x \times V_0}{V_x \times A_s \times m} \quad \cdots\cdots\cdots\cdots\cdots\cdots\cdots (1)$$

ρ_s——标准溶液质量浓度,单位为毫克每升(mg/L);

V_s——标准溶液进样体积,单位为微升(μL);

V_0——试样溶液最终定容体积,单位为毫升(mL);

V_x——待测液进样体积,单位为微升(μL);

A_s——标准溶液的峰面积;

A_x——待测液的峰面积;

m——试样质量,单位为克(g);

计算结果保留三位有效数字。

8 色谱图

番茄红素标准溶液色谱图见附录A。

9 精密度

在再现性条件下获得的两次独立测试结果的绝对差值不大于这两个测定值的算术平均值的20%,以大于这两个测定值的算术平均值的20%情况不超过5%为前提。

附 录 A

（资料性附录）

番茄红素标准溶液色谱图

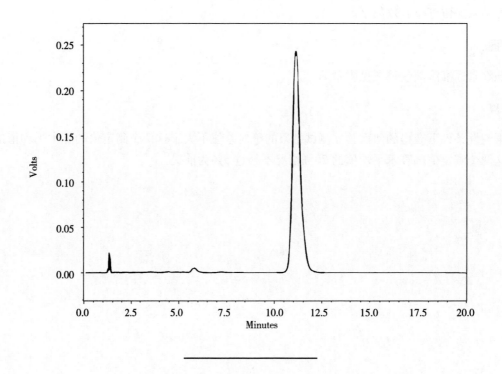

ICS 65.100
B 17

中华人民共和国农业行业标准

NY/T 1652—2008

蔬菜、水果中克螨特残留量的测定
气相色谱法

Determination of propargite residues in
vegetables and fruits—GC

2008-07-14 发布

2008-08-10 实施

中华人民共和国农业部 发布

前　言

本标准的附录 A 为资料性附录。

本标准由中华人民共和国农业部种植业管理司提出并归口。

本标准起草单位：农业部蔬菜品质监督检验测试中心（北京）。

本标准主要起草人：林桓、赵文、刘肃、靳松。

蔬菜、水果中克螨特残留量的测定
气相色谱法

1 范围

本标准规定了用气相色谱仪测定蔬菜、水果中克螨特残留量的方法。

本标准适用于菜豆、黄瓜、番茄、甘蓝、普通白菜、萝卜、芹菜、柑橘、苹果等蔬菜、水果中克螨特残留量的测定。

本方法的标准曲线的线性范围为 0.05 mg/L～0.2 mg/L。

本方法的检出限为 0.08 mg/kg。

2 原理

蔬菜、水果中的克螨特经乙腈提取后,用氯化钠盐析分出水相,再用正己烷定容,最后用配有火焰光度(硫片)检测器的气相色谱仪测定,根据色谱峰的保留时间定性,外标法定量。

3 试剂和材料

除非另有说明,在分析中至少使用分析纯试剂和 GB/T 6682 中规定的至少三级水。

3.1 氯化钠(NaCl)。

3.2 乙腈(CH_3CN)。

3.3 正己烷(C_6H_{14})。

3.4 碳酸氢钠溶液[$c(NaHCO_3) = 1 mol/L$]:称取 8.4 g 碳酸氢钠($NaHCO_3$)用水溶解后转移至 100 mL 容量瓶中,并用水定容至刻度。

3.5 克螨特(propargite)标准品,纯度≥95%。

3.6 克螨特标准贮备液:准确称取 0.010 00 g 克螨特标准品,用正己烷溶解并转移至 10 mL 容量瓶中,再用正己烷定容至刻度,得到质量浓度为 1 000 mg/L 的克螨特标准贮备液。贮于－16℃～－20℃冰柜中备用。

3.7 克螨特标准工作溶液:使用时将克螨特标准贮备液用正己烷稀释得到质量浓度为 0.1 mg/L 的克螨特标准工作溶液。

4 仪器

4.1 气相色谱仪,配有火焰光度检测器(硫片)。

4.2 分析天平,感量 0.01 mg 和 0.01 g。

4.3 组织捣碎机。

4.4 均质器,6 000 r/min～36 000 r/min。

4.5 旋转蒸发仪。

4.6 氮吹装置。

5 试样制备

取蔬菜、水果样本可食部分,用干净纱布擦去样本表面的附着物,将其切碎,充分混匀,用四分法取样或直接放入组织捣碎机中捣碎成匀浆。匀浆试样放入聚乙烯瓶中于－16℃～－20℃条件下保存。

6 分析步骤

6.1 提取

称取试样前,常温试样应搅拌均匀;冷冻试样应先解冻再混匀。

称取匀浆试样 20 g,精确至 0.01 g,置于 150 mL 烧杯中,如番茄、柑橘等 pH 较低的试样添加适量碳酸氢钠溶液(4.4),调 pH 至 7,然后加入 50 mL 乙腈,以 10 000 r/min 均质 1 min,滤液经铺有滤纸的布式漏斗抽滤至装有 7 g～10 g 氯化钠的具塞比色管中,塞紧塞子,剧烈震荡 1 min,在室温下静止 1 h,使得乙腈相和水相充分分层,若有乳化现象,加少量蒸馏水振摇后继续分层。用移液管准确吸取 10 mL 乙腈提取液至 50 mL 圆底烧瓶中,在水浴温度 45℃ 的旋转蒸发仪上浓缩至近干,再经氮气吹干后用 4.00 mL 正己烷溶解蒸残物。必要时需进行稀释,使得试样中克螨特含量在标准曲线的线性范围内。

6.2 色谱参考条件

6.2.1 色谱柱:1 型色谱柱,30 m×0.25 mm×0.25 μm。

6.2.2 气体流速:载气为氮气 2.0 mL/min;燃气为氢气 80 mL/min;助燃气为空气 90 mL/min。

6.2.3 进样口温度:220℃。

6.2.4 检测器温度:250℃。

6.2.5 色谱柱程序升温:70℃保持 1 min,40℃/min 升温至 240℃保持 8 min。

6.3 测定

分别吸取 1 μL 标准溶液和待测液注入气相色谱仪中,以保留时间定性,以待测液峰面积与标准溶液峰面积比较定量。

6.4 空白测定

除不加试样外,采用完全相同的测定步骤进行平行操作。

7 结果计算

试样中克螨特含量用质量分数 w 表示,单位为毫克每千克(mg/kg),按以下公式计算:

$$w = \frac{\rho_s \times V_s \times A_x \times V_0}{V_x \times A_s \times m} \times F \quad\text{……………………………………} (1)$$

式中:

ρ_s——标准溶液质量浓度,单位为毫克每升(mg/L);

V_s——标准溶液进样体积,单位为微升(μL);

V_0——试样溶液最终定容体积,单位为毫升(mL);

V_x——待测液进样体积,单位为微升(μL);

A_s——标准溶液的峰面积;

A_x——待测液的峰面积;

m——试样质量,单位为克(g);

F——提取液体积/分取体积。

计算结果保留两位有效数字。

8 色谱图

克螨特标准溶液色谱图见附录 A。

9 精密度

在再现性条件下获得的两次独立测试结果的绝对差值不大于这两个测定值的算术平均值的 10%，以大于这两个测定值的算术平均值的 10%情况不超过 5%为前提。

附　录　A

（资料性附录）

克螨特标准溶液色谱图

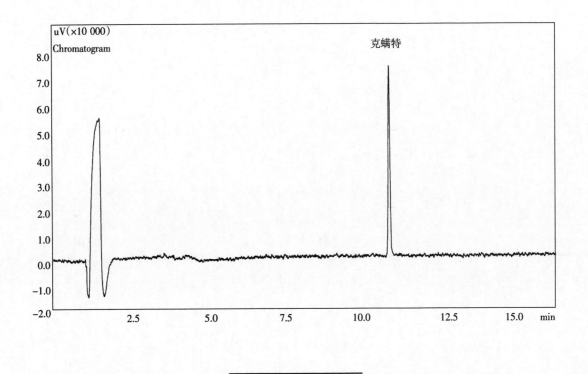

ICS 67.080.20
B 31

中华人民共和国农业行业标准

NY/T 1653—2008

蔬菜、水果及制品中矿质元素的测定
电感耦合等离子体发射光谱法

Determination for mineral elements in vegetables、fruits and
derived products by ICP-AES method

2008-07-14 发布　　　　　　　　　　　2008-08-10 实施

中华人民共和国农业部 发布

前　言

本标准的附录 A 和附录 B 为资料性附录。

本标准由中华人民共和国农业部提出并归口。

本标准起草单位:农业部蔬菜品质监督检验测试中心(北京)、中国农业科学院农业质量标准与检测技术研究所。

本标准主要起草人:刘中笑、杨锚、刘肃、高苹。

蔬菜、水果及制品中矿质元素的测定
电感耦合等离子体发射光谱法

1 范围

本标准规定了用电感耦合等离子体发射光谱法测定蔬菜、水果及其制品中磷、钙、镁、铁、锰、铜、锌、钾、钠、硼含量的测定方法。

本标准适用于蔬菜、水果及其制品中磷、钙、镁、铁、锰、铜、锌、钾、钠、硼含量的测定。

本方法的线性范围为 0~500 mg/L。

本方法检出限为 0.001 mg/L~0.171 mg/L(详见附录 A.1)。

2 原理

试样经酸和高温消解后,在 6 000 K~10 000 K 高温的等离子炬中激发,待测元素激发出特征谱线的光,经分光后测量其强度。

3 试剂

本方法至少使用确认的优级纯试剂和 GB/T 6682 中规定的一级水。

3.1 高氯酸[$HClO_4$,$d \approx 1.60$ g/cm³]。

3.2 硝酸[HNO_3,$d \approx 1.42$ g/cm³]。

3.3 过氧化氢[$\varphi(H_2O_2) = 30\%$]。

3.4 硝酸溶液[$\varphi(HNO_3) = 5\%$]:量取 50 mL 硝酸(3.2),稀释至 1 000 mL。

3.5 硝酸溶液[$\varphi(HNO_3) = 2\%$]:量取 20 mL 硝酸(3.2),稀释至 1 000 mL。

3.6 混合酸消化液[$\varphi(HNO_3 + HClO_4) = 4 + 1$]:取 4 份硝酸(3.2)与 1 份高氯酸(3.1)混合。

3.7 各元素标准储备液质量浓度为 1 000 mg/L。

4 仪器和设备

4.1 电感耦合等离子体发射光谱仪。

4.2 微波消解仪。

4.3 分析天平:感量 0.01 g、0.000 1 g。

4.4 组织捣碎机。

4.5 可调温电热板。

4.6 马弗炉。

5 试样制备

5.1 果蔬酱制品

将样品搅拌均匀。

5.2 新鲜果蔬

取果蔬样品的可食部分,用自来水和去离子水依次清洗后,用干净纱布轻轻擦去其表面水分。葡萄、山楂等个体较小的可随机取若干个体切碎混匀;西瓜、大白菜等个体较大的按其生长轴十字纵剖4份,取对角线2份,将其切碎,充分混匀。用四分法取样或直接放入组织捣碎机中制成匀浆。少汁样品可按一定质量比例加入等量去离子水。将匀浆放入聚乙烯瓶中保存于-20℃~-16℃条件下;或用四分法取样后放入烘箱中65℃烘干,磨成干粉后放入密封容器中保存。

5.3 罐装及冷冻食品

罐装和经解冻后的冷冻样品全部倒入组织捣碎机中制成匀浆,将匀浆试样放入聚乙烯瓶中于-20℃~-16℃条件下保存。

6 分析步骤

6.1 待测溶液的制备

6.1.1 灰化法:称取均匀干样0.5 g,精确至0.000 1 g,于40 mL瓷坩埚内,置可调温电热板上炭化完全后,转入马弗炉中,550℃灰化4 h,取出冷却至室温,用5 mL硝酸溶液(3.4)溶解残渣,煮沸,转入50 mL容量瓶中,用硝酸溶液(3.4)定容,混匀备用。

6.1.2 消化法:液体样品用移液管吸取20 mL,或称取20 g,精确至0.01 g;称取果蔬酱制品或冷冻及罐头食品匀浆10 g,精确至0.01 g;称取新鲜果蔬样品匀浆10 g~20 g,精确至0.01 g;称取均匀干样0.5 g,精确至0.000 1 g,于100 mL烧杯中,加10.0 mL混合酸消化液(3.6),盖上表面皿,置于电热板上消化,直至冒高氯酸白烟,消化液清亮为止。如消化液呈棕黑色,再补加几毫升混合酸,继续加热消化,直至冒高氯酸白烟,消化液清亮为止。冷却后用硝酸溶液(3.5)转移入25 mL或50 mL容量瓶中定容,混匀备用。上述操作做空白试验。

6.1.3 微波消解法:称取均匀干样0.1 g~0.3 g,精确至0.000 1 g,置于特氟隆溶样杯中,加3 mL~5 mL硝酸溶液(3.2),预反应过夜,滴加0.5 mL过氧化氢(3.3),待反应平稳后,盖上溶样盖,置于高压罐内,再放入微波溶样装置内,按设定好的微波溶样程序开始溶样。待试样溶解完毕,冷却至室温,用水定容至25 mL,摇匀。同时做空白试验。

6.2 标准工作溶液的配制

以硝酸溶液(3.4)作为标准工作液1。根据被测样品各元素的含量配制混合标准工作液2和标准工作液3。各元素配制参见附录A2。

6.3 测定

6.3.1 标准工作曲线测定:依次测定标准工作溶液1、2、3,确定标准工作曲线。

6.3.2 样品测定:依次测定空白溶液和样品待测溶液。每次进样前应清洗管路20 s~30 s。若所测定元素含量大于标准曲线最高点,应稀释后再进行测定。

7 结果计算

试料中待测元素的含量以质量分数 w 计,数值以毫克每千克(mg/kg)或以毫克每升(mg/L)表示,按公式(1)计算:

$$w = \frac{(\rho - \rho_0) \times V \times t_s}{m} \quad\cdots\cdots\cdots\cdots\cdots\cdots\cdots\cdots\cdots\cdots\cdots\cdots\cdots (1)$$

式中:

ρ——待测溶液中元素的质量浓度,单位为毫克每升(mg/L);

ρ_0——空白溶液中元素的质量浓度,单位为毫克每升(mg/L);

V——定容体积,单位为毫升(mL);

t_s——稀释倍数;

m——试料的质量或体积,单位为克(g)或毫升(mL)。

计算结果保留三位有效数字。新鲜果菜如烘干后测定,最后计算结果时应折算成原始自然状态。

8 精密度

在重复性条件下获得的两次独立测试结果的绝对差值不大于这两个测定值的算术平均值的10%,以大于这两个测定值的算术平均值的10%情况不超过5%为前提。

附　录　A

（资料性附录）

各元素检出限及标准混合液配制

A.1　检出限

表 A.1　各元素检出限

元素	检出限 mg/kg
P	0.171
K	0.138
Ca	0.024
Mg	0.008
Fe	0.015
Mn	0.001
Cu	0.004
Zn	0.006
B	0.008
Na	0.033

A.2　混合标准工作曲线的配制

表 A.2　标准混合溶液配制表

元素	标准工作液 2 质量浓度 mg/L	标准工作液 3 质量浓度 mg/L
P	20.00	40.00
K	100.0	200.0
Ca	100.0	200.0
Mg	50.00	100.0
Fe	5.00	10.00
Mn	2.00	4.00
Cu	1.00	2.00
Zn	1.00	2.00
B	1.00	2.00
Na	10.00	20.00

附　录　B

（资料性附录）

仪器测定参考条件

表 B.1　仪器测定参考条件

功率 kW	冷却气 L/min	辅助气 L/min	雾化器 Pa/cm²	泵速 mL/min
1.0	13	0.1	40	1.3

ICS 65.020.20
B 05

中华人民共和国农业行业标准

NY/T 1654—2008

蔬菜安全生产关键控制技术规程

Technical rules of good agricultural practice for vegetables

2008-07-14 发布   2008-08-10 实施

中华人民共和国农业部 发布

前　言

本标准的附录 A 为资料性附录。

本标准由中华人民共和国农业部种植业管理司提出并归口。

本标准起草单位:农业部蔬菜水果质量监督检验测试中心(广州)、农业部农产品质量监督检验测试中心(深圳)。

本标准主要起草人:王富华、崔野韩、金照熙、万凯、黄昭瑜、马明柱、胡祥娜、肖荣英、王旭。

蔬菜安全生产关键控制技术规程

1 范围

本标准规定了蔬菜产地环境选择、育苗、田间管理、采收、包装、标识、运输和贮存、质量管理等蔬菜安全生产关键控制技术。

本标准适应于我国露地蔬菜生产的关键技术控制。

2 规范性引用文件

下列文件中的条款通过本标准的引用而成为本部分的条款。凡是注日期的引用文件,其随后所有的修改单(不包括勘误的内容)或修订版均不适用于本标准,然而,鼓励根据本标准达成协议的各方研究是否可使用这些文件的最新版本。凡是不注日期的引用文件,其最新版本适用于本标准。

GB 5749 生活饮用水卫生标准

GB 8079 蔬菜种子

GB 9687 食品包装用聚乙烯成型品卫生标准

GB 9693 食品包装用聚丙烯树脂卫生标准

GB 11680 食品包装用原纸卫生标准

NY 227 微生物肥料

NY 5010 无公害食品 蔬菜产地环境条件

3 产地环境选择

3.1 种植前应对产地环境进行检测,产地环境质量应符合 NY 5010 要求。

3.2 生产区域内、水源上游及上风向,应没有对产地环境构成威胁的污染源。

3.3 生产基地应具备蔬菜生产所必需的条件,交通便利,排灌水方便,地势平整、疏松,土壤肥力均匀,土壤质地良好。

4 育苗

4.1 播种前的准备

4.1.1 育苗设施:根据季节、气候条件的不同选用日光温室、塑料大棚、连栋温室、阳畦、温床等育苗设施,夏秋季育苗应配有防虫、遮阳设施,有条件的可采用穴盘育苗和工厂化育苗,并对育苗设施进行消毒处理。

4.1.2 营养土:因地制宜地选用无病虫源的田土、腐熟农家肥、草炭、砻糠灰、复合肥等,按一定比例配制营养土。

4.2 品种选择

4.2.1 根据当地自然条件、农艺性能、市场需求和优势区域规划选择蔬菜品种。

4.2.2 选用抗病、抗逆性强、优质丰产、适应性广、商品性好的蔬菜品种。

4.3 种子处理

选用干热处理、温汤浸种、热水烫种、药剂消毒和药剂拌种等适宜的种子处理措施降低生长期病虫害发生和后期农药使用量,并保存种子处理记录。

4.4 播种期

根据栽培季节、气候条件、育苗手段和壮苗指标选择适宜的播种期。

5 田间管理

5.1 灌溉

5.1.1 实行灌排分离。

5.1.2 定期监测水质。至少每年进行一次灌溉水监测,并保存相关检测记录。对检测不合格的灌溉水,应采取有效的治理措施使其符合要求或改用其他符合要求的水源。

5.2 施肥

5.2.1 农家肥经充分腐熟达到有机肥卫生标准后可以在蔬菜生产中使用,禁止施用未经发酵腐熟、未达到无害化指标、重金属超标的人畜粪尿等有机肥料、城市生活垃圾、工业垃圾及医院垃圾。应根据蔬菜生长发育需要合理地施用化学肥料。

5.2.2 根据蔬菜生长情况与需求,使用速效肥料为主作为营养补充。可根据实际采用根区撒施、沟施、穴施、淋水肥及叶面喷施等多种方式。

5.2.3 根据土壤条件、作物营养需求和季节气候变化等因素分析,科学配比,营养平衡用肥。

5.3 病虫害防治

5.3.1 物理防治

根据病虫害的特点,合理选用物理防治方法,常见的方法有:

a) 使用频振式杀虫灯;

b) 利用防虫网设置屏障阻断害虫侵袭;

c) 采用银灰膜驱避;

d) 性诱剂。

5.3.2 生物防治

保护天敌,创造有利于天敌生存的环境条件,选择对天敌杀伤力轻的农药;使用农用抗生素、植物源农药等。

5.3.3 农业防治

农业防治可采用:

a) 覆盖地膜;

b) 轮作:不同科的作物轮作,水旱田轮作;

c) 深耕晒垡,使表土和深层土壤作适度混合;

d) 土壤冻垡,越冬前浇足冬水,使土壤冻结,杀死病菌;

e) 清除田园四周杂草,田间病叶、病株及时清除,集中处理。

5.3.4 化学防治

5.3.4.1 农药选择

应按照《中华人民共和国农药管理条例》的规定,采用最小有效剂量并选用高效、低毒、低残留农药,不应违反规定超剂量使用农药,不应使用未经登记的农药,不应使用国家明令禁止的高毒、剧毒、高残留的农药及其混配农药品种。

5.3.4.2 农药使用

允许使用的农药质量应符合相关国家或行业标准。不应使用假冒伪劣农药,不应使用重金属超标农药,允许使用的农药中不应混有禁用农药。

5.3.4.3 农药检测

对采购回的农药样品实施检测,防止使用质量不合格的农药。

6 采收

6.1 采收前质量检验

根据生产过程中农业投入品(肥料、农药)使用记录,评估和判断农药的使用是否达到了规定的安全间隔期;进行必要的采收前田间抽样检测。

6.2 蔬菜采收

6.2.1 采收机械、工具和设备应保持清洁、无污染,存放在无虫鼠害和畜禽的干燥场所。

6.2.2 保证场地环境卫生。每批次蔬菜产品加工包装完毕后,应进行打扫和清洗,确保场地、设备、装菜容器清洗干净。并定期使用消毒液进行卫生杀菌消毒。加工场所相对独立,不应与农药、肥料、杂物储存点以及厨房等地方混在一起。

6.2.3 清洗用水应满足相关标准要求。清洁农产品的用水,水质应达到生活饮用水卫生标准 GB 5749 的要求。对循环使用的清洗用水进行过滤和消毒,并监控和记录其水质状况。

7 包装、标识、运输和贮存

7.1 包装

7.1.1 包装容器应整洁、干燥、牢固、透气、无污染、无异味、内壁无尖突物。包装材料要使用国家允许的易降解的材料,符合国家有关食品包装材料 GB 11680、GB 9693、GB 9687 等卫生标准的要求。

7.1.2 包装前应检查并清除劣质品及异物。

7.1.3 包装应按标准操作,并有批包装记录,在每件包装上,应注明品名、规格、产地、批号、净含量、包装工号、包装日期、生产单位等,并附有质量合格的标志。蔬菜质量符合国家有关蔬菜产品认证标准的,生产者可以申请使用相应的农产品认证标志。

7.2 运输

7.2.1 运输工具清洁卫生、无污染。运输时,严防日晒、雨淋,注意通风。

7.2.2 运输时应保持包装的完整性;禁止与其他有毒、有害物质混装。

7.2.3 高温季节长距离运输宜在产地预冷,并用冷藏车运输;低温季节长距离运输,宜用保温车,严防受冻。

7.3 贮存

7.3.1 临时贮存时,应在阴凉、通风、清洁、卫生的条件下,严防烈日暴晒、雨淋、冻害及有毒物质和病虫害的危害。存放时应堆码整齐,防止挤压等造成的损伤。

7.3.2 中长期贮存时,应按品种、规格分别堆码,要保证有足够的散热间距,保持适宜的温度和湿度。在应用传统贮藏方法的同时,应注意选用现代贮藏保管新技术、新设备。

8 质量管理

8.1 建立质量管理体系

应建立质量管理体系,并设立质量管理部门,负责蔬菜生产全过程的监督管理和质量监控,并应配备与蔬菜生产规模、品种检验要求相适应的人员、场所、仪器和设备。

8.2 人员培训

制定培训计划,并监督实施,应对生产者进行基本的质量安全和生产技术知识的培训。

8.3 田间档案记录

记录内容应包括:农业投入品种子、肥料、农药等基本信息和使用情况,以及蔬菜生产过程中的栽培管理措施。

附 录 A

（资料性附录）

蔬菜种植管理记录

地块位置（或编号）：　　　　　　蔬菜名称：

种子使用记录
种子名称：　　　　　　播种日期：　　　　　　亩使用量： 其他信息：
肥料使用记录
肥料名称：　　　　　　施肥日期：　　　　　　施肥量： 施肥方法： 其他信息：
农药使用记录
农药名称：　　　　　　用药日期：　　　　　　用药剂量和浓度： 施药方式：　　　　　　　　　　　　　　　　安全间隔期： 其他信息：
耕作记录
耕作方式：　　　　　　种植时间： 其他信息：
灌溉记录
灌溉方式：　　　　　　灌溉时间：　　　　　　用水量： 水源及质量： 其他信息：
采收记录
采收时间：　　　　　　采收数量： 其他信息：
采后化学品使用记录
化学品名称：　　　　　　使用目的：　　　　　　使用日期： 剂量和浓度：　　　　　　处理方式：　　　　　　安全间隔期： 其他信息：

ICS 65.020
B 04

中华人民共和国农业行业标准

NY/T 1655—2008

蔬菜包装标识通用准则

General rules of packaging and labeling for vegetable

2008-07-14 发布　　　　　　　　　2008-08-10 实施

中华人民共和国农业部 发布

前　言

本标准由中华人民共和国农业部提出并归口。

本标准起草单位：农业部蔬菜水果质量监督检验测试中心（广州）、农业部科技发展中心。

本标准主要起草人：王富华、崔野韩、钱永忠、王旭、向州、万凯、杨慧、杜应琼。

蔬菜包装标识通用准则

1 范围

本标准规定了蔬菜包装标识的要求。

本标准适用于蔬菜的包装与标识。

2 规范性引用文件

下列文件中的条款通过本标准的引用而成为本标准的条款。凡是注日期的引用文件,其随后所有的修改单(不包括勘误的内容)或修订版均不适用于本标准,然而,鼓励根据本标准达成协议的各方研究是否可使用这些文件的最新版本。凡是不注日期的引用文件,其最新版本适用于本标准。

GB/T 4892 硬质直方体运输包装尺寸系列

GB 8854 蔬菜名称

GB/T 13201 圆柱体运输包装尺寸系列

GB/T 13757 袋类运输包装尺寸系列

GB/T 15233 包装单元货物尺寸

GB/T 16470 托盘包装

NY/T 1430 农产品产地编码规则

农业转基因生物标识管理办法

3 要求

3.1 包装

3.1.1 基本要求

同一包装内产品的等级、规格应一致。包装内的产品可视部分应具有整个包装产品的代表性。包装的体积应限制在最低水平,在保证盛装保护运输贮藏和销售的功能前提下,应首先考虑尽量减少材料使用总量。

3.1.2 材料

3.1.2.1 包装印刷标志的油墨或标签的黏合剂应无毒,且不可直接接触产品。

3.1.2.2 纸类包装材料应使用不涂蜡、上油、涂塑料等防潮材料和不用油性油墨做标记。

3.1.2.3 塑料包装应使用不含氟氯烃化合物(CFS)的发泡聚苯乙烯(EPS)、聚氨酯(PUR)、聚氯乙烯(PVC)的产品。

3.1.2.4 优先使用可重复利用、可回收利用或可降解的包装材料。

3.1.3 尺寸

3.1.3.1 运输包装件尺寸应符合 GB/T 4892 、GB/T 13201、GB/T 13757 的规定。

3.1.3.2 包装单元应符合 GB/T 15233 的规定。

3.1.3.3 包装用托盘应符合 GB/T 16470 的规定。

3.1.4 方式

根据包装容器规格(箱、筐、袋等)采用直立、水平或其他排列方式包装。

3.2 标识

3.2.1 基本要求

标识的内容准确、清晰、显著,所有文字使用规范的中文;任何标签或标识中的说明或表述方式均不应有虚假、误导或欺骗,或可能对其任何方面的特性造成错误印象;任何标签或标识中的文字、图示或其他方式的说明或表述不应直接或间接提及或暗示任何可能与该产品造成混淆的其他产品;也不应误导购买者或消费者。

3.2.2 名称

包装物上或者附加标识物应标明品名,品名符合 GB 8854 的规定。

3.2.3 产地、生产者

包装物上或者附加标识物应标明产地、生产者或者销售者名称,该名称是能承担产品质量安全责任的生产者或销售者的名称和地址。

3.2.4 产地编码

对蔬菜生产地进行编码,编码符合 NY/T 1430 的规定。

3.2.5 生产日期

包装物上或者附加标识物应标明生产日期,即蔬菜的收获日期。生产日期按年、月、日顺序标注。标注在显著位置,规范清晰,符合对比色的要求。

3.2.6 认证标识

获得认证的,应按照认证机构要求标注。

3.2.7 等级、规格和转基因标识

有分级和规格标准的,标明产品质量等级和规格。转基因生物产品标识按照《农业转基因生物标识管理办法》规定执行。

3.2.8 贮存条件和方法

应标明产品的贮存条件及贮存方法。

ICS 65.020
B 04

中华人民共和国农业行业标准

NY/T 1656.1—2008

花卉检验技术规范
第1部分：基本规则

Rules for flower testing
Part 1: Basic rule

2008-07-14 发布

2008-08-10 实施

中华人民共和国农业部 发布

前　言

NY/T 1656《花卉检验技术规范》分为七个部分：

——第1部分:基本规则;

——第2部分:切花检验;

——第3部分:盆花检验;

——第4部分:盆栽观叶植物检验;

——第5部分:花卉种子检验;

——第6部分:种苗检验;

——第7部分:种球检验。

本部分为 NY/T 1656 的第1部分。

本部分由中华人民共和国农业部提出并归口。

本部分起草单位:农业部蔬菜品质监督检验测试中心(北京)、农业部花卉产品质量监督检验测试中心(昆明)、农业部花卉产品质量监督检验测试中心(上海)、农业部花卉产品质量监督检验测试中心(广州)。

本部分主要起草人:王玉国、刘肃、钱洪、黎扬辉、毕云青、林大为。

花卉检验技术规范
第1部分：基本规则

1 范围

本标准规定了花卉种子、种苗、种球、草坪、切花、盆花、盆栽观叶植物质量检验的基本规则和技术要求。

本标准适用于花卉生产、贮运和国内外贸易中产品质量的检验。

2 规范性引用文件

下列文件中的条款通过本标准的引用而成为本标准的条款。凡是注日期的引用文件，其随后所有的修改单（不包括勘误的内容）或修订版均不适用于本标准，然而，鼓励根据本标准达成协议的各方研究是否可使用这些文件的最新版本。凡是不注日期的引用文件，其最新版本适用于本标准。

GB/T 10220　感官分析方法总论

GB/T 13393　抽样检查导则

3 术语与定义

3.1

抽样　sampling

抽取大小适宜的、具代表性的能满足检验需要的样品，样品中各成分存在的概率仅取决于各成分在该批产品中出现的水平。

3.2

检测批　testing lot

同一产地、同一品种、相同规格、相同等级的产品作为一个检测批，或称产品批，简称批。

3.3

初次样品　primary sample

从产品批的一个抽样点上所抽取的少量样品。

3.4

混合样品　composite sample

由产品批内所抽取的全部初次样品合并混合而成。

3.5

送验样品　submitted sample

送交检验机构的样品，应是整个混合样品，或是从中分取的一部分。

3.6

测定样品　testing sample

从送检样品中分取，供作某检验项目测定用的样品。

3.7

封缄　sealed

采取某种方式将样品加封，如封条等，以保证样品的真实性。

3.8

复验 retesting

对样品进行重复性或再现性测试。

3.9

验收检验 inspection

按产品标准或合同规定对目标产品进行测量、检查、实验或度量,并将结果与规定的要求进行比较,对产品的质量状况作出评价。

3.10

监督检验 surveillance inspection

为了满足规定的要求,对产品质量状况进行连续的监视和验证并对记录进行分析。

3.11

仲裁检验 arbitration inspection

为了解决产品质量纠纷,由受理质量争议的产品质量监督管理部门委托法定的质量检验机构对争议产品进行的质量检验活动。

3.12

送样检验 submitted inspection

授权的检验机构对非自身或未在其监督下,抽取的送检样品进行的检验。

3.13

批质量检验证书 lot certificate of quality inspection

送检样品由授权的检验机构自身或在其监督下,按本标准规定的程序和方法从一批产品中抽取送检样品,由授权的检验机构检验后签发的质量检验证书。

3.14

样品质量检验证书 sample certificate of quality inspection

授权的检验机构对非自身或未在其监督下,抽取的送检样品检验后签发的质量检验证书。

3.15

质量检验证书的副本 duplicate certificate of quality inspection

除印有醒目的“副本”字样外,形式和内容与所签发的质量检验证书完全相同。

3.16

临时质量检验证书 provisional certificate of quality inspection

在所有检验项目检测结束前,对已完成的检验项目签发的一种证书,并加上说明“最后证书将在所有项目结束后签发”,并标明“临时”字样。

4 要求

4.1 环境

应符合 GB/T 10220 感官检测对环境的规定。

4.2 检验机构

检验机构必须具备相应的花卉产品检测条件和能力,经国家技术监督部门或授权部门认证合格后,方可承担相应的花卉产品和相应检测项目的质量检验工作。

4.3 检验人员

4.3.1 检验人员应经花卉检测专业培训并经考核合格,持有花卉检验机构签发的上岗工作证。

4.3.2 检验人员只对本身业务范围内的检测项目负责。

4.3.3 检验负责人应由熟悉花卉检验工作的、有工程师以上技术职称的人员担任。

4.3.4 感官检测需3～5人。仲裁检验要求一般检测人员达到5～7人,专家3～5人。

4.3.5 对同一检验,感官检测的评价员应具有同等的资格和检验能力。

5 抽(送)样

5.1 抽样检验

5.1.1 抽样人员应不少于两人,并由受过抽样训练具有上岗资格的人员担任。抽样时抽样人员应携带本人工作证和上级部门下发的抽样通知单。

5.1.2 抽样方法应按被检产品的抽样标准进行抽样。如果没有相应的抽样标准或抽样标准不完全适用时,可根据GB/T 13393由有关各方协商议定选择适合的抽样方法,并报上级主管部门批准后执行。

5.1.3 样品的所有者应提供样品的中文名即品种原名、等级、规格、包装容量、生产单位、所采用标准标识等内容的样品单据。样品的摆放应便于抽样。

5.1.4 抽样员应核实样品和单据,发现检测批具有异质性,如实物与样品单不符或品种、规格、等级混杂等,应拒绝抽样。待样品重新处理,符合规定要求后,可再行抽样。

5.1.5 对于送样检验,检验结果仅对送检的样品负责。

5.2 验收检验

抽样方法应按被检产品的抽样标准进行,具体见各有关章节的规定。如果没有相应的抽样标准或抽样标准不完全适用时,可根据GB/T 13393由有关各方协商议定选择适合的抽样方法,并报上级主管部门批准后执行。

5.3 监督检验

5.3.1 质量监督部门定期或不定期对经过验收合格的产品总体实施质量监督抽样检验时,按照GB/T 14437标准执行。如果没有相应的抽样标准或抽样标准不完全适用时,可由有关各方协商议定选择适合的抽样方法,并报上级主管部门批准后执行。

5.3.2 监督检验可将验收标准或有关规定中的质量水平作为监督质量水平。若验收标准或有关合同中没有相应的规定,则由质检部门提出意见,经上级主管部门同意后作为相应产品的监督质量水平。

5.3.3 监督抽样的抽样计划应严格保密,不是必要知道的人不应让其知道。抽样路线及抽样人员到达抽样地点的时间不得事先以任何方式泄露。

5.3.4 抽检人员到达抽样现场首先进行取样,并应在尽可能短的时间内抽取到样品。取样过程中发现任何受阻迹象,如拖延时间,或提供抽样产品批量过少等,应弄清原因,记入取样单。如确定是有意干扰,并影响取样的随机性,则应停止取样,向领导报告,等待指示。

5.3.5 市场商品的抽检,由于容易做到"随到随抽"且取样代表性方面的外来干扰较少,可不必坚持最低批量要求,对取样随机性的考虑也可以简化,并尽可能采取就地测试。

5.4 仲裁检验

为保证取样的公正性,可采取以下三种方式抽取样品:

5.4.1 争议双方共同取样。

5.4.2 产品质量监督管理部门抽样封样。

5.4.3 产品质量监督管理部门委托、指定的检验机构单独抽样封样。

5.5 送样检验

送检样品送达检测机构后,应根据客户的要求,认真检查样品和资料的完整性及对应于检测要求的适宜性,并在"委托检验协议书"上予以说明,同时告诉客户检测的依据和检测完成后样品的处理方式。如客户有特殊要求,也应在"委托检验协议书"上予以说明,并双方签字认可。

5.6 抽(送)样量

5.6.1 抽(送)样量大小的要求见各有关章节的具体规定。

5.6.2 批量超过规定的最大批量值的 5%时,应先分解成大小适合的批,再依次分批抽样。批量等于或低于规定的最低抽样量时,应全检。

5.6.3 随着批量的增大应适当增大抽样频次,具体见各有关章节的规定。

5.6.4 当送检样品量小于规定要求时,应尽可能补足。如因价格昂贵等原因,不能补足的,应在检验报告中说明"本样品的送检量仅为_____,未达到花卉检验规范所规定的大小。"

5.7 抽样方法

5.7.1 根据产品本身的质量差异特点,检验批的大小,摆放及包装情况合理选择抽样方法,以保证抽取样品的随机性和代表性。

5.7.2 对散装产品,应从整个产品批的各个部位随机选定取样点,抽取样品量大体相等的初次样品。

5.7.3 对包装产品,应先随机选定取样包装,再从取样的包装容器中各个部位抽取样品量大体相等的初次样品。每个较小的包装可仅抽取一个样品,大包装应同时从上、中、下各个部位抽取样品。

5.7.4 对小包装产品,如小袋种子等,可将一定量的小包装合并组成基本单位,再以每个基本单位作为一个"包装容器"进行取样。

5.7.5 如初次样品无异质性,可将其合并成混合样品,否则按 5.1.4 的规定处理。

5.7.6 将混合样品充分混合后,可采用多次对分法或随机抽取的方法,将混合样品减少到适宜的大小,得到送验样品。如混合样品的大小适合,可直接作为送验样品。

5.7.7 实验样品从送验样品中抽得,应使送验样品具有最大的代表性。实验样品量应等于或略大于规定的最低数量。重复样品应独立分取,即取得第一份样品后,应将送验样品的剩余部分重新混合后,再抽取第二份样品。

6 检验规则

6.1 检验程序

6.1.1 检测前检验负责人可就有关问题和样品的性质进行初步介绍,但不应影响评价结果。

6.1.2 检测员应严格按本检验技术规范所规定的规程和方法进行测定和评价。应送检者的要求,也可采用本标准未规定的规程和方法进行检验,但应在检验证书中注明检测方法。

6.1.3 对于没有相应标准检测方法的检测项目或花卉种类,可参照相近的国家、行业标准检验。对于没有可参照标准,或标准不完全适用时,可经送验人同意,采用非标准方法,但应报上级主管部门备案后试行。

6.1.4 仲裁检验须按标准或合同规定进行,不能使用非标准方法。

6.1.5 在现场检验的,应在原始记录中注明"现场检验"。

6.1.6 认真填写原始记录,原始记录一律采用法定计量单位,并不得随意改动。原始记录格式见各有关章节的规定。

6.2 判定规则

6.2.1 判定依据应按已发布的产品质量标准执行,在没有相关产品质量标准的情况下,应按技术文件、合同或协议执行。

6.2.2 检测人员应根据判定依据对产品合格与否或符合某等级作出明确判定。不做全项检验时,应对所检项目做出判定。

6.2.3 对于委托检验,没有判定依据的,只出具检测结果。

6.2.4 判定依据应在检验报告或检验证书中写明。

6.3 复验

是否复验见各有关章节,复验方法同正常检验。

6.4 检验证书

6.4.1 签发检验证书的原则

只有按照与所签发的该类质量检验证书相符的规则进行抽样和检验时,才能签发该类质量检验证书。

签发产品批质量检验证书时,该批每个包装必须封缄或具有自封口性能,并标有与质量检验证书上相同的标记或编号,清楚地表明质量检验证书所指的是哪些产品。

一份质量检验证书始终有效,除非后来被同一产品批签发的质量检验证书所替代。

对一个产品批的任何质量项目,在同一时期内,有效的产品批质量检验证书不能多于一份。

证书上任一项目的评估,应根据对该批产品的同一份送验样品的检验结果,并通过对该样品所有检验结果的分析,来评估该批产品的质量状况。

质量检验证书可以用中文或中、英两种文字印制。

抽样时把一个产品批视为一个整体,抽样人员对样品的代表性负责,检验人员对样品的检验结果负责。产品批质量检验证书上填报的结果是指抽样时该产品批的整体。样品质量检验证书上填写的结果是指收到的送检样品。

6.4.2 签发质量检验证书的条件

质量检验证书只能由检验机构签发,并具备下列条件:

1) 该机构经相关主管部门授权或国家技术监督部门依法设置。

2) 检验是按本标准规定的方法进行,但应送检者要求,采用本标准未规定的一些方法检验时,检验结果也可填报,但应注明所采用的检测方法和判定依据。

3) 所有日期都按国际标准化组织(ISO)规定填写:年填四位数,月、日填两位数,年和月、月和日之间用短横连接,如 2002—08—01。

6.4.3 质量检验证书的内容

质量检验证书中除写送检者和地址外,还应按送检者的陈述写入必要的信息。在样品质量检验证书中,这种信息是指供检产品的中文名、拉丁学名和产地。在产品批质量检验证书中,这种信息是指供检产品的中文名、学名、产地、批量大小、产品批编号、包装件数、抽样日期和送检单位对送检样品的编号。

1) 批质量检验证书正式报告部分需填报以下内容:
抽样和封缄的机构和人员、产品批的正式标记和封缄情况、产品批的质量和包装件数、抽样日期、样品收到日期和检验结束日期、样品量和样品编号、判定依据、检验结果、签发机构的名称和地址、签发日期和签发机构的声明。

2) 样品质量检验证书需填报以下内容:
送检样品编号、送检样品封缄情况、送检样品重量、送检样品收到日期、检验结束日期、判定依据、检验结果、签发机构的名称和地址、签发日期和签发机构的声明。

3) 根据送检者的要求,可以签发临时质量检验证书。临时检验证书应包括批质量证书或样品质量证书的全部内容,同时说明最后证书将在所有被检测项目结束后签发,并清楚标明"临时"字样。

6.4.4 检验结果填报

一份送检样品各个检验项目的检验结果,可以合并填报于一份,或分别填报于多份检验证书上。

一个检测项目有几种测定方法时,应说明测定方法。

现行花卉检验规范未规定的一些测定方法和分析结果也可填报在检验证书上,但应填报在"其他测定"栏内。

检验结果的填报应当符合本规程有关各章对检验结果计算、表述和填报的规定。未测定的项目在质量检验证书的相应栏中填写"未测定"或"N"字样。

根据判定依据对检验结果划分等级。对等外产品,可根据具体情况提出处理意见。

6.4.5 质量检验证书的效力

不允许同一检验机构在前次抽样后的一个月内对同一批产品再次抽样(或监督抽样)、检验并签发同一类型的检验证书。但如果前次检验后产品批经过重新处理则属例外。

如果要求签发不同类型的证书,或证书将由另一检验机构签发,或已经超过规定的抽样后一个月的期限,可以签发另一份检验证书,但需注明原检验证书类别、编号和原抽样日期,或对该批产品重新编写标签、重新封缄。如果产品批的标记情况未变,就应当声明原证书作废,应以后面这份证书中填写的检验结果为准。声明的方式可以是:"本产品批曾于(年、月、日)抽样,所发的产品批证书号为_____。该证书上的检验结果至此作废。"

检验证书应当有签发机构的名称及其地址和签发日期,并经签发机构加盖公章、技术负责人签名后才能生效。签发的证书不得有增删、修改、涂抹痕迹,否则无效。

7 封样与运输

7.1 对送验样品要进行严格、准确的标记,以确保样品与检测批相联系。

7.2 样品抽取后应当场加封,必要时可使用铅封。待封条干后,抽样人员方可离开现场。抽样单应由抽样方和被检方经办人共同签字并加盖公章后生效。

7.3 送验样品封样后,要尽快送往检验,保证送验样品在中途不受任何干扰。小件样品可由抽样人员随身带回,大件样品应在规定时间内送到检验地点。

8 贮存

8.1 在收到样品后应立即进行检验,一时不能检验的样品,应保存在适合的条件下,使产品质量的变化降到最低限度。

8.2 对于要进行复验的样品,应保存在适合的条件下,使产品质量的变化降到最低限度。

ICS 65.020
B 04

NY/T 1656.2—2008

中华人民共和国农业行业标准

花卉检验技术规范
第2部分：切花检验

Rules for flower testing
Part 2: Cut flower test

2008-07-14 发布

2008-08-10 实施

中华人民共和国农业部 发布

NY/T 1656.2—2008

前　　言

NY/T 1656《花卉检验技术规范》分为七个部分：
——第1部分：基本规则；
——第2部分：切花检验；
——第3部分：盆花检验；
——第4部分：盆栽观叶植物检验；
——第5部分：花卉种子检验；
——第6部分：种苗检验；
——第7部分：种球检验。

本部分为 NY/T 1656 的第2部分。

附录A和附录B为规范性附录。

本部分由中华人民共和国农业部提出并归口。

本部分起草单位：农业部蔬菜品质监督检验测试中心(北京)、农业部花卉产品质量监督检验测试中心(昆明)、农业部花卉产品质量监督检验测试中心(上海)、农业部花卉产品质量监督检验测试中心(广州)。

本部分主要起草人：王玉国、钱洪、刘肃、毕云青、林大为、黎扬辉。

花卉检验技术规范
第2部分：切花检验

1 范围

本部分规定了切花质量检验的基本规则和技术要求。

本部分适用于切花生产、贮运和国内外贸易中产品质量的检验。

2 规范性引用文件

下列文件中的条款通过本部分的引用而成为本部分的条款。凡是注日期的引用文件，其随后所有的修改单（不包括勘误的内容）或修订版均不适用于本部分，然而，鼓励根据本部分达成协议的各方研究是否可使用这些文件的最新版本。凡是不注日期的引用文件，其最新版本适用于本部分。

GB/T 2828.1　按接收质量限（AQL）检索的逐批检验抽样计划

GB/T 2828.4　声称质量水平的评价程序

GB 10220　感官分析方法总论

NY/T 1656.1　花卉检验技术规范　基本规则

3 术语和定义

下列术语和定义适用于 NY/T 1656 的本部分。

3.1

切花　cut flower

从植物体上剪切下来的，具有观赏价值的花、茎、叶、果等，用于插花和其他花卉装饰。

3.2

品种　cultivar

经人工选育而成种性基本一致，遗传性比较稳定，具有人类需要的某些观赏性状或经济性状，作特殊生产资料用的栽培植物群体。

3.3

整体感　comprehensive impression

切花的各个组成部分相互作用产生的综合效果，包括整枝切花是否完整、匀称、清洁及新鲜程度和病虫害状况。

3.4

花形　flower shape

花朵或花序的形状、排列等特征。

3.5

花枝　branch

包括花朵、花序及茎秆。

3.6

药害　chemical injury

由于施用药物不当对花朵、叶片和茎秆造成的外形变化或伤害。

3.7

冷害 chilling injury

由于低温造成的花朵不能正常开放或外观可见的伤害。

3.8

机械损伤 mechanical injury

由于粗放操作或贮运过程中的挤压、震动等造成的外形变化或伤害。如花朵或花瓣脱落、茎弯折、叶片破损等。

3.9

采切期 harvest stage

切花采收时的发育阶段。

3.10

整齐度 uniformity

花枝长度和粗度、花朵直径和开放程度的一致性。

4 要求

4.1 环境

应符合 GB/T 10220 感官检测对环境的规定。对于在生产地、市场等进行现场检验的,也应选择光线明亮、安静、不影响视觉观察、无其他干扰的场所。

4.2 工具

直尺,精确到 0.1 cm;卡尺,精确到 0.01 cm;放大镜;解剖刀;比色卡,采用英国皇家园艺学会色谱标准。

4.3 检测人员

应满足 NY/T 1656.1 中 4.3.4 关于感官检测的规定。

5 抽样

5.1 批量

每检测批最大批量为 15 万支,超过最大批量值按 NY/T 1656.1 中 5.5.3 的规定执行。

5.2 抽样方法

5.2.1 包装产品

先以箱为单位抽取,用"X"法抽取,每条线上的抽取点视批量而定,抽取点总数不应少于 5 点,最多不超过 20 点。然后以扎为单位,按上中下各个部位在每箱中抽取。最后以支为单位,从每扎中随机抽取,样本数量见 5.3。

5.2.2 生产基地

以枝为单位以"X"法抽取,每条线上的抽取点视批量而定,抽取点总数不应少于 20 点,最多不超过 200 点。每点抽 1 支。

5.3 抽样频次

5.3.1 包装产品

包装产品的抽样量见表 1。

表 1 包装产品抽取初次样品的频次

批量件数	抽样件数（最低限度）
≤10	3
11~50	4
51~100	5
100~300	7
>300	10

5.3.2 散装产品

散装产品的抽样量见表2。

表 2 散装产品抽取初次样品的频次

批量支数	抽样点数（最低限度）
≤1 000	3
1 001~5 000	4
5 001~20 000	5
20 001~100 000	7
>100 000	10

5.4 抽样量及判定

5.4.1 送验样品量应略大于检测量，至少不低于检测量。当采用二次抽样时，送验样品量应为分别独立抽取的第一样本和第二样本。对于就地抽样就地检测，先从检测批中抽取第一样本，如能根据第一样本检测结果对检测批进行判定，则不在抽取第二样本，否则再抽取第二样本。

5.4.2 一般检验（验收）检测量及批次产品的质量判定，采用 GB/T 2828.1—2003 中的一般检查水平Ⅰ，二次抽样方案，从正常检查开始。合格质量水平（AQL）为 4.0。见表3。

表 3 检测量及批次产品的质量判定表

单位为支

批量范围	样本	样本大小	累计样本大小	合格判定数	不合格判定数
501~1 200	第一	20	20	1	3
	第二	20	40	4	5
1 201~10 000	第一	50	50	1	6
	第二	50	100	4	10
10 001~150 000	第一	125	125	7	11
	第二	125	250	18	19
>150 000	第一	200	200	11	16
	第二	200	400	26	27

5.4.3 监督检验的抽样量可采用 GB/T 2828.4—2003 中的检验水平Ⅲ、Ⅳ或Ⅴ，监督质量水平（AQL）为 4.0，错判风险 $a=0.05$。检验水平应在监督检验前确定，检测量和产品批的质量判定见表4。

表4 监督检验检测量和产品批的质量判定

检验水平	样本大小	合格判定数
Ⅲ	20	3
Ⅳ	32	4
Ⅴ	50	5

取样时,可以扎(袋或盒)为单位抽取初次样品。如初次样品无异质性,可混合为混合样品。从混合样品中采用对分法或随机抽取数量适当的几扎(袋或盒)作为送验样品,或从每扎(袋或盒)中随机抽取数量相等的花枝,将这些花枝混合后形成送验样品。送验样品可重新捆扎或装袋、装盒后送去检验。

为了避免受检产品性状发生变化,取样后应尽快完成检验工作,所有外观检验应在24 h内完成。

5.5 封样、运送和保存

5.5.1 封样

样品每10支~20支为一扎,用纸或塑料包装,装进纸箱当场签封。

5.5.2 运送

样品加封后,由抽样人员带回,或请被检单位在规定的时间内送达检验地点。

5.5.3 保存方式

鲜切花样品不作保存。

6 检验方法

6.1 样品分发

每个检测员依次分别对同一检测样品进行重复检测,操作时每个检测员分别取等量的样品进行检验,然后相互交换样品,直到每个检测员完成全部样品的检验。

6.2 检验方法

6.2.1 品种

根据品种特征进行鉴定。

6.2.2 整体感

根据切花的品种特点,从切花的花、茎、叶的总体感官进行综合评定。

6.2.3 花色

按英国皇家园艺学会色谱标准(Color Chart,The Royal Horticulture Society,London)目测评定。

6.2.4 小花数量

记录开放小花和未开花蕾的数量。顶部无法区分的小花,则不计入小花数。

6.2.5 花形

据品种特征目测评定。

6.2.6 花朵大小

圆形花朵用直尺按相互垂直方向测量花朵直径,取其平均值。花烛佛焰苞的大小测量其长和宽,取其平均值。马蹄莲、鹤望兰测量佛焰苞或花朵的长度。蝴蝶兰测量左右两个花瓣之间的最大宽度。石斛兰测量两个最大直径,取平均值。对于有多个花朵的花序,测量第一朵小花的大小,精确到0.1 cm。

6.2.7 花枝长度

用直尺测量,精确到 1 cm。

大多数切花的花枝长度测量剪切口到花朵或花序顶端的距离,具分枝的切花以最长的为准。花烛、非洲菊、向日葵测量切口到佛焰苞或花头基部的距离,小苍兰测量切口到第一朵小花基部的距离。

6.2.8 花枝粗度

用卡尺测量花枝中部,精确到 0.1 cm。

6.2.9 挺直度

用量角器测量最大弯曲点和剪切口的连线与剪切口和花枝顶端连线之间的夹角,精确到 1°。只要切口处一节花茎与花序主茎成一直线,中间各节略有弯曲也可判为挺直。

6.2.10 花枝坚硬度

可将花枝基部 2.5 cm 全部水平固定,测量花头(花枝顶端)低于水平面的角度,一般≤30°为坚硬。

6.2.11 病虫害

用肉眼或仪器(放大镜、解剖刀等)对切花的花、茎叶进行检查,是否存在病菌或病毒侵染的病斑,昆虫、螨类、虫卵,及其他病虫害症状,必要时进行培养检测。

6.2.12 药害

目测评定。

6.2.13 冷害

通过花朵和花枝的外观目测评定,也可通过瓶插观察花朵(花蕾)能否正常开放来评定。

6.2.14 机械损伤

目测评定。

6.2.15 采切期

根据花朵和花序的开放程度目测评定。

6.2.16 整齐度

6.2.16.1 花枝长度的整齐度为计算被检测样品的花枝长度平均值 X,再计算出花枝长度在 $X(1\pm5\%)$ 范围内的花枝数占所检样品总数的百分率。

6.2.16.2 采切期的整齐度为计算所检样品中处于同一采切期的花枝数占所检样品总量的百分率。

6.2.16.3 花朵直径的整齐度为计算被检测样品的花朵直径平均值 X,再计算出花朵直径在 $X(1\pm5\%)$ 范围内的花枝数占所检样品总数的百分率。

7 检验规则

7.1 判定规则

先由检测员分别评价,并根据所采用的判定依据作出判定,然后由检测小组负责人列表这些结果并组织讨论,最后根据讨论结果,检测小组形成一致意见。如不能形成一致意见,以多数检测员的判定结果为准。

7.2 判定依据

按产品标准或合同规定中的判定依据进行结果的判定。或应送检者的要求,按送检者提供的依据进行判定。

7.3 复验

切花产品不进行复验。

7.4 原始记录和检验证书

7.4.1 原始记录的内容和格式见附录 A。

7.4.2 检验证书的内容和格式见附录 B。

8 送样与贮存

8.1 运送过程中应采取保鲜措施以尽量减少产品质量状况的变化,如使用保鲜剂,杀菌剂,保持适合的低温和较高的湿度。

8.2 当收到样品后不能立即检验需要暂时保存的,应根据切花种类,保存在适宜的条件下。大多数切花可保存在3℃～7℃左右,一些热带起源的切花要求7℃～10℃的温度。

附　录　A
（规范性附录）
切花原始记录

表 A.1　切花检验原始记录表

编号_____

品种_____样品编号_____样品情况_____检验地点_____

环境条件:温度_____℃　湿度_____%

测试仪器:_____编号_____

检测花枝 数量(支)	花枝长度 X(cm)	一级 (支)	二级 (支)	三级 (支)	整齐度%			其他测定
					花枝长度	采切期	花朵直径	
检测方法:				判定依据:			质量等级:	
备注								

本次检验:有效　□
　　　　　无效　□

检验人_____
校核人_____
检验日期_____年　月　日

附　录　B
（规范性附录）
检验证书的内容和格式

附录 B 列出了切花的样品和批的质量检验证书,其他花卉产品的检验证书可参考切花的内容和格式填写。

表 B.1　切花样品质量检验证书

编号_____

据送检人陈述

切花品种中名_____学名_____产地_____

产品批编号	批量大小(支)	包装件数	抽样日期	送检样品号

送检人_____　　　单位地址_____　　　邮政编码_____

正式报告

样品编号	样品封缄	样品大小(支)	样品收到日期	检验结束日期

检验结果

被检切花品种中名_____学名_____
样品编号_____样品情况_____检验地点_____
环境条件:温度_____℃　湿度_____%
测试仪器:_____编号_____

花枝长度 （cm）	一级 （支）	二级 （支）	三级 （支）	整齐度%			其他测定
				花枝长度	采切期	花朵直径	

检测方法:	判定依据:		质量等级:
备注			

检验机构全称_____　　　检验人_____

地址_____　　　校核人_____

邮编_____　　　技术负责人_____

电话_____　　　签发日期____年 月 日

检验机构(章)

（背面）

签发机构声明

1. 检验的程序和方法符合农业行业标准《花卉检验技术规范》,所有检验均由本机构完成,(省级以上行政机关)已授权本机构签发花卉样品质量检验证书。

2. 证书无检验单位盖章及技术负责人签字无效,涂改无效。

3. 本证书检验结果只对送检样品负责。

表 B.2 切花批质量检验证书

编号_____

据送检人陈述

切花品种中名_____学名_____产地_____

送检人_____单位地址_____邮政编码_____

正式报告

抽样、封缄单位和人员_____

产品批标记_____

产品批封缄_____

产品批大小	包装名称	包装数量	抽样日期	样品编号	样品封缄	样品大小（支）	样品收到日期	检验结束日期

检验结果

被检切花品种中名_____学名_____

检测花枝数量（支）	花枝长度 X（cm）	一级（支）	二级（支）	三级（支）	整齐度(%)		
					花枝长度	采切期	花朵直径
判定依据					质量等级		
备注							

检验机构全称_____   检验人_____

地址_____   校核人_____

邮编_____   技术负责人_____

电话_____   签发日期___年 月 日

检验机构(章)

_____

ICS 65.020
B 04

中华人民共和国农业行业标准

NY/T 1656.3—2008

花卉检验技术规范
第3部分：盆花检验

Rules for flower testing
Part 3: Potted flower test

2008-07-14 发布

2008-08-10 实施

中华人民共和国农业部 发布

前　言

NY/T 1656《花卉检验技术规范》分为七个部分：

——第1部分：基本规则；

——第2部分：切花检验；

——第3部分：盆花检验；

——第4部分：盆栽观叶植物检验；

——第5部分：花卉种子检验；

——第6部分：种苗检验；

——第7部分：种球检验。

本部分为NY/T 1656的第3部分。

附录A为规范性附录。

本部分由中华人民共和国农业部提出并归口。

本部分起草单位：农业部蔬菜品质监督检验测试中心（北京）、农业部花卉产品质量监督检验测试中心（昆明）、农业部花卉产品质量监督检验测试中心（上海）、农业部花卉产品质量监督检验测试中心（广州）。

本部分主要起草人：王玉国、刘肃、钱洪、黎扬辉、毕云青、林大为。

花卉检验技术规范
第3部分:盆花检验

1 范围

本部分规定了盆花质量检验的基本规则和技术要求。

本部分适用于盆花生产、贮运和国内外贸易中产品质量的检验。

2 规范性引用文件

下列文件中的条款通过本部分的引用而成为本部分的条款。凡是注日期的引用文件,其随后所有的修改单(不包括勘误的内容)或修订版均不适用于本部分,然而,鼓励根据本部分达成协议的各方研究是否可使用这些文件的最新版本。凡是不注日期的引用文件,其最新版本适用于本部分。

GB/T 2828.1 按接收质量限(AQL)检索的逐批检验抽样计划

GB/T 2828.4 声称质量水平的评价程序

NY/T 1656.2 花卉检验技术规范 切花检验

3 术语和定义

下列术语和定义适用于 NY/T 1656 的本部分。

3.1

盆花 potted flower

以花的形态、色泽等为主要观赏内容的盆栽植物。

3.2

整体感 comprehensive expression

盆花的各个组成部分相互作用而产生的综合效果,包括植株的生长和花朵开放状况、植株的大小是否与栽植容器相称、植株是否完整、匀称、清洁及新鲜程度。

3.3

花盖度 percent of flower area

盆花冠部有花朵(或花序)部分的面积占整个冠部面积百分率。

3.4

株高 plant height

盆沿到植株顶端的高度。

3.5

冠幅 crown mean breadth

植株叶幕区的平均直径。

3.6

药害 chemical injury

由于施用药物不当对叶片、茎秆、花朵(蕾)造成的外形变化或伤害。

3.7

冷害 chilling injury

由于低温造成的花朵不能正常开放和植株外观可见伤害。

3.8

机械损伤　mechanical injury

由于粗放操作或贮运过程中的挤压、震动等造成的外形变化或伤害,如叶片、花朵的折损、穿孔、脱落、破裂等。

3.9

污染物　contamination

附着于叶片、茎秆、花朵(蕾)上的泥土、农药、肥料及病虫等残留污染物。

3.10

人工基质　artificial medium

人工配制的不含泥土的栽培基质

3.11

整齐度　uniformity

植株高度和冠幅的一致性。

4　要求

4.1　环境

按 NY/T 1656.2 中 4.1 规定。

4.2　工具

直尺,精确到 0.1 cm;卡尺,精确到 0.01 cm;放大镜;比色卡,采用英国皇家园艺学会色谱标准。

4.3　检测人员

应掌握各种盆花的种或品种特征,了解各种盆花在生产和流通中易发生的质量问题。对盆花的颜色和种类无偏好,无色盲。

检测人员数量应满足 NY/T 1656.1 中 4.3.4 关于感官检测的规定。

5　抽样

样品的抽取应在成品库或生产现场随机抽取。市场抽样应查验产品合格证或经销单位确认合格的产品;生产基地抽取的样品应是成品;同一产地、同一品种、同一批次的产品作为一个检验批次。

5.1　批量

每检测批最大批量为 1 万盆,超过最大批量值按 NY/T 1656.1 中 5.6.2 的规定执行。

5.2　抽样频次

5.2.1　包装产品

包装产品的抽样频次见表 1。

表 1　包装产品抽取初次样品的频次

批量件数	抽样件数(最低限度)
≤10	3
11~50	4
51~100	5
100~300	7
>300	10

5.2.2　散装产品

散装产品的抽样频次见表 2。

表2 散装产品抽取初次样品的频次

批量盆数	抽样点数(最低限度)
≤100	3
101~500	4
501~2 000	5
2 001~5 000	7
>5 000	10

5.3 抽样量

送验样品量应略大于检测量,至少不低于检测量。一般检验(验收)的检测量见表3,监督检验的检测量见表4。

一般检验(验收)检测量及批次产品的质量判定,采用 GB/T 2828.1—2003 中的一般检查水平Ⅰ,一次抽样方案,从正常检查开始。合格质量水平(AQL)为15。见表3。

表3 检测量及批次产品的质量判定表

单位为盆

批量范围	样本大小	合格判定数	不合格判定数
≤280	13	5	6
281~500	20	7	8
501~1 200	32	10	11
1 201~3 200	50	14	15
>3 200	80	21	22

监督检验的抽样量可采用 GB/T 2828.4—2003 中的检验水平Ⅲ、Ⅳ或Ⅴ,监督质量水平(AQL)15,错判风险 a=0.05。检验水平应在监督检验前确定,检测量和产品批的质量判定见表4。

表4 监督检验检测量和产品批的质量判定

检验水平	样本大小	合格判定数
Ⅲ	5	3
Ⅳ	8	4
Ⅴ	13	5

5.4 抽样方法

5.4.1 生产基地

以盆为单位抽取,用"X"法抽取,每条线上的抽取点视批量而定,抽取点总数不应少于3点,最多不超过32点。每点抽1盆。

5.4.2 包装产品

先以箱为单位抽取,用"X"法抽取,每条线上的抽取点视批量而定,抽取点总数不应少于3点,最多不超过20点;再以盆为单位,按左中右3点在每箱中抽取3盆;最后以盆为单位。抽样品时,可以盆为单位抽取初次样品。如初次样品无异质性,可混合为混合样品。从混合样品中采用对分法或随机抽取适当的数量作为送验样品。

5.5 封样

中小盆花先用塑料套袋套住后装入纸箱当场签封,大盆的盆花一般只进行现场检测。

5.6 运送

样品加封后,小件样品可由抽样人员带回,大盆的盆花一般只进行现场检测。运送过程中应采取适当措施以尽量减少产品质量状况的变化。

5.7 保存

当收到样品后不能立即检验需要暂时保存的,应根据盆花种类,保存在适宜的条件下。

为了避免受检产品性状发生变化,取样后应尽快完成检验工作,所有外观检验应在 24 h 内完成。

6 检测方法

6.1 分发样品

同 NY/T 1656.2 中 6.1 的规定。

6.2 检测方法

6.2.1 品种

根据品种特征进行鉴定。

6.2.2 整体感

应根据盆花的品种特点,从盆花的花、茎、叶的总体感官进行综合评定。

6.2.3 花色

可按英国皇家园艺学会色谱标准(Color Chart,The Royal Horticulture Society,London)目测评定。

6.2.4 花盖度

分别测量有花部分和整个冠部的面积,一品红和安祖花测量着色苞叶的面积,然后计算有花部分占整个冠部面积的百分率。

花朵较分散的盆花品种如温室凤仙、矮牵牛、半支莲、杜鹃花、小菊、山茶花、仙客来、长春花、一品红、安祖花等,按公式(1)计算。

$$X = \frac{A_1 \times N}{A} \times 100 \quad \cdots\cdots\cdots\cdots\cdots\cdots\cdots\cdots\cdots\cdots\cdots\cdots \quad (1)$$

式中:

X——花盖度;

A_1——单朵花投影面积,单位为平方厘米(cm²);

N——花朵(花蕾)总数;

A——冠幅面积,单位为平方厘米(cm²)。

花朵较集中的盆花品种如蒲包花、四季报春、瓜叶菊、金鱼草、一串红、大岩桐等,按公式(2)计算。

$$X = \frac{A_2 \times N}{A} \times 100 \quad \cdots\cdots\cdots\cdots\cdots\cdots\cdots\cdots\cdots\cdots\cdots \quad (2)$$

式中:

X——花盖度;

A_2——花序的投影面积,单位为平方厘米(cm²);

N——花序总数;

A——冠幅面积,单位为平方厘米(cm²)。

花朵较小难以计数的盆花四季海棠、四季米兰等,花盖度用目测估算。

由于花卉品种极多,不同环境条件下生长状况也各不相同,检测时应根据盆花的实际生长状况运用合适的计算公式。结果不留小数位。

6.2.5 药害、冷害、机械损伤、污染物

目测评定。

6.2.6 株高

用直尺测量花盆上沿到植株顶部的高度,精确到 1 cm。

6.2.7 冠幅

用直尺测量冠部垂直方向两直径,取其平均值,精确到 1 cm。

6.2.8 花盆尺寸

花盆测量用直尺量花盆的盆口外沿直径。花盆尺寸如与标准中所要求的规格不符时,可以允许有 ±10% 的波动,超出者则降级处理。

6.2.9 病虫害

用肉眼或仪器(放大镜、立体显微镜等)对盆花的花、茎叶进行检查,是否存在病菌或病毒侵染的病斑,昆虫、螨类、虫卵,及其他病虫害症状,必要时进行培养检测。

6.2.10 整齐度

株高或冠幅的整齐度为计算被检测样品的株高或冠幅平均值 X,再计算出株高或冠幅在 X(1±10%)范围内的盆数占所检样品总数的百分率。

7 质量分级

7.1 整体效果

1～3 级指标中应增加:花盆美观无破损、款式要一致。

7.2 花部状况

7.2.1 对花朵集中一个时期开放的盆花种类,采用下列指标:

一级品:含苞欲放的花蕾者≥90%,5%～10%花朵已经开放;

二级品:11%～50%花朵已经开放;

三级品:51%～60%花朵已经开放。

7.2.2 对花朵陆续开放花期较长的盆花种类,如红掌等,则采用下列指标:

一级品:含苞欲放的花蕾者≥20%;二、三级品:含苞欲放的花蕾者≥10%。

7.3 盆花植株高度

盆花植株高度超过一级品的规格要求时,如果其他指标也相应提高,且整体协调,比例相称时,应判为一级品。

7.4 病虫害或破损状况

一、二级品不得带有病虫害和其他破损;三级品可带有轻微折损、擦伤、冷害、水渍、药害、灼伤、斑点或褪色,且所有损伤面积之合不超过冠幅面积的 5%,否则记为级外。

8 检验规则

8.1 判定规则

先由检测员分别评价,并根据所采用的判定依据作出判定,然后由检测小组负责人表列这些结果并组织讨论不同意见,最后根据讨论结果,检测小组形成一致意见。如不能形成一致意见,结果以多数检测员的判定结果为准。

8.2 判定依据

按 GB/T 18247.2 或合同规定为判定依据。质量等级分为三级,低于三级指标判为级外。

8.3 单项指标等级判定

等级划分中的某一项指标,同时满足两个等级的评价指标时,要根据该项指标在这两个等级中的评价指标是否相同来决定归属哪一级。如果该项指标在这两个等级中不同,则应归属下一个等级,否则,应归属上一个等级。

8.4 单盆盆花等级的判定

单盆盆花的各单项指标不在同一级别时,以该盆花单项指标最低一级定级。

样品或产品批次的整体判定根据样品中各单盆盆花的级别,按国家标准 GB/T 18247.2 中 5.1.3

项的原则进行判定。

8.5 复验

盆花产品不进行复验。

9 原始记录

原始记录的内容和格式见附录 A。

附　录　A
（规范性附录）
盆花原始记录

表 A.1　盆花检验原始记录表

编号_____

品种_____样品号_____样品情况_____检验地点_____

环境条件:温度_____℃　湿度_____%

测试仪器:_____编号_____

检测量(盆)	规格	一级(盆)	二级(盆)	三级(盆)	整齐度%		其他测定
					株高	冠幅	
检测方法:				判定依据:			质量等级:
备注							

本次检验:有效　□　　　　　　　　　　　　　检验人_____
　　　　　无效　□　　　　　　　　　　　　　校核人_____
　　　　　　　　　　　　　　　　　　　　检验日期_____年　月　日

ICS 65.020
B 04

中华人民共和国农业行业标准

NY/T 1656.4—2008

花卉检验技术规范
第4部分：盆栽观叶植物检验

Rules for flower testing
Part 4: Foliage potted plant test

2008-07-14 发布

2008-08-10 实施

中华人民共和国农业部 发布

前　言

NY/T 1656《花卉检验技术规范》分为七个部分：

——第1部分：基本规则；

——第2部分：切花检验；

——第3部分：盆花检验；

——第4部分：盆栽观叶植物检验；

——第5部分：花卉种子检验；

——第6部分：种苗检验；

——第7部分：种球检验。

本部分为 NY/T 1656 的第4部分。

附录 A 为规范性附录。

本部分由中华人民共和国农业部提出并归口。

本部分起草单位：农业部蔬菜品质监督检验测试中心（北京）、农业部花卉产品质量监督检验测试中心（昆明）、农业部花卉产品质量监督检验测试中心（上海）、农业部花卉产品质量监督检验测试中心（广州）。

本部分主要起草人：王玉国、钱洪、刘肃、黎扬辉、毕云青、林大为。

花卉检验技术规范
第 4 部分:盆栽观叶植物检验

1 范围

本部分规定了盆栽观叶植物质量检验的基本规则和技术要求。

本部分适用于盆栽观叶植物生产、贮运和国内外贸易中产品质量的检验。

2 术语和定义

NY/T 1656.3 中确立的以及下列术语和定义适用于 NY/T 1656 的本部分。

2.1

盆栽观叶植物 foliage potted plant

以茎、叶的形状、色泽、斑纹及株形等为主要观赏内容的盆栽植物。

2.2

整体感 comprehensive impression

盆栽观叶植物的各个组成部分相互作用而产生的综合效果,包括植株的生长状况、植株的大小是否与栽植容器相称、植株是否完整、匀称、清洁及新鲜程度。

2.3

桩高 column height

花盆底部到桩柱顶端的高度。

3 要求

按 NY/T 1656.3 中第 4 章的规定执行。

4 抽样

按 NY/T 1656.3 中第 5 章的规定执行。

5 检验方法

5.1 分发样品

按 NY/T 1656.2 中 6.1 的规定执行。

5.2 检测方法

5.2.1 盆栽观叶植物品种

根据品种特征进行鉴定。

5.2.2 整体感

根据盆栽观叶植物的品种特点,从盆栽观叶植物茎、叶及植株的总体感官进行综合评定。

5.2.3 药害、冷害、机械损伤、污染物、人工基质

目测评定。

5.2.4 株高

用直尺测量花盆上沿到植株顶部的高度,精确到 1 cm。

5.2.5 冠幅

用直尺测量冠部垂直方向两直径,取其平均值,精确到 1 cm。

5.2.6 花盆尺寸

检查花盆尺寸标志,并用直尺测量。

5.2.7 病虫害

用肉眼或仪器(放大镜、立体显微镜等)对盆栽观叶植物的花、茎叶进行检查,是否存在病菌或病毒侵染的病斑、昆虫、螨类、虫卵,以及其他病虫害症状,必要时进行培养检测。

5.2.8 整齐度

株高或冠幅的整齐度为计算被检测样品的株高或冠幅平均值(X),再计算出株高或冠幅在 $X(1\pm10\%)$ 范围内的盆数占所检样品总数的百分率。

6 质量分级

参照 NY/T 1656.3 中第 7 章的规定执行。

7 检验规则

按 NY/T 1656.3 中第 8 章的规定执行。

8 原始记录

按 NY/T 1656.3 中第 9 章的规定执行。

ICS 65.020
B 04

中华人民共和国农业行业标准

NY/T 1656.5—2008

花卉检验技术规范
第5部分：花卉种子检验

Rules for flower testing
Part 5: Flower seed test

2008-07-14 发布
2008-08-10 实施

中华人民共和国农业部 发布

前　言

NY/T 1656《花卉检验技术规范》分为七个部分：

——第1部分：基本规则；

——第2部分：切花检验；

——第3部分：盆花检验；

——第4部分：盆栽观叶植物检验；

——第5部分：花卉种子检验；

——第6部分：种苗检验；

——第7部分：种球检验。

本部分为 NY/T 1656 的第5部分。

附录 A 为资料性附录。

本部分由中华人民共和国农业部提出并归口。

本部分起草单位：农业部蔬菜品质监督检验测试中心(北京)、农业部花卉产品质量监督检验测试中心(昆明)、农业部花卉产品质量监督检验测试中心(上海)、农业部花卉产品质量监督检验测试中心(广州)。

本部分主要起草人：王玉国、刘肃、钱洪、黎扬辉、毕云青、林大为。

花卉检验技术规范
第5部分:花卉种子检验

1 范围

本部分规定了花卉种子检验的抽样、净度分析、其他植物种子数目测定、发芽实验、生活力的生物化学测定、种子健康测定、种及品种鉴定、水分测定、重量测定、包衣种子检验的基本规则和技术要求。

本部分适用于花卉种子的检测。

2 规范性引用文件

下列文件中的条款通过本部分的引用而成为本部分的条款。凡是注日期的引用文件,其随后所有的修改单(不包括勘误的内容)或修订版均不适用于本部分,然而,鼓励根据本部分达成协议的各方研究是否可使用这些文件的最新版本。凡是不注日期的引用文件,其最新版本适用于本部分。

GB 2772　林木种子检验规程

GB/T 3543.4　农作物种子检验规程　发芽试验

1996 国际种子检验规程(ISTA International Rules For Seed Testing)

3 术语和定义

下列术语和定义适用于 NY/T 1656 的本部分。

3.1

真实性　genuineness of seed

供检种或品种与所声明的种或品种是否相符。

3.2

纯度　seed purity

测定样品中所声明的种或品种的种子数占样品中全部种子数的百分率。

3.3

完全检验　complete test

从整个实验样品中找出所有其他植物种子的测定方法。

3.4

有限检验　limited test

从整个实验样品中只限于从整个试验样品中找出指定种的测定方法。

3.5

简化检验　reduced test

从较小的试验样品量(相对于规定试验样品量)中找出所有其他植物种子的测定方法。

3.6

简化有限检验　reduced - limited test

从较小的试验样品量(相对于规定试验样品量)中找出指定种的测定方法。

3.7

包衣种子　coated seed

经其他非种子材料,如杀虫剂、杀菌剂、染料或其他添加剂等包裹的种子,包括丸化种子、包膜种子、种子颗粒、种子带、种子毯和处理种子。

3.8

丸化种子　pellet seed

为了适应精量播种,做成的大小和形状上没有明显差异的类似球状的单粒种子。

3.9

包膜种子　encrusted seeds

形状类似于原来的种子单位,其大小和重量的变化范围可大可小。包膜物质可能含有杀虫剂、杀菌剂、染料或其他添加剂。

3.10

种子颗粒　seed granules

近似于圆柱形的种子单位,其中包括一个以上成串状排列的种子。

3.11

种子带　seed tapes

将种子铺在纸或其他可分解材料制成的狭带上。

3.12

种子毯　seed mats

将种子铺在纸或其他可分解材料制成的宽而薄毯状材料上。

3.13

处理种子　treated seeds

仅用杀虫剂、杀菌剂、染料或其他添加剂处理而不会引起其形状、大小的显著变化,或不增加原来重量的种子。

3.14

净丸粒　pure pellets

净丸粒包括含有或不含有种子的完整丸粒;对于表面覆盖丸化物质占种子表面一半以上的破损丸粒,但这种破损丸粒不含有种子或所含种子不是送验者所述的植物种子的,不应归为净丸粒。

3.15

未丸化种子　unpalleted seed

包括任何植物种子的未丸化种子;包括非送验者所述植物种子的破损丸粒和送验者所述植物种的种子的破损丸粒。

3.16

杂质　inert matter

杂质包括脱落下的丸化物质;明显没有种子的破损丸粒;按 GB 2772 第 4 章 4.2.4 的规定作为杂质的任何其他物质。

4　抽(送)样

4.1　样品量

种子批的最大质量、送检样品质量(此样品不包括留副样,如果要留副样则要加倍,其中水分测定20 g 要密封包装)、净度分析测定样品质量,参见《1996 国际种子检验规程》的规定,见附录 A 中表 A.1的规定。

4.2　最低送验量

4.2.1　含水量的测定

需磨碎的种子为 100 g；其他种子为 50 g；对特小种子（大于 500 粒/g）至少达到 5 g。

4.2.2　种及品种的鉴定

需种子 1 000 粒。

4.2.3　所有其他测定

至少达到附录 A 中表 A.1 所规定的最低送验量，对小种子批（种批质量小于或等于附录 A 中表 A.1 所规定最大批量的 1‰）其送验样品至少达到附录 A 中表 A.1 规定的净度分析试验样品的质量。如作其他植物种子数目的测定送验样品要达到 25 000 粒。

确因种子价格昂贵的，送验样品少于规定数量时，也可尽量完成检验，但应注明送验量。

4.3　抽样方法

按 GB 2772—1999 中第 3 章的规定执行。

4.4　净度分析

按 GB 2772—1999 第 4 章的规定执行。

4.5　发芽测定

按 GB 2772—1999 第 5 章和 GB/T 3543.4 的规定执行。

发芽方法见附录 A 中表 A.2。

4.6　生活力测定

按 GB 2772—1999 第 6 章的规定执行。

4.6　种子健康状况测定

按 GB 2772—1999 第 8 章的规定执行。

4.7　含水量测定

按 GB 2772—1999 第 9 章的规定执行。

4.8　重量测定

按 GB 2772—1999 第 10 章的规定执行。

4.9　X 射线检验

按 GB 2772—1999 第 11 章的规定执行。

5　种及品种的鉴定

5.1　要求

5.1.1　环境

室内应保持明亮、通风和适宜的温度，避免无关的气味污染，空间适宜，座位舒适，安静不受干扰；现场检验应尽量创造一个安静、宽阔、明亮舒适的环境。

温室和光照培养箱中需配备能调节环境条件，以诱导其鉴别性状发育的设备。

田间小区需具有能鉴别性状正常发育的气候、土壤及栽培条件，并对防治病虫害有充分的保护措施。

5.1.2　检测人员

种及品种的鉴定应由熟悉供检种或品种的形态、生理或其他特性的检测人员进行鉴定。

5.2　鉴定

5.2.1　根据种或栽培品种的不同，可采用种子、幼苗或较成熟的植株进行鉴定。

5.2.2　种子和标准样品的种子进行比较；幼苗和植株与同期邻近种植在相同环境条件下，处于同一发育阶段的标准样品生长的幼苗和植株进行比较。当有一个或几个性状可以鉴别时，就可以对异作物或异品种的种子、幼苗或植株进行记数，并对样品的真实性和品种纯度做出评价。

5.3 种子鉴定

5.3.1 试验样品

从送验样品中随机抽取不少于 400 粒种子。检验时设重复,每个重复 100 粒。如采用电泳方法,允许使用较小的实验样品。

5.3.2 测定

测定种子形态特征时,如有必要可借助适宜的放大仪器进行观察。测定种子色泽时,可在白天自然光下或特定光谱(如紫外光)下进行观察。测定化学特性时,可用适当的试剂处理种子,并记录每粒种子的反应。

5.4 幼苗鉴定

5.4.1 试验样品量

从送验样品中随机抽取不少于 400 粒种子。检验时设重复,每个重复 100 粒。

5.4.2 测定

种子放在适宜的发芽床上进行培养。当幼苗长到适宜的阶段时,对全部或部分幼苗进行鉴定。在测定染色体倍数时,切开根尖或其他组织,处理后在显微镜下进行鉴定。

5.5 温室或培养室的植株鉴定

5.5.1 试验样品量

所播种子至少能长成 100 株植株。

5.5.2 测定

种子播种于适宜的容器内,并满足鉴别性状发育所需要的环境条件。当植株达到适宜的发育阶段时,对每一株的主要性状进行观察和记载。

5.6 田间小区植株鉴定

5.6.1 试验样品量

所播种子至少能长成 200 株植株。

5.6.2 测定

每个样品至少播种 2 个重复小区,并保证每个小区有大约相等的成苗植株。重复应布置在不同地块或同一地块的不同位置。行间和株间应有足够的距离,使所要鉴定的性状能充分发育。在整个生长期间,特别是幼苗期和成熟期,要进行观察,并记载与标准样品的差异。凡可以看出是属于另外的种或栽培品种或异常植株的均应记数和记载。

5.7 结果计算

按 GB 2772 第 5 章中表 5 检查重复间的差异是否为随机误差。如各重复间的最大值和最小值的差距没有超过 GB 2772 第 5 章表 5 规定的容许误差范围,就用各重复的平均数作为该次测定的发芽率,否则进行重新测定。种子纯度按公式(1)计算。

$$X = \frac{n}{N} \times 100 \quad\cdots\cdots\cdots\cdots\cdots\cdots\cdots\cdots\cdots\cdots\cdots\cdots \quad (1)$$

式中:

X——种子纯度,单位为百分数(%);

n——所声明种或品种的种子数(幼苗或植株);

N——测定种子数(幼苗或植株)。

其他种或品种或变异植株数量,均以其所占测定种子数或植株数量的百分率表示。精确到 1%。

5.8 结果报告

采用的测定方法和计算结果填在质量检验证书上。

6 包衣种子检验

6.1 要求

同 5.1 的规定。

6.2 抽样

6.2.1 抽样量

每检测批丸化种子最大批量同 4.1 的规定。按种子粒数,种批的最大种子数目为 10 亿粒。

送验样品量不应少于表 1 和表 2 的规定,如果样品较小,则应在证书上填报如下说明:"送验样品仅含有_____粒丸化种子,没有达到花卉检验技术规范的要求。"

表 1 丸化种子的样品大小(丸粒数)

测定项目	送验样品不应少于	试验样品不应少于
净度分析(包括植物种的鉴定)	7 500	2 500
重量测定	7 500	1 000
发芽试验	7 500	400
其他植物种子数测定	10 000	7 500
其他植物种子数测定(包膜种子和种子颗粒)	25 000	25 000
大小分级	10 000	2 000

表 2 种子带的样品大小(粒数)

测定项目	送验样品不应少于	试验样品不用应少于
种的鉴定	2 500	100
发芽试验	2 500	400
净度分析	2 500	2 500
其他植物种子数测定	10 000	7 500

6.2.2 抽样方法

按 4.3 规定的方法进行。

包衣种子在抽样、处理及运输过程中应避免对丸粒或种子带的损伤,并且应将样品装在适当的容器内寄送。在对丸化种子进行取样时,种子落下距离不宜超过 250 mm(防止丸粒破碎)。

6.3 净度分析

6.3.1 要求

将测定样品分成净丸粒、未丸化种子及杂质三种成分,并测定各成分的重量百分率。样品中所有植物种子和各种夹杂物,都应加以鉴定。

6.3.2 种的鉴定

从经净度分析后的净丸粒部分中取出 100 粒丸粒,除去丸化物质,然后测定每粒种子所属的植物种。丸化物质可冲洗掉或在干燥情况下除去。对于种子带同样要取出 100 粒种子,进行种子真实性的鉴定。鉴定方法按 5 的规定进行。

6.3.3 检测

按 6.2.1 的规定取得试验样品并称量。净度分析可用规定丸粒数的一个试验样品,或单独分取致少为这一数量一半的两个次级样品进行。然后将试验样品按规程 6.3.1 的规定分为各种成分,并分别称量。

6.3.4 结果计算

分别计算净丸粒、未丸化种子及杂质的重量百分率。其百分率的计算应以各种成分质量的总和为基数,而不是以试验样品的原质量为基数,但各种成分的质量总和应与原始质量作比较,以便核实物质的损失或其他误差。如用两份半试样进行重复分析,则两份重复之间的误差不应超过 GB 2772—1999第4章4.5.4的规定。如果分析结果超过了允许误差,按 GB 2772—1999 第4章4.5.3.1的规定处理。

6.3.5 结果报告

将净丸粒、未丸化种子和杂质的百分率及6.3.2种子鉴定中所发现的每个种的名称和种子数填报在检验证书上。

净度分析结果应保留一位小数,所有成分的百分率之和应为100,小于0.05%的成分应填报为"微量"。

6.4 发芽试验

6.4.1 要求

丸化种子的发芽试验,应用从经净度分析后的净丸粒部分中取出丸粒来进行。丸粒置于发芽床上,应保持接收时的状态(即不经冲洗或浸泡)。种子带的发芽试验在带上进行,不用从制带物质中取下种子或经过任何方法的预处理。

一颗丸粒如果至少能产生送验者所述种的一株正常幼苗,即作为具有发芽力的丸化种子。

一颗丸粒中存在一粒以上的种子应视为单粒种子进行试验,试验结果用至少产生一株正常幼苗的丸粒的百分率表示。

6.4.2 试验方法

按 GB 2772—1999 第5章规定的方法进行。

6.4.3 结果计算

丸化种子的结果以产生正常幼苗丸粒数的百分率表示。种子带或种子毯以每米或每平方米产生的正常幼苗数表示。

6.4.4 结果报告

将丸化种子或种子带(毯)上种子产生的正常幼苗、不正常幼苗和无幼苗的百分率填报在检验证书上。并说明发芽试验所用的方法及试验持续时间。

6.5 丸化种子的重量测定

6.5.1 要求

从净丸粒种子中取一定数量的种子,称其质量并换算成每1 000粒种子的质量。

6.5.2 测定

按 GB 2772—1999 中第10章规定的方法进行。

6.6 丸化种子的大小分级

6.6.1 要求

经丸粒大小的筛选分析,测定丸化种子在某规定大小分级范围内的百分率。

6.6.2 送验样品量

供大小分级测定的送验样品至少达到250 g,并应放在密闭的容器品里送去检验。

6.6.3 仪器

圆孔套筛,包括筛孔直径比种子大小规定的下限值小0.25 mm的筛子一只;筛孔直径比种子大小规定的上限值大0.25 mm的筛子一个;筛孔直径在被检种子大小范围内以相差0.25 mm为等分的筛子若干个。

6.6.4 检测

供测定的两分试验样品各约 50 g(不少于 45 g,不大于 55 g)。每个试验样品须经筛选分析,将筛下的各部分称重,保留两位小数。各部分的质量以占总质量的百分率表示,保留一位小数。

6.6.5 结果计算

两份试验样品在规定分级范围内的百分率总和的差异不超过 1.5%,测定结果用两份试验样品的平均数表示。如果测定结果超过这一允许差距,则应再分析 50 g 的样品,直到有两份分析结果处在允许差距范围内。

6.6.6 结果报告

将检验结果填报在检验证书上,结果保留一位小数。

附 录 A
(资料性附录)

表 A.1 中表明不同种的种子批和样品的重量以及报告检验结果时所用植物的学名。

每个样品的大小是按各种种子的千粒重推算而来的,这个数量对大多数供检样品估计足够。

需要测定其他植物种子数目的种,其送验样品至少含 25 000 粒种子。

表 A.1 种子批和样品的质量

种 名		种子批的最大质量(kg)(第2章)	样品最低质量(g)	
学 名	中 文 名		送验样品(第2章)	净度分析试验样品(第3章)
Alcea rosea L.	蜀葵	5 000	80	20
Amaranthus tricolor L.	三色苋(雁来红)	5 000	40	10
Anemone coronaria L.	冠状银莲花	5 000	10	3
Anemone sylvestris L.	林生银莲花	5 000	10	3
Antirrhinum majus L.	金鱼草	5 000	5	0.5
Aquilegia vulgaris L.	普通耧斗菜	5 000	20	4
Asparagus setaceus (Kunth) Jessop	文竹	10 000	200	50
Aster alpinus L.	高山紫菀	5 000	20	5
Aster amellus L.	意大利紫菀	5 000	20	5
Aubrieta deltoidea（L.）DC. ［incl. *A. graeca* Griseb.］	三角南庭芥	5 000	5	1
Begonia semperflorens Hort. *	四季秋海棠	5 000	5	0.1
Begonis×tuberhybrida Voss	球根海棠	5 000	5	0.1
Bellis perennis L.	雏菊	5 000	5	0.5
Briza maxima L.	大凌风草	5 000	40	10
Calendula officinalis L.	金盏花	5 000	80	20
Callistephus chinensis (L.) Nees.	翠菊	5 000	20	6
Campanula medium L.	风铃草	5 000	5	0.6
Celosia argentea L.	青葙	5 000	10	2
Centaurea cyanus L.	矢车菊	5 000	40	10
Chrysanthemum coronarium L.	茼蒿	5 000	30	8
Clarkia pulchella Pursh	美丽春再来	5 000	5	1
Coreopsis drummondii (Don) Torrey et Gray *	金鸡菊	5 000	20	5
Cosmos bipinnatus Cav. ［incl. *Bidens formosa* (Bonato) Schultz. Bip.］	大波斯菊	5 000	80	20
Cosmos sulphureus Cav.	硫黄菊	5 000	80	20
Cyclamen persicum Miller	仙客来	5 000	100	30
Dahlia pinnata Cav.	大丽花	5 000	80	20
Datura stramonium L.	曼陀罗	5 000	100	25
Dianthus barbatus L.	美国石竹	5 000	10	3
Dianthus caryophyllus L.	香石竹	5 000	20	5
Dianthus chinensis L. ［＝*D. heddewigii* Reg.］	石竹	5 000	10	3
Digitalis prpurea L.	毛地黄	5 000	5	0.2
Echinops ritro L.	小蓝刺头	5 000	80	20

表 A.1（续）

种 名		种子批的最大质量（kg）（第2章）	样品最低质量（g）	
学 名	中 文 名		送验样品（第2章）	净度分析试验样品（第3章）
Eschscholtzia californica Cham.	花菱草	5 000	20	5
Fatsia japonica（Thunb. *ex* Murray）Decne. et Planchon	八角金盘	5 000	60	15
Freesia refracta（Jacq.）Klatt	香雪兰	5 000	100	25
Gaillardia pulchella Foug.	天人菊	5 000	20	6
Geranium hybridum Hort. *	勋章菊	5 000	40	10
Gerbera jamesonii Bolus *ex* Hook. f.	非洲菊	5 000	40	10
Godetia grandiflora Lindley	大花高代花	5 000	5	2
Gomphrena globosa L.	千日红	5 000	40	10
Gypsophila paniculata L.	锥花丝石竹	5 000	10	2
Helichrysum bracteatum（Vent.）Andrews	蜡菊	5 000	10	2
Helipterum roseum（Hook.）Benth.	小麦秆菊	5 000	30	8
Ipomoea tricolor Cav.	三色牵牛	10 000	400	100
Lathyrus latifolius L.	宿根香豌豆	10 000	400	100
Lathyrus odoratus L.	香豌豆	10 000	600	150
Lavandula angustifolia Miller	薰衣草	5 000	10	2
Lavatera trimestris L.	裂叶花葵	5 000	40	10
Leucanthemum maximum（Ram.）DC.	大滨菊	5 000	20	5
Liatris spicata（L.）Willd.	蛇鞭菊	5 000	30	8
Limonium sinuatum（L.）Miller（Heads）	深波叶补血草（头状花序）	5 000	200	50
Lobularia maritime（L.）Desv.	香雪球	5 000	5	1
Lupinus hybridus Hort. *	杂交羽扇豆	10 000	200	60
Matthiola incana（L.）R. Br.	紫罗兰	5 000	20	4
Mimosa pudica L.	含羞草	5 000	40	10
Mirabilis jalapa L.	紫茉莉	10 000	800	200
Myosotis sylvatica Ehrh. *ex* Hoffm.	勿忘我	5 000	10	2
Papaver alpinum L. *	高山罂粟	5 000	5	0.5
Papaver rhoeas L.	虞美人	5 000	5	0.5
Pelargonium zonale Hort. *	马蹄纹天竺葵	5 000	80	20
Petunia×hybrida Vilm. *	矮牵牛	5 000	5	0.2
Phlox drummondii Hook	福禄考	5 000	20	5
Plantago lanceolata L.	长叶车前	5 000	20	6
Portulaca grandiflora Hook	大花马齿苋	5 000	5	0.3
Primula malacoides Franch. *	报春花	5 000	5	0.5
Primula abconica Hance.	四季樱草	5 000	5	0.5
Primula vulgaris Hudson	欧洲报春	5 000	5	1
Ranunculus asiaticus L.	花毛茛	5 000	5	1
Rudbeckia hirta L. ［incl. R. Bicolor Nutt.］	黑心金光菊	5 000	5	1
Salvia splendens Buc'hoz *ex* Etlinger	一串红	5 000	30	8
Sanvitalia procumbens Lam.	蛇目菊	5 000	10	2
Senecio cruentus（Masson *ex* L' Her.）DC.	瓜叶菊	5 000	5	0.5
Sinningia speciosa（Lodd.）Hiern	大岩桐	5 000	5	0.2
Tagetes erecta L.	万寿菊	5 000	40	10
Tagetes patula L.	孔雀草	5 000	40	10

表 A.1（续）

种 名		种子批的最大质量(kg)（第2章）	样品最低质量(g)	
学 名	中 文 名		送验样品（第2章）	净度分析试验样品（第3章）
Torenia fournieri Linden	蓝猪耳	5 000	5	0.2
Tropaeolum majus L.	旱金莲	10 000	1 000	350
Verbena Canadensis (L.) Britton	加拿大美女樱	5 000	20	6
Verbena×hybrida Voss. *	美女樱	5 000	20	6
Viola tricolor L.	三色堇	5 000	10	3
Zinnia elegans Jacq.	百日草	5 000	80	20

表 A.2 列举允许采用的发芽床、温度、试验持续时间，以及对休眠样品建议的附加处理。由于发芽方法是为每个属而设计的，因此这些方法仅适用于列入表所包括的那些种。

发芽床：按下列次序排列的不同发芽床完全一样，并非表明哪种比较好些，TP；BP；S。BP 及 TP 可用 PP(褶裥纸床)代替。

温度：按下列次序排列的不同温度完全同样有效，并非表明哪种比较好些，"～"表示变温。

初次计数：初次计数时间是大约时间，条件是采用纸床和最高温度。如选用较低的温度，或用砂床做试验，则初次计数必须延迟。砂床试验须经 7d～10(14)d 后才进行末次数计数的，则初次计数可完全省去。

光照：为了使幼苗发育得更好，通常建议试验采用光照。在有些情况下，为促进休眠分析器发芽，光照是必需的；或在另一种情况下，光会抑制某些种子发芽，这时应把发芽床放在黑暗中，在本表的最后一栏中已作了说明。

缩写字母代表的意义如下：

TP——纸上

BP——纸间

PP——褶裥纸床

S——砂

KNO_3——用 0.2% 硝酸钾溶液代替水

GA_3——用赤霉酸溶液代替水

表 A.2 发芽方法

种 名		规 定				附加说明，包括破除休眠的建议
学 名	中文名	发芽床	温度(℃)	初次计数(d)	末次计数(d)	
Alcea rosea	蜀葵	TP；BP	20～30；20	4～7	14	刺穿种子削去或锉去子叶末端种皮一小片
Amaranthus tricolor	三色苋	TP	20～30；20	4～5	14	预先冷冻；KNO_3
Anemone coronaria	冠状银莲花	TP	20；15	7～14	28	预先冷冻
Antirrhinum majus	金鱼草	TP	20～30；20	5～7	21	预先冷冻；KNO_3
Aquilegia vulgaris	普通楼斗菜	TP；BP	20～30；15	7～14	88	光照；预先冷冻
Asparagus setaceus	文竹	TP；BP；S	20～30；20	7～14	35	在水中浸渍 24 h
Aster alpinus	高山紫菀	TP	20～30；20	3～5	14	预先冷冻

表 A.2（续）

种 名		规 定				附加说明,包括破除休眠的建议
学 名	中文名	发芽床	温度(℃)	初次计数(d)	末次计数(d)	
Aubrieta deltoidea	三角南庭芥	TP	20;15;10	7	21	预先冷冻
Begonia semperflorens	四季秋海棠	TP	20～30;20	7～14	21	预先冷冻
Begonia×tuberhybrida	球根海棠	TP	20～30;20	7～14	21	预先冷冻
Bellis perennis	雏菊	TP	20～30;20	4～7	14	预先冷冻
Briza maxima	大凌风草	TP	20～30	4～7	21	预先冷冻
Calendula officinalis	金盏花	TP;BP	20～30;20	4～7	14	光照;预先冷冻;KNO₃
Callistephus chinensis	翠菊	TP	20～30;20	4～7	14	光照
Campanula medium	风铃草	TP;BP	20～30;20	4～7	21	光照;预先冷冻
Celosia argentea	青葙	TP	20～30;20	3～5	14	预先冷冻
Centaurea cyanus	矢车菊	TP;BP	20～30;20;15	4～7	21	光照;预先冷冻
Clarkia pulchella	美丽春再来	TP	20～30;15	3～5	14	光照;预先冷冻
Coreopsis drummondii	金鸡菊	TP;BP	20～30;20	4～7	14	光照;预先冷冻;KNO₃
Cosmos bipinnatus	大波斯菊	TP;BP	20～30;20	3～5	14	光照;预先冷冻;KNO₃
Cosmos sulphureus	硫黄菊	TP;BP	20～30;20	3～5	14	光照;预先冷冻;KNO₃
Cyclamen persicum	仙客来	TP;BP;S	20;15	14～21	35	KNO₃ 在水中浸渍24 h
Dahlia pinnata	大丽花	TP;BP	20～30;20;15	4～7	21	预先冷冻
Datura stramonium	曼陀罗	TP;BP;S	20～30;20	5～7	21	预告冷冻;擦伤硬实
Dianthus barbatus	美国石竹	TP;BP	20～30;20	4～7	14	预先冷冻
Dianthus caryophyllus	香石竹	TP;BP	20～30;20	4～7	14	预先冷冻
Dianthus chinensis	石竹	TP;BP	20～30;20	4～7	14	预先冷冻
Digitalis pururea	毛地黄	TP	20～30;20	4～7	14	预先冷冻
Echinops ritro	小蓝刺头	TP;BP	20～30	7～14	21	
Eschscholtzia californica	花菱草	TP;BP	15;20	4～7	14	KNO₃
Fatsia japonica	八角金盘	TP	20～30;20	7～14	28	
Freesia refracta	香雪兰	TP;BP	20;15	7～10	35	刺穿种子削去或锉去一小片种皮;预先冷冻
Gaillardia pulchella	天人菊	TP;BP	20～30;20	4～7	21	光照;预先冷冻
Gentiana acaulis	无茎龙胆	TP	20～30;20	7～14	28	预先冷冻
Gerbera jamesonii	非洲菊	TP	20～30;20	4～7	14	
Godetia grandiflora	大花高代花	TP;BP	20～30;20;15	4	14	
Gomphrena globosa	千日红	TP;BP	20～30;20	4～7	14	KNO₃
Gypsophila paniculata	锥花丝石竹	TP;BP	20;15	4～7	14	光照
Helichrysum bracteatum	蜡菊	TP;BP	20～30;15	4～7	14	光照;预先冷冻;KNO₃

表 A.2（续）

种名		规定				附加说明,包括破除休眠的建议
学名	中文名	发芽床	温度(℃)	初次计数(d)	末次计数(d)	
Helipterum roseum	小麦秆菊	TP;BP	20～30;15	7～14	21	预先冷冻
Impatiens balsamina	凤仙花	TP;BP	20～30;20	4～7	21	光照;预先冷冻;KNO₃
Impatiens walleriana	霍耳斯特氏凤仙花	TP;BP	20～30;20	4～7	21	预先冷冻;KNO₃
Ipomoea tricolor	三色牵牛	TP;BP;S	20～30;20	4～7	21	刺穿种子削去或锉去子叶末端种皮一小片
Lathyrus latifolius	宿根香豌豆	TP;BP;S	20	7～10	21	刺穿种子削去或锉去一小片种皮;预先冷冻
Lathyrus odoratus	香豌豆	TP;BP;S	20	5～7	14	预先冷冻
Lavandula angustifolia	薰衣草	TP;BP;S	20～30;20	7～10	21	预先冷冻;GA₃
Lavatera trimestris	裂叶花葵	TP;BP	20～30;20	4～7	21	预先冷冻
Leucanthemum maximum	大滨菊	TP;BP	20～30;20	4～7	21	光照;预先冷冻
Liatris spicata	蛇鞭菊	TP	20～30	5～7	28	
Limonium sinuatum	深波叶补血草	TP;BP;S	15;20	5～7	21	在水中浸渍 24 h
Lobularia maritima	香雪球	TP	20～30;20;15	4～7	21	预先冷冻;KNO₃
Matthiola incana	紫罗兰	TP	20～30;20	4～7	14	预先冷冻;KNO₃
Mimosa pudica	含羞草	TP;BP	20～30;20	4～7	28	在水中浸渍 24 h
Mirabilis jalapa	紫茉莉	TP;BP;S	20～30;20	4～7	14	光照;预先冷冻
Myosotis sylvatica	勿忘我	TP;BP	20～30;20;15	5～7	21	光照;预先冷冻
Papaver alpinum	高山罂粟	TP	15;10	4～7	14	KNO₃
Papaver rhoeas	虞美人	TP	20～30;15	4～7	14	光照;预先冷冻;KNO₃
Pelargonium zonale	马蹄纹天竺葵	TP;BP	20～30;20	7	28	刺穿种子削去或锉去一小片种皮
Petunia×hybrida	矮牵牛	TP	20～30;20	5～7	14	预先冷冻;KNO₃
Phlox drummondii	福禄考	TP;BP	20～30;20;15	5～7	21	预先冷冻;KNO₃
Plantago lanceolata	长叶车前	TP;BP	20～30;20	4～7	21	
Portulaca grandiflora	大花马齿苋	TP;BP	20～30;20	4～7	14	预先冷冻;KNO₃
Primula malacoides	报春花	TP	20～30;20;15	7～14	28	预先冷冻;KNO₃
Primula obconica	四季樱草	TP	20～30;20;15	7～14	28	预先冷冻;KNO₃
Ranunculus asiaticus	花毛茛	TP;S	20;15	7～14	28	
Rudbeckia hirta	黑心金光菊	TP;BP	20～30;20	4～7	21	光照;预先冷冻
Salvia splendens	一串红	TP	20～30;20	4～7	21	预先冷冻
Sanvitalia procumbens	蛇目菊	TP;BP	20～30;20	3～5	14	预先冷冻
Senecio cruentus	瓜叶菊	TP	20～30;20	4～7	21	预先冷冻
Sinningia speciosa	大岩桐	TP	20～30;20	7～14	28	预先冷冻

表 A.2（续）

种　名		规　定				附加说明,包括破除休眠的建议
学　　名	中文名	发芽床	温度(℃)	初次计数(d)	末次计数(d)	
Tagetes erecta	万寿菊	TP;BP	20～30;20	3～5	14	光照
Tagetes patula	孔雀草	TP;BP	20～30;20	3～5	14	光照
Torenia fournieri	蓝猪耳	TP	20～30	5～7	14	KNO_3
Tropaeolum majus	旱金莲	TP;BP;S	20;15	4～7	21	预先冷冻
Verbena canadensis	加拿大美女樱	TP	20～30;15	7～10	28	预先冷冻;KNO_3
Verbena×hybrida	美女樱	TP	20～30;20;15	7～10	28	预先冷冻;KNO_3
Viola tricolor	三色堇	TP	20～30;20	4～7	21	预先冷冻;KNO_3
Zinnia elegans	百日菊	TP;BP	20～30;20	3～5	10	光照;预先冷冻

ICS 65.020
B 04

中华人民共和国农业行业标准

NY/T 1656.6—2008

花卉检验技术规范
第6部分：种苗检验

Rules for flower testing
Part 6: Young plant test

2008-07-14 发布

2008-08-10 实施

中华人民共和国农业部 发布

前　言

NY/T 1656《花卉检验技术规范》分为七个部分：

——第1部分：基本规则；

——第2部分：切花检验；

——第3部分：盆花检验；

——第4部分：盆栽观叶植物检验；

——第5部分：花卉种子检验；

——第6部分：种苗检验；

——第7部分：种球检验。

本部分为 NY/T 1656 的第6部分。

附录 A 为规范性附录

本部分由中华人民共和国农业部提出并归口。

本部分起草单位：农业部蔬菜品质监督检验测试中心(北京)、农业部花卉质检中心(昆明)、农业部花卉质检中心(上海)、农业部花卉质检中心(广州)。

本部分主要起草人：王玉国、刘肃、钱洪、林大为、毕云青、黎扬辉。

花卉检验技术规范
第6部分：种苗检验

1 范围

本标准规定了种苗质量检验的基本规则和技术要求。

本标准适用于种苗生产、贮运和国内外贸易中产品质量的检验。

2 规范性引用文件

下列文件中的条款通过本标准的引用而成为本标准的条款。凡是注日期的引用文件,其随后所有的修改单(不包括勘误的内容)或修订版均不适用于本标准,然而,鼓励根据本标准达成协议的各方研究是否可使用这些文件的最新版本。凡是不注日期的引用文件,其最新版本适用于本标准。

GB/T 18247.1~6 主要花卉产品等级

3 术语和定义

下列术语和定义适用于 NY/T 1656 的本部分。

3.1

种苗种类 type of young plants

按种苗繁殖的材料和方法划分的种苗群体,如播种苗、扦插苗、嫁接苗、分株苗、组培苗等。

3.2

整体感 comprehensive expression

植株的茎、叶和根系的形态、色泽和生长是否正常或旺盛。

3.3

地径 caliper

种苗苗干基部的直径。侧芽萌发的扦插苗为萌发主干基部处的直径;嫁接苗为接口以上萌发主干开始正常生长处的直径。

3.4

苗高 height of young plant

自地径处到苗顶端的高度。

4 要求

4.1 环境

按 NY/T 1656.2 中 4.1 规定。

4.2 工具

直尺,精确到 0.1 cm;卡尺,精确到 0.01 cm;放大镜;比色卡(英国皇家园艺学会色谱标准)。

4.3 检测人员

检测人员数量应满足 NY/T 1656.1 中 4.3.4 关于感官检测的规定。

5 抽样

样品的抽取应在成品库或生产现场随机抽取。市场抽样应查验产品合格证或经销单位确认合格的产品;生产基地抽取的样品必须是成品;同一产地、同一品种、同一批次的产品作为一个检验批次。花卉种苗不作保存,一般只进行现场检测。

5.1 批量

每检测批最大批量为 15 万株,超过最大批量值按 NY/T 1656.1 中 5.5.3 的规定执行。

5.2 抽样频次

同 NY/T 1656.2 中 5.2 的规定。

5.3 抽样量

同 NY/T 1656.2 中 5.3 的规定。

5.4 抽样方法

5.4.1 生产基地

先以穴盘(育苗盘)为单位抽取,用"X"法抽取,每条线上的抽取点视批量而定,抽取点总数不得少于 5 点,最多不超过 75 点;接着以盘为单位,按"X"法在每盘中抽取;最后以株为单位。

5.4.2 包装种苗

先以箱为单位随机抽取,抽取点总数不得少于 5 点;接着以包(盘)为单位,按上中下各个部位在每箱中抽取;最后以株为单位,从每包(盘)中随机抽取。抽样品时,可以株为单位抽取初次样品。如初次样品无异质性,可混合为混合样品。从混合样品中采用对分法或随机抽取适当的数量作为送验样品。

5.5 封样

样品每 10 株～20 株为一扎,用纸或塑料包装,装进纸箱当场签封。

5.6 运送和保存

样品加封后,由抽样人员带回,或请被检单位在规定的时间内送达检验地点。运送过程中应采取保鲜措施以尽量减少产品质量状况的变化,如使用保鲜剂、杀菌剂,保持适合的低温和较高的湿度。为了避免受检产品性状发生变化,取样后应尽快完成检验工作,可就地取样就地检验,所有外观检验应在 24 h 内完成。不能就地检验的,应送往就近的检验机构或能满足检验条件的场所进行检验。当收到样品后不能立即检验需要暂时保存的,应根据种苗种类,保存在适宜的条件下。大多数实生苗可保存在 2℃～13℃ 左右的保湿条件,插条、接穗等可保存在 2℃～7℃ 左右的保湿条件,一些热带花卉种苗要求 15℃～18℃ 的较高温度。

6 检验方法

6.1 分发样品

同 NY/T 1656.2 中 6.1 的规定。

6.2 检测方法

6.2.1 品种

根据种苗的品种特征进行鉴定。必要时可进行田间试验,按 NY/T 1656.5 中 5 规定的方法进行。

6.2.2 地径

用游标卡尺测量,应垂直交叉测量两次,取其平均值,精确到 0.1 cm。

6.2.3 苗高

用直尺测量苗干基部到苗顶端的高度,精确到 0.1 cm。

6.2.4 根长

用直尺测量,精确到 0.1 cm。

6.2.5 侧根数

记录一定长度(根据质量标准的规定)的侧根条数。

6.2.6 叶片数

应是可进行光合作用的有效叶片数。心叶长度达正常叶片的1／2时,可作为一片有效叶,否则不计数。叶片数应为整数。

6.2.7 病虫害

用肉眼或仪器(放大镜、解剖刀等)对种苗进行检查,是否存在病菌或病毒侵染的病斑,昆虫、螨类、虫卵,及其他病虫害症状,必要时进行培养检测。对脱毒种苗需进行病毒检测。

6.2.8 药害、冷害、机械损伤

目测评定。

6.2.9 整体感

根据植株的形态、色泽和生长情况目测评定。

6.2.10 整齐度

计算出被测样品的地径或苗高平均值 X,再计算出地径或苗高在 X(1±10％)范围内的百分率。

7 检验规则

7.1 判定规则

同 NY／T 1656.2 中 8.1 的规定。

7.2 判定依据

按 GB／T 18247.6 或合同规定为判定依据。花卉种苗质量等级分为三级,低于三级指标判为级外。

7.2.1 样品单株等级判断　单株的评判以该株所有单项指标检测结果中,最低级别评定为该单株的级别。

7.2.2 单项指标等级判定　等级划分中的某一项指标,同时满足两个等级的评价指标时,要根据该项指标在这两个等级中的评价指标是否相同来决定归属哪一级。如果该项指标在这两个等级中不同,则应归属下一个等级,否则,应归属上一个等级。

7.2.3 种苗检测批次的等级评定:每一等级中低于该等级的种苗数量不应超过5％。

7.3 复验

种苗不进行复验,即在得出检验结果后,样品就不再保存。

8 原始记录

原始记录的内容和格式见附录 A。

附　录　A

（规范性附录）

种苗检验原始记录

表 A.1　种苗检验原始记录表

编号_____

品种_____样品号_____样品情况_____检验地点_____

环境条件:温度_____℃　湿度_____%

测试仪器:_____编号_____

检测量（株）	株高	一级（株）	二级（株）	三级（株）	整齐度（%）株高	其他测定
检测方法：				判定依据：		质量等级：
备注						

本次检验:有效　□　　　　　　　　　　　　　　　　检验人_____

　　　　　无效　□　　　　　　　　　　　　　　　　校核人_____

　　　　　　　　　　　　　　　　　　　　　　　检验日期_____年　月　日

ICS 65.020
B 04

中华人民共和国农业行业标准

NY/T 1656.7—2008

花卉检验技术规范
第7部分：种球检验

Rules for flower testing
Part 7: Bulb test

2008-07-14 发布　　　　　　　　　　　　2008-08-10 实施

中华人民共和国农业部 发布

前　言

NY/T 1656《花卉检验技术规范》分为七个部分：

——第1部分:基本规则;

——第2部分:切花检验;

——第3部分:盆花检验;

——第4部分:盆栽观叶植物检验;

——第5部分:花卉种子检验;

——第6部分:种苗检验;

——第7部分:种球检验。

本部分为 NY/T 1656 的第7部分。

附录 A 为规范性附录。

本部分由中华人民共和国农业部提出并归口。

本部分起草单位:农业部蔬菜品质监督检验测试中心(北京)、农业部花卉产品质量监督检验测试中心(昆明)、农业部花卉产品质量监督检验测试中心(上海)、农业部花卉产品质量监督检验测试中心(广州)。

本部分主要起草人:王玉国、刘肃、钱洪、毕云青、黎扬辉、林大为。

花卉检验技术规范
第7部分:种球检验

1 范围

本部分规定了种球质量检验的基本规则和技术要求。

本部分适用于种球生产和国内外贸易中产品质量的检验。

2 规范性引用文件

下列文件中的条款通过本标准的引用而成为本标准的条款。凡是注日期的引用文件,其随后所有的修改单(不包括勘误的内容)或修订版均不适用于本标准,然而,鼓励根据本标准达成协议的各方研究是否可使用这些文件的最新版本。凡是不注日期的引用文件,其最新版本适用于本标准。

GB/T 18247.6 主要花卉产品等级

3 术语和定义

下列术语和定义适用于 NY/T 1656 的本部分。

3.1

种球 bulbs

用于生产球根花卉的栽植材料,它由植株地下部分发生变态膨大而成,并贮存大量养分。根据球根的来源和形态可分为鳞茎、球茎、块茎、根茎和块根等类型。

3.2

整体感 comprehensive expression

种球发育是否饱满,呈现该种球特有的颜色、形状、弹性及个体大小整齐一致性等。

3.3

围径 girth

与生长方向相垂直的种球周长。

4 要求

4.1 环境

应符合 NY/T 1656.2 中 4.1 规定。

4.2 工具

直尺,精确到 0.1 cm;卡尺,精确到 0.01 cm;放大镜;比色卡,采用英国皇家园艺学会色谱标准。

4.3 检测人员

应掌握各种花卉种球的种或品种特征,了解各种花卉种球在生产和流通中易发生的质量问题。人员数量应满足 NY/T 1656.1 中 4.3.4 关于感官检测的规定。

5 抽样

样品的抽取应在成品库或生产现场随机抽取。市场抽样应查验产品合格证或经销单位确认合格的产品;生产基地抽取的样品应是成品;同一产地、同一采收时期、同一品种、同一规格、相同的加工和贮藏方法并经过充分混合的产品作为一个检测批次。

5.1 批量

每检测批最大批量为 15 万粒,超过最大批量值按 NY/T 1656.1 中 5.5.3 的规定执行。一个检测批次种球的最大质量不超过 20 000 kg,超过 5% 时应另划批次。

5.2 抽样频次

同 NY/T 1656.2 中 5.2 的规定。

5.3 抽样量

检测样品数量不应少于 50 个种球。抽样数量应为检测数量的 2 倍～3 倍。

箱装种球先抽样箱,再在每箱内上中下 3 部位随机抽 10 个种球。

散装种球按质量抽取样球,见表 1。

表 1 种球抽样表

种球批量		抽 样 量
箱装种球	5 箱以下	每箱都抽。
	6 箱～30 箱	抽 5 箱,或者每 3 箱抽取 1 箱,这两种抽样强度中以数量最大的一个为准。
	31 箱～400 箱	抽 10 箱,或者每 5 箱抽取 1 箱,这两种抽样强度中以数量最大的一个为准。
	401 箱以上	抽 80 箱,或者每 7 箱抽取 1 箱,这两种抽样强度中以数量最大的一个为准。
散装种球	500 kg 以下	至少取 50 个种球。
	501 kg～3 000 kg	每 300 kg 取 10 个种球,但不少于 50 个种球。
	3 001 kg～20 000 kg	每 500 kg 取 10 个种球,但不少于 100 个种球。
	20 001 kg 以上	每 700 kg 取 10 个种球,但不少于 400 个种球。

5.4 封样

用纸包装后装进纸箱当场签封。

5.5 运送

样品加封后人员带回,或请被检单位在规定的时间内送达检验地点。

5.6 保存方式

当收到样品后不能立即检验或供复验用需要暂时保存的,应根据种球种类,保存在适宜的条件下。

6 检验方法

6.1 分发样品

同 NY/T 1656.2 中 6.1 的规定。

6.2 检测方法

1) 品种:根据种球的品种特征进行鉴定。必要时可进行田间试验,按 NY/T 1656.5 中 5 规定的方法进行。

2) 整体感:根据种球的形态、色泽、弹性等目测评定。

鳞茎类:

——优:种球饱满,解剖后内部幼芽发育正常,鳞片结合紧密、整齐,无间隙。

——不合格:外表干瘪、萎缩,解剖后内部幼芽发育异常,鳞片间结合松弛、间隙大。

球茎类、块茎、块根、根茎类:

——优:种球饱满,表面有光泽,有弹性,解剖后内部组织紧密,无失水、干瘪现象,幼芽发育正常,具有新鲜种球特有的颜色、气味。

——不合格:外表干瘪、萎缩,幼芽发育异常。

3) 围径:用软尺绕种球最大周长处围量读取检测值(不含子球)。读数精确到 1 cm。用游标卡尺测量,精确到 0.01 cm。

4) 病虫害:用肉眼或仪器(放大镜、解剖刀等)对种球进行检查,是否存在病菌或病毒侵染的病斑、昆虫、螨类、虫卵,及其他病虫害症状,必要时进行培养检测。对脱毒种球需进行病毒检测。

5) 冻害、机械损伤:目测评定。

6) 整齐度:计算出被测样品中围径在规定分级范围内的百分率。

7 检验规则

7.1 判定规则

同 NY/T 1656.2 中 8.1 的规定。

7.2 判定依据

按 GB/T 18247.6 或合同规定为判定依据。质量等级分为三,低于三级指标判为级外。

7.2.1 单项指标等级判定:等级划分中的某一项指标,同时满足两个等级的评价指标时,要根据该项指标在这两个等级中的评价指标是否相同来决定归属哪一级。如果该项指标在这两个等级中不同,则应归属下一个等级,否则,应归属上一个等级。

7.2.2 样品单球等级判定:单球的评判以该球所有单项指标检测结果中,最低级别评定为该单球的级别。

7.2.3 种球检验批等级判定:每一等级中低于该等级的种球数量不得超过 5%。

7.3 复验

种球可在 2 个月内进行复验。

8 原始记录

原始记录的内容和格式见附录 A。

附　录　A

（规范性附录）

种球原始记录

表 A.1　种球检验原始记录表

编号＿＿＿＿＿＿

品种＿＿＿＿＿样品号＿＿＿＿＿样品情况＿＿＿＿＿检验地点＿＿＿＿＿＿

环境条件:温度＿＿＿＿＿℃　湿度＿＿＿＿＿％

测试仪器:＿＿＿＿＿编号＿＿＿＿＿

检测量(粒)	围径	一级(粒)	二级(粒)	三级(粒)	整齐度(%)	其他测定
					围径	
检测方法:				判定依据:		质量等级:
备注						

本次检验:有效　□

　　　　　无效　□

检验人＿＿＿＿＿

校核人＿＿＿＿＿

检验日期＿＿＿年　月　日

ICS 65.020
B 04

中华人民共和国农业行业标准

NY/T 1657—2008

花卉脱毒种苗生产技术规程
——香石竹、菊花、兰花、补血草、满天星

Rules for the production technology of virus-free flower stock
—Carnation, chrysanthemum, orchid, statice, gypsophila

2008-07-14 发布　　　　　　　　　　2008-08-10 实施

中华人民共和国农业部 发布

前　言

花卉病毒病是严重影响花卉产量和质量的病害,其系统防治的核心是制备脱毒种源,生产及使用无毒种苗,从源头上切断病毒的传播。我国对花卉种苗脱毒方面已有不少研究成果,但在花卉脱毒种苗生产中却缺少规范的操作。本标准旨在通过总结各方面的研究成果,对花卉脱毒种苗生产流程和操作给出统一的技术规范,以保证花卉脱毒种苗的质量。

本标准的附录 A 为规范性附录。

本标准由中华人民共和国农业部提出并归口。

本标准起草单位:农业部花卉产品质量监督检验测试中心(上海)。

本标准主要起草人:林大为、戴咏梅、池坚、孙强、郁春柳、姚红军、顾梅俏、衡辉。

花卉脱毒种苗生产技术规程
——香石竹、菊花、兰花、补血草、满天星

1 范围

本标准规定了香石竹、菊花、兰花、补血草和满天星五种花卉脱毒种苗生产技术规程,适用于我国花卉种苗生产。

2 规范性引用文件

下列文件中的条款通过本标准的引用而成为本标准的条款。凡是注日期的引用文件,其随后所有的修改单(不包括勘误的内容)或修订版均不适用于本标准,然而,鼓励根据本标准达成协议的各方研究是否可使用这些文件的最新版本。凡是不注日期的引用文件,其最新版本适用于本标准。

GB/T 18247.5—2000 主要花卉产品等级

3 定义

3.1

试管脱毒苗 virus-free tissue-cultured plantlet

应用茎尖或其他组织培养技术获得再生的试管苗,经病毒检测,确认不带该种花卉的有害病毒,可认定为试管脱毒苗。

3.2

脱毒种苗 virus-free stock

试管脱毒苗经由种苗繁殖体系逐代繁殖生产符合质量要求的种苗。根据用途和繁殖代数可分为三级:原种苗、母本苗和生产种苗。

3.3

原种苗 nuclear stock

用试管脱毒苗在生物隔离条件下,繁殖生产出来的不带该种花卉有害病毒的种苗。原种苗用于生产母本苗。

3.4

母本苗 propagation stock

在防虫设施条件下,用原种苗生产繁殖的种苗。母本苗用于繁育生产种苗。

3.5

生产种苗 certified stock

用母本苗于防虫设施条件下生产出符合种苗质量标准(见 GB/T 18247.5—2000)的种苗。

3.6

花卉脱毒种苗繁育组织 organization for propagating and producing virus-free flower stock

经国家或省(直辖市、自治区)有关部门核准,由不同单位共同组成的,完成花卉脱毒种苗生产的各层次、各环节任务的组织。

4 花卉脱毒种苗繁育组织的运行

4.1 花卉脱毒种苗的繁育和生产,必须根据《中华人民共和国种子法》有关条例实施。

4.2 花卉脱毒种苗繁育组织应包括花卉原种苗生产单位和花卉种苗生产单位。

4.2.1 花卉原种苗生产单位主要承担花卉种苗的脱毒,原种苗、母本苗的生产繁殖,原种苗的保存,和向花卉种苗生产单位提供花卉母本苗的任务。

4.2.2 花卉种苗生产单位用花卉原种苗生产单位提供的母本苗建立母本圃,或实施组织培养,生产合格的生产种苗。

4.3 花卉原种苗生产和保存单位及花卉种苗生产单位必须持有生产经营许可证,由县(区)以上政府农林主管部门审核,报省、市级农林主管部门批准。

5 脱毒种苗病毒检测

脱毒种苗病毒检测应由通过国家计量认证并具有该种病毒检测能力的检测部门实施。

6 花卉脱毒种苗生产流程

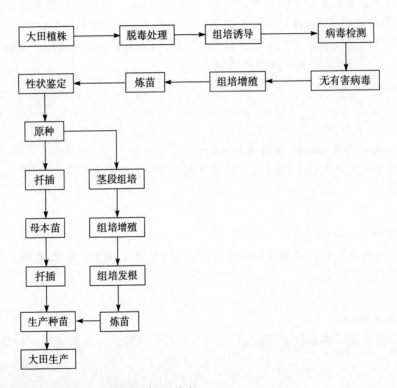

6.1 香石竹、菊花繁育生产种苗遵循原种扦插途径。

6.2 兰花、补血草、满天星繁育生产种苗遵循脱毒后茎段组培途径。

7 脱毒苗的培育

7.1 待脱毒材料

7.1.1 凡准备进行脱毒处理的品种均应是通过合法途径引进的,签署有关专利保护方面的协议,或者经自己选育而成具有知识产权的品种。

7.1.2 选取大田植株中具有某品种典型特性且无明显病虫害症状、生长健壮的单株,作为脱毒材料的母本。

7.1.3 待脱毒母本植株,可以直接通过病毒检测筛选确定为原种。

7.2 脱毒处理

7.2.1 热处理脱毒:见附录 A。

7.2.2 茎尖培养脱毒:见附录 A。

7.2.3 热处理结合茎尖培养脱毒:见附录 A。

7.3 脱毒材料的病毒检测

7.3.1 需检测的病毒见表 1。

表 1 认定花卉原种苗所需检测的病毒一览表

花卉种类	需检测病毒	认定原种的要求
香石竹	香石竹斑驳病毒(Carnation mottle virus)	2 种方法检测呈阴性
	香石竹蚀环病毒(Carnation etched ring virus)	1 种方法检测呈阴性
	香石竹潜隐病毒(Carnation latent virus)	2 种方法检测呈阴性
	香石竹坏死斑点病毒(Carnation necrotic fleck virus)	1 种方法检测呈阴性
	香石竹脉驳病毒(Carnation vein mottle virus)	1 种方法检测呈阴性
	香石竹环斑病毒(Carnation ringspot virus)	1 种方法检测呈阴性
	南芥菜花叶病毒(Arabis mosaic virus)	1 种方法检测呈阴性
	烟草环斑病毒(Tobacco ringspot virus)	2 种方法检测呈阴性
菊花	菊花 B 病毒(Chrysanthemum virus B)	2 种方法检测呈阴性
	番茄不孕病毒(Tomato aspermy virus)	2 种方法检测呈阴性
	番茄斑萎病毒(Tomato spotted wilt virus)	2 种方法检测呈阴性
	菊花矮化类病毒(Chrysanthemum stunt viroid)	1 种方法检测呈阴性
兰花	建兰花叶病毒(Cymbidium mosaic virus)	2 种方法检测呈阴性
	齿兰环斑病毒(Odontolossum ringspot virus)	2 种方法检测呈阴性
补血草	黄瓜花叶病毒(Cucumber mosaic virus)	2 种方法检测呈阴性
	芜菁花叶病毒(Turnip mosaic virus)	2 种方法检测呈阴性
满天星	黄瓜花叶病毒(Cucumber mosaic virus)	2 种方法检测呈阴性

7.3.2 经脱毒处理后获得的材料,如仍带病毒应予淘汰,确认不带需检测的病毒后,可以进一步繁育。

7.4 脱毒苗的扩繁

7.4.1 增殖扩繁

脱毒苗确认后,可以直接通过组织培养方式进行扩繁,其继代次数控制在 10～15 代。在配制增殖培养基时,应注意控制细胞分裂素和生长素的浓度,使增殖比例控制在 2.5～3.5 倍之间。

7.4.2 诱导生根

将增殖后的组培苗不定芽分别切割后,转接至生根培养基中进行生根培养,15 d～20 d 可长出新根。

7.4.3 炼苗

以泥炭加珍珠岩(1:1)为基质,铺于育苗床或穴盘内。

将组培生根苗开瓶置于光亮处锻炼 2 d～3 d,将瓶内组培苗倒出,洗去根部黏附的琼脂培养基后,种至苗床或穴盘内,浇足水,覆盖塑料薄膜保湿,并应加以遮荫,10 d 后揭去薄膜逐步恢复通风透光。20 d～25 d 后可每周浇 1/4～1/8 浓度的 MS 营养液以促进生长。温度控制在 15℃～25℃。最低不低于 10℃,最高不超过 30℃,因此,以春季或秋季炼苗较为适宜。

7.5 原种苗的确认及繁育保存

7.5.1 原种苗的确认

将脱毒苗的每个无性系取 5～10 株分别种植,旁边种同一品种的母株作对照,直至开花,观察比较其主要生物性状,若无差异,则可确认为原种,如有差异,则整个无性系应予淘汰。

7.5.2 原种苗的繁育和培养

7.5.2.1 组织培养繁育

具体方法见附录 A 的 A.2。

7.5.2.2 扦插繁殖

7.5.2.2.1 香石竹、菊花可采用扦插繁殖。

7.5.2.2.2 栽培苗床:宽 1.0 m～1.2 m,深 0.2 m～0.3 m,底部离地,有排水孔,高度以适合人工操作为度,材质应用水泥预制板、PV 板、铝合金、木板等。

7.5.2.2.3 环境要求:选择地势高、干燥避风处,并适当远离与脱毒花卉相似作物的地块建造温室,温室通风处必须安装 40 目的防虫网,入门处应留有缓冲室,并设有鞋具足底消毒槽和洗手槽。

7.5.2.2.4 栽培基质:采用泥炭加珍珠岩的混合基质,体积比为 1∶1。使用前进行蒸汽消毒或药物消毒。pH 5.8,电导率值 0.8～1.2。

7.5.2.2.5 定植:取生长良好的脱毒苗,按每平方米 30～36 株的密度进行定植,要求浅栽,栽后浇足水,第二天再复浇,并用遮阳网遮荫,遮光率 70%。

7.5.2.2.6 管理:浇水方面,宜保持基质持水量的 65%～70%;施肥方面,应结合浇水施 0.15% 浓度的专用营养液,定期测定土壤 pH 值、电导率值并及时调整;防病治虫方面,应加强检查,以防为主,防治结合。

7.5.2.2.7 摘心:香石竹幼苗长至 5～6 对叶时应摘心,留 3～4 对叶;菊花幼苗长至 5～6 张叶时应摘心,留 3～4 张叶。

7.5.2.3 原种苗的保存

将原种试管苗转接到 MS 琼脂培养基上,置于 10℃～15℃ 的光照培养箱或光照培养室内保存,每 3 个月取分枝转接 1 次。

7.6 扦插繁殖

7.6.1 插穗的采收:插穗应选取生长粗壮的分枝,在第三至四对叶下方节间处掰断,25～30 枝集成一束。

7.6.2 插穗的冷藏:插穗放入打孔的塑料薄膜袋中,不密封,然后直立置于瓦楞纸板箱内放入冷风库,冷藏温度 2℃～5℃。

7.6.3 扦插苗床的排水畅通。

7.6.4 扦插基质用珍珠岩、砻糠灰、泥炭混合配制,11 月至 5 月扦插用体积比为 6∶3∶1,5 月至 10 月扦插用体积比为 7∶2∶1。

7.6.5 扦插时,插穗基部沾上生根粉,扦插深度 2 cm～2.5 cm,扦插密度为每平方米 1 200～2 000 株。

7.6.6 扦插后 2 周内应遮荫或半遮荫,并注意喷雾保湿,温度控制在 15℃～25℃。

7.6.7 苗床期间及时防病,起苗前喷杀菌剂。

7.6.8 发根后要及时出圃,以新根繁茂、根长 1 cm 时移栽最佳。

7.7 母本圃的建立

7.7.1 设施条件:保护地栽培,宜在防虫温室内,离地苗床栽培或地栽。

7.7.2 土壤或基质要经蒸汽或药剂消毒,定植前施颗粒有机肥 1 kg/m²,pH6.0～7.0、电导率值 0.8～1.2。

7.7.3 定植和管理见 7.5.2.2.5 至 7.5.2.2.7。

7.8 生产种苗的生产

7.8.1 生产种苗的扦插繁殖见 7.6.1 至 7.6.7。

7.8.2 生产种苗的确认参照 GB/T 18247.5—2000 抽样检查,确定种苗的质量等级。

8 包装

8.1 香石竹、菊花、满天星、补血草生产种苗的包装

种苗先用种苗袋包装,种苗袋用 0.05 mm～0.08 mm 透明塑料薄膜制成大小 35 cm×35 cm,袋上打 12～16 个直径 5 mm 透气孔,每袋装种苗 50～100 棵,装袋时须将带基质的根部朝下、茎叶部朝上整齐排列。然后再装入专用种苗箱,种苗箱需用具有良好承载能力和耐湿性好的瓦楞卡通纸板制成,宽 40 cm,长 60 cm,高 20 cm～22 cm,纸箱两侧留有透气孔。袋装苗装箱时,应直立排放,一箱放 500～1 000 株。装箱后用胶带封好箱口。

8.2 兰花生产种苗的包装

种苗先用种苗袋包装,种苗袋规格见 8.1,每袋装苗 30～50 株。装袋后再装入种苗箱,种苗箱规格与 8.1 相同,每箱装 300～500 株,放时应直立,避免挤压。装箱后封好箱口。

9 贮存和运输

9.1 香石竹、菊花、满天星、补血草生产种苗的贮存和运输

9.1.1 必要时,上述四种花卉种苗可在 2℃～5℃冷风库内贮存,贮存时间不超过 7d。

9.1.2 上述四种花卉种苗的运输中如超过 3 d,则应采用控温于 4℃～6℃的冷藏车。

9.2 兰花种苗的贮存和运输

9.2.1 必要时,花卉种苗可在 10℃～15℃的冷风库内短期贮存,时间不超过 5 d。

9.2.2 远途运输超过 3d 路程,必须用控温 10℃～15℃的冷藏车。

附　录　A

（规范性附录）

花卉种苗的脱毒处理技术

A.1　热处理脱毒

A.1.1　脱毒材料准备

于大田中选取生长健壮、外观无明显病虫害症状，品种特性比较典型的种苗，挖出根系，抖尽宿土，定植于装有灭菌基质的花盆内，植后浇足水，适当遮荫，确保成活。

A.1.2　热处理

待脱毒种苗成活并长出新叶后，移入人工气候箱内，先将温度控制在28℃～30℃，3 d～5 d后，将温度调至38℃±1℃，进行热处理并开始计时。

A.1.3　热处理后复原

热处理28d后，将种苗移至防虫温室内继续培养，采其新枝扦插或组织培养，育成正常种苗。

A.1.4　病毒检测

把新育成的正常种苗分株系进行病毒检测，淘汰带毒苗，未检测出病毒的其余种苗，1个月后再检测一次，确认无病毒可直接作为原种苗保存和繁殖。

A.2　茎尖培养脱毒

A.2.1　脱毒材料准备

于田间选择生长健壮、外观无明显病虫害症状，具品种特性典型的植株，先予以摘心，促进分枝生长，待分枝长至3～4对叶时，采摘下最靠近根基部的分枝，冲洗后，剥去茎干上的叶片，切取1 cm～2 cm长的嫩梢。

A.2.2　脱毒材料的表面消毒

将整理好的脱毒材料，用肥皂粉溶液浸泡15 min后，自来水流水冲洗1 h，然后转到无菌室内进一步处理，在超净工作台中，将冲洗干净的嫩梢，用75%酒精浸渍0.5 min，然后用5%浓度的次氯酸钠溶液灭菌10 min，无菌水冲洗3～5遍后备用。

A.2.3　剥取茎尖

在超净工作台上操作，于解剖镜下，将材料置于消毒的滤纸片上，用经消毒的手术刀和镊子剥离外层幼叶，切取0.3 mm～0.5 mm直径大小、带1～2个叶原基的茎尖组织，接种于经过高温消毒的分化培养基上，注意茎尖的上下面不能颠倒。

A.2.4　分化培养

接种好的茎尖应分别编号，置于25℃±2℃、光照强度1 500 lx～3 000 lx、每天光照10 h～12 h的条件下培养，2～3个月后可分化出新芽。

A.2.5　增殖培养

采用增殖培养基，将分化长出的丛生苗切割成单株转接至培养基上，培养条件与分化培养相同，待单株苗又生丛生苗时，可取样进行病毒检测，带毒无性系整瓶淘汰，无病毒无性系可继续转接增殖，20 d～30 d转接一次，2～3代后再测一次病毒，确认不带病毒后继续增殖，否则仍需淘汰。

A.2.6　诱导生根

不带毒样品上切取 1.5 cm～2 cm 嫩梢接入适宜的生根培养基中,在 25℃±2℃和光照 1 500 lx～3 000 lx条件下培养 15 d～20 d 即可长出新根。

A.2.7　炼苗和移栽

将生好根的瓶苗置于强光下,开瓶锻炼 2 d～3 d,洗净根部黏附的培养基后,栽入泥炭和珍珠岩(1:1)的混合培养基质中,浇透水,盖上塑料薄膜保湿并遮荫,10 d 后逐渐通风透光,每周浇一次 1/4～1/8 MS 溶液促进生长。2～3 个月后可以进行品种特性测试栽培,如无变异可作为原种繁殖和保存。

A.3　热处理结合茎尖培养脱毒

A.3.1　先将选取的植物材料进行热处理(见 A.1.1 至 A.1.3),剥取热处理过程中长出的新梢顶端 0.3 mm～0.5 mm 的茎尖进行组织培养(见 A.2.1 至 A.2.3)。

A.3.2　按 A.2.4 和 A.2.5 的方法培养,分化成丛生苗,经切割转接,于 25℃±2℃培养室扩繁培养。

A.3.3　对每个芽扩繁而成的组培苗统一编一个号,每个编号经培养成苗后都应取样进行病毒检测,确认不带病毒后方可进一步扩繁,带病毒者则整个编号的苗予以淘汰。

ICS 65.020.30
B 43

中华人民共和国农业行业标准

NY 1658—2008

大 通 牦 牛

Datong yak

2008-07-14 发布　　　　　　　　　　　　2008-08-10 实施

中华人民共和国农业部 发布

前　言

本标准的第 3 章、第 4 章为强制性的,其余为推荐性的。

本标准的附录 B、附录 C 为规范性附录,附录 A 为资料性附录。

本标准由中华人民共和国农业部畜牧业司提出。

本标准由全国畜牧业标准化技术委员会归口。

本标准起草单位:中国农业科学院兰州畜牧与兽药研究所、青海省大通种牛场。

本标准主要起草人:阎萍、陆仲璘、何晓林、杨博辉、高雅琴、郭宪、梁春年、曾玉峰。

大 通 牦 牛

1 范围

本标准规定了大通牦牛的品种特征、评级标准和评级规则。

本标准适用于大通牦牛品种的鉴定、选育和等级评定。

2 术语和定义

下列术语和定义适用于本标准。

2.1

大通牦牛 Datong yak

大通牦牛是在青藏高原自然生态条件下,以野牦牛为父本、当地家牦牛为母本,应用低代牛(F₁)横交理论建立育种核心群,强化选择与淘汰,适度利用近交、闭锁繁育等技术手段,育成含1/2野牦牛基因的肉用型牦牛新品种。是世界上人工培育的第一个牦牛新品种,因其育成于青海省大通种牛场而得名。成年大通牦牛是指3岁和3岁以上的大通牦牛,幼年大通牦牛是指3岁以下的大通牦牛。

2.2

毛绒产量 hair yield

指从牦牛个体的体躯上剪(拔)下的粗毛和绒毛的重量。

2.3

体重 body weight

指牦牛个体停食12 h的重量。

2.4

屠宰率 dressing percentage

牦牛屠宰后去皮、头、尾、内脏(不包括肾脏和肾脂肪)、腕跗关节以下的四肢、生殖器官,称为胴体。胴体重占屠宰前活体重的百分率为屠宰率。

2.5

净肉率 meat percentage

胴体剔骨后全部肉重(包括全部肾脏和胴体脂肪)占屠宰前活体重的百分率为净肉率。

3 品种特征

3.1 体型外貌

大通牦牛被毛黑褐色,背线、嘴唇、眼睑为灰白色或乳白色。鬐甲高而颈峰隆起(尤其是公牦牛),背腰部平直至十字部又隆起,即整个背线呈波浪形线条。体格高大,体质结实,结构紧凑,发育良好,前胸开阔,四肢稍高但结实,呈现肉用体型。体侧下部密生粗长毛,体躯夹生绒毛和两型毛,裙毛密长,尾毛长而蓬松。公牦牛头粗重,有角,颈短厚且深,睾丸较小,紧缩悬在后腹下部,不下垂。母牦牛头长,眼大而圆,清秀,大部分有角,颈长而薄,乳房呈碗状,乳头短细,乳静脉不明显。大通牦牛体型外貌具有明显的野牦牛特征,参见附录A。

3.2 体重、体尺

成年大通牦牛在6岁时,公牦牛体重平均为381.7 kg,体高平均为121.3 cm;母牦牛体重平均为220.3 kg,体高平均为106.8 cm(表1)。体重、体尺测量方法见附录B。

表 1　成年大通牦牛体尺、体重(6岁)

性别	体高 cm	体斜长 cm	胸围 cm	管围 cm	体重 kg
公	121.3±6.7	142.5±9.8	195.6±11.5	19.2±1.8	381.7±29.6
母	106.8±5.7	121.2±6.6	153.5±8.4	15.4±1.6	220.3±27.2

3.3　生产性能

3.3.1　产肉性能

天然草场放牧条件下,4月龄~6月龄全哺乳公牦牛屠宰率为48%~50%,净肉率为37%~39%; 18月龄公牦牛屠宰率为45%~49%,净肉率为36%~38%;成年公牦牛屠宰率为46%~52%,净肉率 为36%~40%。

3.3.2　产毛性能

年剪(拔)毛一次,成年公牦牛毛绒产量平均为2.0 kg,母牦牛毛绒产量平均为1.5 kg,幼年牦牛毛 绒产量平均为1.1 kg。

4　等级鉴定及评定

4.1　单项评定

4.1.1　体型外貌

大通牦牛体型外貌评分见附录C,体型外貌等级评定见表2。

表 2　大通牦牛体型外貌等级评定表　　　　　　　　　　单位为分

等级	公牦牛	母牦牛
特级	85 以上	80 以上
一级	80~84	75~79
二级	75~79	70~74
三级	/	65~69

4.1.2　体重

4.1.2.1　成年大通牦牛

成年大通牦牛体重等级评定见表3。

表 3　成年大通牦牛体重等级评定表　　　　　　　　　　单位为千克

性别	年龄或胎次	特级	一级	二级	三级
公	6岁以上	≥500	≥450	≥380	/
	5岁	≥450	≥350	≥280	/
	4岁	≥380	≥300	≥240	/
	3岁	≥310	≥250	≥200	/
母	2胎以上	≥300	≥250	≥220	≥200
	初胎	≥260	≥220	≥180	≥170

4.1.2.2　幼年大通牦牛

幼年大通牦牛体重等级评定见表4。

表 4 幼年大通牦牛体重等级评定表 单位为千克

等级	性别	初生重	6月龄	18月龄	30月龄
一	公	≥16	≥100	≥160	≥220
	母	≥15	≥85	≥140	≥180
二	公	≥15	≥90	≥140	≥180
	母	≥14	≥75	≥120	≥150
三	公	≥14	≥80	≥120	≥150
	母	≥13	≥70	≥100	≥130

4.1.3 体高

4.1.3.1 成年大通牦牛

成年大通牦牛体高等级评定见表5。

表 5 成年大通牦牛体高等级评定表 单位为厘米

性别	年龄或胎次	特级	一级	二级	三级
公	6岁以上	≥140	≥130	≥120	/
	5岁	≥135	≥125	≥115	/
	4岁	≥130	≥120	≥110	/
	3岁	≥125	≥115	≥105	/
母	2胎以上	≥130	≥120	≥106	≥103
	初胎	≥125	≥110	≥103	≥100

4.1.3.2 幼年大通牦牛

幼年大通牦牛体高等级评定见表6。

表 6 幼年大通牦牛体高等级评定表 单位为厘米

等级	性别	初生	6月龄	18月龄	30月龄
一	公	≥60	≥105	≥110	≥115
	母	≥58	≥100	≥105	≥110
二	公	≥58	≥95	≥105	≥110
	母	≥56	≥90	≥100	≥100
三	公	≥56	≥85	≥95	≥100
	母	≥54	≥80	≥90	≥95

4.1.4 毛绒产量

大通牦牛毛绒产量等级评定见表7。

表 7 大通牦牛毛绒产量等级评定表 单位为千克

性别	年龄或胎次	特级	一级	二级	三级
公	6岁以上	≥3.5	≥2.5	≥2.0	/
	5岁	≥3.0	≥2.0	≥1.5	/
	4岁	≥2.5	≥1.5	≥1.2	/
	1岁～3岁	≥2.0	≥1.2	≥1.0	/
母	2胎以上	≥2.0	≥1.5	≥1.1	≥0.9
	初胎	≥1.6	≥1.2	≥1.0	≥0.8

4.2 综合评定

4.2.1 成年大通牦牛

成年大通牦牛综合评定时根据体型外貌、体重、体高三项指标确定综合等级(表8)。如:其中两项为特级,一项为一级则总评等级为特级;其中两项为特级,一项为二级则总评等级为一级,余项类推。

表8　成年大通牦牛总评等级表

项目	等级																	
单项等级	特	特	特	特	特	特	特	特	特	一	一	一	一	一	一	二	二	二
	特	特	特	特	一	一	一	二	二	一	一	一	二	二	二	二	二	三
	特	一	二	三	一	二	三	二	三	一	二	三	一	二	三	一	三	三
总评等级	特	特	一	二	一	一	二	二	三	一	二	二	二	二	二	二	二	三

4.2.2　幼年大通牦牛

幼年大通牦牛综合评定时根据体型外貌、体重两项指标确定综合等级（表9）。如：其中一项为一级，一项为二级则总评等级为一级；其中一项为一级，一项为三级则总评等级为二级，余项类推。

表9　幼年大通牦牛总评等级表

项目	等级					
单项等级	一	一	一	二	二	三
	一	二	三	二	三	三
总评等级	一	一	二	二	二	三

5　评定规则

5.1　单项评定规则

5.1.1　体型外貌

大通牦牛按表C.1评分后（百分制），再按表2确定体型外貌等级。成年大通牦牛初评在剪毛前，剪毛后复查并调整等级。凡畸形、体型外貌有严重缺陷者不予评定。

5.1.2　体重

成年大通牦牛体重按表3进行等级评定，幼年大通牦牛体重按表4进行等级评定。称重应在早晨出牧前（即停食12 h）进行，有条件时最好在同一时间称重两次，取平均值。因条件限制，对成年大通牦牛无法称重时，可用公式B.1计算。初生重应在出生后24 h内用衡器称重。

5.1.3　体高

成年大通牦牛体高等级评定按表5进行，幼年大通牦牛体高等级评定按表6进行，评定时间在剪毛前进行。

5.1.4　毛绒产量

成年大通牦牛的毛绒产量（不包括尾毛）等级评定按表7进行，测定可在当地剪毛季节进行。

5.2　综合评定规则

5.2.1　种公牦牛

以其体型外貌（表2）、体重（表3）、体高（表5）三项等级评定为主，参考毛绒产量（表7）等级评定，按表8综合评定等级。评定为特级、一级、二级公牦牛作为种牛。

5.2.2　母牦牛

初胎及2胎以上母牦牛，以其体型外貌（表2）、体重（表3）、体高（表5）三项等级评定为主，参考毛绒产量（表7）等级评定，按表8综合评定等级。

5.2.3　幼年牦牛

3岁以下大通牦牛以其体型外貌（表2）、体重（表4）两项等级评定为主，按表9综合评定等级。

附　录　A
（资料性附录）
大通牦牛体型外貌图片

图 A.1　大通牦牛公牛（侧面）

图 A.2　大通牦牛公牛（头部）

图 A.3　大通牦牛公牛（臀部）

图 A.4　大通牦牛母牛（侧面）

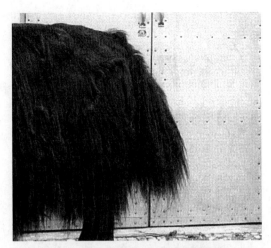

图 A.5　大通牦牛母牛(头部)　　　　　图 A.6　大通牦牛母牛(臀部)

附 录 B
（规范性附录）
大通牦牛体重、体尺测量方法

B.1 体重测量方法

牦牛的体重以实际称重为准。用地磅准确称重。在无法称重时体重可采用公式进行估测，但在实际中需进行校正，公式如下：

$$体重(kg) = 胸围^2(m) \times 体斜长(m) \times 70 \qquad\cdots\cdots\cdots\cdots\cdots\cdots\cdots (B.1)$$

B.2 体尺测量方法

B.2.1 测量用具

B.2.1.1 测量体高用测杖。

B.2.1.2 测量体斜长、胸围、管围用软尺。

B.2.2 测量部位

B.2.2.1 体高：鬐甲顶点至地面的垂直距离。

B.2.2.2 体斜长：肩端最前缘至臀端（坐骨结节）后缘的直线距离。

B.2.2.3 胸围：肩胛骨后角处垂直于体躯的周径。

B.2.2.4 管围：左前肢管部（管骨）上1/3（最细处）的水平周径。

B.2.3 测量要求

测量时，要使牛站立在平坦的地面上。站立时，四肢要端正，从后面看后腿掩盖前腿，侧看左腿掩盖右腿，或右腿掩盖左腿。四腿两行，分别在一根直线上。头应自然前伸，既不偏左或右，也不高抬或下垂，后头骨应与鬐甲在一个水平面上。

附　录　C

（规范性附录）

大通牦牛体型外貌评分表

项目	评满分的要求	公牦牛,分		母牦牛,分	
		标准分	评分	标准分	评分
一般外貌	品种特征明显,被毛黑褐色,体大而结实,各部结构匀称,结合良好。头部轮廓清晰,鼻孔开张,嘴宽大。公牦牛雄性明显,前后躯肌肉发育好,鬐甲隆起,颈粗短。母牦牛清秀,鬐甲稍隆起,颈长适中	30		30	
体躯	胸围大,宽而深,肋骨间距离宽,拱圆。背腰直而宽。公牦牛腹部紧凑,母牛腹部大,不下垂。尻长,宽。臀部肌肉发育良好	25		25	
生殖器官和乳房	睾丸匀称。包皮端正,无多余垂皮。母牦牛乳房发育好,被毛稀短,乳头分布匀称,乳头长	10		15	
肢、蹄	四肢结实,肢势端正,左右两肢间宽。蹄圆缝紧,蹄质结实,行走有力	15		10	
被毛	被毛黑褐色、光泽好,全身被毛丰厚,背腰及尻部绒毛厚,各关节突出处、体侧及腹部粗毛密而长,尾毛密长,蓬松	20		20	
总分		100		100	

ICS 65.020.30
B 43

中华人民共和国农业行业标准

NY 1659—2008

天 祝 白 牦 牛

Tianzhu white yak

2008-07-14 发布

2008-08-10 实施

中华人民共和国农业部 发布

前　言

本标准的第 3 章、第 4 章为强制性的,其余为推荐性的。

本标准的附录 B、附录 C 为规范性附录,附录 A 为资料性附录。

本标准由中华人民共和国农业部畜牧业司提出。

本标准由全国畜牧业标准化技术委员会归口。

本标准起草单位:中国农业科学院兰州畜牧与兽药研究所、甘肃省天祝白牦牛育种实验场。

本标准主要起草人:阎萍、梁育林、梁春年、郭宪、张海明、高雅琴、曾玉峰、裴杰、潘和平。

天 祝 白 牦 牛

1 范围

本标准规定了天祝白牦牛的品种特征、评级标准和评级规则。

本标准适用于天祝白牦牛的品种鉴定、选育和等级评定。

2 术语和定义

下列术语和定义适用于本标准。

2.1

天祝白牦牛 Tianzhu white yak

天祝白牦牛是我国乃至世界稀有而珍贵的牦牛遗传资源,是经过长期自然选择和人工选育而形成的肉毛兼用型牦牛地方品种,对高寒严酷的草原生态环境有很强的适应性。因其产于甘肃省天祝藏族自治县,具有被毛洁白如雪的外貌特征,故而被称为天祝白牦牛。成年天祝白牦牛是指 3 岁及 3 岁以上的天祝白牦牛,幼年天祝白牦牛是指 3 岁以下的天祝白牦牛。

2.2

毛绒产量 hair yield

指从牦牛个体的体躯上剪(拔)下的粗毛和绒毛的重量。

2.3

体重 body weight

指牦牛个体停食 12 h 的重量。

2.4

屠宰率 dressing percentage

牦牛屠宰后,去皮、头、尾、内脏(不包括肾脏和肾脂肪)、腕跗关节以下的四肢、生殖器官,剩余的部分称为胴体。胴体重占屠宰前活体重的百分率为屠宰率。

2.5

净肉率 meat percentage

胴体剔骨后全部肉重(包括全部肾脏和胴体脂肪)占屠宰前活体重的百分率为净肉率。

3 品种特征

3.1 体形外貌

天祝白牦牛被毛纯白色。体态结构紧凑,有角(角形较杂)或无角。鬐甲隆起,前躯发育良好,荐部较高。四肢结实,蹄小,质地密。尾形如马尾。体躯各突出部位、肩端至肘、肘至腰角、腰角至髋结节、臀端联线以下(包括胸骨的体表部位),以及项脊至颈峰、下颌和垂皮等部位,都着生长而光泽的粗毛(或称裙毛),同尾毛一起围于体侧;胸部、后躯和四肢、颈侧、背腰及尾部,着生较短的粗毛及绒毛。两性异形显著。公牦牛头大、额宽、头心毛卷曲,有角个体角粗长,有雄相。颈粗,鬐甲显著隆起。睾丸紧缩悬在后腹下部,睾丸比普通黄牛种的小。母牦牛头清秀,角较细,颈细,鬐甲隆起,鬐甲后的背线平直,腹较大不下垂,乳房呈碗碟状,乳头短细。天祝白牦牛体形外貌参见附录 A。

3.2 体重、体尺

成年天祝白牦牛在 3 岁时,公牦牛体重平均为 257.7 kg,体高平均为 115.8 cm;母牦牛体重平均为

189.7 kg,体高平均为106.2 cm(表1)。体重、体尺测量方法见附录B。

表1 成年天祝白牦牛体尺、体重(3岁)

性别	体高 cm	体长 cm	胸围 cm	管围 cm	体重 kg
公	115.8±4.7	123.7±3.9	163.9±4.1	17.5±1.5	257.7±15.3
母	106.2±3.8	114.2±5.7	152.5±3.5	15.2±1.1	189.7±17.6

3.3 生产性能

3.3.1 产肉性能

天然草场放牧条件下,成年公牦牛屠宰率平均为51%,净肉率平均为40%。

3.3.2 产毛性能

年剪(拔)毛一次,成年公牦牛毛绒产量平均为3.5 kg,母牦牛毛绒产量平均为2.3 kg;幼年牦牛毛绒产量平均为1.6 kg。尾毛两年剪取一次,成年公牦牛尾毛量平均为0.7 kg,母牦牛尾毛量平均为0.4 kg。

4 等级鉴定及评定

4.1 单项评定

4.1.1 体形外貌

成年天祝白牦牛体形外貌评分见附录C,体形外貌等级评定见表2。幼年天祝白牦牛体形外貌等级评定见表3。

表2 成年天祝白牦牛体形外貌等级评定表　　　　　　　　　　　　　单位为分

等级	公牦牛	母牦牛
特级	85以上	80以上
一级	80～84	75～79
二级	75～79	70～74
三级	/	65～69

表3 幼年天祝白牦牛体形外貌等级评定表

等级	体形外貌评级标准
一级	被毛纯白,毛长丰厚,光泽好。体格大,肢势端正。体形结构及生长发育良好,活泼健壮
二级	被毛纯白,毛长较密。体格中等,肢势端正。体形结构及生长发育一般,无缺陷,较活泼
三级	被毛纯白,毛稀短。体格小。体形结构及生长发育差或稍有缺陷。欠活泼或乏弱

4.1.2 体重

4.1.2.1 成年天祝白牦牛

成年天祝白牦牛体重等级评定见表4。

表 4　成年天祝白牦牛体重等级评定表　　　　　　　单位为千克

性别	年龄或胎次	特级	一级	二级	三级
公	6 岁以上	≥370	≥320	≥270	/
	5 岁	≥320	≥280	≥220	/
	4 岁	≥290	≥260	≥190	/
	3 岁	≥250	≥220	≥170	/
母	2 胎以上	≥270	≥250	≥220	≥190
	初胎	≥240	≥200	≥160	≥140

4.1.2.2　幼年天祝白牦牛

幼年天祝白牦牛体重等级评定见表 5。

表 5　幼年天祝白牦牛体重等级评定表　　　　　　　单位为千克

等级	初生重		6 月龄		18 月龄		30 月龄	
	公	母	公	母	公	母	公	母
一级	≥16	≥14	≥80	≥60	≥120	≥100	≥160	≥140
二级	≥14	≥12	≥70	≥50	≥100	≥85	≥130	≥115
三级	≥12	≥10	≥60	≥40	≥80	≥70	≥100	≥90

4.1.3　体高

成年天祝白牦牛体高等级评定见表 6。

表 6　成年天祝白牦牛体高等级评定表　　　　　　　单位为厘米

性别	年龄或胎次	特等	一等	二等	三等
公	6 岁以上	≥125	≥120	≥115	/
	5 岁	≥120	≥115	≥110	/
	4 岁	≥115	≥110	≥105	/
	3 岁	≥110	≥105	≥100	/
母	2 胎以上	≥115	≥110	≥105	≥100
	初胎	≥110	≥105	≥100	≥95

4.1.4　毛绒产量

成年天祝白牦牛毛绒产量等级评定见表 7。

表 7　成年天祝白牦牛毛绒产量等级评定表　　　　　　　单位为千克

性别	年龄或胎次	特等	一等	二等	三等
公	6 岁以上	≥5.0	≥4.5	≥4.0	/
	5 岁	≥4.5	≥4.0	≥3.5	/
	4 岁	≥4.0	≥3.5	≥3.0	/
	3 岁	≥3.0	≥2.5	≥2.0	/
母	2 胎以上	≥3.0	≥2.5	≥2.0	≥1.5
	初胎	≥2.5	≥2.0	≥1.5	≥1.0

4.2　综合评定

4.2.1　成年天祝白牦牛

成年天祝白牦牛综合评定时根据体形外貌、体重、毛绒产量三项指标确定综合等级(表 8)。如其中两项为特级,一项为一级则总评等级为特级;其中两项为特级,一项为二级则总评等级为一级,余项类推。

表 8　成年天祝白牦牛总评等级表

项目	等级																	
单项等级	特	特	特	特	特	特	特	特	特	一	一	一	一	一	一	二	二	二
	特	特	特	特	一	一	一	二	二	一	一	一	二	二	二	三	三	三
	特	一	二	三	一	二	三	一	二	一	二	三	一	二	三	一	三	三
总评等级	特	特	一	二	一	一	二	二	三	一	一	二	二	三	二	一	二	三

4.2.2　幼年天祝白牦牛

幼年天祝白牦牛综合评定时,根据体形外貌、体重两项指标确定综合等级(表9)。如其中一项为一级,一项为二级则总评等级为一级;其中一项为一级,一项为三级则总评等级为二级,余项类推。

表 9　幼年天祝白牦牛总评等级表

项目	等级					
单项等级	一	一	一	二	二	三
	一	二	三	二	三	三
总评等级	一	一	二	二	二	三

5　评定规则

5.1　单项评定规则

5.1.1　体形外貌

成年天祝白牦牛按附录C评分(百分制)后,再按表2评定体形外貌等级。幼年天祝白牦牛按表3评定体形外貌等级。凡被毛非纯白(如有杂色毛)及畸形,体形外貌有严重缺陷者不予评定。初评应在剪毛前,剪毛后复查并调整评分。特、一级种公牦牛的体形外貌评分表中必须注明其明显的优缺点,以供选配时参考。

5.1.2　体重

称重应在早晨出牧前(即停食12 h)进行。有条件时最好在同一时间连续称重两次,取其平均值。因条件限制,对成年天祝白牦牛无法称重时,可用公式B.1计算。也可单测体高指标,按表6评定等级,用来代替体重等级。初生重应在出生后24 h内用衡器称重。

5.1.3　体高

成年天祝白牦牛体高等级评定按表6进行,评定时间在剪毛前进行。

5.1.4　毛绒产量

成年天祝白牦牛的毛绒产量(不包括尾毛)等级评定按表7进行。尾毛两年剪取一次,要登记其尾毛长度、产量,供评定时参考。

5.2　综合评定规则

5.2.1　种公牦牛

以其体形外貌(表2)、体重(表4)、毛绒产量(表7)三项等级评定为主,参考体高(表6)等级评定,按表8综合评定等级。评定为特级、一级、二级公牦牛作为种牛。

5.2.2　母牦牛

初胎及2胎以上母牦牛,以其体形外貌(表2)、体重(表4)、毛绒产量(表7)三项等级评定为主,按表8综合评定等级。对产有两头以上杂色犊牛的母牦牛不得评为特等。

5.2.3　幼年牦牛

3岁以下天祝白牦牛以其体形外貌(表3)、体重(表5)两项等级评定为主,按表9综合评定等级。

附 录 A
（资料性附录）
天祝白牦牛体形外貌图片

图 A.1 天祝白牦牛公牛(侧面)

图 A.4 天祝白牦牛母牛(侧面)

图 A.2 天祝白牦牛公牛(头部)

图 A.5 天祝白牦牛母牛(头部)

图 A.3 天祝白牦牛公牛(臀部)

图 A.6 天祝白牦牛母牛(臀部)

附 录 B

（规范性附录）

体重、体尺测量方法

B.1 体重测量方法

牦牛的体重以实际称重为准。用地磅准确称重。在无法称重时体重可采用公式进行估测，但在实际中需进行校正，公式如下：

$$体重(kg)＝胸围^2(m)×体斜长(m)×70 \quad\cdots\cdots\cdots\cdots\cdots\cdots\cdots\cdots\cdots\cdots\quad (B.1)$$

B.2 体尺测量方法

B.2.1 测量用具

B.2.1.1 测量体高用测杖。

B.2.1.2 测量体斜长、胸围、管围用软尺。

B.2.2 测量部位

B.2.2.1 体高：鬐甲顶点至地面的垂直距离。

B.2.2.2 体斜长：肩端最前缘至臀端（坐骨结节）后缘的直线距离。

B.2.2.3 胸围：肩胛骨后角处垂直于体躯的周径。

B.2.2.4 管围：左前肢管部（管骨）上 1/3（最细处）的水平周径。

B.2.3 测量要求

测量时，要使牛站立在平坦的地面上。站立时，四肢要端正，从后面看后腿掩盖前腿，侧看左腿掩盖右腿或右腿掩盖左腿。四腿两行，分别在一条直线上。头应自然前伸，既不偏左或右，也不高抬或下垂，后头骨应与鬐甲在一个水平面上。

附　录　C
（规范性附录）
天祝白牦牛体型外貌评分表

单位为分

项目	评满分的要求	公牦牛		母牦牛	
		标准分	评分	标准分	评分
一般外貌	品种特征明显,被毛纯白,体格大而健壮,各部结构匀称,结合良好。头部轮廓清晰,鼻孔开张,嘴宽大。公牦牛雄相明显,前后躯肌肉发育好,鬐甲隆起,粗短。母牦牛头清秀,鬐甲隆起,颈长适中	30		30	
体躯	胸围大,宽而深,肋骨间距离宽,拱圆。背腰直而宽。公牦牛腹部紧凑,母牦牛腹大,不下垂。尾长,宽。臀部肌肉发育好	25		25	
生殖器官和乳房	睾丸大而匀称。包皮端正,无多余垂皮。母牦牛乳房发育好,被毛稀短,乳头分布匀称,乳头适中	10		15	
肢、蹄	四肢结实,肢势端正,左或右两肢间宽。蹄圆缝紧,蹄质结实。行走有力	15		10	
被毛	被毛纯白、光泽好,全身被毛丰厚,背腰绒毛厚,各关节突出处,体侧及腹部毛密而长。尾毛密长,同全身粗毛能覆盖住体躯下部,即裙毛生长好	20		20	
总分		100		100	

ICS 65.020.30
B 43

中华人民共和国农业行业标准

NY/T 1660—2008

鸵 鸟 种 鸟

Ostrich breeder bird

2008-07-14 发布　　　　　　　　　　　　2008-08-10 实施

中华人民共和国农业部 发布

前　言

本标准的附录 A 为规范性附录。

本标准由中华人民共和国农业部畜牧业司提出。

本标准由全国畜牧业标准技术委员会归口。

本标准起草单位：中国鸵鸟养殖开发协会、中国农业大学、江门金鸵产业发展有限公司、汕头中航技投资有限公司、陕西英考鸵鸟有限公司、河南金鹭特种养殖有限公司、中国西北鸵鸟繁育中心、河北石家庄市大山生物科技开发有限公司。

本标准主要起草人：张劳、陈国堂、黄成江、杨宁、周建国、元继文、周温聪、田长青、石留红、刘福辰、禤宗能、施伯煊、范继山、单崇浩、高腾云。

鸵 鸟 种 鸟

1 范围

本标准确立了鸵鸟种鸟测量性状的术语和定义,规定了黑颈鸵鸟、蓝颈鸵鸟和红颈鸵鸟种鸟的主要外貌特征、生长和繁殖性能及种鸟评定的原则。

本标准适用于鸵鸟种鸟的鉴定和等级评定。

2 规范性引用文件

下列文件中的条款通过本标准引用而成为本部分的条款。凡是注日期的引用文件,其随后所有的修改单(不包括勘误的内容)或修订版均不适用本部分,然而,鼓励根据本部分达成协议的各方面研究是否可使用这些文件的最新版本。凡是不注日期的引用文件,其最新版本适用于本部分。

NY/T 823—2004 家禽生产性能名词术语和度量统计方法

3 术语和定义

NY/T 823—2004 确立的以及下列术语和定义适用于本标准。

3.1

体重 body weight

禁食12 h空腹活重,单位为千克。

3.2

背长 trunk length

背部从第一胸椎到第一尾椎颈的长度,单位为厘米。

3.3

胸宽 chest width

两肩关节之间的体表距离,单位为厘米。

3.4

颈长 neck length

由第一颈椎至颈基部的长度,单位为厘米。

3.5

荐高 height at sacra

由综荐骨最高点至地面的垂直距离,单位为厘米。

3.6

胫长 shank length

由膝关节至跗关节的长度,单位为厘米。

3.7

管围 circumference of cannon

胫部远端最细处的周长,单位为厘米。

4 主要外貌特征

4.1 黑颈鸵鸟(black neck)

又称非洲黑(Africa Black),体型较小,颈和腿较短,体躯相对宽厚,雄鸟颈呈灰黑色,颈部绒毛较多,体羽为黑色,翅尖处羽毛为白色,尾羽为白色。羽毛蓬松,质量好,羽毛顶端呈半圆形,皮肤呈深青色。雌鸟全身羽毛为淡灰褐色。见附录图 A.1。

4.2 蓝颈鸵鸟(blue neck)

体型较大,头部有针状毛,雄鸟颈呈蓝灰色,颈部绒毛相对较少,颈基部有白环,体羽与黑颈相似,但羽毛顶端较尖,羽毛质量中等,皮肤呈淡青色。雌鸟全身羽毛为浅灰褐色。见附录图 A.2。

4.3 红颈鸵鸟(red neck)

体型大,雄鸟颈部绒毛少,颈上有白环,成年雄鸟全身裸露部分的皮肤及颈部皮肤均呈红色或粉红色,在繁殖季节变为鲜红色,体羽与黑颈相似,但羽毛顶端比较尖。雌鸟全身羽毛为灰白色,羽色比黑颈雌鸟的羽色浅且羽片较长。见附录图 A.3。

5 生长和繁殖性能

5.1 种鸟体重

鸵鸟种鸟体重见表1。

表 1 鸵鸟种鸟体重   单位为千克

品种	出生重	1 月龄体重	3 月龄体重	6 月龄体重	12 月龄体重	成年雌鸟体重	成年雄鸟体重
黑颈鸵鸟	≥0.90	4.5～5.0	25～30	52～65	90～105	100～110	110～120
蓝颈鸵鸟	≥0.95	5.0～5.5	30～35	57～70	94～110	105～115	115～125
红颈鸵鸟	≥1.00	5.5～6.0	35～40	62～75	98～115	115～125	125～135

5.2 鸵鸟种鸟的体尺

种鸟体尺见表2和表3。

表 2 雄性种鸟的体尺   单位为厘米

品种	背长	胸宽	颈长	荐高	胫长	管围
黑颈鸵鸟	95～100	42～45	80～85	120～125	57～60	16.5～17.0
蓝颈鸵鸟	105～110	44～48	90～95	130～135	59～63	17.5～18.0
红颈鸵鸟	120～125	45～49	105～110	135～140	61～65	17.7～18.5

表 3 雌性种鸟的体尺   单位为厘米

品种	背长	胸宽	颈长	荐高	胫长	管围
黑颈鸵鸟	90～95	40～43	70～75	115～120	55～58	16.0～16.5
蓝颈鸵鸟	100～105	42～46	85～90	125～130	56～61	16.5～17.5
红颈鸵鸟	115～120	43～47	100～115	130～135	57～62	17.5～18.0

5.3 鸵鸟种鸟的繁殖性能

种鸟的繁殖性能见表4。

表 4 鸵鸟种鸟的繁殖性能

品种	开产月龄 月	第一产蛋年产蛋数 枚	第二产蛋年产蛋数 枚	第三产蛋年产蛋数 枚	受精率 %	受精蛋孵化率 %
黑颈鸵鸟	20～24	20～22	40～45	55～60	75～80	80～85
蓝颈鸵鸟	22～26	18～20	35～40	50～55	70～75	80～85
红颈鸵鸟	28～30	16～18	30～35	35～50	70～75	70～75

6 种鸟的等级评定

6.1 种鸟评定的必备条件

6.1.1 种鸟的体形外貌符合品种特性,发育正常,有系谱记录。

6.1.2 雄性种鸟的头较大,眼有神,颈粗长,体躯前高后低,两趾强壮有力,长短适中。

6.1.3 雌性种鸟体型匀称,头部清秀,颈细长,活动灵活,背的前部较平直,后背部扩展。尾端平宽,羽毛整洁,腹部柔软,容积大,不过肥或过瘦。

6.2 等级划分

6.2.1 分级及评定依据

种鸟可分为一级和二级。等级评定可以采用系谱鉴定、个体和同胞鉴定。

6.2.2 系谱鉴定

一级雄性种鸟必须是一级雄性种鸟与一级雌性种鸟的后代;一级雌性种鸟必须是一级雄性种鸟与一、二级雌性种鸟的后代;二级雄性和雌性种鸟必须是一、二级雄性种鸟与一、二级雌性种鸟的后代。

6.2.3 个体和同胞鉴定

一级种鸟的生产性能见表 5 和表 6。

表 5 一级雄性种鸟生产性能

品种	6月龄体重 kg	12月龄体重 kg	4岁同胞平均产蛋数 个	受精率 %
黑颈鸵鸟	61～65	100～105	≥55	≥80
蓝颈鸵鸟	66～70	105～110	≥50	≥78
红颈鸵鸟	71～75	111～115	≥40	≥75

表 6 一级雌性种鸟的生产性能

品种	6月龄体重 kg	12月龄体重 kg	4岁同胞平均产蛋数 个	受精蛋孵化率 %
黑颈鸵鸟	58～63	96～100	≥55	≥85
蓝颈鸵鸟	63～67	100～105	≥50	≥80
红颈鸵鸟	68～73	105～110	≥40	≥75

二级雄性种鸟的生产性能见表 7 和表 8。

表 7 二级雄性种鸟的生产性能

品种	6月龄体重 kg	12月龄体重 kg	4岁同胞平均产蛋数 个	受精率 %
黑颈鸵鸟	55～60	94～99	≥55	≥75
蓝颈鸵鸟	60～65	99～104	≥50	≥70
红颈鸵鸟	65～70	100～109	≥40	≥70

表 8 二级雌性种鸟的生产性能

品种	6月龄体重 kg	12月龄体重 kg	4岁同胞平均产蛋数 个	受精蛋孵化率 %
黑颈鸵鸟	52～57	90～95	≥52	≥80
蓝颈鸵鸟	57～62	94～99	≥48	≥78
红颈鸵鸟	62～67	98～104	≥38	≥75

6.3 综合判定

6.3.1 一级种鸟的综合判定

凡是完全符合表 5 或表 6 中各项指标的雄鸟或雌鸟可评为一级种鸟。

6.3.2 二级种鸟的综合判定

完全符合表 7 或表 8 中各项指标的雄鸟或雌鸟可评为二级种鸟。只有体重一项达不到一级种鸟指标的应降为二级种鸟。

6.3.3 生产性能达不到一、二级种鸟生产性能的成年鸟不能种用。

附 录 A
（规范性附录）
鸵 鸟 种 鸟 照 片

A.1 黑颈鸵鸟种鸟照片见图 A.1。

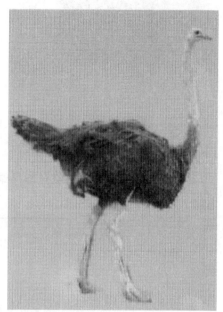

图 A.1 黑颈鸵鸟雄鸟(左)和雌鸟(右)

A.2 蓝颈鸵鸟种鸟照片见图 A.2。

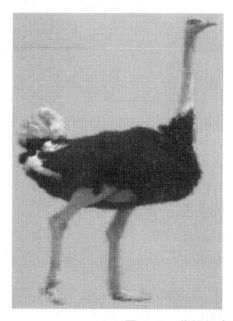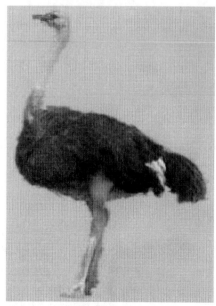

图 A.2 蓝颈鸵鸟雄鸟(左)和雌鸟(右)

A.3 红颈鸵鸟种鸟照片见图 A.3。

图 A.3 红颈鸵鸟雄鸟(左)和雌鸟(右)

ICS 67.100.10
C 53

中华人民共和国农业行业标准

NY/T 1661—2008

乳与乳制品中多氯联苯的测定
气相色谱法

Determination of PCBs contents in milk and dairy products
Gas chromatography method

2008-07-14 发布
2008-08-10 实施

中华人民共和国农业部 发布

前　言

本标准中附录 A 为资料性附录。

本标准由中华人民共和国农业部畜牧业司提出。

本标准由全国畜牧业标准化技术委员会归口。

本标准起草单位：农业部食品质量监督检验测试中心（上海）。

本标准主要起草人：孟瑾、郑冠树、陈美莲、韩奕奕、吴榕。

乳与乳制品中多氯联苯的测定
气相色谱法

1 范围

本标准规定了乳与乳制品中多氯联苯(PCB 28、PCB 52、PCB 101、PCB 118、PCB 138、PCB 153、PCB 180)含量的气相色谱测定方法。

本标准适用于乳与乳制品中多氯联苯含量的测定。

2 规范性引用文件

下列文件中的条款通过本标准的引用而成为本标准的条款。凡是注日期的引用文件,其随后所有的修改单(不包括勘误的内容)或修订版均不适用于本标准,然而,鼓励根据本标准达成协议的各方研究是否可使用这些文件的最新版本。凡是不注日期的引用文件,其最新版本适用于本标准。

GB/T 6682 分析实验室用水规格和试验方法

3 原理

通过碱皂化除去乳与乳制品中的脂肪和蛋白质,用正己烷提取PCBs,通过毛细管气相色谱柱分离,以电子捕获检测器(ECD)检测,外标法定量。

4 试剂

除非另有说明,在分析中仅使用确认为分析纯的试剂;实验用水应符合GB/T 6682中一级水的规定。

4.1 无水硫酸钠(Na_2SO_4),优级纯

将市售无水硫酸钠装入玻璃色谱柱,依次用正己烷(4.4)和二氯甲烷(4.5)淋洗2次,每次使用的溶剂体积约为无水硫酸钠体积的2倍。淋洗后,将无水硫酸钠转移至烧瓶中,在50℃下烘烤至干,然后在225℃烘烤8 h~12 h,冷却后干燥器中保存。

4.2 硫酸(H_2SO_4),优级纯

4.3 氢氧化钾(KOH)

4.4 正己烷 (C_6H_{14}),色谱纯

4.5 二氯甲烷(CH_2Cl_2)

4.6 氢氧化钾乙醇溶液,350 g/L

称取350 g氢氧化钾(4.3)溶解于20 mL水中,用无水乙醇(C_2H_5OH,色谱纯)定容至1 000 mL,临用时配制。

4.7 三氯联苯(PCB 28)标准溶液

质量分数为10.0 μg/mL的异辛烷(C_8H_{18})溶液。

4.8 四氯联苯(PCB 52)标准溶液

质量分数为10.0 μg/mL的异辛烷(C_8H_{18})溶液。

4.9 五氯联苯(PCB 101)标准溶液

质量分数为10.0 μg/mL的异辛烷(C_8H_{18})溶液。

4.10 五氯联苯(PCB 118)标准溶液

质量分数为 10.0 μg/mL 的异辛烷(C_8H_{18})溶液。

4.11 六氯联苯(PCB 138)标准溶液

质量分数为 10.0 μg/mL 的异辛烷(C_8H_{18})溶液。

4.12 六氯联苯(PCB 153)标准溶液

质量分数为 10.0 μg/mL 的异辛烷(C_8H_{18})溶液。

4.13 七氯联苯(PCB 180)标准溶液

质量分数为 10.0 μg/mL 的异辛烷(C_8H_{18})溶液。

4.14 混合标准溶液,每毫升各含 PCB 组分 0.1 μg

准确吸取各 PCB 标准溶液(4.7、4.8、4.9、4.10、4.11、4.12、4.13)1 mL 于 100 mL 容量瓶中,用正己烷(4.4)稀释定容,混匀。贮存于 4℃的冰箱中,有效期 6 个月。该溶液每毫升各含 PCB 组分0.1 μg。必要时,可用正己烷(4.4)稀释配制成适当质量分数的标准溶液。贮存于 4℃的冰箱中,有效期 3 个月。

5 仪器设备

常用实验室仪器设备及以下各项。

5.1 分析天平,感量 0.000 1 g。

5.2 气相色谱仪,并配有电子捕获检测器。

5.3 旋转蒸发器。

5.4 高速离心机:转速不低于 5 000 r/min。

5.5 分液漏斗:250 mL。

5.6 容量瓶:5.00 mL。

5.7 平底烧瓶:250 mL。

5.8 无水硫酸钠柱,筒形漏斗,内径 2 cm～3 cm,内装 5 cm 高无水硫酸钠(4.2)。

6 分析步骤

6.1 试样制备

贮藏在冰箱中的乳与乳制品,应在试验前预先取出,并达室温。

6.1.1 液态试样

准确称取 20.0 g～50.0 g 试样(乳脂肪量不低于 2.0 g)于平底烧瓶中(5.7)。

6.1.2 固态试样

准确称取 5.0 g～10.0 g 试样(乳脂肪量不低于 2.0 g)于平底烧瓶中(5.7),加入 10 mL 60℃的水溶解。

6.2 皂化

试样(6.1)中加入 20 mL 氢氧化钾乙醇溶液(4.5),充分混匀,在 70℃水浴上回流 30 min,立刻冷却至室温。

6.3 萃取

将皂化液(6.2)转入分液漏斗(5.5)中,用 30 mL 正己烷(4.4)分数次清洗平底烧瓶,合并正己烷至分液漏斗中,加入 20 mL 水振摇 30 s,静置分层。下层水相转入另一分液漏斗中,重复上述萃取过程 2次,合并正己烷层到第一个分液漏斗中,用水清洗至中性。正己烷层通过无水硫酸钠柱(5.8)过滤至烧瓶中,经旋转蒸发器(5.3)在 40℃水浴中浓缩近干。用正己烷定容至 5.0 mL。

6.4 净化

萃取液(6.3)中缓慢加入 1.0 mL 硫酸(4.2),剧烈振摇。以 5 000 r/min 离心 5 min,上清液直接上机。

6.5 测定

6.5.1 色谱参考条件

色谱柱:DB-5,0.25 μm,30 m×0.25 mm(i.d.),或性能相当者。

载气:高纯氮。

进样器温度:220℃。

检测器温度:300℃。

柱温箱温度:初始温度 100℃,以 10℃/min 升温至 200℃,再以 20℃/min 升温至 270℃,保持 5 min。

载气流速:1.0 mL/min。

进样量:1 μL。

6.5.2 测定

在上述色谱条件下,准确吸取混合标准溶液(4.13)及试液(6.4)各 1 μL,分别进样,得到混合标准溶液和试液中多氯联苯的峰面积,外标法定量。同时,作空白试验。多氯联苯标准物质典型图谱参见附录 A。

7 结果计算

试样中各多氯联苯组分含量以质量分数 X 计,数值以毫克每千克(mg/kg)表示,按式(1)计算:

$$X = \frac{A_s \times C_{std} \times V}{A_{std} \times m} \quad \cdots\cdots\cdots\cdots\cdots\cdots\cdots\cdots\cdots\cdots\cdots\cdots\cdots\cdots (1)$$

式中:

A_s——试样溶液中多氯联苯的峰面积;

A_{std}——混合标准溶液中多氯联苯的峰面积;

C_{std}——混合标准溶液中多氯联苯的质量浓度,单位为微克每毫升(μg/mL);

m——试样的称样量,单位为克(g);

V——溶解试样浓缩后残余物所定容的体积,单位为毫升(mL),V=5.0 mL;

测定结果用平行测定的算术平均值表示,保留两位有效数字。

8 精密度

在重复性条件下获得的两次独立测定结果的绝对差值不大于这两个测定值的算术平均值 15%。

在再现性条件下获得的两次独立测定结果的绝对差值不大于这两个测定值的算术平均值 30%。

9 检出限

本方法检出限见表1。

表 1 PCBs 检出限

化合物名称	检出限(μg/kg)	
	奶粉、奶酪	液态乳
三氯联苯(PCB 28)	0.16	0.037
四氯联苯(PCB 52)	0.29	0.069
五氯联苯(PCB 101)	0.18	0.040
五氯联苯(PCB 118)	0.12	0.033
六氯联苯(PCB 138)	0.12	0.028
六氯联苯(PCB 153)	0.11	0.030
七氯联苯(PCB 180)	0.077	0.021

附　录　A

（资料性附录）

气相色谱法测定 PCBs 标准溶液的典型图谱

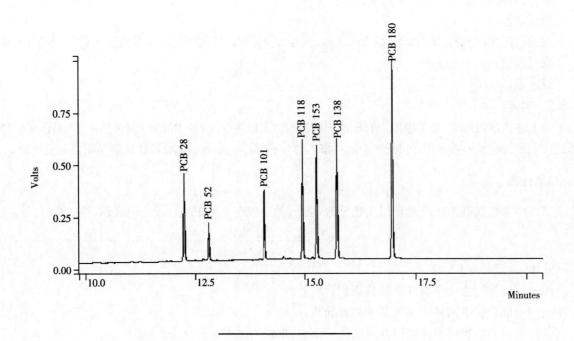

ICS 67.100.10
C 53

中华人民共和国农业行业标准

NY/T 1662—2008

乳与乳制品中1,2-丙二醇的测定
气相色谱法

Determination of 1,2-propylene glycol in milk and dairy products
—Gas chromatography method

2008-07-14 发布
2008-08-10 实施

中华人民共和国农业部 发布

前　言

本标准中附录 A 为资料性附录。

本标准由中华人民共和国农业部畜牧业司提出。

本标准由全国畜牧业标准化技术委员会归口。

本标准起草单位：农业部食品质量监督检验测试中心（上海）。

本标准主要起草人：孟瑾、何亚斌、韩奕奕、黄菲菲、吴榕。

乳与乳制品中1,2-丙二醇的测定 气相色谱法

1 范围

本标准规定了乳与乳制品中1,2-丙二醇的气相色谱测定方法。

本标准适用于乳与乳制品中1,2-丙二醇的测定。

本标准检出限为1.5 mg/kg。

2 规范性引用文件

下列文件中的条款通过本标准的引用而成为本标准的条款。凡是注日期的引用文件,其随后所有的修改单(不包括勘误的内容)或修订版均不适用于本标准,然而,鼓励根据本标准达成协议的各方研究是否可使用这些文件的最新版本。凡是不注日期的引用文件,其最新版本适用于本标准。

GB/T 6682 分析实验室用水规格和试验方法

3 原理

样品溶解后,经乙腈沉淀蛋白,正己烷去除脂肪,用配有氢火焰离子化检测器的气相色谱仪测定,外标法定量。

4 试剂和材料

除非另有说明,在分析中仅使用确认为分析纯的试剂;实验用水应符合GB/T 6682中一级水的规定。

4.1 甲醇(CH_3OH):色谱纯。

4.2 乙腈(CH_3CN):色谱纯。

4.3 正己烷(C_6H_{14}):色谱纯。

4.4 正己烷饱和乙腈溶液

将乙腈(4.2)和正己烷(4.3)置于分液漏斗中,振荡,静置分层,取下层溶液。

4.5 乙腈饱和正己烷溶液

将乙腈(4.2)和正己烷(4.3)置于分液漏斗中,振荡,静置分层,取上层溶液。

4.6 标准贮备液:10.0 mg/mL

准确称取质量分数不低于99.0%的1,2-丙二醇标准品($CH_3CHOHCH_2OH$)0.500 0 g于50 mL烧杯中,用乙腈(4.2)稀释定容至50 mL棕色容量瓶中,混合均匀。贮存于−18℃冰箱中,有效期120 d。

4.7 标准工作液:20.0 μg/mL

准确吸取标准贮备液1.00 mL(4.6)于100 mL棕色容量瓶中,用乙腈(4.2)稀释定容;再准确吸取10.00 mL于50 mL棕色容量瓶中,用乙腈(4.2)稀释定容,摇匀,贮存于4℃冰箱中,有效期90 d。

4.8 滤膜:有机相,0.20 μm。

5 仪器设备

常用实验室仪器设备及以下各项。

5.1 分析天平,感量0.000 1 g。

5.2 离心机:不低于5 000 r/min。

5.3 超声波仪。

5.4 气相色谱仪,配备氢火焰离子化检测器(FID)。

5.5 具塞离心试管。

6 分析步骤

6.1 试样制备

贮藏在冰箱中的待测试样,应在试验前预先取出,并恒温至室温。

6.1.1 液态试样

准确称取 2 g~4 g 样品,精确至 0.000 1 g,于 15 mL 具塞离心管中,待测。

6.1.2 固体试样(除黄油)

准确称取 0.5 g~2 g 样品,精确至 0.000 1 g,于 15 mL 具塞离心管中,加入 2 mL 约 40℃ 的温水溶解,待测。

6.1.3 黄油

准确称取 0.5 g~2 g 样品,精确至 0.000 1 g,于 15 mL 具塞离心管中,加入适量正己烷(4.3)溶解,待测。

6.2 提取

6.2.1 分别取完全溶解的试样(6.1.1 和 6.1.2),加入 5 mL 正己烷饱和乙腈溶液(4.4),超声波处理 30 min,用乙腈(4.2)转移至 10 mL 容量瓶并定容,再转移至 15 mL 具塞离心管中,离心 5 min,将上清液转入另一个 15 mL 具塞离心管。

6.2.2 黄油试样(6.1.3),加入 5 mL 正己烷饱和乙腈溶液(4.4),超声波处理 30 min 后静置分层,弃去上层溶液,下层转移至 10 mL 容量瓶并定容,按 6.2.1 自"再转移入 15 mL 具塞离心管中……"步骤操作。

6.3 脱脂净化

在上清液(6.2)中加入 2 mL 乙腈饱和正己烷溶液(4.5),剧烈振荡 3 min,离心 5 min,弃去上层正己烷层。重复上述步骤二次。下层乙腈用滤膜(4.8)过滤,供气相色谱仪(5.4)测定。

6.4 气相色谱分析

6.4.1 气相色谱参考条件

色谱柱:DB-WAX,0.25 μm,50 m×0.25 mm(i.d.),或性能相当者。

载气:高纯氮(≥99.999%)

进样器温度:200℃

检测器温度:200℃

柱温程序:初始温度 100℃,以 20℃/min 升温至 150℃,保持 15 min,再以 20℃/min 升温至 200℃,保持 2 min。

载气流速:1.0 mL/min。

分流比:5∶1。

进样量:2 μL。

6.4.2 测定

在上述色谱条件下,准确吸取标准工作液(4.7)及试液(6.3)各 2 μL,分别进样,得到标准工作液和试液中 1,2-丙二醇的峰面积,外标法定量。1,2-丙二醇标准物质典型色谱图参见附录 A。

同时做空白试验。

7 结果计算

试样中的 1,2-丙二醇的含量以质量分数 X 计,数值以毫克每千克(mg/kg)表示,按公式(1)计算:

$$X = \frac{A_s \times C_{std} \times V \times f}{A_{std} \times m} \quad\text{...} \quad (1)$$

式中：

A_s——试样溶液中1,2-丙二醇的峰面积；

A_{std}——标准工作液中1,2-丙二醇的峰面积；

C_{std}——标准工作液中1,2-丙二醇的浓度，单位为微克每毫升（$\mu g/mL$）；

V——溶解试样或浓缩后所定容的体积，单位为毫升（mL）；

m—— 称样量，单位为克（g）；

f—— 稀释因子。

测定结果用平行测定的算术平均值表示，结果保留到三位有效数字。

8 精密度

在重复性条件下获得的两次独立测定结果的绝对差值不大于这两个测定值的算术平均值的10%。

在再现性条件下获得的两次独立测定结果的绝对差值不大于这两个测定值的算术平均值的15%。

附　录　A
（资料性附录）
1,2-丙二醇标准溶液典型色谱图

A.1　1,2-丙二醇标准溶液的典型色谱图参见图 A.1。

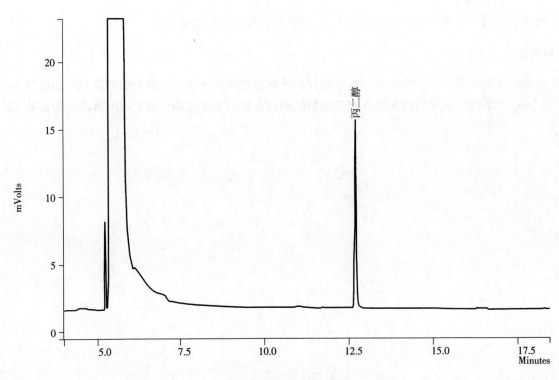

图 A.1　1,2-丙二醇标准溶液典型色谱图

ICS 67.120.01
B 45

中华人民共和国农业行业标准

NY/T 1663—2008

乳与乳制品中 β -乳球蛋白的测定 聚丙烯酰胺凝胶电泳法

Determination of β-lactoglobulin content in milk and dairy products
SDS-PAGE electrophoresis

2008-07-14 发布

2008-08-10 实施

中华人民共和国农业部 发布

前　言

本标准中附录 A 为资料性附录。

本标准由中华人民共和国农业部畜牧业司提出。

本标准由全国畜牧业标准化技术委员会归口。

本标准起草单位：农业部食品质量监督检验测试中心（上海）。

本标准主要起草人：孟瑾、黄菲菲、韩奕奕、吴榕、陈美莲、何亚斌、王建军、韩惠雯。

乳与乳制品中 β-乳球蛋白的测定
聚丙烯酰胺凝胶电泳法

1 范围

本标准规定了乳与乳制品中 β-乳球蛋白的 SDS-PAGE 凝胶电泳测定方法。

本标准适用于乳与乳制品(生牛乳、奶粉、液态乳、奶酪、乳清粉)中 β-乳球蛋白的测定。

本标准液态样品的检出限 24 mg/100 mL,固液态和固体样品的检出限 240 mg/100 g。

2 规范性引用文件

下列文件中的条款通过本标准的引用而成为本标准的条款。凡是注日期的引用文件,其随后所有的修改单(不包括勘误的内容)或修订版均不适用于本标准,然而,鼓励根据本标准达成协议的各方研究是否可使用这些文件的最新版本。凡是不注日期的引用文件,其最新版本适用于本标准。

GB/T 6682 分析实验室用水规格和试验方法

3 原理

试样用 SDS-PAGE 凝胶电泳后,用光密度计对 β-乳球蛋白进行测定分析,求得 β-乳球蛋白的含量。

4 试剂

除非另有说明,在分析中仅使用确认为分析纯的试剂;实验用水应符合 GB/T 6682 中一级水的规定。

4.1 冰醋酸(CH_3COOH)

4.2 磷酸(H_3PO_4)

4.3 硫酸铵{$(NH_4)_2SO_4$}

4.4 过硫酸铵{$(NH_4)_2S_2O_8$}

4.5 甲醇(CH_3OH)

4.6 乙醇(C_2H_5OH)

4.7 丙三醇($C_3H_8O_3$)

4.8 甘氨酸($C_2H_5NO_2$)

4.9 三羟甲基氨基甲烷($C_4H_{11}NO_3$):生化级

4.10 β-巯基乙醇(C_2H_6OS):生化级

4.11 丙烯酰胺(C_3H_5NO)

4.12 N-N′-甲叉双丙烯酰胺($C_7H_{10}N_2O_2$):生化级

4.13 十二烷基磺酸钠($C_{12}H_{25}SO_3Na$):生化级

4.14 N,N,N′,N′-四甲基乙二胺($C_6H_{16}N_2$):生化级

4.15 溴酚蓝($C_{19}H_{10}Br_4O_5S$)

4.16 考马斯亮蓝 R-250

4.17 盐酸溶液

4 mol/L,量取 36 mL 浓盐酸(HCl)注入 50 mL 水中,定容至 100 mL,混匀。

4.18 丙烯酰胺单体贮备液

准确称取 14.55 g 丙烯酰胺(4.11)、0.45 g N－N′-甲叉双丙烯酰胺(4.12),先用 40 mL 水溶解,搅拌,直至溶液变澄清透明,再用水稀释至 50 mL,过滤,备用。该贮备液在 4℃下棕色瓶中可保存一个月。

注:丙烯酰胺单体都是中枢神经毒物,小心操作。

4.19 浓缩胶缓冲液贮备液,1 mol/L,pH 6.8

准确称取 6.06 g 三羟甲基氨基甲烷(4.9),溶解于 40 mL 水中,用盐酸溶液(4.17)调节 pH 至 6.8 后,用水定容至 50 mL,4℃下保存。

4.20 分离胶缓冲液贮备液,1.5 mol/L,pH 8.8

准确称取 9.08 g 三羟甲基氨基甲烷(4.9),溶解于 40 mL 水中,用盐酸溶液(4.17)调节 pH 至 8.8 后,用水定容至 50 mL,4℃保存。

4.21 过硫酸铵溶液,100 g/L

准确称取 0.1 g 过硫酸铵(4.4),加 1 mL 水溶解,使用前配制。

4.22 十二烷基磺酸钠溶液,100 g/L

准确称取 5 g 十二烷基磺酸钠(4.13),用水溶解定容至 50 mL,室温保存。

4.23 N,N,N′,N′-四甲基乙二胺溶液,体积分数为 10%

量取 0.10 mL N,N,N′,N′-四甲基乙二胺(4.14),加水稀释定容至 1.00 mL。

4.24 样品缓冲液,0.08 mol/L

精确称取 4 mg 溴酚蓝(4.15),溶解于 5.00 mL 水中,分别量取 1.60 mL 浓缩胶缓冲液贮备液(4.19)、4.00 mL 十二烷基磺酸钠溶液(4.22)、1.20 mL β-巯基乙醇(4.10)、2.20 mL 丙三醇(4.7),全部混合后用水稀释定容至 20 mL,4℃保存。

4.25 电极缓冲液,pH 8.3

分别准确称取 3.0 g 三羟甲基氨基甲烷(4.9)、14.4 g 甘氨酸(4.8),加入十二烷基磺酸钠溶液(4.22)10 mL,调节 pH 至 8.3,定容至 1 000 mL。

4.26 考马斯亮蓝染色液,2.5 g/L

称取 0.25 g 考马斯亮蓝 R-250(4.16)和 10 g 硫酸铵(4.3),分别加入 20 mL 乙醇(4.6)、10 mL 磷酸(4.2),溶解混匀,用水定容至 100 mL。

4.27 脱色液

分别量取 75 mL 冰醋酸(4.1)、50 mL 甲醇(4.5)、875 mL 水,混匀。

4.28 β-乳球蛋白标准溶液,1.00 mg/mL

精确称取 0.010 0 g β-乳球蛋白标准品(纯度≥90%),用样品缓冲液(4.24)定容至 10 mL,沸水浴中加热 3 min～5 min,在－20℃以下保存。

5 仪器设备

常用实验室仪器及以下各项。

5.1 天平,感量 0.000 1 g。

5.2 电泳仪。

5.3 电泳槽,100 mm×83 mm。

5.4 光密度扫描仪。

5.5 微量注射器,10 μL。

5.6 离心机,不低于 7 000 r/min。

5.7 磁力搅拌器。

5.8 具塞离心试管。

6 分析步骤

6.1 试样制备

6.1.1 液体样品

取 1 mL 样品,依次加入 1 mL 水和 2 mL 样品缓冲液(4.24),沸水浴加热 3 min～5 min,磁力搅拌器(5.7)搅拌 4 h,离心 5 min,去除脂肪,取上清液分装,在－20℃保存,备用。

6.1.2 固体样品

称取 1 g 样品,精确到 0.1 mg,加适量水溶解,定容至 10 mL,按 6.1.1 操作。

6.2 分离胶制备

按表 1 配制 12%分离胶 20 mL,混匀后加入到长、短玻璃板间的缝隙内,约 60 mm～70 mm 高。沿长玻璃板板壁缓慢注入约 5 mm 高的水,进行水封。约 30 min 后,凝胶与水封层间出现折射率不同的界线,则表示凝胶完全聚合。倾倒去水封层的水,再用滤纸条吸去多余水分。

6.3 浓缩胶制备

按表 1 配制 3%浓缩胶 10 mL,混匀后加到已聚合的分离胶上方,直至距离短玻璃板上缘约 5 mm处。轻轻将样品槽模板插入浓缩胶内,约 30 min 后凝胶聚合,再放置 20 min～30 min,使凝胶老化。

表 1 不连续电泳的凝胶配方(垂直电泳)

贮 液	3%浓缩胶	12%分离胶
丙烯酰胺单体贮备液(4.18)	2.5 mL	12 mL
浓缩胶缓冲液贮备液(4.19)	0.6 mL	—
分离胶缓冲液贮备液(4.20)	—	7.5 mL
十二烷基磺酸钠溶液(4.22)	50 μL	300 μL
水	1.82 mL	10 mL
N,N,N′,N′-四甲基乙二胺溶液(4.23)	5 μL	20 μL
过硫酸铵溶液(4.21)	25 μL	200 μL

6.4 装槽

水平取出梳子,将胶板垂直放入电泳槽中,并灌入新配置的电极缓冲液(4.25),浸没玻璃板上边缘,胶板底部不要有气泡。

6.5 上样

用微量进样器分别加入 β-乳球蛋白标准溶液(4.28)2 μL 和试样(6.1)2 μL。

6.6 参考电泳条件(恒电流)

浓缩胶中浓缩 30 mA;分离胶中分离 30 mA。

6.7 染色

剥出的凝胶用水清洗三次,浸泡在盛有考马斯亮蓝染色液(4.26)的器皿中,染色 12 h。

6.8 脱色

染色后的凝胶先用水冲洗表面的多余染料,再用脱色液(4.27)浸泡脱色。更换脱色液,至凝胶背景无色为止。

6.9 分析

用光密度计对凝胶进行测定分析,根据光密度值计算 β-乳球蛋白的含量,典型图谱参见附录 A。

7 结果计算

试样中 β-乳球蛋白含量以质量分数 X 计,数值以毫克每百克或毫克每百毫升(mg/100 g 或 mg/100 mL 表示,按式(1)计算:

$$X = \frac{OD_s}{OD_{std}} \times C_{std} \times \frac{V_s}{m} \times \frac{V_1}{V_2} \times f \times 100 \quad\cdots\cdots\cdots\cdots\cdots\cdots\cdots\cdots\cdots\cdots\cdots\cdots (1)$$

式中:

OD_s——试样溶液中 β-乳球蛋白的光密度值;

C_{std}——标准溶液中 β-乳球蛋白的浓度,单位为毫克每毫升(mg/mL);

V_1——样品定容体积,单位为毫升(mL);

OD_{std}——β-乳球蛋白标准溶液的光密度值;

V_2——试样的上样体积,单位为微升(μL);

V_s——β-乳球蛋白标准溶液上样体积,单位为微升(μL);

f——稀释倍数;

m——试样的质量,单位为克(g)。

测定结果用平行测定的算术平均值表示,保留三位有效数字。

注:标准曲线的相关系数 r≥0.99。

8 精密度

在重复性条件下获得的两次独立测定结果的绝对差值不得超过算术平均值的10%。

在再现性条件下获得的两次独立测定结果的绝对差值不得超过算术平均值的15%。

附　录　A
（资料性附录）
凝胶电泳法测定的β-乳球蛋白典型图谱

A.1　凝胶电泳法测定的β-乳球蛋白典型图谱见图A.1。

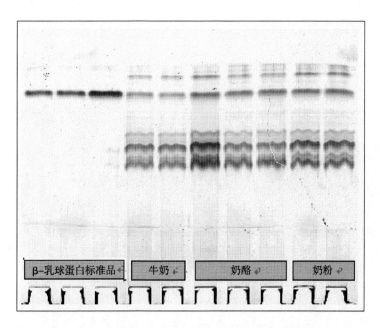

图A.1　凝胶电泳法测定的β-乳球蛋白典型图谱

ICS 67.100.01
C 53

中华人民共和国农业行业标准

NY/T 1664—2008

牛乳中黄曲霉毒素M₁的快速检测
双流向酶联免疫法

Rapid determination for aflatoxin M_1 in milk–Double flow
enzyme–linked immunosorbent assay

2008-07-14 发布

2008-08-10 实施

中华人民共和国农业部 发布

前 言

本标准由中华人民共和国农业部畜牧业司提出。

本标准由全国畜牧业标准化技术委员会归口。

本标准起草单位:农业部食品质量监督检验测试中心(上海)。

本标准主要起草人:孟瑾、王建军、韩奕奕、黄菲菲、郑隽、嵇仁芳、韩惠雯、孙旭敏。

牛乳中黄曲霉毒素 M₁ 的快速检测
双流向酶联免疫法

1 范围

本标准规定了牛乳中黄曲霉毒素 M_1 的双流向酶联免疫快速定性检测方法。

本标准适用于生牛乳、巴氏杀菌乳、UHT 灭菌乳和乳粉中黄曲霉毒素 M_1 的测定。

本标准的方法检出限为 $0.5\,\mu g/kg$。

2 规范性引用文件

下列文件中的条款通过本标准的引用而成为本标准的条款。凡是注日期的引用文件,其随后所有的修改单(不包括勘误的内容)或修订版均不适用于本标准,然而,鼓励根据本标准达成协议的各方研究是否可使用这些文件的最新版本。凡是不注日期的引用文件,其最新版本适用于本标准。

GB/T 6682 分析实验室用水规格和试验方法

3 原理

利用酶联免疫竞争原理,样品中残留的黄曲霉毒素 M_1 与定量特异性抗体反应,多余的游离抗体则与酶标板内的包被抗原结合,加入酶标记物,通过流动洗涤,和底物显色后,与标准溶液比较定性。

4 试剂和材料

4.1 水:GB/T 6682,二级。

4.2 黄曲霉毒素 M_1 双流向酶联免疫试剂盒,2℃～7℃保存。

4.2.1 黄曲霉毒素 M_1 系列标准溶液。

4.2.2 酶联免疫试剂颗粒。

4.2.2.1 抗黄曲霉毒素 M_1 抗体。

警告——不应破损,否则立即销毁。

4.2.2.2 酶结合物。

4.2.3 底物。

5 仪器和设备

5.1 样品试管,带有密封盖,内置酶联免疫试剂颗粒(4.2.2)。

5.2 移液器(管),$450\,\mu L\pm50\,\mu L$。

5.3 酶联免疫检测加热器。

5.4 酶联免疫检测读数仪。

6 分析步骤

6.1 将加热器(5.3)预热到 $45℃\pm5℃$,并至少保持 15 min。

6.2 液体试样或乳粉试样复原后振摇混匀,移取 $450\,\mu L$ 至样品试管(5.1)中,充分振摇,使其中的酶联免疫试剂颗粒(4.2.2)完全溶解。

6.3 将样品试管(5.1)和酶联免疫检测试剂盒(4.2)同时置于预热过的加热器内保温,保温时间 5 min～6 min。

6.4 将样品试管内的全部内容物倒入试剂盒(4.2)的样品池中,样品将流经"结果显示窗口"向绿色的激活环流去。

6.5 当激活环的绿色开始消失变为白色时,立即用力按下激活环按键至底部。

6.6 试剂盒(4.2)继续放置在加热器(5.3)中保温 4 min,使呈色反应完成。

6.7 将试剂盒(4.2)取出,水平插入读数仪(5.4),按照触摸式屏幕的提示操作,立即执行检测结果判定程序。判定程序应在 10 min 内完成。

7 检测结果的判定

7.1 目测判读结果

试样点的颜色深于质控点,或两者颜色相当,检测结果为阴性。

试样点的颜色浅于质控点,检测结果为阳性。

7.2 酶联免疫检测读数仪判读结果

数值<1.05,显示 Negative,检测结果为阴性。

数值>1.05,显示 Positive,检测结果为阳性[1]。

---

1)阳性样品需用定量检测方法进一步确认。

ICS 67.100.01
C 53

中华人民共和国农业行业标准

NY/T 1665—2008

畜禽饮用水中总大肠菌群和大肠埃希氏菌的测定 酶底物法

Determination of total coliforms and escherichia coli in drinking water
for livestock and poultry—Enzyme substrate method

2008-07-14 发布

2008-08-10 实施

中华人民共和国农业部 发布

前　言

本标准中附录 A 为规范性附录。

本标准由中华人民共和国农业部畜牧业司提出。

本标准由全国畜牧业标准化技术委员会归口。

本标准起草单位:农业部食品质量监督检验测试中心(上海)。

本标准主要起草人:孟瑾、郑冠树、张敏、吴榕、韩奕奕、樊蕴秀、蒋曙光。

畜禽饮用水中总大肠菌群和大肠埃希氏菌的测定 酶底物法

1 范围

本标准规定了畜禽饮用水中总大肠菌群和大肠埃希氏菌的酶底物法测定方法。

本标准适用于畜禽饮用水中总大肠菌群和大肠埃希氏菌的最可能数(MPN)值的快速测定。

本方法可同时检测畜禽饮用水中的总大肠菌群和大肠埃希氏菌。

2 规范性引用文件

下列文件中的条款通过本标准的引用而成为本标准的条款。凡是注日期的引用文件,其随后所有的修改单(不包括勘误的内容)或修订版均不适用于本标准,然而,鼓励根据本标准达成协议的各方研究是否可使用这些文件的最新版本。凡是不注日期的引用文件,其最新版本适用于本标准。

GB/T 6682 分析实验室用水规格和试验方法

3 原理

在选择性培养基上总大肠菌群产生的特异性生物酶β-半乳糖苷酶(β-D-galactosidase),将无色的底物水解为黄色的邻硝基酚(ONP),依此测定畜禽饮用水中总大肠菌群最可能数(MPN)值。

在选择性培养基上大肠埃希氏菌产生的特异性生物酶β-半乳糖苷酶(β-D-galactosidase),使无色的培养基呈现黄色,同时产生的β-葡萄糖醛酸酶(β-glucuronidase)分解4-甲基伞形酮-β-D-葡萄糖醛酸苷(MUG),使4-甲基伞形酮游离并产生荧光物质,在波长366 nm紫外光下产生特征性蓝色荧光,依此测定畜禽饮用水中大肠埃希氏菌最可能数(MPN)值。

4 培养基及试剂

除非另有说明,在分析中仅使用确认为分析纯的试剂;实验用水应符合GB/T 6682中三级水的规定。

4.1 培养基

Minimal Medium ONPG-MUG(MMO-MUG)培养基[①],称取以下试剂:

硫酸铵[$(NH_4)_2SO_4$]	5.0 g
硫酸锰($MnSO_4$)	0.5 mg
硫酸锌($ZnSO_4$)	0.5 mg
硫酸镁($MgSO_4$)	100.0 mg
氯化钠(NaCl)	10.0 g
氯化钙($CaCl_2$)	50.0 mg
亚硫酸钠(Na_2SO_3)	40.0 mg
两性霉素 B(amphotericin B)	1.0 mg
邻硝基苯-β-D-吡喃半乳糖苷(ONPG)	500.0 mg

---

①可选用 Colilert 或同类市售商品。

4-甲基伞形酮-β-D-葡萄糖醛酸苷(MUG)	75.0 mg
茄属植物萃取物(solanum 萃取物)	500.0 mg
N-2-羟乙基哌嗪-N-2-乙磺酸钠盐(HEPES 钠盐)	5.3 g
N-2-羟乙基哌嗪-N-2-乙磺酸(HEPES)	6.9 g

培养基过 121℃、5 min 灭菌后,适用于 1 000 mL 水样的测定。

4.2 灭菌生理盐水

称取 8.5 g 氯化钠(NaCl),用适量蒸馏水溶解稀释至 1 000 mL,混匀后取 90 mL 分装到稀释瓶内,121℃、20 min 高压灭菌。

5 仪器和设备

5.1 培养箱:36℃±1℃。

5.2 高压蒸汽灭菌锅。

5.3 烘箱。

5.4 定量盘:定量培养用无菌塑料盘,含 51 个孔穴,每一孔穴可容纳 2 mL 水样。

5.5 程控定量封口机。

5.6 紫外灯:波长 366 nm。

5.7 天平:感量 0.01 g。

6 检验步骤

6.1 试样制备

检测所需水样为 100 mL。必要时,可对水样进行 10 倍稀释,取 10 mL 水样,加入到 90 mL 灭菌生理盐水(4.2)中,混匀。

6.2 定性反应

量取 100 mL±0.5 mL 水样(6.1)于 100 mL 无菌稀释瓶中,加入 2.7 g±0.5 g MMO-MUG 培养基粉末(4.1),混和均匀,放入 36℃±1℃ 的培养箱(5.1)内培养 24 h。

6.3 51 孔定量盘法

6.3.1 量取 100 mL±0.5 mL 水样(6.1)于 100 mL 无菌稀释瓶中,加入 2.7 g±0.5 g MMO-MUG 培养基粉末(4.1),混摇均匀,使之完全溶解。

6.3.2 将水样(6.3.1)全部分装在定量盘(5.4)51 个孔穴内,抚平定量盘背面以除去孔穴内气泡,用程控定量封口机(5.5)封口,放入 36℃±1℃ 的培养箱(5.1)内培养 24 h。

7 结果报告

7.1 结果判读

培养 24 h 后的水样颜色变为黄色则为阳性反应。如果结果为可疑阳性,可延长培养时间到 28 h,再进行结果判读。

7.2 定性反应

7.2.1 总大肠菌群:培养 24 h 后的水样颜色变为黄色则为阳性反应;否则为阴性反应。定性反应结果以 100 mL 水样中总大肠菌群检出或未检出报告。

7.2.2 大肠埃希氏菌:培养 24 h 后的水样颜色变为黄色的,在暗处用波长为 366 nm 的紫外灯照射,有蓝色荧光产生判定为阳性反应;否则为阴性反应。定性反应结果以 100 mL 水样中大肠埃希氏菌检出或未检出报告。

7.3 51孔定量盘法

7.3.1 总大肠菌群

51孔定量盘中黄色反应的孔穴计数,对照附录 A 中表 A.1 查出其代表的总大肠菌群最可能数(MPN)值,结果以 MPN/100 mL 表示。

注:稀释后检测的水样,定量结果需乘以稀释倍数。

7.3.2 大肠埃希氏菌

51孔定量盘中荧光反应的孔穴计数,对照附录 A 中表 A.1 查出其代表的大肠埃希氏菌最可能数(MPN)值,结果以 MPN/100 mL 表示。

注:稀释后检测的水样,定量结果需乘以稀释倍数。

附　录　A

（规范性附录）

51孔定量盘法不同阳性结果的最可能数（MPN）及95％可信限

A.1　51孔定量盘法不同阳性结果的最可能数（MPN）及95％可信限

表 A.1　51孔定量盘法大肠菌群或大肠埃希氏菌最可能数（MPN）检索表

阳性数	大肠菌群或大肠埃希氏菌（MPN/100 mL）	95％可信限	
		下限	上限
0	<1	0.0	3.7
1	1.0	0.3	5.6
2	2.0	0.6	7.3
3	3.1	1.1	9.0
4	4.2	1.7	10.7
5	5.3	2.3	12.3
6	6.4	3.0	13.9
7	7.5	3.7	15.5
8	8.7	4.5	17.1
9	9.9	5.3	18.8
10	11.1	6.1	20.5
11	12.4	7.0	22.1
12	13.7	7.9	23.9
13	15.0	8.8	25.7
14	16.4	9.8	27.5
15	17.8	10.8	29.4
16	19.2	11.9	31.3
17	20.7	13.0	33.3
18	22.2	14.1	35.2
19	23.8	15.3	37.3
20	25.4	16.5	39.4
21	27.1	17.7	41.6
22	28.8	19.0	43.9
23	30.6	20.4	46.3
24	32.4	21.8	48.7
25	34.4	23.3	51.2
26	36.4	24.7	53.9
27	38.4	26.4	56.6
28	40.6	28.0	59.5
29	42.9	29.7	62.5
30	45.3	31.5	65.6
31	47.8	33.4	69.0
32	50.4	35.4	72.5
33	53.1	37.5	76.2
34	56.0	39.7	80.1
35	59.1	42.0	84.4

表 A.1（续）

阳性数	大肠菌群或大肠埃希氏菌 （MPN/100 mL）	95%可信限	
		下限	上限
36	62.4	44.6	88.8
37	65.9	47.2	93.7
38	69.7	50.0	99.0
39	73.8	53.1	104.8
40	78.2	56.4	111.2
41	83.1	59.9	118.3
42	88.5	63.9	126.2
43	94.5	68.2	135.4
44	101.3	73.1	146.0
45	109.1	78.6	158.7
46	118.4	85.0	174.5
47	129.8	92.7	195.0
48	144.5	102.3	224.1
49	165.2	115.2	272.2
50	200.5	135.8	387.6
51	＞200.5	146.1	—

ICS 67.120.10
B 45

中华人民共和国农业行业标准

NY/T 1666—2008

肉制品中苯并[a]芘的测定
高效液相色谱法

Determination of benzo [a] pyrene in meat products
High performance liquid chromatography method

2008-07-15 发布

2008-08-10 实施

中华人民共和国农业部 发布

前　言

本标准的附录 A 为资料性附录。

本标准由中华人民共和国农业部畜牧业司提出。

本标准由全国畜牧业标准化技术委员会归口。

本标准起草单位：农业部肉及肉制品质量监督检验测试中心。

本标准主要起草人：戴廷灿、李伟红、卢普滨、周瑶敏、罗林广、王冬根、严寒。

肉制品中苯并[a]芘的测定
高效液相色谱法

1 范围

本标准规定了熟肉制品中苯并[a]芘的高效液相色谱检测方法。

本标准适用于烧烤、油炸、烟熏等肉制品中苯并[a]芘的检测。

本方法的检出限为 $0.5\ \mu g/kg$。

2 规范性引用文件

下列文件中的条款通过本标准的引用而成为本标准的条款。凡是注日期的引用文件,其随后所有的修改单(不包括勘误的内容)或修订版均不适用于本标准,然而,鼓励根据本标准达成协议的各方研究是否可使用这些文件的最新版本。凡是不注日期的引用文件,其最新版本适用于本标准。

GB/T 6682 分析实验室用水规则和试验方法

3 原理

试样加环己烷匀浆、超声提取,用二甲基亚砜反萃取。在二甲基亚砜相中加入水溶液,用环己烷反萃取,浓缩近干,用甲醇溶解,供高效液相色谱测定(荧光检测器)。外标法定量。

4 试剂

除非另有说明,在分析中仅使用确认为分析纯的试剂;实验用水应符合 GB/T6682 中一级水规定。

4.1 无水硫酸钠

于450℃焙烧4h后备用。

4.2 环己烷:色谱纯

4.3 二甲基亚砜:色谱纯

4.4 甲醇:色谱纯

4.5 乙腈:色谱纯

4.6 硫酸钠溶液:2.0 g/L

称取 0.20 g 无水硫酸钠(4.1),溶于 100 mL 水中。

4.7 苯并[a]芘标准储备液

准确称取苯并[a]芘(又名3,4-苯并芘,标准品,含量≥99%)0.015 0 g 于 1 000 mL 容量瓶中,用甲醇溶解并定容至刻度。该储备液浓度为 15 μg/mL。置4℃冰箱中保存。

4.8 苯并[a]芘标准工作液

准确量取 1 mL 标准储备液(4.7),用甲醇稀释至 10 mL,从中准确量取 1 mL,置于 10 mL 容量瓶中,用甲醇稀释成 150 ng/mL 浓度的苯并[a]芘标准工作液。

5 仪器和设备

5.1 高效液相色谱仪:附荧光检测器

5.2 分析天平:感量 0.000 1 g

5.3 天平:感量 0.01 g

5.4 组织匀浆机:转速不低于 10 000 r/min

5.5 超声波提取器

5.6 离心机:转速不低于 3 500 r/min

5.7 旋涡混合器

5.8 旋转蒸发器

5.9 氮气吹干装置

5.10 离心管:50 mL

5.11 茄形瓶:50 mL

5.12 滤膜:有机相,0.45 μm

6 试样制备

6.1 样品制备

取适量代表性样品,绞碎均匀。

6.2 样品的保存

应常温或冷藏下保质的产品于 4℃保存,应冷冻保质的产品在－18℃以下保存。

7 测定步骤

7.1 提取

准确称取试样(6)5.00 g 于 50 mL 离心管(5.10)中,加入 5.0 g 无水硫酸钠(4.1),加入 15 mL 环己烷(4.2),匀浆处理 2 min,超声提取 5 min,离心 2 min,收集上清液于 50 mL 茄形瓶(5.11)中,残渣分别用 10 mL 环己烷重提 2 次,合并环己烷提取液,用旋转蒸发器浓缩到 1 mL 左右,转移浓缩液到另一个 50 mL 的离心管中,用环己烷清洗茄形瓶,合并环己烷液,保持体积 5 mL 左右,分别加入 5 mL 二甲基亚砜萃取 2 次,每次旋涡混合 2 min,离心 2 min,用吸管吸出二甲基亚砜,合并 2 次二甲基亚砜萃取液于 50 mL 离心管中,待净化处理。

7.2 净化

在二甲基亚砜萃取液(7.1)中,加入 15 mL 2.0 g/L 硫酸钠溶液(4.6),分别加入 5 mL 环己烷反萃取 3 次,每次旋涡混合 2 min,离心 2 min。吸出环己烷,合并环己烷于 20 mL 刻度试管中,用氮气吹干装置(5.9)吹至近干,用甲醇溶解,定容到 1.0 mL,过 0.45 μm 滤膜(5.12),供高效液相色谱检测分析。

7.3 测定

7.3.1 仪器条件

色谱柱:C_{18} 柱,5 μm,4.6 mm×250 mm。

流动相:乙腈＋水(88＋12),用前过滤膜,脱气。

流速:1.2 mL/min。

荧光检测器:激发波长 384 nm;发射波长 406 nm。

柱温:30℃。

进样量:10 μL。

7.3.2 标准曲线的绘制

待仪器基线稳定后,分别吸取 0.00 mL、0.20 mL、0.40 mL、0.60 mL、0.80 mL、1.00 mL 标准工作液,用甲醇定容至 1 mL(其浓度分别为 0 ng/mL、30 ng/mL、60 ng/mL、90 ng/mL、120 ng/mL、150 ng/mL),分别吸取 10 μL 进样,以峰面积为纵坐标,以苯并[a]芘浓度为横坐标作图,绘制标准曲线。

7.3.3 样品测定

取样液(7.2)10 μL进样,得出峰面积。采用单点或标准系列比较定量。苯并[a]芘的响应值均应在标准曲线的线性范围内,否则,应加大样液最终定容体积。在上述色谱条件下,苯并[a]芘的保留时间在13.4 min左右。标准工作液和样液的色谱图见附录A。

7.3.4 空白测定

除不加试样外,采用与7.1和7.2相同的步骤平行操作。

8 结果计算

8.1 单点校准结果计算

苯并[a]芘的含量以 X 计,数值以微克每千克(μg/kg)表示,按式(1)计算。

$$X = \frac{A \times C_S \times V}{A_S \times m} \quad\cdots\cdots\cdots\cdots\cdots\cdots\cdots\cdots\cdots\cdots\cdots\cdots\cdots\cdots (1)$$

式中:

A ——样液中苯并[a]芘的峰面积;

A_S ——标准工作液中苯并[a]芘的峰面积;

C_S ——标准工作液中苯并[a]芘的浓度,单位为纳克每毫升(ng/mL);

V ——样液最终定容体积,单位为毫升(mL);

m ——称样量,单位为克(g)。

8.2 标准曲线校准定量结果计算

试样中苯并[a]芘的含量以 X 计,数值以微克每千克(μg/kg)表示,按式(2)计算。

$$X = \frac{C \times V}{m} \quad\cdots\cdots\cdots\cdots\cdots\cdots\cdots\cdots\cdots\cdots\cdots\cdots\cdots (2)$$

式中:

C ——标准曲线中查得的样液中苯并[a]芘的浓度,单位为纳克每毫升(ng/mL);

V ——样液最终定容体积,单位为毫升(mL);

m ——称样量,单位为克(g)。

注:计算结果扣除空白值,保留二位有效数字。

9 精密度

在重复性条件下,获得的2次独立测试结果的绝对差值不大于两个测定值的算术平均值20%。

附 录 A

(资料性附录)

高效液相色谱图

A.1 7.7 ng/mL 苯并[a]芘标准工作液的液相色谱图见图 A.1。

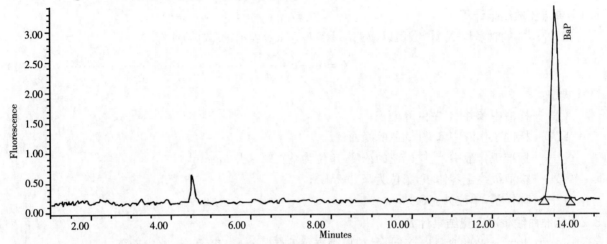

图 A.1 7.7 ng/mL 苯并[a]芘标准工作液的液相色谱图

A.2 熏烤火腿中加标苯并[a]芘液相色谱图(加标浓度为 1.5 μg/kg)见图 A.2。

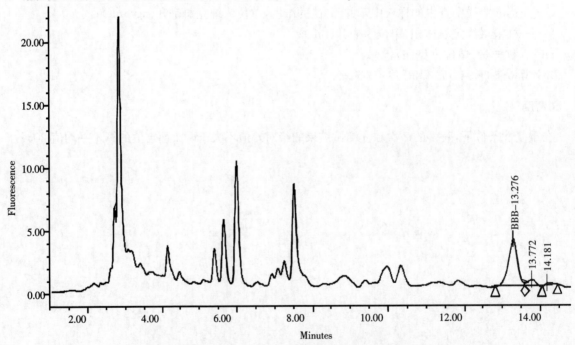

图 A.2 熏烤火腿中加标苯并[a]芘液相色谱图(加标浓度 1.5 μg/kg)

ICS 67.020
B 17

中华人民共和国农业行业标准

NY/T 1667.1—2008

农药登记管理术语
第1部分：基本术语

Terminology of pesticide registration management
Part 1: Basic terminology

2008-08-28 发布　　　　　　　　　　　　2008-10-01实施

841

中华人民共和国农业部 发布

前　言

《农药登记管理术语》为系列标准。
——第1部分:基本术语;
——第2部分:产品化学;
——第3部分:农药药效;
——第4部分:农药毒理;
——第5部分:环境影响;
——第6部分:农药残留;
——第7部分:农药监督;
——第8部分:农药应用。
本部分是《农药登记管理术语》的第1部分。
本部分由中华人民共和国农业部提出并归口。
本部分由农业部农药检定所组织起草并负责解释。
本部分起草人:李富根、王以燕、刘绍仁、叶纪明、张强、林荣华、吴厚斌。

农药登记管理术语
第 1 部分：基本术语

1 范围

本部分规定了农药登记工作的基本术语。

本部分适用于农药管理领域。

2 基础术语

2.1

农药 pesticide

用于预防、消灭或者控制危害农业、林业的病、虫、草和其他有害生物，以及有目的地调节植物、昆虫生长的化学合成或者来源于生物、其他天然物质的一种物质或者几种物质的混合物及其制剂。包括用于不同目的、场所的下列各类：

1) 预防、消灭或者控制危害农业、林业的病、虫（包括昆虫、蜱、螨）、草和鼠、软体动物等有害生物的；
2) 预防、消灭或者控制仓储病、虫、鼠和其他有害生物的；
3) 调节植物、昆虫生长的；
4) 用于农业、林业产品防腐或者保鲜的；
5) 预防、消灭或者控制蚊、蝇、蜚蠊、鼠和其他有害生物的；
6) 预防、消灭或者控制危害河流堤坝、铁路、机场、建筑物和其他场所的有害生物的。

2.2 按农药用途分类

2.2.1

杀虫剂 insecticide

防治农业、林业、仓储害虫及病媒等有关昆虫的农药。

2.2.1.1

杀螨剂 acaricide, miticide

防治蛛形纲中有害螨类的农药。

2.2.1.2

杀软体动物剂 molluscicide

防治蜗牛、蛞蝓、钉螺等有害软体动物的农药。

2.2.1.3

卫生用农药 public health pesticide

防治人和动物生活环境以及自然环境中卫生害虫的农药。

2.2.1.4

杀线虫剂 nematocide

防治植物病原线虫的农药。

2.2.2

杀菌剂 fungicide

杀死植物病原菌或抑制其生长发育的农药。

2.2.2.1

防腐剂 antiseptic

抑制物质腐败的农药。

2.2.2.2

防霉剂 anti‐mould

防治由微生物引起霉变的农药。

2.2.3

除草剂 herbicide

防除或控制杂草生长与危害的农药。

2.2.3.1

长残留性除草剂 long residual herbicide

在土壤中残留时间较长,易造成后茬敏感作物药害的除草剂。

2.2.3.2

灭生性除草剂 sterilant herbicide

对植物缺乏选择性或选择性小的除草剂。

同义词:非选择性除草剂 non‐selective herbicide。

反义词:选择性除草剂 selective herbicide。

2.2.4

植物生长调节剂 plant growth regulator

对植物的生长、发育起调节作用的农药。

2.2.4.1

脱叶剂 defoliant

用于促进叶片枯萎脱落的农药。

同义词:催枯剂。

2.2.5

杀鼠剂 rodenticide

用于防治鼠类有害啮齿动物的农药。

2.2.6

驱避剂 repellant

能发出刺激物质驱赶昆虫的负向性农药。

2.2.7

引诱剂 attractant

能发出刺激物质吸引昆虫的正向性农药。

2.2.8

不育剂 chemosterilant

作用于昆虫生殖系统导致不育的农药。

2.2.9

拒食剂 antifeeding

能使昆虫产生停食反应的农药。

2.3 按农药来源分类

2.3.1

化学农药 chemical pesticide

利用化学物质人工合成的农药。其中有些以天然产品中的活性物质为母体,进行仿制,结构改造,创新而成,为仿生合成农药。

同义词:有机合成农药 synthetic organic pesticide。

2.3.2

生物源农药 biopesticide

直接利用生物活体或生物代谢过程中产生的具有生物活性的物质或从生物体提取的物质作为防治病虫草害的农药。

2.3.2.1

微生物农药 microbial pesticide

以细菌、真菌、病毒和原生动物或经基因修饰的微生物活体为有效成分,防治病、虫、草、鼠等有害生物的生物源农药。

2.3.2.1.1

细菌农药 bacterial pesticide

以具有杀虫、抑菌生物活性,无核膜的原核生物为有效成分的微生物农药。

2.3.2.1.2

真菌农药 fungal pesticide

以营养体为分枝管状菌丝体,细胞壁含几丁质,繁殖体为各种孢子的吸收异养型真核生物为有效成分的微生物农药。

2.3.2.1.3

病毒农药 viral pesticide

以由核酸和外壳蛋白组成病毒粒子的非细胞形态生物为有效成分的微生物农药。

2.3.2.1.4

原生动物农药 protozoa pesticide

体形微小,以伪足或鞭毛运动的单细胞原生动物为有效成分的微生物农药。

同义词:原虫类农药。

2.3.2.2

农用抗生素 agro‐antibiotic

微生物所产生的用于防治农业有害生物的农药。

2.3.3

植物源农药 botanical pesticide

有效成分来源于植物体的农药。

2.3.4

矿物源农药 mineral‐based pesticide

有效成分来源于矿物体的无机化合物和石油类农药。

2.3.5

生物化学农药 biochemical pesticide

对防治对象没有直接毒性,具有生理调节、干扰交配、引诱或抗性诱导等特殊作用的天然或人工合成的农药。

2.3.5.1

信息素 pheromone

由动植物分泌的,能改变同种或不同种受体生物行为的生物化学农药。

2.3.5.2

激素　hormone

由生物体某一部位合成并可传导至其他部位起控制、调节作用的生物化学农药。

2.3.5.3

天然植物生长调节剂　natural plant growth regulator

由植物或微生物产生的,对同种或不同种植物的生长发育(包括萌发、生长、开花、受精、坐果、成熟及脱落等过程)具有抑制、刺激等作用或调节植物抗逆境能力(寒、热、旱、湿和风等)的生物化学农药。

2.3.5.4

天然昆虫生长调节剂　natural insect growth regulator

由昆虫产生的对昆虫生长过程具有抑制、刺激等作用的生物化学农药。

2.3.5.5

蛋白类农药　protein pesticide

由细菌、真菌纯化或合成的多肽或蛋白,具有毒性、抑制、抗性诱导及生理调节等生物活性的生物化学农药。

2.3.5.6

寡聚糖类农药　oligosaccharide pesticide

直接合成或经基团修饰的低分子碳水化合物,具有抑制、抗性诱导及生理调节等生物活性的生物化学农药。

2.3.6

转基因生物　transgenic organism

利用外源基因工程技术改变基因组构成,具有防治农业、林业的病、虫、草等有害生物以及耐除草剂等的农业生物。不包括自然发生、人工选择和杂交育种,或由化学物理方法诱变,通过细胞工程技术得到的植物和自然发生、人工选择、人工授精、超数排卵、胚胎嵌合、胚胎分割、核移植、倍性操作得到的动物,以及通过化学、物理诱变、转导、转化、接合等非重组 DNA 方式进行遗传性状修饰的微生物。

2.3.7

天敌生物　natural enemy organism

具有防治农业、林业的病、虫、草等有害生物的微生物以外的商品化活体。

3　良好实验室术语

3.1

良好实验室规范　good laboratory practice ,GLP

有关试验项目的设计、实施、审查、记录、归档和报告等的组织程序与试验条件的质量体系。

3.2

质量保证　quality assurance ,QA

独立于试验项目,旨在保证试验机构遵循良好实验室规范准则的体系,包括质量保证的组织、制度和人员。

3.3

试验体系　test system

用于试验中的生物、化学、物理或结合在一起的任何一个体系。

3.4

等同确认　peer validation

独立于方法起草实验室的同等实验室对一个分析方法的确认。

同义词：独立实验室确认。

3.5

标准操作规程　standard operation procedures，SOPs

描述如何进行某些规定实验室试验和活动的书面规程。

3.6

原始数据　raw data

在试验中所有的记录原始观察和调查结果的试验机构原始记录和文件，或经核实的复印件。包括观察记录、照片、缩微胶片及拷贝、色谱图、磁性载体、计算机打印资料、自动化仪器记录材料等。

3.7

样本　specimen

来源于试验体系的用于检查、分析和保存的试验材料。

3.8

供试物　test item

试验中需要测定的物质。

同义词：被试物、受试物。

3.9

对照物　reference item

在试验中与被试物进行比较的物质。

同义词：参照物。

3.10

批　batch

在一个确定的周期内，生产的一定数量的被试物或对照物。它们可被视为具有一致的性状。

3.11

媒介物　vehicle

作为载体促进被试物资或参照物资的混合、分解或溶解，以便对试验体系（或实验动物）给药或施药的试剂。

4　登记术语

4.1

农药登记　pesticide registration

对农药进入市场销售前进行的一项管理制度，是相应主管机构在对资料进行全面科学审查，证明某一产品对预期的用途有效，并对人体或动物的健康或环境无不可接受的风险后批准其销售和使用的过程。

4.2

农药登记资料规定　data requirement on pesticide registration

由国家农药登记主管部门制定并发布，规定农药登记所需的综合评价资料，以确保登记农药安全有效的技术规范。

4.2.1

农药产品安全数据单　material safety data sheet，MSDS

反映农药产品安全信息的资料，包括农药产品的性质和潜在的危险性，以及如何安全使用和应急措施，涉及到农药生产、贮存、经营、运输、使用、处理、防护措施和应急行动等各个环节中保证人身安全、环境安全和生物安全的基本信息。

4.3

农药登记申请人　applicant of pesticide registration

申请农药登记的生产企业及符合《农药管理条例》规定的其他申请人。

4.4

农药登记资料保护　data protection of registered pesticide

对获得首次登记的、含有新化合物农药的申请者提交自己所取得且未披露的试验数据和其他数据实施保护。

4.5

农药登记试验　pesticide registration trial

用于农药登记，评价农药产品性能和安全性的试验。

4.6　登记种类

4.6.1

临时登记　temporary registration

需要进行示范试验、试销以及在特殊情况下需要使用的农药所申请的登记。

4.6.2

正式登记　full registration

经田间示范试验、试销可以作为正式商品流通的农药所申请的登记。

4.6.3

续展登记　renewal of registration

对已取得临时登记或正式登记的农药在有效期满前，需申请继续维持有效状态的登记。

4.6.4

分装登记　repacking registration

在我国已取得登记且在有效期内的农药进行分装的登记。

4.6.5

紧急需要登记　registration for emergency

在一定时期和区域内，为应对突发重大有害生物灾害或植物检疫性有害生物等造成的灾害需要，经批准而紧急使用某些尚未登记或已禁用、限用农药的管理措施。

4.7　登记产品类型

4.7.1

新农药　new pesticide

有效成分尚未在我国取得批准登记的农药原药（或母药）和制剂。

4.7.2

新制剂　unregistered product formulation

有效成分与已登记过的相同，而剂型或含量（配比）尚未在我国登记过的制剂。

4.7.2.1

新剂型　new formulation

有效成分与已经登记过的相同，而剂型尚未在我国登记过的制剂。

4.7.2.2

剂型微小优化　formulation change in data bridging

对已登记的产品剂型作微小优化，更有利于环境保护等而有效成分种类和含量（配比）不变。包括以下几种情况：

——由可湿性粉剂（WP）变为水分散粒剂（WG）；

——由乳油(EC)变为水乳剂(EW)或油乳剂(OW)或微乳剂(ME)(但不包括含有大量有机溶剂的);

——由可溶粉剂(SP)变为可溶粒剂(SG);

——由颗粒剂(GR)变为细粒剂(FG)或微粒剂(MG);

——其他。

4.7.2.3

新含量制剂 product of unregistered active ingredient content

有效成分种类和剂型与已登记过的产品相同,而含量(混配制剂配比不变)尚未在我国登记过的制剂。

4.7.3 相同产品

4.7.3.1

相同产品 me‑too product

有效成分种类、含量、剂型等与已登记产品相同的农药。

4.7.3.2

相同原药(或母药)me‑too TC/TK

申请登记的原药(或母药)与已取得登记的质量无明显差异,即其有效成分含量不低于已登记的,且杂质(含量在0.1%以上以及0.1%以下但对哺乳动物、环境有明显危害)的组成和含量与已登记的基本一致或少于已登记的原药(或母药)。

4.7.3.3

相同制剂 me-too formulation

申请登记的制剂与已取得登记的产品质量无明显差异,即产品中有效成分种类、剂型、含量相同,其他主要控制项目和指标不低于已登记产品,产品助剂组成成分和含量与已登记的产品一致或相当。

4.7.4 新登记使用范围和方法

4.7.4.1

新登记使用范围 product of unregistered application scope

有效成分和制剂与已登记产品相同,而使用范围尚未在我国登记。

4.7.4.2

新登记使用方法 product of unregistered application method

有效成分、制剂和使用范围与已登记产品相同,而使用方法尚未在我国登记。

4.7.4.3

扩大使用范围 expanding application scope

已登记产品申请增加使用范围。

4.7.4.4

改变使用方法 change of application method

已登记产品申请增加或改变使用方法。

4.7.4.5

变更使用剂量 change of application dosage

已登记产品申请改变使用剂量。

4.7.5 按农药组分分类

4.7.5.1

单制剂 formulation with single active ingredient

由一个有效成分加工而成的产品。

4.7.5.2

混配制剂 pesticide ready-mixture

由两个或两个以上的原药或母药经过加工而成的产品。

4.7.5.3

药肥混配制剂 pesticide -fertilizer mixture

农药和肥料的混合物,其中肥料组分有准确的测定方法,农药组分通过药效试验表现出显著性。

5 农药登记证书

5.1

农药田间试验批准证书 certificate for pesticide field trial

经审查批准发给申请者准许进行田间试验的有效证件。

5.2

农药临时登记证 certificate for pesticide temporary registration

经审查批准发给申请者临时登记的有效证件。

5.3

农药正式登记证 certificate for pesticide full registration

经审查批准发给申请者正式登记的有效证件。

农药登记管理术语　基本术语中文名称索引

（按汉语拼音排序）

农药登记管理术语　基本术语英文名称索引

（按英文字母排序）

ICS 65.020
B 17

中华人民共和国农业行业标准

NY/T 1667.2—2008

农药登记管理术语
第2部分:产品化学

Terminology of pesticide registration management
Part 2: Product chemistry

2008-08-28 发布

2008-10-01实施

中华人民共和国农业部 发布

前　　言

《农药登记管理术语》为系列标准。
——第1部分:基本术语;
——第2部分:产品化学;
——第3部分:农药药效;
——第4部分:农药毒理;
——第5部分:环境影响;
——第6部分:农药残留;
——第7部分:农药监督;
——第8部分:农药应用。

本部分是《农药登记管理术语》的第2部分。

本部分由中华人民共和国农业部提出并归口。

本部分由农业部农药检定所组织起草并负责解释。

本部分起草人:王以燕、李富根、黄启良、宗伏霖、王中康、袁善奎、农向群。

农药登记管理术语
第 2 部分:产品化学

1 范围

本部分规定了农药登记工作中常用的产品化学术语。

本部分适用于农药管理领域。

2 农药产品术语

2.1 农药名称和代号

2.1.1

农药名称　pesticide name

农药通用名称或混合制剂的简化通用名称,直接使用的卫生农药以功能描述词语和剂型表示。

2.1.2

农药通用名称　pesticide common name

农药标准化机构规定的农药有效成分的名称。

2.1.2.1

国际通用名称 ISO　common name

国际标准化组织(ISO)批准的英文农药通用名称。

注:对没有国际通用名称的,可采用其他国家及有关学术组织的英文或拉丁文农药通用名称。

2.1.3

农药化学名称　pesticide chemical name

根据化学命名原则,确定农药有效成分化学结构的名称。一般有 IUPAC 和 CA 命名原则,我国采用中国化学学会的有机化学命名原则命名。

2.1.4

CA 登录号　CAS No. /CA RN

美国化学文摘根据登录化学物质的时间先后顺序分类进行编排的数字代码。

2.1.5

国际农药分析协作委员会数字代号　CIPAC code number

国际农药分析协作委员会根据申请者提交农药分析方法资料的时间先后顺序对农药有效成分编排的数字代码。

2.2

农药合成　pesticide synthesis

通过无机、有机、生物方法制备或合成农药的过程。

2.3

农药加工　pesticide processing

农药原药(或母药)、助剂、填料或溶剂,按固定的组成制成稳定状态产品的过程。

2.4

农药制剂　formulation product

由农药原药(或母药)和助剂制成使用状态稳定的产品。

2.5 农药剂型

2.5.1

原药 technical material

在制造过程中得到有效成分及杂质组成的最终产品,不能含有可见的外来物质和任何添加物,必要时可加入少量的稳定剂。

2.5.2

母药 technical concentrate

在制造过程中得到有效成分及杂质组成的最终产品,也可能含有少量必需的添加物和稀释剂,仅用于配制各种制剂。

2.5.3

农药剂型 pesticide formulation

具有一定组分和规格的农药原药(或母药)加工形态。

注1:除《农药剂型和代码》国家标准外,新增或修订的剂型,见以下条目。

注2:﹡为我国制定的农药剂型英文名称及代码。

2.5.4 固体剂型

2.5.4.1 可分散的固体剂型

2.5.4.1.1

乳粒剂 emulsifiable granule,EG

有效成分在水中分散后形成水包油乳状液的粒状制剂。

2.5.4.1.2

乳粉剂 emulsifiable powder,EP

有效成分在水中分散后形成水包油乳状液的粉状制剂。

2.5.4.2 可直接使用的剂型

2.5.4.2.1

驱蚊片 repellent mosquito mat,RMM﹡

与驱蚊器配套使用,靠电风扇吹出驱杀蚊虫药剂的片状制剂。

2.5.4.2.2

驱蚊粒 repellent mosquito granule,RMG﹡

与驱蚊器配套使用,靠电风扇吹出驱杀蚊虫药剂的粒状制剂。

2.5.4.2.3

电热蚊香块 vaporizing block,VB﹡

与驱蚊器配套使用,靠电热加温挥发出驱杀蚊虫药剂的块状制剂。

2.5.4.2.4

蝇香 fly coil,FC﹡

点燃后发烟,用于驱杀苍蝇的螺旋形盘状制剂。

2.5.4.2.5

杀螨纸 acaricide paper,AP﹡

驱杀螨虫的纸质制剂。

2.5.4.2.6

挂条 strip,SR﹡

防治有害昆虫的悬挂条状制剂。

2.5.4.2.7

长效蚊帐 long-lasting insecticidal net,LN

能驱杀有害昆虫、缓慢释放有效成分的蚊帐剂型。

2.5.4.2.8

驱蚊膏 repellent mosquito paste,RMP*

直接涂抹皮肤,驱避蚊等害虫的膏状制剂。

2.5.5 **液体剂型**

2.5.5.1

可分散油悬浮剂 oil dispersion,oil based suspension concentrate,OD

有效成分的微粒及其助剂能稳定分散在非水质的液体中,用水稀释后使用。

2.5.5.2 **多性能液体剂型**

2.5.5.2.1

微囊悬浮—悬浮剂 mixed formulations of CS and SC,ZC

农药微囊与非水溶性固体有效成分共同悬浮分散在水中形成的稳定悬浮液,用水稀释后使用。

2.5.5.2.2

微囊悬浮—水乳剂 mixed formulations of CS and EW,ZW

农药有效成分以微囊、微细液滴不同形态共同悬浮分散在水中形成的稳定悬浮液,用水稀释后使用。

2.5.5.2.3

微囊悬浮—悬乳剂 mixed formulations of CS and SE,ZE

农药有效成分以微囊、固体颗粒和微细液滴不同形态共同悬浮分散在水中形成的稳定悬浮液,用水稀释后使用。

2.5.5.2.4

种子处理微囊悬浮—悬浮剂 mixed formulations of CS and SC for seed treatment,ZCS*

农药微囊与非水溶性固体有效成分共同悬浮分散在水中形成的稳定悬浮液,用水稀释或直接用于种子处理使用。

3 **产品组分**

3.1

有效成分 active ingredient

农药产品中具有生物活性的特定化学结构成分。

3.2

增效剂 synergist

本身无生物活性或仅有微弱的生物活性,但与农药混合使用,能提高农药毒力和药效作用的物质。

3.3

安全剂 safener

能降低或消除除草剂等对作物药害的物质。

3.4

助剂 adjuvant

除有效成分以外的任何被有意地添加到农药产品中,本身不具备农药活性,但能够提高或改善,或者有助于提高或改善该产品的物理、化学性质的单一组分或者多个组分的混合物。

同义词:辅助剂。

3.4.1

表面活性剂　surfactant

能在液体表面形成单分子层,并显著降低两种液体间界面张力的助剂。

3.4.2

乳化剂　emulsifier

能使两种不相溶的液体形成稳定乳浊或乳状液分散体系的表面活性剂。

3.4.3

渗透剂　penetrating agent

使或加速液体渗透入固体小孔或缝隙的助剂。

3.4.4

稳定剂　stabilizer

能防止或延缓农药制剂中有效成分分解或物理性质劣化的助剂。

3.4.5

黏着剂　sticker

能增强农药在生物体表面上的黏着性能的助剂。

同义词:固着剂、黏附剂。

3.4.6

消泡剂　deforming agent,deformer

能显著降低泡沫持久性的助剂。

同义词:抑泡剂 anti-forming agent,anti-former,form inhibitor。

反义词:起泡剂 former、稳泡剂 form stabilizer。

3.4.7

展着剂　spreader

能使喷洒液更好地铺展在靶标(菌体、害虫及植物)表面的助剂。

同义词:展布剂、展开剂。

3.4.8

警戒色　warning color

对毒性级别较高或有特殊要求的农药制剂,在加工时,为提高使用者警觉而加入染色剂所显示的颜色的助剂。

同义词:染色剂。

3.4.9

催吐剂　emetic

能诱发呕吐反应的助剂。

3.4.10

苦味剂　picricid

具有苦味的调味助剂。

3.4.11

抛射剂　projectile

作为气雾剂的动力源,且不与其他成分发生化学反应而破坏配方的稳定性及效果的助剂。

3.4.12

助燃剂　combustion improver

能使产品迅速并充分燃烧的助剂。

3.4.13

阻燃剂　flame retardant

能使产品不容易着火和着火后使其燃烧变慢的助剂。

3.5

填料　filler,carrier

为调节制剂有效成分含量和改善物理性状的惰性物质。

同义词:填充剂、惰性组分。

3.5.1

载体　carrier

能使农药有效成分附着而不影响其性能的惰性固态填充物质。

3.6

溶剂　solvent

用于溶解农药原药或母药与其他助剂的液态助剂。

3.6.1

助溶剂　co-solvent

能提高农药原药在主溶剂中溶解度的辅助溶剂。

4　产品性质

4.1

密度　density

在规定的温度下单位体积的农药质量。

4.2

熔点/熔点范围　melting point,m. p. /melting range

在标准压强下,固体农药熔化成液体的温度或温度范围。

4.3

沸点　boiling point,b. p.

液体农药在标准大气压下沸腾的温度。

4.4

闪点　flash point,f. p.

可燃性液体农药挥发出的蒸气和空气的混合物,与火源接触能闪燃的最低温度。

4.5

浊点　cloud point

非离子或具有非离子特性的表面活性剂溶液因温度升高引起相分离而出现浑浊的温度。

反义词:澄清温度 temperature of clarification。

4.6

旋光度　optical rotation,rotation

平面偏振光通过含有不对称碳原子或光学活性农药时,引起旋光现象,使偏振光旋转的角度。旋转方向与时针转动方向相同时称为右旋,用"＋"号表示,如与之相反,则称为左旋,用"－"号表示。

同义词:旋光率、比旋光度。

4.7

溶解度　solubility

在特定温度下,农药有效成分在一定量溶剂中达到饱和时的质量,用 kg/m^3 或 g/L 表示。

4.8

蒸气压　vapour pressure,V. p

在一定温度下,固体或液体农药平衡状态时的蒸气压力,用 Pa 表示。

注:根据不同范围的蒸气压测定方法不同,多数农药采用气体饱和法测定。

4.9

正辛醇/水分配系数　n-octanol/water partition coefficient,Kow

在一定温度下,农药在正辛醇与水两相体系中的平衡浓度之比。

4.10

亲水亲油平衡值　hydrophilic lipophilic balance,HLB

表面活性剂极性特征的量度,分子中亲水基团的亲水性与亲油基团的亲油性之间的比值。

4.10.1

亲和性　endophilicity/affinity

分子或基团间能使体系能量降低的相互作用的功能。

4.10.2

亲水性　hydrophilicity/hydrophily

对水的亲和性。

反义词:疏水性。

4.10.3

亲油性　lipophilicity

对非气态、非极性有机相的亲和性。

同义词:亲脂性。

反义词:疏油性。

4.11

相混性　compatibility

不同农药或制剂在混合后不发生逆反反应或相互之间不存在物理化学或生物活性的相互作用的特性。

同义词:兼容性。

4.12

脂溶性　fat solubility

农药与液体脂肪(油类)形成均相(不发生反应)的质量分数。其最大值为饱和质量分数,它是温度的函数。

4.13

缓释性　controlled release

控制有效成分在农药制剂中释放速率的性质。

4.14

稳定性　stability

在一定贮存条件下,农药制剂的化学及物理性能(如酸、碱、光、热的稳定性、半衰期等)的稳定程度。

4.15

爆炸性　explosibility

农药受到高热、摩擦、撞击或受其他物质激发能瞬间发生分解或复分解的化学反应,并以机械功的形式在极短时间内释放出大量能量和气体的性质。

4.16

氧化性　oxidizability,oxidation

农药与其他物质接触时,能使其氧化失去电子的能力。

4.17

腐蚀性　causticity

当农药同其他物质接触时把其他物质中的氢原子和氧原子按水分子的数量比脱去的性质。

4.18

临界温度　critical temperature

在标准大气压力下,使气体液化时所允许的最高温度。用℃表示。

4.19

临界压力　critical pressure

在临界温度时,使气体液化所需要的最小压力,也就是液体在临界温度的饱和蒸气压。用 Pa 表示。

4.20

燃烧热　combustion heat,burning heat

1 摩尔农药完全燃烧生成稳定的氧化物时所产生的热量。用 kJ/mol 表示。

4.21

坡度角　angle of slope

在农药粉粒自然落在平面上堆积成圆锥体时,圆锥的斜边与水平面的夹角。它表示粉剂农药的流动性。

同义词:堆积角、静止角。

4.22

接触角　contact angle

液滴在物体表面上所形成的半球形液面与物体表面之间的夹角。

4.23

表面张力　surface tension

药液的液相与气相之间界面上的力。用 mN/m 表示。

4.24

界面张力　interfacial tension

两相界面的张力。用 mN/m 表示。

4.25

离解常数　dissociation constant

弱电解质在溶液中达到离解平衡时的常数。

同义词:水中离解常数、浓度离解常数。

4.26

沉降　sedimentation

在重力或离心力的影响下,分散于流体介质中粒子的集聚性能。

4.27

聚结　coalescence

两个相互接触的液滴间或液滴与体相间的边界消失而改变形状,导致总表面积减少的性能。

4.28

胶体　colloid

分散度在胶体粒子范围(一般为 0.001 μm)的分散体系。

4.28.1

絮凝　flocculation

胶体粒子聚集,并从溶液中析出的现象。

反义词:胶溶 peptization。

4.28.2

聚沉　coagulation

无机物导致胶体粒子聚集,并从溶液中析出的现象。

同义词:聚集 aggregation。

5　产品技术指标

5.1　有效成分

5.1.1

有效成分含量　content of active ingredient

农药产品中具有生物活性特定化学结构成分的含量。原药和固体制剂一般用质量分数表示,液体制剂还可用质量浓度表示(但当发生争议时,以质量分数检测和仲裁),对特殊产品用特殊单位表示。

5.1.2

片剂均匀性　tablet dose uniformity

有效成分在片状制剂中均一的程度。

5.1.3

释放速率　rate of release of active ingredient

有效成分从产品中以控制和限定的方式缓慢地释放出来的速度。

同义词:释放/保持指数 release/retention index of active ingredient。

5.1.4

"游离"有效成分　"free"active ingredient

未被包囊的有效成分占包囊制剂中有效成分的比率。

5.1.5

成烟率　smoking rate

产品的烟雾中有效成分占试样中有效成分的比率。

5.2　相关杂质

5.2.1

相关杂质　relevant impurity

与农药有效成分相比,产品在生产或储存过程中所含有的对人类和环境具有明显的毒害,或对适用作物产生药害,或引起农产品污染,或影响农药产品质量稳定性,或引起其他不良影响的杂质。

同义词:生产或贮存中形成的副产物 by-products of manufacture or storage、有害杂质。

5.2.2

水分　water

水质量占农药试样质量的比率。

5.2.3

干燥减量　loss in weight;loss on drying

规定条件下,经加热干燥后减少的质量占试样质量的比率。一般农药试样中水分及少量低挥发物的质量。

5.2.4

不溶物　insoluble

在特定溶剂中不能溶解的物质。

5.3 物理性质

5.3.1 密度性质

5.3.1.1

松密度　bulk density

粉状和颗粒状制剂,在自然堆积状态下单位体积的质量。通常用 g/ml(20±2)℃表示。

同义词:堆积密度 pour and tap density、假密度、表现比重、貌似容重、容重。

5.3.1.2

内压力　internal pressure

密封罐内单位面积所承受的压力。

5.3.1.3

喷射速率　discharge rate

单位时间内喷出药液的量。

5.3.1.4

喷出率　discharge ratio

在一定压力下,喷出物占内容物总量的质量百分比。

同义词:雾化率。

5.3.1.5

净含量　net content of formulation

除去包装容器和其包装材料后的农药产品实际质量、体积或基本单元的数量。

5.3.1.6

单盘质量　average weight of coil

单盘蚊香的平均质量。

5.3.2 表面性质

5.3.2.1

润湿时间　wettability

在规定条件下,固体产品在水中完全润湿所需的时间。

5.3.2.2

透明温度范围　range of transparent temperature

在升温或降温条件下,能保持微乳剂类产品透明,不出现浑浊或冻结现象的温度范围。

5.3.2.3

持久起泡性　persistent foam

在规定条件下,产品稀释过程中产生的泡沫量。

5.3.2.4

双盘分离度　separation of twin coil

双盘蚊香拆开分离的能力。

同义词:易脱圈。

5.3.2.5

抗折力　strength of coil

单盘蚊香抗折断的能力。

5.3.2.6

平整度　level off

蚊香盘平面平整的程度。

5.3.2.7

片剂尺寸　size of mat

电热蚊香片的尺寸大小。

5.3.2.8

燃烧时间　burning time

产品(单盘蚊香)从点燃开始至熄灭所用的时间。

同义词:燃烧发烟时间 combustion time。

5.3.2.9

自燃温度　autoigniting temperature

在常温常压下,产品达到开始着火的最低温度。

5.3.2.10

点燃试验　igniting test

产品能够达到点燃燃烧的试验。

5.3.3　挥发性质

5.3.3.1

挥发性　volatility

超低容量类等液体产品由固态或液态变为气态或蒸汽的性能。

5.3.3.2

挥发速率　vaporization rate

在规定条件下和单位时间内,产品的有效成分挥发量(或测其残留量进行折算)与产品中有效成分量的比率。

5.3.3.3

最低持效期　minimum effective period

有效成分持续挥发,其药液使用量能达到最低有效防治的时间。

5.3.4　颗粒、碎片和附着物性质

5.3.4.1

细度　fineness

农药产品中的粉粒大小。一般采用通过规定标准筛目试样质量与试样质量的百分率表示。

同义词:干筛试验 dry sieve test。

5.3.4.2

湿筛试验　wet sieve test

限定不溶性粉粒大小的试验。一般采用循环水冲洗后,通过规定标准筛目试样质量与试样质量的百分率表示。

同义词:筛析 sieve analysis。

5.3.4.3

粒度范围　nominal size range

农药产品颗粒大小的范围。一般采用通过规定标准筛目试样质量与试样质量的百分率表示。

5.3.4.4

粉尘　dustiness

农药产品中粉尘占颗粒状制剂的百分率。

5.3.4.5

微粒范围 particle size range

多性能液体农药产品中悬浮微粒大小的范围。

5.3.4.6

脱落率 fall off rate

从农药颗粒产品中脱落物质量占试样质量的比率。

同义词:抗磨性 attrition resistance or degree of attrition。

5.3.4.6.1

包衣脱落率 fall off rate from seed

从处理后种子脱落物质量占总包衣种子药剂质量的比率。

同义词:对种子的附着性 adhesion to seed。

5.3.4.7

跌落破碎率 breaking off rate

在规定高度下自由跌落破碎的产品质量占试样质量的平均比率。

同义词:破碎率。

5.3.4.8

粉末和碎片 rate of dust and piece

片状农药产品中的粉末和碎片占试样质量的比率。

同义词:完整性 integrity。

5.3.4.9

片剂硬度 tablet hardness

包装前后片状制剂的硬度程度,以衡量片状制剂的完整性。

5.3.4.10

成膜时间 filming time to seed

药剂包在种子上形成药膜的时间,以衡量种子包衣的成膜性。

同义词:成膜性。

5.3.4.11

包衣均匀度 uniformity of seed coating

包覆在种子上农药的均匀程度。

5.3.5 分散性质

5.3.5.1

分散性 dispersibility

产品在水中迅速溶解或分散的能力。

同义词:分散度或溶解度 degree of dispersion/dissolution。

5.3.5.2

崩解时间 disintegration time

可溶或分散的片状制剂在水中迅速溶解或分散的时间。

5.3.5.3

悬浮率 suspensibility

用水稀释成悬浮液的产品,在规定条件下,处于悬浮状态的有效成分量占原样品中有效成分质量的百分率。

5.3.5.4

分散稳定性　dispersion stability

有效成分在规定浓度稀释液中均匀分散的稳定程度。

5.3.5.5

乳液稳定性　emulsion stability

试样在水中均匀乳化的稳定程度。

同义词:乳液稳定性和再乳化性 emulsion stability and re-emulsification。

5.3.6　流动性质

5.3.6.1

流动性　flowability

直接使用制剂的自由流动能力。

5.3.6.2

倾倒性　pourability

液体制剂从容器中倾倒出的难易程度。

5.3.6.3

黏度/黏度范围　viscosity/viscosity range

表征液体农药内部阻碍相对流动性的物理量。一般用 Pa/s(25℃)表示。

5.3.7　溶解和分解性质

5.3.7.1

酸碱度或 pH 范围　acidity and alkalinity or pH range

农药原药和制剂中含游离酸或游离碱的数值。用氢离子浓度的负对数(pH 值)表示酸碱度的数值。

5.3.7.2

与水互溶性　miscibility with water

农药产品用水稀释能形成均匀混合物的性质。

5.3.7.3

稀释稳定性　dilution stability

水剂农药在水中稀释并形成稳定溶液的性质。

5.3.7.4

溶解程度和溶液稳定性　degree of dissolution and/or solution stability

水溶性产品在水中溶解并形成稳定溶液的性质。一般要求过 $75\,\mu m$ 试验筛。

5.3.7.5

水溶性袋的溶解性　dissolution of the bag

农药产品的水溶性包装袋在水中溶解的性质。

5.4　微生物农药

5.4.1

含菌量　microbial density

单位质量或体积中细菌类微生物农药所含的微生物有效成分的数量。

5.4.2

含孢量　spore density

单位质量或体积中的微生物农药所含有效成分孢子(或芽孢)的数量。

5.4.3

病毒包涵体数量　viral inclusion body

单位质量或体积病毒类微生物农药中所含有效病毒颗粒结构体的数量。

5.4.4

生物效价　biopotency

由微生物农药参照物与待测物的生物效能折算有效体的量。一般用ITU(国际毒力单位)表示。

同义词：毒力效价、效价。

5.4.5

毒素蛋白　protein toxin

具有生物活性的纯化微生物蛋白成分。

5.4.6

活菌数　viability number

在单位质量或体积微生物农药中能够正常萌发并形成菌落的真菌孢子或细菌菌体的数量。

5.4.7

活菌率　microbial viability

微生物农药的有效成分中可萌发生长的孢子或菌体的活菌数占该菌总量的百分率。

5.4.8

杂菌率　microbial contaminant

微生物农药中除有效成分微生物菌体外，其他菌量占总菌量的比例。

5.4.9

菌丝体　fungal mycelium

由分枝、分隔的一团菌丝组成的真菌营养体。

5.4.10

菌落形成单位　colony forming unit,CFU

单个细菌细胞或真菌孢子在固体培养基表面形成的单一菌体群落。通常用单位质量或体积微生物农药中所含菌落形成单位的数量表示其含量。

5.4.11

病原物　pathogen

具有抑菌、杀虫或除草等生物活性的细菌、真菌、病毒、微孢子虫等微生物及其重组微生物的总称。

5.5　贮存稳定性

5.5.1

热贮稳定性　storage stability at elevated temperature

农药制剂在规定加热温度和时间下贮存后，产品的化学及物理性能的稳定程度。

同义词：加速贮存稳定性 stability at elevated temperature。

5.5.2

低温稳定性　storage stability at low temperature

农药液体制剂在低温贮存一定时间后化学及物理性能的稳定程度。

同义词：0℃稳定性 stability at 0℃、冷贮稳定试验 stability at low temperature。

5.5.3

冻融稳定性　freeze/thaw stability

微囊悬浮剂类农药产品抵御反复结冻和融化循环的能力。

5.5.4

常温贮存稳定性　storage stability at ambient temperature

农药制剂在自然温度贮存条件下（一般为 2 年或特定条件）的化学及物理性能的稳定程度。

6 农药分析

6.1

农药产品标准 **pesticide product standard**

农药产品质量的技术指标及其相应检测方法标准化的合理规范。按适用范围，分为国际组织标准、国家标准、行业标准、地方标准和企业标准。

6.2

农药技术指标 **pesticide specification**

确保农药产品质量和使用后对人和环境的安全，并能达到预期防治效果的产品质量指标的合理规定。

6.3

农药分析 **pesticide analysis**

对农药产品中有效成分、中间体、杂质等其他组分的含量和理化性质的测试分析。

同义词：农药常量分析。

6.3.1

定性分析 **qualitative analysis**

对农药产品有效成分进行的鉴别，或者对其组成进行的分析。主要方法有：红外光谱法（infrared spectroscopy，IR）、紫外光谱法（ultraviolet spectroscopy，UV）、核磁共振（nuclear magnetic resonance，NMR）、质谱法（mass spectroscopy，MS）及熔点、沸点测定等。

6.3.2

定量分析 **quantitative analysis**

对农药产品中有效成分、中间体、杂质等其他组分含量的测定分析。一般测定方法有：化学分析法、比色法和光谱法、薄层色谱法（TLC）、气相色谱法（GC）、高效液相色谱法（HPLC）等。

6.3.3

原药全组分分析 **full analysis of ingredient of TC**

用于农药登记的原药（或母药）物理、化学性质的确定，有效成分及其他组成的定性和定量分析。

6.3.4

仲裁分析 **arbitration analysis**

当发生争议时，由有资质单位用公认的分析方法进行的检测。

6.3.5

鉴别试验 **identity test**

证实鉴别对象为所标示农药的检测试验。通常采用红外光谱法、气相色谱法、高效液相色谱法、气—质联用法（GC/MS）、液—质联用法（HPLC/MS）等方法。

6.4

测定方法验证报告 **certification report of analysis method**

对农药分析方法进行验证评价的试验报告。

6.5

产品质量检验报告 **product quality examination report**

检测机构出具的评价农药产品质量状况的检验报告。

6.6

农药标准品 **reference sample of pesticide**

在农药分析和残留分析中作为参比物质,为已知含量、作为确定同种有效成分含量的高纯度农药。

6.7

定性谱图 chart of qualitative analysis

对农药产品的有效成分或者对其组成进行鉴别、分析的谱图。一般四大定性谱图为:红外光谱、紫外光谱、质谱谱图和核磁共振谱图。

6.8

质量分数 mass fraction

检测物的质量与产品总质量之比。用%表示。

6.9

质量浓度 mass concentration

检测物的质量与液体产品的体积之比。用 g/L 表示。

6.10

允许范围 tolerance

原药(或母药)和制剂中有效成分含量允许波动的变化范围。

注 1:它涉及分析结果的平均值,生产、取样和分析中存在的误差。

注 2:产品中有效成分允许范围,在(20±2)℃时,一般产品含量的标明值≤25 g/kg(g/L),对均相制剂允许范围为标明值的±15%,不均相制剂允许范围为标明值的±25%;产品含量的标明值在 25 g/kg～100 g/kg(g/L),允许范围为标明值含量的±10%;产品含量的标明值在 100 g/kg～250 g/kg(g/L),允许范围为标明值含量的±6%;产品含量的标明值在 250 g/kg～500 g/kg(g/L),允许范围为标明值含量的±5%;产品含量的标明值在＞500 g/kg(g/L),允许范围为±25 g/kg(g/L)。

6.11

线性关系 linearity

在一定范围,测试结果与测试样品浓度呈线性比例的性能。通常用农药的绝对量(ng)为横坐标,响应值(如峰高或峰面积)为纵坐标制作标准曲线图,确定线性响应范围、回归方程、斜率、截距和相关数据。

6.12

方法特异性 method specificity

分析方法中的特定样品产生的特定信号。

6.13

精密度 precision

在规定条件下,相互独立测试结果之间一致的程度。它是偶然误差的量度,可用重复性和再现性表示。

6.14

准确度 accuracy

测试结果与被测量真值或约定真值间的一致程度。

6.15

重复性 repeatability

在同一实验室对同一试验物质,同一操作者使用同一设备,重复测试结果之间一致的程度。

6.16

再现性 reproducibility

在不同实验室对同一试验物质,由不同操作者使用不同设备,测试结果之间一致的程度。一般用变异系数 RSD_R(%)[$RSD_R\% = 2^{(1-0.5\log C)}$]表示。

注:有效成分不同含量产品,对分析方法要求的变异系数 RSD_R 值也不同。一般产品含量 100%的值为 1.34;含量

50%的值为 1.49；含量 20%的值为 1.71；含量 10%的值为 1.90；含量 5%的值为 2.10；含量 2%的值为 2.41；含量 1%的值为 2.68；含量 0.25%的值为 3.30。

6.17

回收率 recovery

在空白样本中加入一定浓度的农药，其样品中农药测定值与加入值的比值，通常用百分数表示。它是衡量方法可行性和准确度的指标。

注 1：对不同产品的有效成分平均回收率都要求在一定的允许范围（一般含量>10%，回收率为 98%～102%；含量 1%～10%，回收率为 97%～103%；含量<1%，回收率为 95%～105%；含量在 0.01%～0.1%，回收率为 90%～110%；含量<0.01%，回收率为 60%～120%）。

注 2：一般产品中杂质含量>1%，回收率为 90%～110%；杂质含量 0.1%～1%，回收率为 80%～120%，杂质含量<0.1%，回收率为 75%～125%。

同义词：添加回收率 fortified recovery。

6.18

相对标准偏差 relative standard deviation, RSD

标准偏差与平均回收率值($\overline{X}$)的绝对值之比，通常用百分数表示。$RSD=S\sqrt{\overline{X}}\times100\%$

同义词：变异系数 coefficient of variation, CV。

6.18.1

标准偏差 standard deviation, SD

方差的正平方根。

$$S = \sqrt{\sum_{i=1}^{n}(x-\overline{x})^2/(n-1)}$$

6.18.2

方差 variance

测定值与平均值的平均平方偏差。

6.19

定量限 limit of quantification, LOQ

农药试品中被测物能够被定量测定的最低浓度。一般用 mg/kg 表示。

6.20

检测限 limit of detection, LOD

农药试样中被测物能被检测出的最低质量。一般用 ng 表示。

农药登记管理术语　产品化学中文名称索引

（按汉语拼音排序）

农药登记管理术语 产品化学英文名称索引

（按英文字母排序）

O

P

Q

R

W

ICS 65.020
B 17

中华人民共和国农业行业标准

NY/T 1667.3—2008

农药登记管理术语
第3部分：农药药效

Terminology of pesticide registration management
Part 3: Pesticide efficacy

2008-08-28 发布

2008-10-01 实施

中华人民共和国农业部 发布

前　言

《农药登记管理术语》为系列标准。

——第1部分：基本术语；

——第2部分：产品化学；

——第3部分：农药药效；

——第4部分：农药毒理；

——第5部分：环境影响；

——第6部分：农药残留；

——第7部分：农药监督；

——第8部分：农药应用。

本部分是《农药登记管理术语》的第3部分。

本部分由中华人民共和国农业部提出并归口。

本部分由农业部农药检定所组织起草并负责解释。

本部分起草人：李富根、王以燕、高希武、倪汉文、刘西莉、孙化田、姜志宽。

农药登记管理术语
第3部分:农药药效

1 范围

本部分规定了农药登记工作中常用的农药药效术语。

本部分适用于农药管理领域。

2 基础术语

2.1

药效　efficacy

衡量农药在各种环境因素下对有害生物综合作用效力的大小。

2.2

毒力　bioactivity

衡量农药本身对有害生物的生物活性大小。

2.3

药害　phytotoxicity

农药对作物引起的伤害作用。

2.3.1

急性药害　acute phytotoxicity

作物接触农药后,短期内、甚至数小时后就显现的伤害症状。

2.3.2

慢性药害　chronic phytotoxicity

作物接触农药后,药害症状出现较慢,一般要较长时间或经过多次施药后才能出现的伤害症状。

2.3.3

隐形药害　no-observable injury

使用农药后,作物外观不表现出受害症状,但最终产量受到影响。

2.3.4

残留药害　carryover injury

在土壤中残留的农药导致下茬敏感作物的药害。

2.4

作用方式　mode of action

农药进入靶标生物体内达到防治有害生物的作用途径和方法。

2.4.1

杀生作用　biocidal activity

直接杀死有害生物的潜力。

2.4.1.1

胃毒作用　stomach poisoning activity

农药经口进入昆虫消化道引起昆虫中毒的作用方式。

2.4.1.2

触杀作用 contact poisoning activity

农药经昆虫体壁、附肢或植物表皮等进入体内引起昆虫中毒或仅使接触植物部位及周围细胞受害死亡的作用方式。

2.4.1.3

内吸作用 systemic activity

农药从施药部位被吸收进入植物体,经传导到达植物体特定部位,对有害生物产生毒杀的作用方式。

2.4.1.4

熏蒸作用 fumigant poisoning activity

农药以气体状态经昆虫呼吸系统进入体内使昆虫中毒的作用方式。

2.4.1.5

杀卵作用 ovicidal activity

农药与虫卵接触后进入卵内影响或终止卵胚发育或使卵壳内未孵化幼虫中毒,最终导致卵不能孵化的作用方式。

2.4.1.6

传递作用 transmission activity

昆虫接触农药或取食饵剂后,通过群体内个体之间相互喂食、接触、照料等活动,将农药的毒性传递给群体中的其他个体,使自己和其他个体中毒的作用。

2.4.1.7

窒息作用 suffocation

农药或助剂通过阻塞昆虫气门导致窒息死亡。

2.4.2

非杀生作用 non-biocidal activity

对有害生物的非急性致死的生理生化过程或行为的影响,使其不能继续大量繁衍危害的作用方式。

2.4.2.1

引诱作用 attracting activity

用农药、物理因子等刺激昆虫,产生聚集趋向反应的作用方式。

2.4.2.2

驱避作用 repelling activity

农药作用于昆虫化学感应器官,对昆虫产生忌避或驱散效应的作用方式。

2.4.2.3

拒食作用 antifeeding activity

农药抑制昆虫味觉感受器,影响对嗜好食物的识别,使其憎恶取食,导致饥饿死亡的作用方式。

2.4.3

杀菌作用 fungicidal activity

一定剂量的杀菌剂作用于病原菌后,致使病原菌停止生命活动,脱离药剂之后也不能恢复生长。

2.4.4

抑菌作用 fungistatic activity

只能抑制菌体生命活动的过程,并非把病原菌杀死的作用方式,即脱离农药之后病原菌又能恢复生长。

2.4.5

保护作用 protective activity

在病原菌侵染植物之前施用农药,能使植物免受病菌侵染为害的作用。

2.4.6

治疗作用 curative activity

在病原菌侵染植物或发病以后施用农药,能抑制病菌生长或致病过程,阻止植物病害发展,使植株恢复健康的作用。

2.4.7

化学调控 chemical regulation

应用植物生长调节剂等农药调节作物生长发育。

2.4.8

化学杀雄 emasculation with gametocide

通过施用农药导致植物雄性不育。

2.5

作用机制 mechanism of action

在农药到达作用部位并引起生物体生理生化异常反应,最终达到消灭或控制有害生物的原理。

2.6

联合作用 combined action

两种或两种以上农药混用后对有害生物的毒力作用。

同义词:联合毒力 co-toxicity,药剂相互作用 pesticide interaction。

2.6.1

相加作用 additive effect

农药混用时对有害生物的毒力等于混用农药各单剂单独使用的毒力之和。

2.6.2

增效作用 synergic effect

农药混用时对有害生物的毒力大于混用农药各单剂单独使用的毒力之和。

2.6.3

拮抗作用 antagonic effect

农药混用时对有害生物的毒力低于混用农药各单剂单独使用的毒力之和。

2.7

作用谱 biological spectrum

在农药的作用下,能有效防治的有害生物的种类。

2.8

选择性 selectivity

农药能够有效控制有害靶标生物,而对非靶标生物安全的特性。

2.8.1

生态选择 ecological selectivity

利用生物的习性、行为或形态的差异而获得的选择性。

2.8.2

生理选择 physiological selectivity

由于生物间生理上的差别,造成对农药的吸收和体内运转不同所引起的选择性。

2.8.3

生化选择 biochemical selectivity

由于生物本身的代谢和解毒能力不同,或作用位点的敏感性差异而引起的选择性。

2.8.4

人为选择 artificial selectivity

在人为条件下,利用时间和空间的差异而引起的选择性。

2.8.4.1

位差选择 depth difference selectivity

利用作物和杂草在土壤或空间位置的不同而达到的选择性。

2.8.4.2

时差选择 timing difference selectivity

利用作物和防治对象的不同生育期而达到的选择性。

2.9

选择压 selective pressure

农药长期作用于生物群体的强度。

2.10

传导性 translocation

能渗透进植物体内,并传导到远离施药点的其他部位的性能。

2.11

速效性 quick bioactivity

能导致有害生物快速致死的特性。

反义词:迟效性 slow-bioactivity。

2.12

广谱性 broad spectrum

对多种有害生物具有毒杀作用的性能。

2.13

抗药性 pesticide resistance

由于农药使用,在有害生物种群中发展并可以遗传给后代的对杀死正常种群农药剂量的忍受能力。

2.13.1

单一抗性 mono-resistance

有害生物只表现对起选择作用的农药有抗性的作用。

2.13.2

多种抗性 multi-resistance

有害生物由于不同的抗药性机制,对两个或两个以上作用机制不同的农药表现出抗药性的现象。

2.13.3

交互抗药性 cross-resistance

有害生物由于相同的抗药性机制,对用作选择药剂以外的其他农药产生的抗性。

2.13.4

负交互抗药性 negative cross-resistance

有害生物对一种农药产生抗性时,对另一种农药表现为更敏感的现象。

2.13.5

代谢抗药性 metabolic detoxication resistance

有害生物对农药代谢能力加强产生的抗药性。

2.13.6

靶标不敏感抗药性　resistance of insensitive target

有害生物体内分子靶标对农药的敏感度降低而形成的抗性。

2.13.7

抗药因子　resistance factor

通过细胞结合进行抗药性转移的细菌质粒。

同义词:R 因子。

2.14

耐药性　pesticide tolerance

靶标生物天然具有的耐受一定剂量农药的能力。

2.15

持效性　persistent bioactivity

农药所显示较长的持续发挥毒杀效应的性能。

3　生物测定方法

3.1

生物测定方法　bioassay method

测定农药对生物群体、组织、细胞、酶和蛋白等产生效应大小的方法。

3.1.1

土壤处理　soil treatment

用农药处理土壤以鉴别药剂毒力的生物测定方法。

3.1.2

木材处理　wood treatment

用农药药液浸渍、喷洒或熏蒸等方式处理木材进行的生物测定方法。

3.1.3

种子处理　seed treatment

用农药处理种子,测定其对种传、土传病原菌、害虫毒杀效果的生物测定方法。

3.1.4

模拟现场试验　field-simulation test

在试验室模拟自然条件,研究测定防治病虫草害最合适的施药方法、时期、剂量、使用范围,对作物的药害等试验方法。

3.1.5

滞留喷洒试验　residual spray test

在不同吸收表面上按推荐剂量进行药物喷洒处理,使其持续一定药效时间的生物测定方法。

3.1.6

适口性试验　palatability test

靶标昆虫或动物对饵剂试样喜好程度的生物测定方法。

3.1.7

离体试验　in vitro test

利用农药直接与离开寄主植物的病原体、昆虫组织、细胞、酶、蛋白等或杂草部分器官接触产生的效应,用来鉴别药剂毒力大小的生物测定试验。

3.1.8

盆栽试验　pot test

用盆栽的整体植物为试材,在控制条件下测定农药效力的生物测定方法。

3.2

筛选试验 bioactivity screening

在大量人工合成的化合物中寻找新的有活性的农药品种的生物测定方法。

3.2.1

高通量生化筛选 high throughput biochemical screening,HTBS

通过微型分配系统和自动加液系统将一定量的靶标蛋白(酶或受体等)、要筛选的化合物和生化试剂一并加入微孔板,在一定的条件下反应后应用自动检测系统对化合物进行微量、精准、高效的筛选方法。

3.3

室内活性测定试验 laboratory bioassay

在实验室用标准的实验生物测定方法测定药剂生物活性的试验方法。

3.3.1 杀虫剂

3.3.1.1

点滴法 topical application method

用易挥发性有机溶剂将原药或母药稀释成梯度浓度后,用专用器械滴加到靶标昆虫体壁上的生物测定方法。

3.3.1.2

夹毒叶片法 leaf sandwich method

用两片已知面积的叶片,中间均匀夹入定量的药剂,饲喂试验昆虫,测定被取食的叶片面积,计算每头昆虫取食药量的生物测定方法。

同义词:叶片夹毒法、叶碟法。

3.3.1.3

浸虫/浸螨法 insect-dipping/mite-dipping method

将靶标昆虫或螨在不同浓度的药液中浸渍一定时间后,置于正常条件下饲养,观察其生物效应的生物测定方法。

同义词:连续浸液法、浸渍法。

3.3.1.4

浸叶法 leaf-dipping method

将叶碟在含有一定表面活性剂的不同浓度的药液中浸渍一定时间后,置于含有琼脂或保湿滤纸的器皿上,接入靶标昆虫进行生物测定的方法。

3.3.1.5

沉浸法 immersion method

将被处理物于不同浓度的药液中浸渍一定时间后,在正常条件下使用,观察其效果的生物测定方法。

3.3.1.6

喷雾法 spray method

利用喷雾设备对靶标生物进行定量喷雾处理的生物测定方法。

同义词:喷雾塔法。

3.3.1.7

滤纸药膜法 filter residual method

利用滤纸表面残留药膜进行触杀的生物测定方法。

同义词:滤纸法、药膜法。

3.3.1.8

人工饲料混药法　diet incorporation method

用混有药剂的人工饲料饲养靶标昆虫的生物测定方法。

3.3.1.9

锥形瓶法　erlenmeyer flask method

将靶标昆虫悬挂在盛有药剂的锥形瓶中进行熏蒸的生物测定方法。

3.3.2　杀菌剂

3.3.2.1

凹玻片法　concave slide method

把含有靶标病原菌孢子的稀释药液放到凹玻片上,在显微镜下观察孢子萌发的生物测定方法。

3.3.2.2

平皿法　petri plate method

把含有靶标病原菌放到含有药液的平皿内培养,进行测量菌落直径的生物测定方法。

同义词:生长速率法。

3.3.2.3

离体叶片法　detached leaf method

把靶标病原菌接种到喷过药剂的叶片上放在平皿内进行培养的生物测定方法。

3.3.2.4

盆栽法　potted plant method

将靶标病原菌接种到喷药前或喷药后的盆栽作物上进行的生物测定的方法。

3.3.2.5

浑浊度法　turbidimeter method

含有药剂处理的靶标病原菌液经过培养前后的浑浊度测定细菌生长抑制率的生物测定方法。

3.3.2.6

抑制圈法　inhibition zone method

以菌液与熔化的琼脂培养基充分混合制成平板,接菌种后进行培养的生物测定方法。

同义词:抑菌圈法。

3.3.2.7

孢子萌发法　spore germination method

用玻片或培养皿法进行抑制病原菌孢子萌发的生物测定方法。

注:玻片法:把药剂均匀的涂在载玻片上风干后,将孢子悬浮液滴在其上;

培养皿法:在孢子悬浮液中等体积加入药液,混匀后倒入培养皿,定温培养,观察孢子萌发情况。

3.3.3　除草剂

3.3.3.1

根芽法　root/shoot length method

在培养器皿中根据药剂对指示植物根或芽生长抑制程度,确定除草剂活性高低的生物测定方法。

3.3.3.2

茎叶喷雾法　foliar spray method

对植株茎叶进行药液喷雾处理后培养,根据其生长状态和药害程度,确定除草剂活性高低的生物测定方法。

3.3.3.3

土壤喷雾法　soil spray method

对土壤进行药液喷雾处理,根据杂草出苗、生长抑制和药害程度,确定除草剂活性高低的生物测定方法。

3.3.3.4

浇灌法　drenching method

用药液泼浇处理后,根据杂草出苗和生长状态,确定除草剂活性高低的生物测定方法。

3.3.3.5

单细胞藻类法　single-cell algal method

利用小球藻体内叶绿素含量与某些除草剂浓度负相关的原理,采用比浊法或色素提取法,测定抑制光合作用的除草剂的生物测定方法。

3.3.3.6

浮萍法　common duckweed method

取浮萍在培养液中预培养,再放入盛水的培养皿中,以配好的系列浓度药液分别喷在浮萍体上或加入培养皿中,根据浮萍受害程度或叶绿素含量变化,确定除草剂活性高低的生物测定方法。

4　田间试验

4.1

田间试验　field trial

在田间自然环境下进行农药对靶标和非靶标生物效应的试验。

4.2

小区试验　plot trial

在小面积内进行的多次重复的农药田间试验。

4.3

示范试验　demonstration trial

经小面积田间试验确认具有药效和经济效益的农药,进行一定规模的大面积田间药效实践检验性试验。

4.4

药害试验　phytotoxicity trial

在温室或田间测定农药对作物引起伤害作用程度的试验。

4.5

对照处理　control treatment

为消除各种影响因素,准确评价试验用药实际效果而进行的试验。

4.5.1

药剂对照　standard product control

为消除偶然因素的影响,以常用药剂与试验用药作对比。

4.5.2

空白对照　untreated control

以消除有害生物因天敌、疾病或其他因素所造成的自然死亡,不进行任何处理的自然对照。

4.6　试验术语

4.6.1

最佳施药时间　optimum application timing

能最大限度发挥农药生物活性的施药时期。

4.6.2

持效期 persistent efficacy period

农药对靶标生物有效性持续的时间。

4.6.3

杂草覆盖度 weed coverage degree

衡量杂草覆盖地面的程度,用来表示杂草发生的密度和生长量,可作为评价药剂对杂草防除效果的指标。

4.6.4

诊断剂量 diagnostic dose

能杀死敏感害虫种群 99% 或 99.9% 死亡率的剂量(浓度)或该剂量(浓度)的数倍,用以检测田间害虫种群的抗药性。

同义词:区分剂量。

5 统计分析

5.1 生物统计学术语

5.1.1

致死中量 median lethal dose,LD_{50}

能使试验生物群体 50% 死亡的剂量。

5.1.2

致死中浓度 median lethal concentration,LC_{50}

能使试验生物群体半数死亡所需的药剂浓度。

5.1.3

有效中量 median effective dose,ED_{50}

能使试验生物群体半数产生某种药效反应所需的药剂用量。

5.1.4

有效中浓度 median effective concentration,EC_{50}

能使某生物群体半数产生某种药效反应所需的药剂浓度。

5.1.5

击倒中时 median knockdown time,KT_{50}

在一定剂量下,能使某生物群体半数中毒击倒所需的时间。

5.1.6

致死中时 median lethal time,LT_{50}

在一定剂量下,能使某生物群体半数死亡所需的时间。

5.1.7

击倒率 rate of knockdown

用农药处理后,在一个种群中中毒击倒数量占群体总个数的百分数。

5.1.8

死亡率 mortality

用农药处理后,在一个种群中杀死个体数量占群体总个体数的百分数,是衡量农药毒力或药效大小的基本指标。

$$死亡率(\%) = (死亡个体数 / 供试总虫数) \times 100$$

5.1.9

校正死亡率　corrected mortality

为消除自然因素干扰,通过在毒力测定或药效试验中设立空白对照加以校正,计算得出的死亡百分数。自然死亡率>5%,就需要进行校正。

$$校正死亡率(\%) = [(对照组内生存率-处理组内生存率)/对照组内生存率] \times 100$$

5.1.10

最低致死量　minimum lethal dose

可使供试生物中个体出现死亡时的药剂剂量,是比较农药对生物体毒力大小的量。

5.1.11

最低抑制浓度　minimum inhibitory concentration

可完全抑制病原菌生长的最低药剂浓度。

5.1.12

剂量对数死亡机率值线　log dosage-probit line,LD-p line

在剂量死亡率曲线的基础上,将剂量数值转变为对数值,死亡百分率转变为机率值而绘制的直线。

5.1.13

毒力回归线　toxicity regression line

表示农药毒力的直线,在数学上可用回归方程表示。用一系列剂量或浓度处理供试生物,以剂量对数值和相应死亡率机率值绘图,求其直线回归方程。

5.1.14

毒力指数　toxicity index,TI

用两种农药的等效剂量比值乘以 100 表示,是衡量药剂对生物体毒力大小的量。

5.1.15

共毒系数　cotoxicity coefficient,CTC

用混合制剂实际测定获得的毒力指数与理论毒力指数的比值乘以 100 表示,是评价混配药剂的联合作用指标。共毒系数>100 为增效,<100 为拮抗,=100 为相加。而实际一般认为共毒系数>120 为增效,<80 为拮抗,80～100 为相加。

5.1.16

共毒因子　cotoxicity factor

用混合制剂实际测定死亡率与理论死亡率的差与理论死亡率的比值乘以 100 表示,用于评价杀虫剂混用时毒力大小的标准。一般共毒因子>20 为增效,<20 为拮抗,=20 为相加。

5.2　防治效果评价

5.2.1

防治效果　control efficacy

在施药后,引起防治靶标对象或作物变化特征,用设定参数,计算空白对照区与药剂处理区参数的差值与空白对照区参数的比值(一般用百分数表示),是评价在田间农药防治的实际效果。

5.2.1.1

虫/螨口减退率　rate of insect or acarid reduction

用施药前后虫数的差值与施药前虫数的比值乘以 100 表示,是评价防治效果的参数之一。

$$虫/螨口减退率(\%) = [(防治前的活虫数-防治后的活虫数)/防治前的活虫数] \times 100$$

5.2.1.2

卷叶率　rate of roll leaf

用调查卷叶数与调查总叶数的比值乘以 100 表示,是评价防治效果的参数之一。

5.2.1.3

卵孵化率 rate of egg hatching

用已孵化卵数与总卵数的比值乘以 100 表示,是评价防治效果的参数之一。

5.2.1.4

虫害指数 insect pest index

用各级叶片数与相对级数值的累计数平均值与调查总叶数的比值乘以 100 表示,是衡量植株虫害严重的程度,也是评价防治效果的重要指标。

5.2.1.5

病情指数 disease index

衡量植株发病率与严重度两者的综合指标,是评价防治效果的重要参数。若以(植株)叶片为单位,用严重程度分级代表值表示时,病情指数计算公式为:

$$病情指数 = \left[\sum (发病级别 \times 各级病叶数) / (调查总叶数 \times 最高级别值) \right] \times 100$$

同义词:感染指数。

5.2.1.6

倒伏指数 lodging index

用倒伏时期、程度、面积级别三者之积数表示植株倒伏程度的指标,是评价植株倒伏程度的指标。

5.2.1.7

叶片受害指数 leaf damage index

用各级叶片数与相对级数值的累计数平均值与调查总叶数的比值乘以 100 表示,是衡量植株受害严重程度的指标,也是评价防治效果的重要参数。

5.2.1.8

保蕾效果 efficacy of bud protection

用空白对照区花蕾被害率与药剂处理区花蕾被害率的差值与空白对照区花蕾被害率的比值乘以 100 表示,是防治棉花害虫效果的评价指标之一。

5.2.1.8.1

花蕾被害率 rate of bud damage

用累计被害花蕾数与调查花蕾总数的比值乘以 100 表示。

5.2.1.9

保顶效果 efficacy of top bud protection

用空白对照区顶芽被害率与药剂处理区顶芽被害率的差值与空白对照区顶芽被害率的比值乘以 100 表示,是防治棉花害虫效果的评价指标之一。

5.2.1.9.1

顶芽被害率 rate of top bud damage

用生长点被害株数与调查总株数的比值乘以 100 表示。

5.2.1.10

保铃效果 efficacy of boll protection

用空白对照区铃害率与药剂处理区铃害率的差值与空白对照区铃害率的比值乘以 100 表示,是防治棉花害虫效果的评价指标之一。

5.2.1.10.1

铃害率 rate of boll damage

用累计被害铃数与调查总铃数的比值乘以 100 表示。

5.2.1.11

保株效果　efficacy of plant protection

用空白对照区药后受害株数与处理区药后受害株数的差值与空白对照区药后受害株数的比值乘以100 表示,是保护植株免受损害程度的指标,也是评价防治效果的指标之一。

5.2.1.11.1

受害株率　rate of plant damage

用调查受害的植株数与调查总植株数的比值乘以 100 表示,是评价防治效果的指标之一。

同义词:被害株数。

5.2.1.12

株数防效　efficacy by plant number

用空白对照区存活数和处理区残存数之差与空白对照区存活数的比值乘以 100 表示,是评价防除效果的指标之一。

$$株数防效（\%）＝[（对照区杂草株数－处理区杂草株数）/对照区杂草株数]×100$$

5.2.1.13

鲜重防效　efficacy by fresh weight

用空白对照区存活鲜重和处理区鲜重之差与空白对照区鲜重的比值乘以 100 表示,是评价防除效果的指标之一。

$$鲜重防效（\%）＝[（对照区杂草鲜重－处理区杂草鲜重）/对照区杂草鲜重]×100$$

5.2.1.14

校正防效　corrected efficacy

在田间药效试验中根据对照区病虫草害的变化,校正得到处理区的防效。

5.2.2

摄食系数　ingestion coefficient

以饵剂消耗量与空白样消耗量的比值,表示对靶标昆虫或动物适口性的好坏程度。

5.2.3

药效评价　efficacy evaluation

评价农药对施药靶标的防治效果及对作物和环境的安全性。

农药登记管理术语 农药药效中文名称索引

（按汉语拼音排序）

农药登记管理术语　农药药效英文名称索引

（按英文字母排序）

ICS 65.020
B 17

中华人民共和国农业行业标准

NY/T 1667.4—2008

农药登记管理术语
第4部分:农药毒理

Terminology of pesticide registration management
Part 4: Pesticide toxicology

2008-08-28发布
2008-10-01实施

中华人民共和国农业部 发布

前　　言

《农药登记管理术语》为系列标准。

——第 1 部分:基本术语;

——第 2 部分:产品化学;

——第 3 部分:农药药效;

——第 4 部分:农药毒理;

——第 5 部分:环境影响;

——第 6 部分:农药残留;

——第 7 部分:农药监督;

——第 8 部分:农药应用。

本部分是《农药登记管理术语》的第 4 部分。

本部分由中华人民共和国农业部提出并归口。

本部分由农业部农药检定所组织起草并负责解释。

本部分起草人:王以燕、许建宁、李富根、唐萌、刘秀梅、赵永辉、魏民。

农药登记管理术语
第4部分：农药毒理

1 范围

本部分规定了农药登记工作中常用的农药毒理术语。

本部分适用于农药管理领域。

2 一般术语

2.1

毒性 toxicity

农药能损伤生物有机体的能力。

2.2

毒性级别和标识 toxic classification and diagram

根据农药急性毒性的半数致死量（LD_{50}）或半数致死浓度（LC_{50}）的大小，将农药划分为剧毒、高毒、中等毒、低毒、微毒五个级别。分别用"⬧"标识和"剧毒"字样、"⬧"标识和"高毒"字样、"⬧"标识和"中等毒"字样、"⬧"标识、"微毒"字样标注。标识应当为黑色，描述文字应当为红色。

2.3

毒性作用 toxic effect

农药分子与机体相互作用所致的变化，即为产生毒性效应的最初的原发作用过程。

同义词：毒作用 toxic action。

2.3.1

毒物 poison/toxicant

能使有机体产生有害反应、损伤其功能，甚至导致死亡的物质。

2.3.2

毒素 toxin

由活的机体产生的对其他种生物有毒的化学物质。

2.4

农药中毒 pesticide poisoning/intoxication

机体过量接触农药引起代谢障碍、功能紊乱或组织损伤的一种疾病。按其发生发展过程，可分为急性中毒、亚急性中毒和慢性中毒。

2.5

解毒 detoxication / detoxification

由体内生化反应或医生的治疗来消除体内农药毒性的过程。

2.6

危害 hazard

在生产、使用或其他暴露条件下，农药引起有害作用的可能性。

2.7

风险 risk

接触农药后对健康或环境产生不利影响的概率及其严重程度。

同义词:危险度。

2.8

生物蓄积 bioaccumulation

农药在生物体组织器官内的聚积。

同义词:生物富集。

2.9

外推 extrapolation

从实验动物的资料预测农药对人的毒性效应。

2.10

危险度评估 risk assessment

人类接触某农药后产生潜在有害健康效应的特征性评定过程,包括危害识别、剂量—反应评估、暴露评估、危险性特征评定。

2.10.1

暴露评估 exposure assessment

应用定性或定量方法估测人(生物)体通过各种途径接触农药的强度、频数、接触时间,确定其接触总量。

同义词:接触评价。

2.11

安全系数 safety factor ,SF

在制定农药的每日允许摄入量(ADI)或其他容许限值时,先从实验动物毒性试验中得出无毒副作用剂量(NOAEL),为提出 ADI,而缩小一定倍数的数值。

2.12

选择毒性 selective toxicity

一种农药只对生物体一个或几个脏器有毒作用,而对其他组织器官不具有毒作用;或只对某种生物产生损害作用,而对其他种类的生物无害。

2.13

明显毒性 evident toxicity

在染毒农药后出现明确的毒性反应,可用来进行危害评估,预测可能产生的严重毒性反应和发生的死亡。

2.14

组织病理学检查 histopathological examination

对生物体进行形态和组织学的检查,一般可分为大体和光镜检查。

2.15

农药毒理学评价 toxicological evaluation of pesticide

用动物实验评价农药的毒理学作用,再以动物实验外推资料和对人直接观察的资料,预测某一农药对接触人群的危险性。

2.16

有害效应 adverse effect

农药降低机体生存、生育或适应环境能力等与染毒相关的有害变化。

3 毒理学试验基础术语

3.1

急性毒性　acute toxicity

生物体在短期内接触农药或给予一次染毒后引起严重损害甚至死亡的变化。

3.1.1

急性经口毒性　acute oral toxicity

实验动物在24 h内一次或多次经口染毒农药后,短期内出现的健康损害效应。

3.1.2

急性经皮毒性　acute dermal toxicity

实验动物在24 h内一次或多次经皮染毒农药后,短期内出现的健康损害效应。

3.1.3

急性吸入毒性　acute inhalation toxicity

实验动物在24 h内一次连续吸入(一般采用吸毒2 h或4 h)农药后,短期内出现的健康损害效应。

3.1.4

皮肤刺激性　dermal irritation

皮肤涂敷农药后产生局部的可逆性反应。

3.1.4.1

皮肤腐蚀性　dermal corrosion

皮肤涂敷农药后产生局部的不可逆性组织损伤。

3.1.5

眼睛刺激性　eye irritation

眼球表面接触农药后产生的可逆性反应。

3.1.5.1

眼睛腐蚀性　eye corrosion

眼球表面接触农药后引起的不可逆性组织损伤。

3.1.6

皮肤致敏性　skin sensitization

皮肤对一种物质产生的免疫原性皮肤反应。

同义词:皮肤变态反应。

3.1.6.1

诱导作用　induction

在诱导剂作用下,因新合成蛋白质增加而使酶增加的过程。

3.1.6.2

诱导期　induction period

机体通过接触农药而诱导出过敏状态所需的时间。

同义词:诱导阶段。

3.1.6.3

诱导接触　induction exposure

机体通过接触农药以达到诱导产生致敏状态的目的。

3.1.6.4

激发接触　challenge exposure

机体诱导接触后,再次接触农药确定皮肤是否会出现过敏反应。

3.2

亚急性/慢性毒性　subacute/subchronic toxicity

农药对生物体多次作用后所产生的毒性。

3.2.1

亚慢性经口毒性 subchronic oral toxicity

实验动物在不超过10%寿命期内,每日重复经口接触农药后引起的健康损害效应。

同义词:90天喂养试验。

3.2.2

亚急性经皮毒性 subacute dermal toxicity

实验动物在其部分生存期内,每日重复经皮接触农药后引起的健康损害效应。

同义词:21/28天经皮毒性、短期重复经皮染毒毒性。

3.2.3

亚急性吸入毒性 subacute inhalation toxicity

实验动物在其部分生存期内,每日重复经呼吸道接触农药后引起的健康损害效应。

同义词:21/28天吸入毒性。

3.3

致突变性 mutagenicity

农药引起细胞核遗传物质发生改变,并通过细胞分裂传递给下一代细胞的能力。

同义词:诱变性。

3.3.1

鼠伤寒沙门氏菌回复突变试验 *Salmonella typhimurium* reverse mutation assay

利用一组组氨酸缺陷型鼠伤寒沙门氏试验菌株测定引起沙门氏菌碱基置换或移码突变的农药诱发的组氨酸缺陷型(his)回复突变到野生型(his⁺)的试验。

同义词:Ames试验。

3.3.1.1

回复突变 reverse mutation

细菌在农药作用下由营养缺陷型回变到野生型。

3.3.1.2

碱基置换突变 base substitution mutation

引起DNA链上一个或几个碱基对的置换。包括转换(transition)和颠换(transversion)两种形式。

3.3.1.3

移码突变 frameshift mutation

在基因突变中,基因DNA中增加或缺失一两个碱基对,使从mRNA到蛋白质翻译过程中遗传密码子读码顺序发生改变,从而使其以后的三联密码子一连串地连锁发生改变,造成基因表达产物大的改变而成为致死性突变。

同义词:移框突变。

3.3.2

体外哺乳动物细胞基因突变试验 in vitro mammalian cell gene mutation test

检测农药诱发体外培养的哺乳动物细胞基因突变(包括碱基对置换、移码突变和缺失等)的能力的试验。

3.3.2.1

正向突变 forward mutation

从原型基因突变为突变体,引起酶活性或编码蛋白功能丧失。

3.3.2.2

突变频率　mutant frequency

所观察到的突变细胞数与存活细胞数之比值。

3.3.2.3

表型表达时间　phenotypic expression time

新突变的细胞耗尽未改变的基因产物所需的时间。

3.3.2.4

表达存活率　viability

在表达期后接种于选择培养基的处理细胞的集落形成率。

3.3.2.5

处理存活率　survival

在处理期末接种的处理细胞集落形成率。通常表达为对照细胞群存活率的相对数。

3.3.2.6

相对总生长　relative total growth

经过整个时期与阴性对照细胞群比较的细胞数增加。

3.3.3

体外哺乳动物细胞染色体畸变试验　in vitro mammalian cell chromosome aberration test

检测农药诱发体外培养的哺乳动物细胞染色体畸变的能力的试验。

3.3.3.1

结构畸变　structural aberration

细胞分裂中期的染色体结构的改变,包括缺失和断裂、内交换或间互换等。

3.3.3.2

数目畸变　numerical aberration

染色体数目发生改变,不同于所用动物或细胞染色体的正常数目。

3.3.3.3

裂隙　gap

染色体或染色单体损伤的长度小于一个染色单体的宽度,为染色单体的最小的错误排列。

3.3.4

哺乳动物骨髓嗜多染红细胞微核试验/微核试验　mammalian erythrocyte micronucleus test / micronucleus test

检测农药引起哺乳动物骨髓细胞染色体或有丝分裂器损伤而导致微核细胞发生率增高的试验。

3.3.4.1

正染红细胞　normochromatic erythrocyte, NCE

成熟红细胞,因其核糖体已消失,可通过选择性的染色而与未成熟红细胞区别开来。

3.3.4.2

嗜多染红细胞　polychromatic erythrocyte, PCE

未成熟红细胞核糖体,是红细胞成熟过程中的一个中间阶段,此时因胞质内仍含有核糖体,可通过选择性的染色而与成熟红细胞区别开来。

3.3.5

程序外 DNA 合成试验　unscheduled DNA synthesis test, UDS

DNA 受损后的修复合成与按细胞周期进展程序而发生的 S 期半保留 DNA 合成不同,通过测定 S 期以外 ^{3}H-胸苷掺入细胞的量,反映农药引起哺乳动物细胞原发 DNA 损伤后修复合成量的试验。

3.3.5.1

净核银粒   net nuclear grain，NNG

在放射自显影 UDS 试验中细胞内 UDS 活性的定量测定,计算净核银粒数(NG)减去等于核面积的细胞质内净核银粒平均数(CG),即 NNG＝NG‐CG。由各细胞计算 NNG 数,再将一个培养物或平行培养物中的细胞 NNG 汇总。

3.3.6

哺乳动物生殖细胞染色体畸变试验   mammalian germ cell chromosome aberration test

检测农药诱发性生殖细胞可遗传突变的可能性的试验。

同义词:哺乳动物精原/初级精母细胞染色体畸变试验   mammalian spermatogonial/spermatocyte chromosome aberration test。

3.3.6.1

精原细胞   spermatogonium

精母细胞的亲代细胞。雄性性腺生殖细胞减数分裂后的单倍体配子,经有丝分裂变为两个初级精母细胞。

3.3.6.2

精母细胞   spermatocyte

精细胞的亲代细胞。初级精母细胞经过第一次减数分裂产生两个次级精母细胞。每个次级精母细胞经过第二次减数分裂产生 4 个单倍体精细胞。

3.3.7

啮齿类动物显性致死试验   rodent dominant lethal test

检测农药对哺乳动物生殖细胞的遗传损伤的试验。

3.3.7.1

显性致死突变   dominant lethal mutation

发生于生精细胞的突变,它不引起配体的功能异常,但能引起受精卵或发育中的胚胎死亡。

3.3.7.2

致死突变   lethal mutation

基因组的一种改变,其表达时引起携带者死亡。

3.3.7.3

隐性突变   recessive mutation

发生在纯合子或半合子试验生物中的一种基因组的改变。

3.4

慢性毒性   chronic toxicity

动物在正常生命期的大部分时间内多次接触农药引起的健康损害效应。

3.5

致癌性   carcinogenesis

农药引起肿瘤发生率和/或类型增加、潜伏期缩短的效应。

同义词:致癌作用。

3.5.1

致癌物   carcinogen

能引起肿瘤或使肿瘤发生率增加、潜伏期缩短的物质。

3.5.2

遗传毒性致癌物   genotoxic carcinogen

通过改变 DNA 的结构和功能,引起 DNA 突变而诱发肿瘤的物质。

3.5.3

非遗传毒性致癌物　non-genotoxic carcinogen

不直接作用于遗传物质,不会造成遗传物质 DNA 损伤,但通过促进细胞分裂增殖而诱发肿瘤的物质。

3.6

致畸性　teratogenesis,teratogenicity

胚胎发育期接触农药对胚胎或胎儿所致的永久性结构和功能异常的特性。

3.7

生殖毒性　reproductive toxicity

农药对亲代繁殖功能或能力的影响和/或对子代生长发育的损害效应。

3.7.1

母体毒性　maternal toxicity

农药引起亲代雌性动物直接或间接的健康损害效应。

3.7.2

繁殖力损害　impairment of fertility

农药引起的亲代雌性或雄性动物生殖能力的障碍。

3.7.3

发育毒性　developmental toxicity

子代性成熟前任何阶段暴露于农药的毒效应。

3.7.4

胚胎毒性　embryotoxicity

母体在孕前或孕期接触农药对胚胎或胎儿所致的损害效应。

3.8

神经毒性　neurotoxicity

农药对神经系统功能或结构的损害效应。

3.8.1

迟发性神经毒性　delayed neurotoxicity

某些有机磷酸酯类农药一次接触后 1~2 周,急性中毒症状基本消失,仍能引起四肢无力和下肢瘫痪等症状。在组织病理学上表现为神经脱髓鞘病变。

3.9

免疫毒性　immunotoxicity

农药对机体免疫系统产生不良影响的特性。

3.10

蓄积毒性　accumulative toxicity

农药反复染毒或接触时,吸收量大于排泄时,或毒性作用的多次累积所致功能性或结构损害。一般分为功能性蓄积和物质蓄积。

3.11

肝脏毒性　hepatotoxicity

农药引起的肝脏坏死、脂肪突变、胆汁郁积和肝硬化等毒作用。

3.12

毒物代谢动力学　toxicokinetics

定量研究农药在体内吸收、分布、生物转化、排泄过程的动态规律。

同义词:毒代动力学。

3.12.1

代谢 metabolism

农药在生物体内发生变化的全过程。

3.13

吸收 absorption

农药由接触部位透过生物膜进入体循环的过程。

3.14

分布 distribution

农药通过吸收进入血液或其他体液后,运转到全身组织细胞的过程。

3.15

排泄 excretion

农药及其代谢产物向机体外运转的过程。

3.16

生物利用度 bioavailability

农药由染毒部位进入体循环的速度和程度。

3.17

致病性 pathogenicity

病原物侵染寄主并引起发病的特性或能力。

反义词:非致病性。

3.17.1

急性注射致病性 acute injection pathogenicity

由静脉或腹腔注射微生物农药或其代谢产物所引起的不良反应。

3.18

人群接触情况调查 epidemiological study of population

按流行病学的要求对可能引起人群接触的情况进行研究调查。

4 统计分析

4.1

绝对致死剂量 lethal dose 100 ,LD$_{100}$

在一组实验动物中,引起全部动物死亡的最小剂量(或浓度)。

4.2

最小致死剂量 minimum lethal dose

在一组实验动物中仅能引起个别动物死亡的剂量。

4.3

半数致死量 median lethal dose ,LD$_{50}$

在标准实验条件下,经统计处理求得引起50%实验动物死亡的概率剂量。一般用 mg/kg bw,mg/L bw 表示。

4.3.1

经口半数致死剂量 oral median lethal dose

经口一次或24h内多次经口给予农药,引起50%实验动物死亡的概率剂量。一般用 g/kg bw 来表示。

4.3.2

经皮半数致死剂量 dermal median lethal dose

一次或在 24 h 内多次经皮肤染毒农药引起,50%实验动物死亡的概率剂量。一般用 g/kg bw 表示。

4.3.3

吸入半数致死浓度 inhalation median lethal concentration,LC₅₀

在 2h 或 4h 规定的时间内,经呼吸道一次连续吸入农药,引起 50%实验动物发生死亡概率的浓度。一般用 mg/m³ 来表示。

4.4

最大耐受剂量 maximal tolerance dose,MTD

不产生死亡条件下实验动物的最大染毒量。

同义词:最大耐受量。

4.5

阈剂量 threshold dose

刚能观察到与染毒有关的有害效应的最低剂量(或浓度)。

4.6

生物半减期 biological half life

农药进入生物体后其体内残留量或浓度降至摄入量的一半时所需的时间。

4.7

无作用剂量/水平 no observed effect level,NOEL

在设定的试验条件下,用现有的技术手段或检测指标未观察到任何与农药有关的毒性作用的剂量或浓度。

同义词:无毒作用剂量。

4.8

无毒副作用剂量/水平 no observed adverse effect level,NOAEL

在设定的试验条件下,用现有的技术手段或检测指标未观察到任何与农药有关的有害效应的最大染毒剂量或浓度。

同义词:未观察到毒副作用剂量。

4.9

最低有害作用剂量 lowest observed adverse effect level,LOAEL

在设定的试验条件下,用现有的技术手段或检测指标未观察到与染毒有关的有害效应(农药引起实验动物形态、功能、生长发育等发生有害改变)的最低染毒剂量或浓度。

4.10

每日允许摄入量 acceptable daily intakes,ADI

人类终身每日摄入某物质而不引起的健康损害效应的可检出剂量。一般用 mg/(kg bw·d)表示。

4.11

暂定每日允许摄入量 temporary acceptable daily intakes,TADI

暂定在一定期限内所采用的每日允许摄入量。

4.12

暂定每日耐受摄入量 provisional tolerable daily intakes,PTDI

为制订持久性农药的再残留限量而确定的人每日可承受的量。

4.13

急性参考剂量 acute reference dose, acute RfD

食品或水中某农药,在较短时间内被吸收后不致引起任何可观察到健康损害的剂量。

4.14

危险性参考剂量/浓度 risk reference dose/concentration, RfD/RfC

危险度达到可接受程度的剂量/浓度。

4.15

实际安全剂量 virtually safe dose, VSD

与可接受危险度相对应的农药接触剂量。一般在此剂量下,致癌物引起人群中的肿瘤发生率不超过 10^{-6}。

4.16

职业接触限值 occupational exposure limit, OEL

职业性有害因素的接触限制量值,指劳动者在职业活动过程中长期反复接触对机体不引起急性或慢性有害健康影响的容许接触水平。

4.17

最高容许浓度 maximal allowable concentration, MAC

在工作地点、一个工作日内、任何时间均不应超过的有毒化学物的浓度。

5 试验用语

5.1

附加组 satellite group

在试验中增设的一组,该组实验动物数与其他组相同,染毒剂量与最高剂量组相同,以研究毒作用的可逆性、持续性和迟发效应。

5.2

靶器官 target organ

实验动物出现由农药引起的明显毒性作用的器官。

5.3

摄入 intake

实验生物将农药吸收到体内的过程。

5.4

乙酰胆碱酯酶 acetylcholinesterase, AChE

存在于中枢神经系统灰质、红细胞、交感神经节和运动终板中的水解酶。其生理功能是分解神经递质乙酰胆碱为胆碱和乙酸,使乙酰胆碱失去作用。

5.5

神经毒酯酶 neurotoxic esterase, NTE

存在于脑和脊髓内的膜结合性水解酶,它们普遍被认为是能够诱发迟发性神经毒性的有机磷的靶酶。某些有机磷酸酯的毒性取决于它们与某种特异毒酯酶的结合能力。抑制 NTE 可产生迟发型神经毒性。

同义词:神经病靶酯酶 neuropathy target enzyme。

5.6

剂量 dosage

按单位体重给予的农药的量。

5.6.1

剂量—反应关系　dose-response relationship

染毒剂量与群体中有些个体出现某种特定效应的反应率之间的关系。

5.6.2

剂量—效应关系　dose-effect relationship

染毒剂量与某个体或群体中出现的生物学作用的数量之间的关系。

5.7

限量试验　limit test

在某些特殊条件下对人体有毒作用,或因受试农药的理化性质所限,没必要(有时也不可能)进行 3 个剂量组的完整毒理学试验。

5.8

有丝分裂指数　mitotic index

中期相细胞数与所观察的细胞总数之比值,是一项反映细胞增殖程度的指标。

5.9

自然杀伤细胞　natural killer cell, NK cell

一群具有自然杀伤能力的大颗粒淋巴细胞。

同义词:NK 细胞。

5.10

微核　micronucleus

在细胞的有丝分裂后期,不能进入子代细胞核中的染色体的断片或滞留的染色单体或染色体,在子代细胞胞浆内形成的一个或几个次核,其与细胞主核着色一致,呈圆形或椭圆形。

5.11

基因突变　gene mutation

在存活细胞中,具有遗传信息功能的 DNA 由于受环境中物理、化学与生物因素的影响而产生可遗传的改变。

5.12

可吸入颗粒　inhalable particle

能进入肺泡的颗粒。

5.13

房室和房室模型　compartment and compartment model

根据农药在体内转运、转化过程和速率的差异,将机体分为若干个假设的空间,即"房室"。在同一房室内,农药的转运和转化是均一的。房室模型是对农药代谢动力学过程的数学描述方式。将农药在体内的移动,如转入、转出或房室内转移,描述为固定速率。

5.14

染毒　administration of toxicant

在实验研究中,按照人类接触农药的方式或在污染环境中暴露的途径,给予动物一定剂量农药的过程。

农药登记管理术语　农药毒理中文名称索引

（按汉语拼音排序）

农药登记管理术语 农药毒理英文名称索引

（按英文字母排序）

ICS 65.020
B 17

中华人民共和国农业行业标准

NY/T 1667.5—2008

农药登记管理术语
第5部分：环境影响

Terminology of pesticide registration management
Part 5: Pesticide environmental effect

2008-08-28发布

2008-10-01实施

中华人民共和国农业部 发布

前　言

《农药登记管理术语》为系列标准。

——第1部分：基本术语；

——第2部分：产品化学；

——第3部分：农药药效；

——第4部分：农药毒理；

——第5部分：环境影响；

——第6部分：农药残留；

——第7部分：农药监督；

——第8部分：农药应用。

本部分是《农药登记管理术语》的第5部分。

本部分由中华人民共和国农业部提出并归口。

本部分由农业部农药检定所组织起草并负责解释。

本部分起草人：王以燕、单正军、李富根、蔡道基、秦启联、傅桂平、王硕。

农药登记管理术语
第5部分：环境影响

1 范围

本部分规定了农药登记工作中常用的环境影响术语。

本部分适用于农药管理领域。

2 基础术语

2.1

农药环境毒理 pesticide environmental toxicology

农药的环境行为、生态效应、环境管理和污染防治等方面的毒理。

2.2

农药生态毒理 pesticide ecotoxicology

农药对某地区动植物区系、生态系统的影响以及他们在生物圈（特别在食物链）中运转的毒理。

2.3

农药生态效应 pesticide ecological effect

农药对各种生物的毒性与其他效应。

2.4

农药环境安全评价 pesticide environment safety evaluation

通过各种室内试验或田间试验，探明和评价农药对环境与非靶标生物的安全性与危害性。

2.5

农药环境监测 pesticide environmental monitoring

连续或间断地测定环境中农药及其代谢物的浓度，观察分析其变化及其对环境的影响。

2.6

非靶标生物 nontarget organism

施药后，除防治对象外一切可能接触到农药的生物。

2.7

有益生物 beneficial organism

有益昆虫及有价值的生物，包括天敌、鸟类、水生生物和土壤微生物等。

2.8

食物链 food chain

生态系统中生物之间的链锁式营养关系。

2.9

释放 release

农药施用后进入环境介质的过程。

2.10

迁移 mobility

农药从防治地区向周围环境扩散的物理行为。

2. 11

吸附 adsorption

农药在固相和液相界面上的分配和达到平衡的过程。

反义词:解吸附 desorption。

2. 12

归宿 fate

农药在环境中受物理、化学及生物等因素影响,发生分解、消失,直至进入自然循环系统的过程。

3 农药环境行为

3.1 农药环境行为 pesticide environmental behaviour

农药在环境中发生的各种物理和化学现象的统称。化学行为主要是农药在环境中的残留性及其降解与代谢过程;物理行为是农药在环境中的移动性及其迁移扩散规律。

3.2

农药挥发作用 pesticide volatilization

农药与环境中残留农药以分子扩散形式逸入大气的现象。常用挥发速率表示。

3.2.1

挥发性级别 volatility classification

根据农药挥发性的大小,将其划分为易挥发、中等挥发性、微挥发性、难挥发四个级别。

3.2.2

土壤中挥发速率 volatilization ratio in soil

残留在土壤表面的农药在自然条件下以分子扩散形式逸入空气中的能力,与农药的蒸汽压及环境条件有关。可以用估算法和实测法进行测定。

3.3

农药移动作用 pesticide mobility

土壤中农药以分子形态或吸附在固体微粒表面,随水、气的扩散流动,从一处向另一处转移的现象。分为水平移动和垂直移动两种。

3.3.1

R_f 值 R_f

在薄层层析法中原点至色谱斑点中心与原点到展开剂前沿的距离的比值。

3.3.2

土壤移动级别 mobility classification in soil

根据土壤移动性的大小,将其划分为极易移动、可移动、中等移动、不易移动、不移动五个级别。

3.3.3

农药淋溶作用 pesticide leaching

农药在土壤中随水垂直向下移动的现象,是评价农药对地下水污染影响的一个重要指标。常用 R_f 或 R_i 表示。

3.3.3.1

土壤淋溶级别 leaching classification in soil

根据土壤淋溶性的大小,将其划分为易淋溶、可淋溶、较难淋溶、难淋溶四个级别。

3.3.4

土壤吸附作用 soil adsorption

农药于土壤中在固、液两相间分配达到平衡时的吸附性能。常用吸附常数 K_d 表示。

反义词：解析作用。

3.3.4.1

土壤吸附级别　classification of soil adsorption

根据土壤吸附性的大小，将其划分为易吸附、较易吸附、中等吸附、较难吸附、难吸附五个级别。

3.3.4.2

吸附常数　**adsorption coefficient K_d**

农药在固液两相间的分配达到平衡时的比值。

3.3.4.3

土壤吸附系数　**soil adsorption coefficient Koc**

吸附常数 K_d 与土壤中有机质的百分比。

3.4

农药降解　pesticide degradation

农药在环境中受生物和化学作用分解成小分子化合物的过程，可分为生物降解与非生物降解两类。降解方式主要有：氧化作用、还原作用、水解作用和裂解作用等。

3.4.1

生物降解　bio-degradation

农药通过生物的作用分解成小分子化合物的过程。

3.4.1.1

初级生物降解　primary biological degradation

农药在微生物的作用下，母体的化学结构发生变化，并改变了原来的结构。

3.4.1.2

最终生物降解　final biological degradation

农药经过生物降解从母体向无机物转化，完全降解成二氧化碳、水和其他无机物质。

3.4.2

非生物降解　nonbiological degradation

通过光解、水解等非生物作用将农药分解成小分子化合物的过程。

3.4.2.1

光解作用　photodecomposition

光诱导下，农药分解成小分子化合物的过程。常用光解半衰期 $t_{0.5}$ 表示。

3.4.2.1.1

光解特性级别　photodecomposition classification

根据光解半衰期 $t_{0.5}$ 的大小，将光降解特性划分为易光解、较易光解、中等光解、较难光解、难光解五个级别。

3.4.2.1.2

土壤表面光解作用　photodecomposition on soil surface

光诱导下，农药在土壤表面分解成小分子化合物的过程。

3.4.2.2

水解作用　hydrolysis

农药在水中进行的化学分解现象。常用水解半衰期 $t_{0.5}$ 表示。

3.4.2.2.1

水解特性级别　hydrolysis classification

根据水解半衰期 $t_{0.5}$ 的大小，将水降解特性划分为易水解、较易水解、中等水解、较难水解、难水解五个级别。

3.4.3

土壤降解 degradation in soil

农药在成土因子与田间耕作等因素的共同影响下,土壤中的残留农药逐渐由大分子分解成小分子,直至失去生物活性的全过程。常用降解半衰期 $t_{0.5}$ 表示,即农药降解量达一半时所需的时间。

3.4.3.1

土壤降解性级别 degradation classification in soil

根据土壤降解性的大小,将其划分为易降解、较易降解、中等降解、较难降解、难降解五个级别。

3.4.3.2

水—沉积物降解 degradation in water and sediment

农药在水体及底泥中的降解。

3.5

生物富集 bioconcentration

生物体从生活环境与食物中不断吸收低剂量物质,逐渐在体内积累浓缩的过程。

同义词:生物浓缩、生物蓄积 bioaccumulation。

3.5.1

生物富集系数 bioconcentration factor,BCF

稳定平衡状态下,农药在生物体内浓度与试验水体中浓度之比。一般农药采用静态法或半静态法,对易降解与强挥发的农药采用动态法测定。

同义词:生物富集因子、生物蓄积系数。

3.5.2

生物富集级别 bioconcentration classification

根据生物富集系数 BCF 值的大小,将生物富集特性划分为低、中等、高三个级别。

3.6

农药水中持留性 pesticide persistence in water

农药在水中稳定性的时间。

同义词:农药水中持久性。

3.6.1

农药水中持留性等级 classification of pesticide persistence in water

根据农药在水中持留时间的不同,将其划分为非持留性农药、弱持留性农药、持留性农药、很稳定性农药四个级别。

4 农药环境毒理

4.1 陆地生物

4.1.1

鸟类毒性 pesticide toxicity to bird

农药对鸟类生长、繁殖和生理生化功能的毒害影响(急性经口、短期喂饲和慢性毒性)。用半致死剂量 LD_{50} 表示。

4.1.1.1

鸟类毒性级别 toxic classification to bird

根据鸟类急性经口、短期饲喂半致死剂量 LD_{50} 的大小,将鸟类毒性划分为剧毒、高毒、中毒、低毒四个级别。

4.1.2

蜜蜂毒性 **pesticide toxicity to honeybee**

农药对蜜蜂机体造成损害（急性经口和接触毒性）的毒力。用半致死浓度 LC_{50} 或半致死剂量 LD_{50} 表示。

4.1.2.1

蜜蜂毒性级别 **toxic classification to honeybee**

根据蜜蜂急性经口、接触毒性半致死浓度 LC_{50} 或半致死剂量 LD_{50} 的大小，将蜜蜂毒性划分为剧毒、高毒、中毒、低毒四个级别。

4.1.3

家蚕毒性 **pesticide toxicity to silkworm**

农药对家蚕机体造成损害的毒力。用半致死浓度 LC_{50} 表示。

4.1.3.1

家蚕毒性级别 **toxic classification to silkworm**

根据家蚕急性毒性半致死浓度 LC_{50} 的大小，将家蚕毒性划分为剧毒、高毒、中毒、低毒四个级别。根据实际施药浓度与 LC_{50} 的比值，将其风险性也划分极高、高、中、低四个级别。

4.1.4

赤眼蜂毒性 **pesticide toxicity to trichogramma**

农药对赤眼蜂机体造成急性毒性损害的毒力。用半致死浓度 LC_{50} 表示。

4.2 水生生物

4.2.1

鱼类毒性 **pesticide toxicity to fish**

农药对鱼类的生长、繁殖和生理生化功能造成损害的毒力。用半致死浓度 LC_{50} 表示。其测定方法有静态法、半静态法与流动法三种，常用半静态法。

4.2.1.1

鱼类毒性级别 **toxic classification to fish**

根据鱼类半致死浓度 LC_{50} 的大小，将鱼类毒性划分为剧毒、高毒、中毒、低毒四个级别。

4.2.2

大型溞毒性 **pesticide toxicity to daphnia**

农药对大型溞机体造成毒性损害的毒力。用半致死浓度 LC_{50} 或半效应浓度 EC_{50} 表示。

4.2.2.1

大型溞毒性级别 **toxic classification to daphnia**

根据大型溞半致死浓度 LC_{50} 或半效应浓度 EC_{50} 的大小，将溞类毒性划分为剧毒、高毒、中毒、低毒四个级别。

4.2.3

藻类毒性 **pesticide toxicity to alga**

农药对藻类细胞造成毒性损害的毒力，表现为对藻类毒杀和生长抑制两种作用。用半效应浓度 EC_{50} 表示。

4.2.3.1

藻类毒性级别 **toxic classification to alga**

根据藻类半效应浓度 EC_{50} 的大小，将藻类毒性划分为高毒、中毒、低毒三个级别。

4.2.4

两栖类毒性 **pesticide toxicity to amphibian**

农药对两栖生物造成急性毒性杀伤的毒力。用半致死浓度 LC_{50} 表示。

4.3 土壤生物

4.3.1

土壤微生物毒性 pesticide toxocity to soil microorganisms

农药使用后对土壤微生物种群的生长、繁殖及其生理生化功能的影响。一般用土壤微生物呼吸作用表示。测定方法用直接吸收法（密闭法）等。

4.3.2

蚯蚓毒性 pesticide toxicity to earthworm

农药在规定时间内（一般为 14 d）对蚯蚓机体造成毒性损害的毒力。用半致死浓度 LC_{50} 表示。

4.3.2.1

蚯蚓毒性级别 toxic classification to earthworm

根据蚯蚓急性毒性半致死浓度 LC_{50} 的大小，将蚯蚓毒性划分为剧毒、高毒、中毒、低毒四个级别。

4.4

作物敏感性 crop sensitivity

作物发育阶段对农药的敏感程度，评价长残留农药对主要后茬作物的危害影响。一般用作物安全系数表示。测定方法有土培法和水培法。

4.4.1

作物安全系数 safety factor to crop

用农药对作物的 EC_{10} 与后茬作物种植前土壤中农药浓度的比值表示。

4.4.2

农药对作物风险性级别 risk classification to crop

根据农药对作物安全系数的大小，对作物风险性划分为极高风险、高风险、中等风险、低风险四个级别。

5 农药环境污染

5.1

农药污染 pesticide pollution

通过各种途径进入环境介质和生物体内的农药残留量超过有关的卫生标准，或危及生物与生态平衡的现象。

5.2

持久性有机污染物 persistent organic pollutants，POPs

难以通过物理、化学或生物途径降解的有害化学品。

5.3

光化学污染 photochemical pollution

在紫外线照射下，空气中的氮、氧和碳氢化合物通过光化学反应，产生臭氧及其化合物，造成空气污染。

5.4

挥发性有机化合物 volatile organic compound，VOC

熔点低于室温，而沸点在 50～260℃之间的挥发性有机化合物的总称。

注：EPA：所有参加与大气光化学反应的碳化物（不包括 CO、CO_2、金属碳化物或碳酸盐及碳酸铵）。

欧盟：在标准压力下（101.3 kPa）下，始沸点≤250℃的任何有机化合物（含有至少一个碳和一个或多个氢、氧、磷、硅、氮或卤素的任何化合物），不包括 CO、CO_2、无机碳酸盐及碳酸氢盐。

5.5

豁免溶剂　released solvent

烷基氯化物、烷基氟化物和甲烷等不参加光化学反应的挥发性有机物。

5.6

排放限值　limit of effluent pollutant

国家规定污染物排放的浓度限值。

6　农药生态风险

6.1

生态风险　ecological risk

危害性事件对生态系统中的某些要素或生态系统本身造成破坏的可能性。

6.2

生态风险评价　ecological risk assessment

以化学、生态学、毒理学为理论基础,应用物理学、数学和计算机等科学技术,预测污染物对生态系统的有害影响。

6.3

生态受体　ecological receptor

暴露于胁迫之下的生态实体。它可以是生物体的组织、器官,也可以是种群、群落、生态系统等不同生命组建层次。

6.4

评价终点　assessment endpoint

在生态风险评价中确定需要关注的某种生态环境价值,通过生态受体来体现。它包括生物个体的死亡率、繁殖力损伤、组织病理学异常,种群水平的物种数量,群落水平的物种丰度及生态系统水平的生物量或生产力等。

6.5

暴露评价　exposure assessment

分析风险源与受体之间潜在接触或共生的过程。主要研究有害物质在生态环境中的时空分布规律,即如何从源到受体的过程。

6.6

微宇宙　microcosms

一种小型模拟生态系统,用来模拟自然的或受干扰的生态系统的变化特性和化学物质在其中的迁移、转化、代谢和归宿。

6.7

中宇宙　mesocosms

为模拟野外条件而构建的中型模拟生态系统,与微宇宙相比,更接近实际的生态系统。

6.8

风险表征　risk characterization

对暴露于各种胁迫之下的不利生态效应的综合判断和表达。

6.9

风险商值　risk quotient

环境暴露浓度与生态毒性终点值的比值,将该值与已制定的关注标准比较即可表征有害物质对非靶生物的潜在风险。

6.10

风险管理 risk management

根据风险评价的结果,通过削减风险的费用和效益分析,确定可接受的风险度和应当采取的管理措施并将措施付诸实施的过程。

农药登记管理术语 环境影响中文名称索引

（按汉语拼音排序）

农药登记管理术语　环境影响英文名称索引

（按英文字母排序）

L

M

N

P

ICS 65.020
B 17

中华人民共和国农业行业标准

NY/T 1667.6—2008

农药登记管理术语
第6部分：农药残留

Terminology of pesticide registration management
Part 6：Pesticide residue

2008-08-28发布　　　　　　　　　　　　　2008-10-01实施

中华人民共和国农业部 发布

前　言

《农药登记管理术语》为系列标准。
——第 1 部分:基本术语;
——第 2 部分:产品化学;
——第 3 部分:农药药效;
——第 4 部分:农药毒理;
——第 5 部分:环境影响;
——第 6 部分:农药残留;
——第 7 部分:农药监督;
——第 8 部分:农药应用。
本部分是《农药登记管理术语》的第 6 部分。
本部分由中华人民共和国农业部提出并归口。
本部分由农业部农药检定所组织起草并负责解释。
本部分起草人:王以燕、李富根、潘灿平、乔雄梧、李友顺、陈景芬、艾国民。

农药登记管理术语
第6部分：农药残留

1 范围

本部分规定了农药登记工作中常用的农药残留术语。

本部分适用于农药管理领域。

2 基础术语

2.1

农药残留 pesticide residue

由于农药的使用而残存于生物体、食品、农副产品、饲料和环境中的农药母体及其具有毒理学意义的代谢物、转化产物、反应物和杂质的总称。

2.1.1

结合残留 bound residue

与动植物、土壤中木质素、纤维素和腐殖质结合在一起形成难以用有机溶剂萃取的农药残留。

2.1.2

轭合残留 conjugated residue

伴随农药降解，对农药或其代谢物与生物体内某些内源性物质结合形成的极性较强、毒性较低的轭合物的残留。通常采用酶水解、酸解或碱解等方法使农药轭合物离解后进行测定。

2.2

农药残留毒性 pesticide residual toxicity

由农药残留引起的人、动物及有益生物的急性中毒或慢性毒害。

同义词：残毒。

2.3

消解动态 pesticide dissipation dynamics

受风、雨、光、热等环境因素的影响，农药残留随时间减少的过程。

2.4

农药代谢 pesticide metabolism

农药在动物、植物、微生物体内外由酶催化进行的化学反应。大多数为解毒反应，也有部分农药的氧化产物毒性提高。

2.5

农药残留半衰期 half-life of pesticide residue

农药残留减少到初始药量的一半所需要的时间。

2.6

最大残留限量 maximum residue limit, MRL

在生物体、食品、农副产品、饲料和环境中农药残留的法定最高允许浓度。用 mg/kg 单位表示。

同义词：最高残留限量、最大允许残留量。

2.7

再残留限量 extraneous maximum residue limit,EMRL

为控制持久性农药在环境中的残留物再次污染而制定的残留量。

2.8

最小检出量 limit of detection,LOD

使检测系统产生 3 倍噪音信号所需待测物的质量。用 μg 单位表示。

2.9

最低检测浓度 limit of quantification,LOQ

用添加方法能检测出待测物在样品中的最低含量。用 μg/kg 或 mg/kg 单位表示。

2.10

急性参考剂量 acute reference dose,aRfD

食品或饮水中某种农药,在短时期内(通常指一餐或一天内)被摄入后不致引起任何可观察到损害健康的剂量。

3 残留田间试验

3.1

采收间隔期 interval to harvest

采收距最后一次施药的间隔天数。

3.2

安全间隔期 preharvest interval

经残留试验确证的试验农药实际使用时最后一次施药距采收时允许的间隔天数。

3.3

田间样品 field sample

按照规定的方法在田间采集的样品。

3.4

推荐剂量 recommended dosage

农药产品经田间药效试验,确定的防治某种作物病、虫、草害的施药剂量(或浓度)。

3.5

规范残留试验 supervised residue trial

在良好农业生产规范(GAP)和良好实验室规范(GLP)或相似条件下,为获取推荐使用的农药在可食用(或饲用)初级农产品和土壤中可能的最高残留量,以及这些农药在农产品、土壤(或水)中的消解动态而进行的试验。

4 残留分析

4.1

农药残留分析 pesticide residue analysis

对待测样本中微量农药残留进行定性和定量的分析。

4.2

多残留分析 multi-residue analysis

对待测样本中多种农药的残留同时进行定性和定量的分析。

4.3

添加回收率 fortified recovery

空白样本中加入一定浓度的农药后,其测定值对加入值的百分率。

注：对添加不同浓度试样的平均回收率和相对标准偏差 RSD 都应在允许范围内。一般添加浓度在>0.01 mg/kg，回收率为 70%～110%，RSD 为 10%～20%；添加浓度在 0.001 mg/kg～0.01 mg/kg 之间（包括 0.01 mg/kg），回收率为 60%～120%，RSD 为 30%；添加浓度在≤0.001 mg/kg，回收率为 50%～120%，RSD 为 35%。对同一浓度的添加回收率试验至少进行 5 次重复。

4.4

实验室样品　laboratory sample

从群体采集的送达残留分析实验室的样品材料。

4.5

分析样品　analytical sample

按照残留分析方法要求，直接用于分析的样品。

4.6

样品预处理　sample pretreatment

采样后到残留分析前，准备试样的过程。

同义词：样品制备。

4.6.1

提取　extraction

残留分析中用溶剂把农药从试样中提取出来的过程。

4.6.2

净化　cleanup

从待测样本提取液中将目标农药与杂质分离并去除杂质的过程。

4.6.3

浓缩　concentration

残留分析中通过减少提取液中的溶剂而使农药浓度增加的过程。

4.7

检出农药的确证　pesticide confirmation

对样本中已测出的组分，用其他方法（如改变色谱柱、改变检测器、改变检测方法、气—质或液—质法等）做进一步鉴别确认。

同义词：农药确证 pesticide identification。

4.8

未检出　non-detectable, ND

当检测值低于方法的最低检出浓度时标注的浓度，应标注"<LOQ"或"未检出"，而不能标注"0"。

农药登记管理术语　农药残留中文名称索引

（按汉语拼音排序）

农药登记管理术语 农药残留英文名称索引

（按英文字母排序）

P

R

S

ICS 65.020
B 17

中华人民共和国农业行业标准

NY/T 1667.7—2008

农药登记管理术语
第7部分：农药监督

Terminology of pesticide registration management
Part 7: Pesticide supervision

2008-08-28 发布　　　　　　　　2008-10-01 实施

中华人民共和国农业部 发布

前　言

《农药登记管理术语》为系列标准。
——第1部分:基本术语;
——第2部分:产品化学;
——第3部分:农药药效;
——第4部分:农药毒理;
——第5部分:环境影响;
——第6部分:农药残留;
——第7部分:农药监督;
——第8部分:农药应用。
本部分是《农药登记管理术语》的第7部分。
本部分由中华人民共和国农业部提出并归口。
本部分由农业部农药检定所组织起草并负责解释。
本部分起草人:李富根、王以燕、邱涧平、李为忠、宋稳成、宋俊华、李鑫。

农药登记管理术语
第7部分:农药监督

1 范围

本部分规定了农药登记工作中常用的农药监督术语。

本部分适用于农药管理领域。

2 广告标签

2.1

广告　advertisement

通过印刷和电子传媒、招牌、展示、礼品、示范或口头宣传方式促进农药的销售和使用。

2.2 标签

2.2.1

农药标签　pesticide label

农药包装容器上或附于农药包装容器的,以文字、图形、符号说明农药内容的一切说明物。

2.2.2

农药标志带　signal band for class of pesticide

在农药标签的底部用一条与底边平行的不褪色的颜色带来区分不同类别农药,其中除草剂为绿色,杀虫剂为红色(不包括卫生杀虫剂),杀菌剂为黑色,植物生长调节剂为深黄色,杀鼠剂为蓝色。

2.2.3

农药毒性标识　signal for classification of pesticide toxicity

用于标识农药毒性级别的图形或文字。

2.2.4

像形图　pictogram

用非文字的用于表达和传递安全使用农药信息的符号或图形。

2.2.5

质量保证期　shelf life

在规定的贮存条件下保证农药产品质量的期限。在此期限内,产品的外观、有效成分含量等各项技术指标应符合相应标准的要求。

3 包装、贮存、运输和销售

3.1

农药包装　pesticide packaging

农药产品通过批发或零售出售给用户所使用的容器以及保护性外包装。

3.1.1

农药包装容器　pesticide container

农药包装作为销售和使用的基本单元的任何包装形式。

3.2

农药贮存准则　guidelines for pesticide storage

为使农药在贮存过程中的质量、安全等要素得到保证,避免不必要的风险和损失,而制定的农药贮存的基本要求和方法。

3.3

销售　marketing

产品推销的整个过程,包括广告、产品的公共关系服务和信息服务,以及在国内市场或国际市场上的供销和出售。

3.4

供销　distribution

通过贸易渠道向市场供应农药的过程。

3.5

违法所得　illegal income

违法生产、经营农药的销售收入。

4　农药进出口

4.1

进出口　import and export

化学品从一缔约方转移到另一缔约方,但不包括纯粹的过境运输。

4.2

事先知情同意程序　prior informed consent,PIC

为保护人体健康或环境而禁止或严格限制的有毒化学品,在没有进口国指定国家主管部门的同意,不得进行国际装运。

4.3

缔约方　treaty power

已同意受公约约束,且公约已对其生效的国家或区域经济一体化组织。

5　农药废弃物

5.1

农药废弃物　obsolete pesticide

农药生产过程中产生的废气、废水和废渣,使用过程中产生的废包装物和贮运或更新过程中失效或禁用的农药。

5.2

废弃物处置　disposal of obsolete pesticide

回收、中和、销毁和隔离农药废弃物、使用过的容器以及污染物的任何工序。

5.3

过期报废农药　expired and scrapped pesticide

超过产品质量保证期且无使用效能的农药产品。

5.4

风化　weathering

使用的农药受到风、雨、光、热等环境因素的影响而导致流失、消失或分解等现象的总称。

6　市场监督

6.1

产品追踪　product tracing

产品在供应链上不同机构中传递时,其特定部分可被跟踪的能力。

6.2

产品追溯　product tracking

根据供应链前段记录,来确定供应链中某特定个体或产品批次来源的能力。其目的包括产品召回和消费者投诉调查。

6.3

假农药　fake pesticide

以非农药冒充农药,或者以此种农药冒充他种农药的;所含有效成分的种类、名称与产品标签或者说明书上注明的农药有效成分的种类、名称不符的。

6.4

劣质农药　inferior quality pesticide

不符合农药产品质量标准的、失去使用效能的、混有导致药害等有害成分的农药。

6.5

过期农药　expired pesticide

超过产品质量保证期的农药产品。

6.6

禁止农药　banned pesticide

所用用途已被最后的管制行动所禁止的农药。

同义词:取缔农药。

6.7

限制农药　restricted pesticide

几乎所有用途均被政府最后的管制行动禁止,但为保护人体健康或环境,仍然允许其某些特定用途的农药。

6.8

极危险农药制剂　severely hazardous pesticide formulation

用作农药用途的、在使用条件下一次或多次暴露后即可在短时期内观察到对健康或环境产生严重影响的农药。

6.9　**危险化学品**

6.9.1

化学品　chemical

由化学元素组成的化合物及其混合物,包括天然的或者人造的。

6.9.2

禁用化学品　banned chemical

为保护人类健康或环境而采取最后管制行动禁止其在一种或多种类别中的所有用途的化学品,它包括首次使用即未能获得批准,或者已由工业界从国内市场上撤回或在国内审批过程中撤销对其作进一步审议、且有明确证据表明采取此种行动是为了保护人类健康或环境的化学品。

6.9.3

严格限用化学品　severely restricted chemical

为保护人类健康或环境而采取最后管制行动禁止其在一种或多种类别中的几乎所有用途,但其某些特定用途仍获批准的化学品。它包括几乎其所有用途皆未能获得批准或者已由工业界从国内市场上撤回或在国内审批过程中撤销对其作进一步审议、且有明确证据表明采取此种行动是为了保护人类健康或环境的化学品。

6.9.4

危险化学品 dangerous chemical

具有爆炸、易燃、毒害、腐蚀、放射性等特点,容易造成人身伤亡、财产损毁或环境污染的化学品。

6.9.4.1

危险货物 dangerous goods

具有爆炸、易燃、毒害、感染、腐蚀、放射性等危险特点,在运输、储存、生产、经营、使用和处理中,容易造成人身伤亡、财产损毁或环境污染而需要特别防护的物质和物品。

6.9.4.2

爆炸性物质 explosive substance

固体或液体物质(或这些物质的混合物),自身能够通过化学反应产生气体,其温度、压力和速度高到对周围造成破坏,包括不发出气体的烟火物质。

6.9.4.3

烟火物质 pyrotechnic substance

能产生热、光、声、气体或烟的效果或这些效果加在一起的一种物质或物质混合物,这些效果是由不起爆的自持放热化学反应产生的。

6.9.4.4

爆炸性物品 explosive article

含有一种或几种爆炸性物质的物品。

6.9.4.5

自反应物质 self-reactive substance

即使没有氧(空气)存在时,也容易发生剧烈放热分解的热不稳定物质。

6.9.4.6

发火物质 pyrophoric substance

即使只有少量物品,与空气接触不到 5 min 内便能燃烧的物质,包括混合物和溶液(液体和固体)。

6.9.4.7

自热物质 self-heating substance

发火物质以外的与空气接触不需要能源供应便能自己发热的物质。

6.9.4.8

危害环境物质 environmentally hazardous substance

对环境或生态产生危险的物质,包括对水体等环境介质造成污染的物质以及这类物质的混合物。

6.9.5

最后管制行动 lastly controlled action

为禁用或严格限用某一化学品而采取的、且其后无需该缔约方再采取管制措施的行动。

农药登记管理术语　农药监督中文名称索引

（按汉语拼音排序）

农药登记管理术语 农药监督英文名称索引

（按英文字母排序）

ICS 65.020
B 17

中华人民共和国农业行业标准

NY/T 1667.8—2008

农药登记管理术语
第8部分:农药应用

Terminology of pesticide registration management
Part 8: Pesticide application

2008-08-28 发布

2008-10-01 实施

中华人民共和国农业部 发布

前　言

《农药登记管理术语》为系列标准。

——第 1 部分:基本术语

——第 2 部分:产品化学

——第 3 部分:农药药效

——第 4 部分:农药毒理

——第 5 部分:环境影响

——第 6 部分:农药残留

——第 7 部分:农药监督

——第 8 部分:农药应用

本部分是《农药登记管理术语》的第 8 部分。

本部分的附录 A、附录 B 为规范性附录。

本部分由中华人民共和国农业部提出并归口。

本部分由农业部农药检定所组织起草并负责解释。

本部分起草人:王以燕、孙化田、李富根、吴志凤、李香菊、张宏军、张永安。

农药登记管理术语
第8部分：农药应用

1 范围

本部分规定了农药登记工作中常用的农药应用术语。

本部分适用于农药管理领域。

2 基础术语

2.1

良好农业规范 good agricultural practice,GAP

在农业使用方面包括在有效而可靠防治有害生物的实际条件下，以官方推荐或国家批准的方式使用农药。它包含各种不同水平的农药用量，直至最大批准用量。其使用方式产生的残留物为切合实际的最小数量。

2.2

有害生物综合管理 integrated pest management,IPM

考虑所有可用有害生物防治技术并随后综合适宜的措施，遏制有害生物种群的发展，控制农药和其他干预手段维持在适宜的程度，尽量使对人体健康和环境造成危害的风险减少到最小。

2.3

农药合理使用准则 guideline for safety application of pesticide

国家颁布的科学、合理、安全使用农药的技术规范，达到既能有效地防治农作物病虫草害，又使收获的农产品中农药残留低于规定的限量标准。

同义词：农药安全使用标准。

2.4

风险分析 risk analysis

系统地运用现有的信息确定危险（源）和评估风险的过程。

2.5

农药限制使用 restricted use of pesticide

在一定时期和区域内，为避免农药对人畜安全、农产品卫生质量、防治效果和环境安全造成一定程度的不良影响而采取的管理措施。

2.6

重返间隔期 restricted-entry interval,REI

在一种作物或一个地区施药后，操作者再次进入这一施药区前所要求间隔的时间。

同义词：再进入间隔期。

2.7

使用方式 use pattern

农药使用所涉及的所有因素的综合，包括施用的制剂中有效成分的浓度、施药量、施用次数、助剂的使用和施用方法及地点。

2.8

施药设备　application equipment

用于施用农药的机具或任何技术辅助物。

2.9

施药技术　application technology

对生物或目标生物与农药接触的地方实际施用和分配某种农药的过程。

2.10

轮换使用　alternative application

为延缓有害生物对农药产生抗性而将两种或两种以上不同类型的药剂交替使用。

2.11

混合使用　mixture application

为延缓有害生物对农药产生抗性或扩大防治对象等而将两种或两种以上药剂混合后使用。

2.12

人员保护设备　personal protective equipment

在处置和施用农药时防止农药危害的任何服装、材料或装置。

2.13

施药靶标　target

农药使用的最终目标物,即有害生物个体或种群。

同义词:靶位 target site。

2.14

施药靶区　target area

在施药过程中药剂在作物或土壤中的有效沉积区。

2.15

被动接触　passive exposure

农药喷洒过程中药剂直接与施药靶标发生的接触现象。

2.16

主动接触　active exposure

施药靶标由于本身的运动行为或分泌的物质而接触或吸收药剂的现象。

2.17

毒力空间　toxic space

使用农药时药剂扩散分布所能到达的农田空间。

2.18

二次分散现象　secondary dispersion

在使用过程中农药制剂加水稀释配制时原始分散体系解体,产生了新的分散体系的过程,以及喷洒农药时药剂由于粉粒或细雾滴在空气中形成的以空气为分散介质的新分散体系的过程。

2.19

密级型分布　crowed distribution

有害生物种群相对集中在作物特定部位为害。

2.20

施药量　application rate of active ingredient

单位农田面积或单位空间里喷施的农药有效成分的质量。

2.21

施药液量　spray volume

单位农田面积或单位空间里喷施的药液量。

3 施药方法

3.1

施药方法　pesticide application method

为把农药施用到目标物上所采用的各种技术措施。

3.1.1 固体制剂

3.1.1.1

喷粉　dusting

利用鼓风机械所产生的气流把粉剂农药吹散后沉积到作物上的施药方法。

3.1.1.2

撒施　broadcasting

将粉剂、颗粒剂等直接使用的固体药剂或用它们与土或肥的混和物均匀地撒布在防治场所的施药方法。

3.1.1.3

投放　put-in

将饵剂、颗粒剂等直接使用的固体药剂投放到防治的场所的施药方法。

3.1.1.4

熏烟　smoking

在高温下易于成热蒸气的药剂与易燃物质或发热剂混合(采用点燃或加水起反应等激发方式),借助燃烧或能量产生烟尘或热雾带到空间,冷却成 $0.3~\mu m \sim 2~\mu m$ 细小烟粒,在空间悬浮一定时间,防治有害生物的施药方法。

3.1.1.4.1

点燃　igniting

通过点燃易燃产品,使药剂在烟雾中携带出来防治害虫的施药方法。

3.1.1.4.2

加水反应　affused reaction

通过加入水后的反应,使药剂在热雾中被带到空间防治害虫的施药方法。

3.1.1.5

电热加温　electrical heating

通过电加热器,使配套样品中的药剂挥发出来防治害虫的施药方法。

3.1.1.6

电吹风　electrical blowing

通过电吹风器,使配套样品中的药剂挥发出来防治害虫的施药方法。

3.1.2 液体或稀释成液体的制剂

3.1.2.1

喷雾　spraying

用喷雾器具在一定压力下将液态农药喷成雾状分散体系的施药方法。

3.1.2.1.1

超低容量喷雾　ultra low volume spraying,ULV

一般用 $5~L/hm^2$ 以下的施药液量进行喷雾。

3.1.2.1.2

很低容量喷雾 very low volume spraying，VLV

一般用 15 L/hm² ～30 L/hm² 的施药液量进行喷雾。

3.1.2.1.3

低容量喷雾 low volume spraying，LV

一般用 50 L/hm² ～200 L/hm² 的施药液量进行喷雾。

3.1.2.1.4

中容量喷雾 median volume spraying，MV

一般用 200 L/hm² ～600 L/hm² 的施药液量进行喷雾。

3.1.2.1.5

大容量喷雾 high volume spraying，HV

一般用 600 L/hm² 以上的施药液量进行喷雾。

同义词：常规喷雾法 conventional spraying。

3.1.2.2

定向喷雾 orientational spraying

喷出的雾流具有明确方向性的喷雾施药方法。

3.1.2.2.1

茎叶喷雾 foliar spraying

用药液对靶标植物的茎叶进行喷雾施药方法。

3.1.2.2.2

土壤喷雾 soil spraying

用药液对生长靶标植物的土壤进行喷雾施药方法。

3.1.2.3

滞留喷洒 residual spraying

在不同吸收表面上按推荐剂量进行药物喷洒处理，使其持续一定药效时间的施药方法。

3.1.2.4

静电喷雾 electrostatic spraying

通过高压静电发生装置，在电场的作用下使药液分散成带电荷的直径均匀雾滴的雾化施药方法。

3.1.2.5

飘移喷雾 drift spraying

雾滴借飘移作用沉积于目标物上的喷雾方法。

3.1.2.6

喷射 sparge

在喷射器械的压力下将药剂喷成细小液珠或液柱状分散体系的施药方法。

3.1.2.7

泼浇 drenching

将一定浓度的药液泼浇到靶标上的施药方法。

3.1.2.8

浇灌 pouring

把药液注入浇灌水施入土壤、作物的施药方法。

3.1.2.9

浸渍 dipping

移栽或扦插前将苗木根部、秧苗或负载药剂物在一定浓度的药液中浸蘸处理的施药方法。

同义词:浸根。

3.1.2.9.1

浸种　seed soaking

用药液浸渍种子的施药方法。

3.1.2.10

拌种　seed treatment

将一定数量和浓度的拌种剂与种子充分混合,使药剂均匀粘附在种子表面上的一种施药方法。

3.1.3　气态或气化的制剂

3.1.3.1

熏蒸　fumigating

用气态或常温下容易气化的农药,在密闭空间散发出来以防治病虫害的施药方法。

3.1.4

局部施药法　localized application

对植物体的一个部分或作物生长地段的某些区段施药,而获得总体防治效果的施药方法。

3.1.4.1

涂抹　painting

把药剂涂抹在目标部位的局部施药方法。

3.1.4.2

注射　injection

通过注射工具用压力把药液注射到植物体内或让药液通过针管自行进入植物体内的施药方法。

3.1.4.3

包扎　enswathing

把含有药液的吸水性材料包在植物周围,使药剂通过其表皮进入植物体内的施药方法。

3.1.4.4

悬挂　hanging

把布、纸、纤维等物品浸渍在一定浓度药剂后,吊挂于施用对象或场所,达到防治有害生物的施药方法。

3.1.4.5

条带状施药　band application

农田施药时使药剂处理带与不处理带交替间隔的施药方法。

3.1.5

全面施药　broadcast application

将药剂在整个防治区域内进行施用的方法。

3.2　施药质量

3.2.1

分散度　dispersion

药剂在靶标表面的分散程度。通常以分散质直径的大小表示,也可用其颗粒(或液滴)的总表面积与总体积的比值表示。

3.2.2

堆积度　accumulation rate

药液稳定沉积到作物表面后,在单位面积内的药液沉积量。一般用 $\mu L/cm^2$ 单位表示。

3.2.3

沉积量　deposition

农药在单位靶标面积上沉积的有效成分量。一般用 μg/cm² 单位表示。

3.2.4

沉积率　deposition rate

农药在单位靶标面积上沉积的制剂量。一般用 μg/cm² 单位表示。

3.2.5

持留能力　retentivity

作物表面对农药沉积物的持留的能力。

3.2.6

农药覆盖密度　coverage density of pesticide

单位面积内沉积的农药雾滴数或粉粒数。

3.2.7

生物最佳粒径　biological optimum droplet size

最易被生物体捕获并能取得最佳防治效果的农药雾滴直径和尺度。

3.2.8

农药漂移　drift of pesticide

离开喷头的农药雾滴或粉粒被水平气流吹送到施药靶区以外的迁移运动现象。

3.2.9

雾滴大小　size of droplet

在一次喷雾中,有足够代表性的若干雾滴的平均直径或中值直径。

3.2.10

雾滴沉积　deposition of droplet

农药雾滴向靶标上沉降和附着的运动过程。

3.2.11

喷洒高度　spraying height

在喷洒时,施药器械与防治作物或地面的垂直距离。

3.2.12

行进速度　forward speed

药剂喷洒过程中,施药器械的移动速度。

3.2.13

喷洒幅度　swath width

施药器械喷出的药剂落到作物或地面的幅度。

3.2.14

株冠穿透性　canopy penetration

农药的雾流或粉浪透过植物枝叶间的能力,是雾滴或粉粒后一种运动行为。

3.2.15

叶面积指数　leaf area index，LAI

植物的叶片总面积与种植地块面积之比。

3.2.16

农药有效利用率　effective application rate of pesticide

农药喷洒后沉积在生物靶标上的有效成分量与喷出有效成分总量之比。

3.2.17

生物稀释效应 biological dilution effect

农药沉积到作物上后,由于作物生长过程中所发生的面积扩大而导致单位面积上农药有效成分实际沉积量或沉积密度逐渐降低的现象。

3.2.18

生物杀伤面积 biocide area

在作物表面上对有害生物的杀伤率达到50%的农药沉积物扩散分布所能达到的面积。

3.2.19

病虫害预测预报 forecast and prediction of pest and disease

估计病虫草鼠害未来发生趋势,提供情报信息和咨询服务的一种应用技术。

3.2.20

抗药性监测 pesticide resistance monitoring

对有害生物抗药性发生、发展的时空变化进行监测的过程。

3.3 适用作物及场所的名称

适用作物及场所的名称见附录A。

3.4 防治对象的名称

防治对象及调节作用的名称见附录B。

农药登记管理术语 农药应用中文名称索引

（按汉语拼音排序）

农药登记管理术语　农药应用英文名称索引

（按英文字母排序）

R

S

T

U

V

附 录 A

（规范性附录）

适用作物及场所名称

A.1 适用作物名称

序号	中文名称	英文名称	拉丁文名称
1 粮食作物			
1.1	水稻	rice	*Oryza sativa* L.
1.1.1	陆稻	upland rice	—
1.2	小麦	wheat	*Triticum aestium* L.
1.2.1	冬小麦	winter wheat	—
1.2.2	春小麦	spring wheat	—
1.3	玉米	maize	*Zea mays* L.
1.3.1	春玉米	spring maize	—
1.3.2	夏玉米	summer maize	—
1.4	高粱	sorghum	*Sorghum vulgare* Pers.
1.5	谷子	foxtail millet	*Setaria italica* (L.) Beauv
1.6	大麦	barley	*Hordeum vulgare* L.
1.7	燕麦	oat	*Avena sativa* L.
1.8	莜麦	sweet oat	*Avena nuda* L.
1.9	黑麦	rye	*Secale cereale* L.
1.10	荞麦	buckwheat	*Fagopyrum esculentum* Moench
1.11	马铃薯	potato	*Solanum tuberosum* L.
1.12	甘薯	sweet potato	*Ipomoea batatas* (L.) Lam.
1.13	木薯	cassava	*Manihot* esculenta Crantz.
1.14	红小豆	adzuki bean	*Vigna angularis* (Willd) Ohwi & Ohashi
1.15	绿豆	mung bean	*Vigna radiate* L.
1.16	豌豆	garden pea	*Pisum sativum* L.
1.17	蚕豆	broad bean	*Vicia faba* L.
2 蔬菜			
2.1 叶菜类			
2.1.1	大白菜	Chinese cabbage	*Brassica campestris* L. ssp. *pekinensis* (Lour). Olsson
2.1.2	小白菜	green Chinese cabbage	*Brassica campestris* L. ssp. *chinensis* (L.) Makino.
2.1.3	菜心	flowering Chinese cabbage	*Brassica* campestris L. ssp. *Chinessis* L. var. *utilis* Tsen et Lee
2.1.4	薹菜	rape	*Brassica campestris* L. ssp. *Chinensis* L. var. *tai-tsai* Hort.
2.1.5	紫菜薹	purple cai-tai	*Brassica campestris* L. var. *purpuria* Bailey

A.1（续）

序号	中文名称	英文名称	拉丁文名称
2.1.6	甘蓝	cabbage	
2.1.6.1	结球甘蓝	head cabbage	*Brassica oleracea* L. var. *capitata* L.
2.1.6.2	球茎甘蓝	kohlrabi	*Brassica oleracea* L. var. *caulorapa* DC.
2.1.6.3	红球甘蓝	red cabbage	*Brassica oleraea* L. var. *capitata*
2.1.6.4	羽衣甘蓝	kale	*Brassica oleracea* var. *acephala* DC.
2.1.6.5	皱叶甘蓝	savoy cabbage	*Brassica oleracea bullata* DC.
2.1.6.6	抱子甘蓝	brussels sprout	*Brassica oleracea* L. var. *gemmifera* Zenk.
2.1.7	青菜花	broccoli	*Brassica oleracea* L. var. *Italica* Plench
2.1.8	花椰菜	cauliflower	*Brassica oleracea* L. var. *bortytis* L.
2.1.9	芥蓝	Chinese kale	*Brassica oleracea* L. var. *alboglabra* Bailey.
2.1.10	叶芥菜	leaf mustards	*Brassica juncea* Coss. var. *foliosa* Bailey
2.1.11	菠菜	spinach	*Spinacia oleracea* L.
2.1.12	小油菜	no-head Chinese cabbag	*Brassica campestris* L.
2.1.13	苋菜	wild amaranth	*Amaranthus tricolor* L.
2.1.14	茴香	fennel	*Foeniculum vulgare* Miller
2.1.15	蕹菜	swamp cabbage	*Ipomoea aquatica* Forsskal
2.1.16	茼蒿	garden chrysanthemum	*Carthamus tinctorius* L.
2.1.17	生菜	lettuce	*Lactuca sativa* L. var. *ramosa* Hort.
2.1.18	洋蓟	globe artichoke	*Cynara scolymus* L.
2.1.19	甜菜叶	sugar beet leaves	*B. vulgaris* L. var. *cicla* L.
2.1.20	食用大黄	rhubarb	*Rheum rhaponticum* L.
2.1.21	菊苣	chicory	*Cichorium intybus* L.
2.1.22	野苣	lamb's-lettuce	*Valerianella olitoria* L.
2.2　根茎类			
2.2.1	萝卜	radish	*Raphanus sativus* L.
2.2.2	胡萝卜	carrot	*Daucus carota* L.
2.2.3	芋头	taro	*Colocasia esculenta*（L.）Schott
2.2.4	芥菜	mustard	*Brassica juncea* Coss
2.2.4.1	子芥菜	seedy mustard	*Brassica juncea* Coss. var. *gracilis* Tsen et Lee
2.2.4.2	根用芥菜	root mustard	*Brassica juncea* Coss. var. *megarrhiza* Tsen et Lee
2.2.4.3	茎用芥菜	stem mustard	*Brassica juncea* Coss. var. *tumida* Tsen et Lee
2.2.5	球茎茴香	florence fennel	*Foeniculum dulce* Mill
2.2.6	山药	Chinese yam	*Dioscorea batatas* Decne
2.2.7	姜	ginger	*Zingiber officinale* Roscoe
2.2.8	根用甜菜	—	*Beta vulgaris* L. var. *rapacea* Koch.
2.2.9	芜菁	turnip	*Brassica rapa* L.
2.2.10	香芹菜	parsly	*Petroselinum hortense* Hoffm.

A.1 (续)

序号	中文名称	英文名称	拉丁文名称
2.2.11	欧洲防风	parsnip	*Pastinaca sativa* L.
2.3 茎秆类			
2.3.1	芹菜	celery	*Apium graveolens* L.
2.3.2	莴笋	lettuce	*Lactuca sativa* L. var. *angustana* Irish
2.3.3	芦笋	asparagus	*Asparagus officinalis* L.
2.3.4	竹笋	bamboo shoots	*Phyllostachys pubescens* ex H. de Lehaie
2.4 豆菜类			
2.4.1	豇豆	cowpea	*Vigna sesquipedalis* W. F. Wight
2.4.2	扁豆	hyacinth bean	*Lable purpureus* (L.)
2.4.3	甜(香)豌豆	sweet pea	*Lathyrus odozatus* L.
2.4.4	荷兰豆	pea pods	*Pisium sativum* L.
2.4.5	鲜食豆类		
2.4.5.1	蚕豆	broad bean	*Vicia faba* L.
2.4.5.2	豌豆	garden pea	*Pisum sativum* L.
2.4.5.3	利马豆	lima bean	*Phaseolus limensis* Macf.
2.4.5.4	菜豆(四季豆)	kidney bean	*Phaseolus vulgaris* L
2.4.5.5	毛豆	green soybean	*Glgcine max* Merr.
2.5 瓜菜类			
2.5.1	黄瓜	cucumber	*Cucumis sativus* L.
2.5.2	南瓜	pumpkin	*Cucurbita moschata* Duch.
2.5.3	冬瓜	wax gourd	*Benincasa hispida* (Thub.)Cogn.
2.5.4	西葫芦	summer squash	*Cucurbita pepo* L.
2.5.5	节瓜	chieh-qua	*Benincasa hispida* Cogn. var. *chich-qua* How.
2.5.6	丝瓜	dishcloth gourd	*Luffa cylindrical* (L.) Roem.
2.5.7	苦瓜	balsam pear	*Momordica charantia* L.
2.6 茄果类			
2.6.1	番茄	tomato	*Lycopersicon lycopersicum* (L.) Karsten
2.6.2	辣椒	red pepper	*Capsicum frutescens* L.
2.6.3	青椒	green pepper	—
2.6.4	茄子	eggplant	*Solanum melongena* L.
2.6.5	秋葵	gumbo	*Hibiscus esculentus* L.
2.7 鳞茎类			
2.7.1	韭菜	Chinese chive	*Allium tuberosum* Rottl. ex Spreng.
2.7.2	大蒜	garlic	*Allium sativum* L.
2.7.2.1	青蒜	leaf garlic	—
2.7.3	大葱	welsh onion	*Allium fistulosum* L.
2.7.4	洋葱	onion	*Allium cepa* L.

A. 1 （续）

序号	中文名称	英文名称	拉丁文名称
2.8 水生类			
2.8.1	莲藕	lotus root	*Nelumbo nucifera* Gaertn
2.8.2	茭白	water bamboo	*Zizania caduciflora* （Turcz.） Hand-Mazz
2.8.3	荸荠	water-chestnut	*Eleocharis tuberose* （Roxb.）Roem. et Schult
2.8.4	水芹	water celery	*Oenanthe stolonifera* （Roxb.）Wall.
2.9 食用菌类			
2.9.1	双孢蘑菇	white mushroom	*Agaricus bisporus* （Lange） Sing
2.9.2	大肥菇	spring agaricus	*Agaricus bitorquis* （Quei.） Sacc.
2.9.3	香菇	shiitake mushroom	*Lentinual edodes* （Perk） Sing
2.9.4	草菇	straw mushroom	*Volvariella volvacea* （Bull. ex Fr.） Sing.
2.9.5	平菇	oyster mushroom	*Pleurotus ostreatus* （Jacq. ex Fr.） Quel.
2.9.6	口蘑	matsutake	*Tricholoma lobyense* Heim
2.9.7	木耳	wood ear	*Auricularia auricula* . （L. ex Hook.）Underw
3 水果			
3.1 仁果类			
3.1.1	梨树	pear tree	*Pyrus* spp.
3.1.1.1	梨	pear	—
3.1.2	苹果树	apple tree	*Malus pumila* Mill
3.1.2.1	苹果	apple	—
3.2 核果类			
3.2.1	桃树	peach tree	*Juglans regia* L.
3.2.1.1	桃	peach	—
3.2.2	杏树	apricot tree	*Prunus armeniaca* L.
3.2.2.1	杏	apricot	—
3.2.3	李子树	plum tree	*Prunus* spp.
3.2.3.1	李子	plum	—
3.2.4	樱桃树	falsesour cherry tree	*Cerasus pseudocerasus* （Lindl.）G. Don；
3.2.4.1	樱桃	falsesour cherry	—
3.2.5	酸樱桃树	sour cherry tree	*Prunus cerasus* L.
3.2.5.1	酸樱桃	sour cherry	—
3.2.6	油桃树	nectarine tree	*Prunus persica* （L.）Batsch
3.2.6.1	油桃	nectarine	—
3.2.7	橄榄树	olive tree	Olea europaea L.
3.2.7.1	橄榄	olive	—
3.2.8	青梅树	green gage plum tree	*Vatica mangachapoi* Blanco
3.2.8.1	青梅	green gage plum	—
3.2.9	杨梅树	Chinese strawberry tree	*Myrica rubra* Sieb. et Zucc.

A.1（续）

序号	中文名称	英文名称	拉丁文名称
3.2.9.1	杨梅	Chinese strawberry	—
3.3 浆果类			
3.3.1	葡萄树	grape tree	*Vitis* spp.
3.3.1.1	葡萄	grape	—
3.3.2	猕猴桃树	kiwifruit tree	*Actinidia* spp.
3.3.2.1	猕猴桃	kiwifruit	—
3.3.3	石榴树	pomegranate tree	*Punica granatum* L.
3.3.3.1	石榴	pomegranate	—
3.3.4	无花果树	fig tree	*Ficus carica* L.
3.3.4.1	无花果	fig	—
3.3.5	黑莓树	black berry tree	*Rubus allegheniensis* Porter
3.3.5.1	黑莓	black berry	—
3.3.6	露莓树	dewberry tree	*Rubus caesius* L.
3.3.6.1	露莓	dewberry	—
3.3.7	树莓树	raspberry tree	*Rubus* spp.
3.3.7.1	树莓	raspberry	—
3.3.8	穗醋栗树	currant tree	*Ribes* spp.
3.3.8.1	穗醋栗	currant	—
3.3.9	醋栗树	goose berry tree	*Ribes mandshuricum* (Maxim.) Komar.
3.3.9.1	醋栗	goose berry	—
3.3.10	酸果蔓树	cranberry tree	*Oxycoccus* spp.
3.3.10.1	酸果蔓	cranberry	—
3.3.11	越橘树	cowberry tree	*Vaccinium vitis-idaea* L.
3.3.11.1	越橘	cowberry	—
3.3.12	草莓	strawberry	*Fragaria ananassa* Duch.
3.4 柑橘类			
3.4.1	柑橘树	citrus/orange tree	*Citrus* L.
3.4.1.1	柑橘	citrus/orange	—
3.4.2	橙树	osbecksweet orange tree	*Citrus sinensis* L. Osbeck
3.4.2.1	橙	osbecksweet orange	—
3.4.3	柚子树	osbecksweet orange tree	*Citrus grandis* L.
3.4.3.1	柚子	osbecksweet orange	—
3.4.4	柠檬树	lemon tree	*Citrus limon* L. Burm. F.
3.4.4.1	柠檬	lemon	—
3.5 坚果类			
3.5.1	核桃树	common walnut tree	*Juglans regia* L.
3.5.1.1	核桃	walnut	—

A.1（续）

序号	中文名称	英文名称	拉丁文名称
3.5.2	胡桃树	walnut tree	*Juglans regia* L.
3.5.2.1	胡桃	walnut	—
3.5.3	山核桃树	cathay hickory tree	*Carya cathayensis* Sarg.
3.5.3.1	山核桃	cathay hickory	—
3.5.4	澳洲坚果树	australiannut tree	*Macadamia ternifolia* F. Muell.
3.5.4.1	澳洲坚果	australiannut	—
3.5.5	板栗树	Chinese chestnut tree	*Castanea mollissima* Bl.
3.5.5.1	板栗	Chinese chestnut	—
3.5.6	榛子树	hazelnut tree	*Corylus heterophy* Fisch. ex Buss.
3.5.6.1	榛子	hazelnut	—
3.5.7	甜杏仁树	sweet apricot kernel tree	*Prunus dulcis*（Miller.）D. A. Webb
3.5.7.1	甜杏仁	sweet apricot kernel	—
3.5.8	银杏树	maidenhair tree	*Ginkgo biloba* L.
3.5.8.1	银杏	maidenhair	—
3.6　热带和亚热带水果			
3.6.1	香蕉	banana	*Musa* spp.
3.6.2	菠萝	pineapple	*Ananas comosus*（L.）Merr.
3.6.3	芒果树	mango wood	*Mangifera indica* L.
3.6.3.1	芒果	mango	—
3.6.4	荔枝树	litchi tree	*Litchi chinensis* Sonn.
3.6.4.1	荔枝	litchi	—
3.6.5	龙眼树	longan tree	*Dimocarpus longana* Lour.
3.6.5.1	龙眼	longan	—
3.6.6	杨桃树	country gooseberry tree	*Averrhoa carambola* L.
3.6.6.1	杨桃	country gooseberry	—
3.6.7	榴莲树	durian tree	*Durio zibethinus* Murr.
3.6.7.1	榴莲	durian	—
3.6.8	木瓜树	Chinese quince tree	*Chaenomeles sinensis*（Thouin）Koehne
3.6.8.1	木瓜	Chinese quince	—
3.6.9	枇杷树	loquat tree	*Eriobotrya japonica* Lindl.
3.6.9.1	枇杷	loquat	—
3.6.10	椰子树	coconet tree	*Cocos nucifera* L.
3.6.10.1	椰子	coconet	—
3.7　柿枣类			
3.7.1	枣树	jujube tree	*Ziziphus jujuba* Mill.
3.7.1.1	枣	Chinese jujube	—
3.7.2	柿子树	persimmon tree	*Diospyros kaki* L.

A. 1 （续）

序号	中文名称	英文名称	拉丁文名称
3.7.2.1	柿子	persimmon	—
3.8	瓜果类		
3.8.1	西瓜	watermelon	*Citrullus lanatus* （Thunb.）Matsum. et Nakai
3.8.2	甜瓜/香瓜	sweet melon	*Cucumis melo* L.
3.8.3	哈密瓜	hami melon	—
3.8.4	白兰瓜	honey dew melon	—
4	经济作物		
4.1	棉花	cotton	*Gossypium* spp.
4.1.1	陆地棉	upland cotton	*Gossypium hirsutum* L.
4.2	麻	hemp	
4.2.1	亚麻	flax	*Linum usitatissimum* L.
4.2.2	苎麻	ramie	*Bochmeria nivea* （L.）Gaud
4.2.3	红麻	kenaf	*Hibiscus cannabinus* L.
4.2.4	黄麻	Jute	*Corchorus* L. sp.
4.2.5	大麻	hemp	*Cannabis sativa* L.
4.2.6	剑麻	sisal agave	*Agave sisalane* Pess
4.2.7	苘麻	abutilon	*Abutilon theophrasti* Medic. ;*A. aricennae* Gaertn.
4.3	花生	peanut	*Arachis hypogaea* L.
4.4	大豆	soybean	*Glycine max* （L.）Merr.
4.4.1	春大豆	spring soybean	—
4.4.2	夏大豆	summer soybean	—
4.5	油菜	oil rape	*Brassica camellia* L.
4.5.1	春油菜	spring rape	—
4.5.2	夏油菜	summer rape	—
4.6	向日葵	sunflower	*Helianthus annuus* L.
4.7	芝麻	sesame	*Sesamum indicum* L.
4.8	胡麻	linseed	*Linum usitatissimum* L.
4.9	蓖麻	costarbean	*Ricinus communis* L.
4.10	红花	safflower	*Carthamus tintorius* L.
4.11	甘蔗	sugarcane	*Saccharum officinarum* L.
4.12	果蔗	chewing cane	—
4.13	糖用甜菜	sugar beet	*Beta vulgaris* L. var. *saccharifera* Alef.
4.14	椰枣树	date palm tree	*Phoenix dactylifera* L.
4.14.1	椰枣	date palm	—
4.15	茶树	tea tree	*Thea sinensis* L.
4.16	可可树	cocoa	*Theobroma caco* L.
4.17	咖啡树	coffee	*Coffea arabica* Koffie

A.1（续）

序号	中文名称	英文名称	拉丁文名称
4.18	桑树	mulberry	*Morus albalinn* L.
4.19	橡胶树	para rubberterr	*Hevea brasiliensis* Muell-Arg
4.20	烟草	tobacco	*Nicotiana tabacum* L.
4.21	香辛作物		
4.21.1	胡椒	pepper	*Piper nigrum* L.
4.21.2	花椒	zanthoxylum	*Zanthoxylum bngeanum* Maxim
4.21.3	八角茴香	star anise	*Illicium verum* Hook. f.
4.22	香料作物		
4.22.1	熏衣草	narrowleaf lavender	*Lavandula angustifolia* Mill.
4.22.2	百里香	mongolian thyme	*Thymus vulgaris* L.
4.22.3	留兰香	spearmint	*Menthe spicata* L. Hudson
4.22.4	香茅	citronella grass	*Cymbopogon* Spreng
4.22.5	茉莉	arabian jasmine	*Jasminum sambac* L. Aiton
4.23	药用作物		
4.23.1	三七	sanchi	*Panax notoginseng*（gurk.）F. H. Chen
4.23.2	人参	asiatic ginseng	*Panax ginseng* C. A. Mey.
4.23.3	枸杞	barbary wolfberry fruit	*Lycium chinense* Mill.
4.23.4	天麻	tall gastrodia	*Gastrodia elata* Bl.
5	储粮		
5.1	原粮	raw grain	
5.1.1	稻谷	rice raw grain	—
5.1.2	小麦原粮	wheat raw grain	—
5.1.3	玉米原粮	corn raw grain	—
5.1.4	高粱原粮	sorghum raw grain	—
5.1.5	大麦原粮	barley raw grain	—
6	饲料作物		
6.1	饲用玉米	feed corn	—
6.2	饲用高粱	feed sorghum	—
6.3	苜蓿	alfalfa	*Medicago sativa* L.
6.4	三叶草	clover	*Trifolium* L.
6.5	稗草	barnyard grass	*Echinochloa crusgalli*（L.）Beauv.
7	花卉		
7.1	观赏花卉		
7.1.1	宿根花卉		
7.1.1.1	菊花	chrysanthemum	*Dendranthema morifolium*（Ramat.）Tzvel.
7.1.1.2	非洲菊	gerberna	*Gerbera jamesonii* Bolus
7.1.1.3	芍药	Chinese herbaceous peony	*Paeonia lactiflor* Pall

A. 1（续）

序号	中文名称	英文名称	拉丁文名称
7.1.2 木本花卉			
7.1.2.1	月季	China rose	*Rosa chinenses* Jacq.
7.1.2.2	玫瑰	rose	*Rosa rugosa* Thunb.
7.1.3 球根花卉			
7.1.3.1	郁金香	tulip	*Tulipa gesneriana* L.
7.1.3.2	球根秋海棠	tuberous begonia	*Begonia tuberhybrida* Voss.
7.1.3.3	水仙	Chinese narcissus	*Narcissus tazetta* L. var. *chinensis* Roem.
7.1.3.4	百合	lily	*Lilum* sp.
7.2 食用花卉			
7.2.1	百合	goldband lily	*Lilum brownie* F. E. Brown
7.2.2	菊花	florists chrysanthemum	*Chrgsanthema morifolium* Ramat.
8 林木			
8.1	松树	pine tree	*Pinus* sp.
8.1.1	松籽	pine nut	—
8.1.2	落叶松	dahurian larch	*Larix gmelinii* （Rupr.）Rupr
8.1.3	马尾松	masson's pine	*Pinus massoniana* Lamb.
8.1.4	油松	Chinese pine	*Pinus tabulaeformis* Carr
8.2	杨树	poplar	*Popullus* sp.
8.2.1	白杨派	—	Sect. Leuce Duby
8.2.1.1	毛白杨	Chinese white poplar	*Populus tomentosa* Carr
8.2.2	青杨派	—	Sect. *Tacamahaca* Spach
8.2.2.1	小叶杨	simon poplar	*Populus simonii* Carr
8.2.3	黑杨派	black poplar	Sect. *Aigeiros* Duby
8.2.3.1	欧美杨	Canadian poplar	*Populus canadensis* Modench
8.2.4	胡杨派	—	Sect. *Turanga* Bge
8.2.4.1	胡杨	euphrates poplar	*Populus euphratica* Oliv
8.2.4.2	黄杨	box	*Buxus sinica* （Rehd. et Wils.）
8.3	柏树	cypress	*Cupressus* sp.
8.3.1	刺柏	Taiwan juniper	*Juniperus formosana* Hayata
8.3.2	侧柏	eastern thuja	*Thuja orientalis* L.
8.3.3	圆柏	Chinese juniper	*Sabina chinensis* （L.）Ant.
8.3.4	龙柏	dragon savin	*Sabina chinensis* cv. Kaizuca
8.3.5	福建柏	fujiancypress	*Fokienia hodginsii* （Dunn.）Henry et Thomas
8.4	杉木	Chinese fir	*Cunninghamia lanceolata* （Lamb.）Hook
8.5	桉树	eucalypt	*Eucalyptus* spp.
8.6	毛竹	mosa bamboo	*Phyllostachys pubescens* Mazel ex H. de Lehaie
8.7	沙棘	sebuckthorn	*Hippophe rhamnoides* L.

A.2 适用场所名称

序号	中 文 名 称	英 文 名 称
1 粮食作物田		
1.1	水稻田	rice field
1.1.1	水稻田（育秧）	seeding rice field
1.1.1.1	水稻田（旱育秧）	dry-raised nursery rice field
1.1.1.2	水稻田（半旱育秧）	semidry-raised nursery rice field
1.1.1.3	水稻田（水育秧）	water-raised nursery rice field
1.1.2	水稻田（免耕）	no tillage rice field
1.1.3	水稻田（直播）	direct seeding rice field
1.1.4	水稻田（免耕直播）	no tillage directed seeding rice field
1.1.5	水稻田（移栽）	transplanting rice field
1.1.5.1	水稻田（抛秧）	seedling-throwing rice field
1.2	小麦田	wheat field
1.2.1	春小麦田	spring wheat field
1.2.2	冬小麦田	winter wheat field
1.2.3	小麦田（免耕）	no tillage wheat field
1.3	大麦田	barley field
1.4	燕麦田	oat field
1.5	莜麦田	sweet oat field
1.6	荞麦田	buckwheat field
1.7	糜子田	broomcorn milet field
1.8	玉米田	maize field
1.8.1	春玉米田	spring maize field
1.8.2	夏玉米田	summer maize field
1.8.3	玉米田（免耕）	no tillaget maize field
1.9	高粱田	sorghum field
1.10	谷子田	foxtail millet field
1.11	马铃薯田	potato field
1.12	甘薯田	sweet potato field
1.13	木薯田	tapioca field
1.14	红小豆田	red bean field
1.15	绿豆田	mung bean field
1.16	豌豆田	bean field
1.17	蚕豆田	broad bean field
2 蔬菜田		
2.1 叶菜田		
2.1.1	大白菜田	Chinese cabbage field

A.2（续）

序号	中文名称	英文名称
2.1.1.1	白菜田（移栽）	transplanting Chinese cabbage field
2.1.2	甘蓝田	cabbage field
2.1.3	花椰菜田	cauliflower field
2.1.4	青花菜田	broccoli field
2.2　根茎田		
2.2.1	萝卜田	radish field
2.2.2	胡萝卜田	carrot field
2.2.3	芋头田	taro field
2.2.4	芥菜田	mustard field
2.2.5	球茎茴香田	florence fennel field
2.2.6	山药田	Chinese yam field
2.2.7	姜田	ginger field
2.3　瓜菜田		
2.3.1	南瓜田	pumpkin field
2.3.2	黄瓜田	cucumber field
2.4　茄果田		
2.4.1	番茄田	tomato field
2.4.1.1	番茄苗床	tomato seeding bed
2.4.2	辣椒田	red pepper field
2.4.2.1	辣椒苗床	red pepper seeding bed
2.4.3	茄子田	eggplant field
2.5　鳞茎田		
2.5.1	韭菜田	leek field
2.5.2	大葱田	green Chinese onion field
2.5.3	大蒜田	garlic field
3　水果园田		
3.1　果园		
3.1.1	梨园	pear yard
3.1.2	苹果园	apple yard
3.1.3	桃园	peach yard
3.1.4	葡萄园	grape yard
3.1.5	柑橘园	citrus yard
3.1.6	香蕉园	banana yard
3.1.7	荔枝园	lichi yard
3.2　水果田		
3.2.1	西瓜田	watermelon field
3.2.2	菠萝田	jackfruit field

A.2（续）

序号	中文名称	英文名称
4　经济作物田		
4.1	棉花田	cotton field
4.1.1	棉花苗床	cotton seeding bed
4.2	亚麻田	flax field
4.3	剑麻田	sisal hemp field
4.4	花生田	peanut field
4.5	大豆田	soybean field
4.5.1	春大豆田	spring soybean field
4.5.2	夏大豆田	summer soybean field
4.6	油菜田	rape field
4.6.1	油菜苗床	rape seeding bed
4.6.2	春油菜田	spring rape field
4.6.3	冬油菜田	winter rape field
4.6.3.1	冬油菜田（免耕）	no tillage rape
4.6.3.2	冬油菜田（直播）	direct seeding rape
4.6.3.3	冬油菜田（移栽）	transplanting rape
4.7	芝麻田	sesame field
4.8	胡麻田	linseed field
4.9	蓖麻田	costarbean field
4.10	甘蔗田	sugarcane field
4.11	甜菜田	sugar beet field
4.12	茶园	tea garden
4.13	桑园	white mulberry plantation
4.14	橡胶园	rubber plantation
4.15	烟草田	tobacco field
4.15.1	烟草苗床	tobacco seeding bed
5　饲料作物田		
5.1	饲用玉米田	feed corn field
5.2	饲用高粱田	feed sorghum field
5.3	苜蓿田	alfalfa field
5.4	三叶草田	clover field
6　草坪		
6.1　单子叶草坪		
6.1.1	冷季型草坪	cold-season turfgrass lawn
6.1.1.1	高羊毛草坪	tall fesue lawn
6.1.1.2	黑麦草草坪	perennial ryegrass lawn
6.1.1.3	早熟禾草坪	kentucky bluegrass lawn

A.2（续）

序号	中文名称	英文名称
6.1.1.4	匍茎剪股颖	creeping bentgrass
6.1.2	暖季型草坪	warm-season turfgrass lawn
6.1.2.1	狗牙根草坪	bermudagrass lawn
6.1.2.2	结缕草坪	lawngrass/mascarenegrass lawn
6.2 双子叶草坪		
6.2.1	三叶草草坪	clover lawn
6.2.2	马蹄金草坪	creeping dichondra lawn
7 林牧场		
7.1	森林	forest
7.1.1	防火隔离带	forestry firebreak
7.2	林场	forest farm
7.3	林木苗圃	woodland nursery
7.4	草原	grassland
7.5	牧场	prairie
8 非耕地		
8	非耕地	no plowland
8.1	铁路/公路	railway/road
8.2	堤坝	dam
8.3	滩涂	tidal flat
8.4	荒地	wasteland
8.5	水塘	pool
8.6	沟渠	ditch
8.7	芦苇田	reed field
8.8	养殖场	breeding farm
9 其他场所		
9.1	室外	outdoor
9.1.1	垃圾场/箱	rubbish dump/dustbin
9.1.2	下水道	sewer/drain
9.1.3	害虫滋生地	pest breeding land
9.2	室内	indoor
9.2.1	家居	residence
9.2.2	室内公共场所	public space indoor
9.2.3	机舱/船舱/车厢	cabin/carriage or wagon
9.3	仓库	warehouse
9.3.1	粮仓	granary/barn
9.3.2	书库	stack room
9.3.3	集装箱	container

A.2（续）

序号	中文名称	英文名称
9.3.4	衣柜/衣屉	wardrobe/drawer
9.3.5	空仓	empty warehouse
9.4	温室	greenhouse
9.5	菇房	mushroom house
9.6	畜禽舍	barn
9.7	房地基（土壤）	building foundation soft
9.8	建筑物	building
9.9	公园/庭园	park/curtilage
9.10	木材	wood
9.11	个人护理	personal protection

附　录　B
（规范性附录）
防治对象及调节作用名称

B.1　防治对象——害虫名称

序号	中文名称	英文名称	拉丁文名称
1　粮食作物			
1.1　水稻			
1.1.1	稻螟虫	rice borer	
1.1.1.1	大螟	pink borer	*Sesamia inferens*（Walker）
1.1.1.2	二化螟	striped stem borer	*Chilo suppressalis*（Walker）
1.1.1.3	三化螟	yellow stem borer	*Tryporyza incertulas* Walker
1.1.2	稻纵卷叶螟	rice leaf roller	*Cnaphalocrocis medinali* Guenee
1.1.3	稻飞虱	rice planthopper	
1.1.3.1	灰飞虱	rmall brown planthopper	*Laodelphasx striatellus* Fallen
1.1.3.2	褐飞虱	rice brown planthopper	*Nilaparvata lugens*（Stal）
1.1.3.3	白背飞虱	rice whiteback planthopper	*Sogatella furcifera*（Horvath）
1.1.4	蚜虫	rice aphid	*Sitobion avenae* Fabricius
1.1.5	稻弄蝶	rice styrid	
1.1.5.1	曲纹稻弄蝶	rice butterfly	*Parnara ganga* Evans
1.1.5.2	直纹稻弄蝶	rice leaf-tier/ rice skipper	*Parnara guttata* Bremer et Grey
1.1.5.3	隐纹稻弄蝶	small branded swift	*Pelopidas mathias* Fabricius
1.1.6	稻蝗	rice locust	
1.1.6.1	中华稻蝗	rice grasshopper	*Oxya chinensis*（Thunberg）
1.1.6.2	日本稻蝗	Japanesis grasshopper	*Oxya japonica* Willemse
1.1.6.3	小稻蝗	small rice grasshopper	*Oxya intricata* Stal
1.1.6.4	宁波稻蝗	ningbo rice grasshopper	*Oxya ningpoensis* Chang
1.1.6.5	长翅稻蝗	long-winged rice grasshopper	*Oxya velox* Fabricius
1.1.7	螟蛉	rice green semilooper	*Naranga aenescens* Moore
1.1.8	象甲	rice weevil	
1.1.8.1	二点象甲	rice weevil	*Echinocnemus bipunctatus* Roelofs
1.1.8.2	根象甲	rice root weevil	*Echinocnemus orzae* Marshall
1.1.8.3	鳞象甲	rormasan rice-plant weevil	*Echinocnemus squameus* Billberg
1.1.8.4	稻水象甲	American rice water weevil	*Lissorhoptrus oryzophilus* Kuschel
1.1.9	瘿蚊	rice gall midge	*Orseolio oryzae*（Wood-Masson）
1.1.10	稻蓟马	rice thrip	

B. 1 （续）

序号	中文名称	英文名称	拉丁文名称
1.1.10.1	稻蓟马	rice thrip	*Stenchaetothrips biformi*（Bagnall）
1.1.10.2	管蓟马	rice phloeothrip	*Haplothrips aculeatus*（Fabricius）
1.1.11	稻负泥虫	rice leaf beetle	*Oulema oryzae*（Kuwayama）
1.1.12	稻叶蝉	rice leafhopper	
1.1.12.1	白翅叶蝉	rice white-winged leafhopper	*Empoasca subrufa* de Melichar Isky *Thaia rubiginosa*（Küoh）
1.1.12.2	电光叶蝉	zigzag leafhopper	*Inazuma dorsalis* Motechulsky
1.1.12.3	黑尾叶蝉	rice leafhopper	*Nephotettix cincticeps* Uhler； *Nephotettix bipunctatus*（Fabricius）
1.1.13	潜叶蝇	rice leaf miner	
1.1.13.1	潜叶蝇	rice leaf miner	*Hydrellia griseola*（Fallen）
1.1.13.2	麦鞘毛眼水蝇	barley fly	*Hydrellia chinensis* Qi et Li
1.1.13.3	菲岛毛眼水蝇	rice whorl maggot	*Hydrellia philippina* Ferino
1.1.13.4	稻叶毛眼水蝇	black rice stem fiy	*Hydrellia sinica* Fan et Xia
1.2　小麦			
1.2.1	麦蚜	wheat aphid	
1.2.1.1	长管蚜	English grain aphid	*Sitobion avenae* Fabricius
1.2.1.2	禾谷缢管蚜	grain aphid	*Phopalosiphum padi* Linnaeus
1.2.1.3	麦二叉蚜	spring-grain aphid/ greenbug	*Schizaphis graminum* Rondani
1.2.2	吸浆虫	wheat midge	
1.2.2.1	黄吸浆虫	wheat midge	*Comtarinia tritci*（Kiby）
1.2.2.2	红吸浆虫	wheat blossom midge	*Sitodiplosis mosellana* Gehin
1.2.3	红蜘蛛	wheat mite	
1.2.3.1	圆蜘蛛	blue oat mitu	*Pentfaleus major*（Duges）
1.2.3.2	长腿蜘蛛	brow wheat mite	*Petrobia latens*（Muller）
1.2.4	麦叶蜂	wheat sawfly	*Dolerus tritici* Chu
1.2.5	麦杆蝇	European wheat stem maggot	*Meromyza saltatrix*（Linnaeus）
1.2.6	麦鞘毛眼水蝇	—	*Hydrellia chinensis* Qi et Li
1.3　玉米			
1.3.1	玉米螟	european corn borer	*Ostrinia nubilalis* Hubner
1.3.2	蓟马	grass thrips	*Anaphothrips obscurus*（Muller）
1.3.3	玉米蚜	corn leaf aphid	*Rhopalosiphum maidis*（Fitch）
1.4　高粱			
1.4.1	高粱蚜	sorghum aphid	*Longiunguis sacchari*（Zehntner）
1.4.2	螟虫	internodsa borer	*Chilo sacchariphagus* Bojer
1.4.2.1	高条螟	striped sorghum borer	*Procenras venosatus*（Walker）
1.5　甘薯			

B.1（续）

序号	中文名称	英文名称	拉丁文名称
1.5.1	小象甲	sweetpotato weevil	*Cylas formicarius* (Fabricius)
1.5.2	叶甲	sweetpotato leaf beetle	*Colasposoma dauricum* Mannerheim
1.5.3	天蛾	sweetpotato hornworm	*Herse convolvuli* (Linnaeus)
1.5.4	麦蛾	sweet morningglory	*Brachmia macroscopa* Meyrick
1.5.5	蠹野螟	—	*Omphisa anastomosalis*(Guenee)
1.6　马铃薯			
1.6.1	瓢虫	potato ladybug	*Henosepilachna vigintioctomaculata* (Motschulsky)
1.6.2	麦蛾	potato tulerworm	*Phthorimaea operculella* (Zeller)
1.7　绿豆			
1.7.1	豆天蛾	bean hawk moth	*Clanis bilineata* Walker
2　蔬菜			
2.1　叶菜类			
2.1.1	菜粉蝶(菜青虫)	cabbage butterfly	*Pieris rapae* Linnaeus
2.1.1.1	大菜粉蝶	large white butterfly	*Pieris brassicae* (Linnaeus)
2.1.2	小菜蛾	diamond-back moth	*Plutella xylostella* (Linnaeus)
2.1.3	菜螟	cabbage webworm	*Hellula undalis* Fabricius
2.1.4	叶跳甲	flea-beetle	
2.1.4.1	黄跳甲	striped flea beetle	*Phyllotrata striolata* (Fabricius)
2.1.4.2	宽条跳甲	broad-striped flea-beetle	*Phyllotreta humilis* Weise
2.1.4.3	直条跳甲	straight striped flea beetle	*Phyllotreta rectilineata* Chen
2.1.4.4	曲条跳甲	striped flea beetle	*Phyllotreta striolata* Fabricius
2.1.4.5	黄窄条跳甲	barley flea-beetle	*Phyllotreta vittula* Redtenbacher
2.1.5	斜纹夜蛾	tobacco caterpillar	*Prodenia litura* (Fabricius)
2.1.6	甘蓝夜蛾	cabbage army worm	*Mamestra brassicae* L.
2.1.7	甜菜夜蛾	beet armyworm	*Laphygma exigua* (Hubner)
2.1.8	甘蓝蚜	cabbage aphid	*Brevicoryne brassicae* Linnaeus
2.2　根茎类			
2.2.1	萝卜蚜	turnip aphid	*Lipaphis erysimi* (Kaltenbach)
2.3　豆菜类			
2.3.1	豆荚野螟	bean pod borer	*Maruca testulalis* Geyer
2.4　瓜菜类			
2.4.1	黄瓜粉虱	whitefly	
2.4.2	黄瓜烟粉虱	cotton whitefly	*Bemisia tabaci* Gennadius
2.4.3	黄瓜白粉虱	whitefly	*Trialeurodes vaporarioru* Westwood
2.4.4	节瓜蓟马	honeysuckle thrips	*Thrips flavus* Schrank
2.4.5	美洲斑潜蝇	vegetable leaf miner	*Liriomyza sativae*(Blanchard)
2.5　鳞茎类			

B. 1（续）

序号	中文名称	英文名称	拉丁文名称
2.5.1	根蛆	root maggots	
2.5.1.1	韭菜迟眼蕈蚊	Chinese chive maggot	*Bradysia odoriphaga* Yang et Zhang
2.5.1.2	陆氏迟眼蕈蚊	luhi chive maggot	*Bradysia luhi* Yang et Zhang
2.5.1.3	种蝇	onion fly	*Delia antigua* Meigen
2.5.1.4	大豆根潜蝇	bean seed fly	*Clphiomyia shibatsuji* Kato
2.5.1.5	洋葱蝇	onion bulb fly	*Eumerus strigatus* Fallen
2.5.1.6	白菜蝇	turnip root fly	*Delia floralis*（Fallen）
2.6	食用菌类		
2.6.1	食用菌菌蛆	mushroom maggot	
2.6.1.1	木耳迟眼蕈蚊	—	*Bradysia auriculariae* Yang et Zhang
2.6.1.2	竹荪迟眼蕈蚊	—	*Bradysia dictyophorae* Yang et Zhang
2.6.1.3	闽菇迟眼蕈蚊	—	*Bradysia minpleureti* Yang et Zhang
2.6.1.4	平菇厉眼蕈蚊	—	*Lycoriella pleuroti* Yang et Zhang
2.6.2	红蜘蛛	mushroom mite	
2.6.2.1	椭圆食粉螨	brown legged grain mite	*Aleuroglyphus ovatus* Troupeau
2.6.2.2	害长头螨	—	*Dolichocybe pernicios* Canestrini
2.6.2.3	蒲螨	amerling	*Pyemates* spp.
2.6.2.4	腐食酪螨	mould mite	*Tyrophagus putrescentiae* Schrank
3	水果		
3.1	仁果类		
3.1.1	梨树		
3.1.1.1	梨木虱	pear sucker	
3.1.1.1.1	中国梨木虱	Chinese pear jumping plant lice	*Psylla chinensis*（Yang et Li）
3.1.1.1.2	黄木虱	pear psyllid	*Psylla pyricola* Forste
3.1.1.2	食心虫	pear fruit borer	
3.1.1.2.1	梨小食心虫	oriental fruit moth	*Crapholitha molesta*（Busck）
3.1.1.2.2	梨大食心虫	pear fruit moth	*Nephopteryx pirivorella* Matsumura
3.1.1.3	蚜虫	pear aphid	
3.1.1.3.1	黄粉蚜	pear phylloxera	*Aphanostigma jakusuiensis*（Kishida）
3.1.1.3.2	梨二叉蚜	pear aphid	*Schizaphis piricola*（Matsumura）
3.1.1.4	梨尺蠖	pear looper	*Yala pyricola*（Chu）
3.1.1.5	天幕毛虫	tent caterpillar	*Malacosoma neustria testace* Motschulsky
3.1.1.6	梨星毛虫	pear leaf worm	*Illiberis pruni*（Dyar）
3.1.2	苹果树		
3.1.2.1	红蜘蛛	apple mites	
3.1.2.1.1	红蜘蛛	europeanred mite	*Panonychus ulmi* Koch
3.1.2.1.2	小红苔螨	brown mite	*Bryobia rubrioculus*（Scheuten）

B.1（续）

序号	中文名称	英文名称	拉丁文名称
3.1.2.1.3	山楂红蜘蛛	hawthorn spider mite	*Tetranychus viennensis* Zacher
3.1.2.2	巢蛾	apple ermine moth	
3.1.2.2.1	淡褐巢蛾	alutaceous ermine moth	*Swammerdamia pyrella*（De Villers）
3.1.2.2.2	巢蛾	apple ermine moth	*Yponomeuta padella*（Linnaeus）
3.1.2.2.3	蠹蛾	codling moth	*Cydia pomonella* Linnaeus
3.1.2.3	蚜虫	apple aphid	
3.1.2.3.1	绣线菊蚜（黄蚜）	citrus aphid	*Aphis citricola* Vander（Goot）
3.1.2.3.2	绿蚜	green apple aphid	*Aphis pomi* De Geer
3.1.2.3.3	绵蚜	apple woolly aphid	*Eriosoma lanigerum*（Hausmann）
3.1.2.3.4	瘤蚜	apple leaf curing aphid	*Myxus malisuctus* Matsumura
3.1.2.4	潜叶蛾	apple leaf miner	
3.1.2.4.1	旋纹潜叶蛾	pear leaf blistermoth	*Leucoptera scitella* Zeller
3.1.2.4.2	金纹细蛾	asiatic apple leaf miner	*Lithocolletis ringoniella*（Matsumura）
3.1.2.5	卷叶蛾	large apple leaf roller	*Choristoneura longicellana*（Walsingham）
3.1.2.5.1	棉褐带卷叶蛾	smaller apple leaf roller	*Adoxophyes orana* Fisher von Roslostamm
3.1.2.5.2	雕蛾	apple-and-thorn skeletonizer	*Anthophila pariana* Clerck
3.1.2.5.3	旋纹潜蛾	pear leaf blistermoth	*Leucoptera scitella* Zeller
3.1.2.6	苹小食心虫	lesser apple fruit borer	*Grapholia inopinata*（Heinrich）
3.1.2.7	大青叶蝉	green leafhopper	*Tettigella viridis*（Linnaeus）
3.2 核果类			
3.2.1 桃树			
3.2.1.1	蚧壳虫	scale insect	
3.2.1.1.1	朝鲜球坚蜡蚧	Korean lecanium	*Didesmococcus koreanus* Borchs
3.2.1.1.2	桃球蜡蚧	kuwana coccus scale	*Eulecanium kuwanai* Kahda
3.2.1.1.3	水木坚蚧	brown elmscale	*Prthenolecanium corni*（Bouche）
3.2.1.1.4	桑盾蚧	white peach scale	*Pseudaulacaspis pentagona*（Targioni-Tozzetti）
3.2.1.2	食心虫	peach borer	
3.2.1.2.1	桃小食心虫	peach fruit borer	*Carposina niponensis* Walsingham
3.2.1.2.2	桃蛀螟	peach pyralid moth	*Dichocrocis punetiferalis*（Guenee）
3.2.1.3	蚜虫	peach aphid	
3.2.1.3.1	桃蚜	green peach aphid	*Myxus persicae*（Sulzer）
3.2.1.3.2	桃粉蚜	mealy plumaphid	*Hyalopterus amygdali* Blanchard
3.2.1.3.3	桃瘤蚜	peach aphid	*Tuberocephalus momonis*（Matsumura）
3.2.2 橄榄树			
3.2.2.1	星室木虱	olive psyllid	*Pseudophacopteron canarium* Yang et Li
3.3 浆果类			
3.3.1	杨梅蚧壳虫	Chinese strawberry scale	

B. 1（续）

序号	中文名称	英文名称	拉丁文名称
3.3.1.1	杨梅榆蛎盾蚧	oyster-shell scale	*Lepidosaphes ulmi* Beardsely
3.3.1.2	杨梅樟网圆蚧	camphor scale	*Pseudaonidia duplex* Cockerell
3.4　柑橘类			
3.4.1	油桐树尺蠖	tea looper	*Buzura suppressaria* Guenee
3.4.2	粉虱	citrus whitefly	
3.4.2.1	粉虱	citrus whitefly	*Dialeurodes citri* Ashmead
3.4.2.2	木虱	citrus psylla	*Diaphorina citri* Kuwayama
3.4.2.3	黑刺粉虱	citrus spiny whitefly	*Aleurocanthus spittiferus* Quaintance
3.4.2.4	黑粉虱	marlatt whitefly	*Aleurolobus marlatti* Cockerell
3.4.3	凤蝶	citrus swallowtail	
3.4.3.1	玉带凤蝶	white-banded swallowtail	*Papilio polytes* Linnaeus
3.4.3.2	柑橘凤蝶	citrus swallowtail	*Papolio xuthus* Linnaeus
3.4.3.3	达摩凤蝶	lemon butterfly	*Princeps demoleus* Linnaeus
3.4.4	广翅蜡蝉	citrus planthopper	
3.4.4.1	八点广翅蜡蝉	coffee plant hopper	*Ricania speculum* Walker
3.4.4.2	柿广翅蜡蝉	persimmon planthopper	*Ricania sublimbata* Jacobi
3.4.4.3	白斑广翅蜡蝉	maculated broad-winged planthopper	*Pochazia albomnaculata* Uhler
3.4.5	蚧壳虫	citrus scale	
3.4.5.1	矢尖蚧	arrowhead scale	*Unaspis yanonensis* (Kuwana)
3.4.5.2	褐圆蚧	florida red scale	*Chiysomphalus aonidum* (Linnaeus)
3.4.5.3	紫牡蛎蚧	citrus purple scale	*Lepidosaphes beckii* Newman
3.4.5.4	龟蜡蚧	Japanese wax scale	*Ceroplastes japonicus* Green
3.4.5.5	红蜡蚧	red wax scale	*Ceroplastes rubens* Maskell
3.4.5.6	红圆蚧	california red scale	*Aonidiella aurantii* Maskell
3.4.5.7	黄圆蚧	yellow scale	*Aonidiella citrina* Coquillett
3.4.5.8	糠片蚧	chaff scale	*Parlatoria pergandii* (Comstock)
3.4.6	卷叶蛾	citrus tortrix	
3.4.6.1	褐带长卷蛾	tea tortrix	*Homona coffearia* Meyrick
3.4.6.2	拟小黄卷蛾	summer fruit tortrix moth	*Adoxophyes cyrtosema* Meyrick
3.4.6.3	黄卷蛾	yellow citrus tortrix	*Archips eucroca* Diakonoff
3.4.7	潜叶蛾	citrus leaf-miner	*Phyllocnistis citrella* Stainton
3.4.8	天牛	citrus beetle	
3.4.8.1	星天牛	white spotted longicorn beetle	*Anoplophora chinesis* Forster *Anoplophora malasiaca* Thomson
3.4.8.2	橘光盾绿天牛	greenish lemon longcorn	*Chelidonium argentatum* (Dalman)
3.4.8.3	橘褐天牛	gray-black citrus longhorn	*Nadezhdilla cantori* (Hope)
3.4.9	象甲	citrus weevil	

B.1（续）

序号	中文名称	英文名称	拉丁文名称
3.4.9.1	恶性叶甲	citrus bud feeder	*Clitea metallica* Chen
3.4.9.2	橘潜叶甲	citrus leafminer	*Podagricomela nigricollis* Chen
3.4.10	红蜘蛛	citrus mite	
3.4.10.1	全爪叶螨	citrus red mite	*Panonychus citri*（McGregor）
3.4.10.2	锈瘿螨	citrus rust mite	*Phyllocoptruta oleivora* Ashmead
3.4.10.3	侧多食跗线螨	yellow tea mite	*polyphagotarsonemus latus* Banks
3.4.10.4	始叶螨（黄蜘蛛）	citrus spider mite	*Eotetranychus kankitus* Eharn
3.4.10.5	瘤瘿螨	citrus bud mite	*Aceria sheldoni* Ewing
3.4.11	蚜虫	citrus aphid	
3.4.11.1	橘二叉蚜	black citrus aphid	*Toxoptera aurantii*（Boyer de Fonscolombe）
3.4.11.2	橘蚜	tropical citrus aphid	*Toxoptera citricidus*（Kirkaldy）
3.4.12	地中海实蝇	mediterranean fruit fly	*Ceratitis capitata* Wiedememann
3.4.12.1	橘小实蝇	oriental fruit fly	*Bactrocera dorsalis*（Hendel）
3.4.12.2	橘大实蝇	chinese citrus fly	*Bactrocera minax*（Enderleinl）
3.5　热带和亚热带水果			
3.5.1	荔枝蒂蛀虫	litchi bark-miner	*Conopomorpha sinensis* Bradley
3.5.2	荔枝蝽蟓	litchi stink-bug	*Tessaratoma papillosa*（Drury）
3.5.3	椰心叶甲	palm leaf beetle	*Brontispa longissima*（Gestro）
3.6　柿枣类			
3.6.1	枣尺蠖	zizyphus geometrid	*Sucra jujuba* Chu.
3.6.2	枣黏虫	zizyphus leafroller	*Ancylis sativa* Liu
3.6.3	枣绿盲蝽	cotton mirid	*Lygocoris lucorum* Meyer-Diir
3.6.4	枣食芽象甲	bud-eating weevil	*Scythropus yasumatsui* Kono et Morimoto
3.6.5	柿蒂虫	persimmon fruit worm	*Kokivoria flavofasciata* Nagano
3.6.6	蔗褐蓟马	cane thrip	*Fulmekiola serratus*（Kobus）
4　经济作物			
4.1　棉花			
4.1.1	红蜘蛛	cotton red spider	
4.1.1.1	朱砂叶螨	carmine spider mite	*Tetranychus cinnabarinus* Boiduval
4.1.1.2	敦煌叶螨	cotton spider mite	*Tetranychus dunhuangenis* Wang
4.1.1.3	截形叶螨	cotton red spider	*Tetranychus truncatus* Ehara
4.1.1.4	土耳其斯坦叶螨	strawberry spider mite	*Tetranychus turkestani* Ugarov et Nikolski
4.1.1.5	二斑叶螨	two-spotted spider mite	*Tetranychus urticae* Koch
4.1.2	棉蚜	cotton aphid	*Aphis gossypii* Glover
4.1.3	棉红铃虫	cotton pink bollworm	*Pectinophora gossypiella*（Saunders）
4.1.4	棉铃虫	cotton bollworm	*Helicoverpa armigera*（Hubner）
4.1.5	金刚钻	cotton bollworm	

B.1（续）

序号	中文名称	英文名称	拉丁文名称
4.1.5.1	鼎点金刚钻	cotton purple bollworm	*Earias cupreoviridis* Walker
4.1.5.2	翠纹金刚钻	spiny bollworm	*Earias fabia*（Stoll）
4.1.6	盲蝽象	cotton leaf bug	
4.1.6.1	三点盲蝽	cotton dotted plant-bug	*Adetphocoris fasciatico* Uis Reuter
4.1.6.2	中黑盲蝽	black-striped leaf bug	*Adetphocoris suturatis* Jak.
4.1.6.3	牧草盲蝽	pasture green bug	*Lygus pratensis* L.
4.1.6.4	赣棉盲蝽	gossypium leaf hopper	*Creontiades gossypii* Hsiao
4.1.7	造桥虫	cotton goemetrid	
4.1.7.1	棉小造桥虫	yellow cotton moth	*Anomis flava* Fabricius
4.1.7.2	棉大造桥虫	cotton goemetrid	*Ascotis selenaria* Schiffermuller et Denis
4.1.8	棉叶蝉	cotton leafhopper	
4.1.8.1	棉叶蝉	cotton leafhopper	*Empoasca biguttula*（Shiraki）
4.1.8.2	榆叶蝉	elm leaf bug	*Empoasca ulmicola* A. Z.
4.1.8.3	小绿叶蝉	lesser green leafhopper	*Empoasca* flavescens （Fabricius）
4.1.9	棉蓟马	onion thrips	*Thrips tabaci* Lindeman
4.1.10	棉大卷叶螟	cotton leaf roller	*Sylepta derogota* Fabricius
4.1.11	鼎点金刚钻	diamond bollworm	*Earias cupreoviridis* Walker
4.2 花生			
4.2.1	花生蚜	bean aphids	*Aphis craccivora* Koch
4.2.2	花生麦蛾	peanut tulerworm	*Stomopteryx subsecivella* Zeller
4.3 大豆			
4.3.1	食心虫	soybean moth	*Leguminivora glycinivorella* Matsumura
4.3.2	豆荚螟	limabean pod borer	*Etiella zinckenella* Treitschke
4.3.3	豆天蛾	green brown hawk moth	*Clanis bilineata tsingtauica* Mell.
4.3.4	根潜蝇	soybean root miner	*Ophiomyia shibatsuji*（Kato）
4.3.5	叶甲	soybean leaf-beetle	
4.3.5.1	斑鞘豆叶甲	variegated legume leaf beetle	*Colposcelis signata* Motschulsky
4.3.5.2	豆二条叶甲	two-striped leaf beetle	*Paraluperodes suturalis nigrolineatus* （Motschulsky）
4.3.6	造桥虫	soybean semilooper	
4.3.6.1	银纹夜蛾	three-spotted phytometra	*Argyrogramma agnata*（Staudinger）
4.3.6.2	大造桥虫	—	*Ascotis selenaria* Schiffermüller et Denis
4.3.6.3	小夜蛾	white-dotted small noctuid	*Ilattia octo* Guenee
4.3.6.4	毛胫夜蛾	—	*Mocis undata* Fabricius
4.3.7	豆杆蝇	—	*Melanagromyxza sojae*（Zehntner）
4.3.8	锯角豆芫菁	—	*Epicauta gorhami* Marseul
4.4 油菜			
4.4.1	茎象甲	indigo weevil	*Ceuthorrhynchus asper* Roelofs

B.1（续）

序号	中文名称	英文名称	拉丁文名称
4.5 芝麻			
4.5.1	芝麻天蛾	—	*Acherontia styx* Westwood
4.6 甘蔗			
4.6.1	黄蜘蛛	rice spider mite	*Oligonychus shinkajii* Ehara
4.6.2	螟虫	sugarcane borer	
4.6.2.1	二点螟	millet borer	*Chilotraca inluscatellus* Snellen
4.6.2.2	黄螟	sugarcane shoot borer	*Tetramoera schistaceana* Snellen
4.6.2.3	白螟	white sugarcane tip bore	*Tryporyza nivella* Fabricius.
4.6.2.4	条螟	internodal borer	*Proceras venosatum*（Walker）
4.6.3	蚜虫	sugarcane cottony aphid	*Ceratovacuna lanigera* Zehntner
4.6.4	蔗龟	sugarcane beetle	
4.6.4.1	陷纹黑金龟甲	black sugarcane beetle	*Alissonotum impressicolle* Arrow
4.6.4.2	戴云鳃金龟	sugarcane beetle	*Polyphylla daviol* Fairmaire
4.6.4.3	乏点黑金龟甲	sugarcane beetle	*Alissonotum pauper* Burmeister
4.6.4.4	齿缘鳃金龟	sugarcane beetle	*Exolomtha serrulata* Gyllenhal
4.6.4.5	两点褐鳃金龟	sugarcane beetle	*Lepidiota stigma* Fabricius
4.6.4.6	红脚丽金龟	sugarcane beetle	*Anomala cupripes* Hope
4.6.5	蔗根锯天牛	sugarcan root longhorn	*Dorysthenes granulosus* Thomson
4.6.6	蓟马	sugarcane thrip	*Fulmekiola serratus*（Kobus） *Thripssacchari* Krug
4.6.6.1	蔗褐蓟马	cane thrip	*Thrips serratus* Kobus
4.7 甜菜			
4.7.1	潜叶蝇	mangold fly	*Pegomya hyosciami* Panzer
4.7.2	象甲	beet weevil	*Bothynoderes punctiventris* Germar.
4.8 茶树			
4.8.1	刺蛾	tea slug moth	*Iragoides fasciata* Moore
4.8.1.1	扁刺蛾	oval slug caterpillar	*Thosea sinensis* Walker
4.8.1.2	淡黄刺蛾	nettle caterpillar	*Darna trina* Moore
4.8.1.3	龟形小刺蛾	nigrisigna moth	*Narosa nigrisigna* Wileman
4.8.1.4	丽绿刺蛾	green - striped nettle-grub	*Latoia lepida*（Cramer）
4.8.2	蚧壳虫	tea scale	
4.8.2.1	椰圆蚧	coconut scale	*Aspidiotus destructor* Signoret
4.8.2.2	角蜡蚧	Indian wax scale	*Ceroplastes ceriferus*（Anderson）
4.8.2.3	长白蚧	pear white scale	*Lopholeucaspis japonica* Cockerell
4.8.2.4	茶梨蚧	tea scale	*Pinnaspis theae* Maskell
4.8.2.5	蛇眼蚧	camphor scale	*Pseudaonidia duplex*（Cockerell）
4.8.3	茶毛虫	tea caterpillar	*Euproctis pseudoconspersa* Strand Dyar； *Porthesia xanthocampa* Dyar

B.1（续）

序号	中文名称	英文名称	拉丁文名称
4.8.4	茶细蛾	tea leaf miner	*Caloptilia theivora* Walsingham
4.8.5	茶尺蠖	tea geometrid	
4.8.5.1	油桐尺蠖	tung-oil tree geometrid	*Buzura suppressaria* Guenee
4.8.5.2	云尺蠖	—	*Buzura thibetaria* Oberthur
4.8.5.3	茶尺蠖	tea geometrid	*Ectropis oblique* Warren
4.8.5.4	银尺蠖	—	*Scopula subpunctaria* Herrich-Schaeffer
4.8.6	茶小卷叶蛾	smaller tea tortrix	*Adoxophyes orana* Fischer von Roslerstamm
4.8.7	茶象甲	tea weevi	
4.8.7.1	籽象甲	tea seed weevil	*Curculio chinensis* Chevrolat
4.8.7.2	绿鳞象甲	green weevil	*Hypomeces squamosus* Fabricius.
4.8.7.3	丽纹象甲	tea bright beetle	*Myllocerinus aurolineatus* Voss.
4.8.8	红蜘蛛	tea mite	
4.8.8.1	橙瘿螨	pink tea rust mite	*Acaphylla theae*（Watt）
4.8.8.2	短须螨	privet mite	*Breuipalpus oboyats* Donnadieu
4.8.8.3	叶瘿螨	purple tea mite	*Calacarus carinatus*（Green）
4.8.8.4	红蜘蛛	tea red spider mite	*Oligonychus coffeae*（Nietner）
4.8.8.5	神泽叶螨	kanzawa spider mite	*Tetranychus kanzawai* Kishida
4.9　桑树			
4.9.1	天牛	longicorn beetle	
4.9.1.1	桑天牛	mulberry longicorn beetle	*Apriona germari* Hope
4.9.1.2	桑黄星天牛	yellow-spotted longicorn beetle	*Psacothea hilaris* Pascoe
4.9.2	桑象甲	mulberry small weevil	*Baris deplanata* Roeloffs
4.9.3	桑野蚕	wild mulberry silkworm	*Bombyx mandarina* Moore
4.9.4	桑绢夜螟	—	*Glyphodes pyloalis* Walker
4.9.5	桑螟	—	*Diaphania pyloalis*（Walker）
4.9.6	桑尺蠖	mulberry geometrid	*Phthonandria atrilineata* Butler
4.9.7	桑毛虫	mulberry tussock moth	*Euproctis similes xanthocampa* Dyar
4.9.8	桑蓟马	mulberry thrips	*Pseudodendrothrips mori* Niwa
4.10　烟草			
4.10.1	烟青虫	tobacco budworm	*Heliothis assulta* Guenee
4.10.2	烟蓟马	tabacoo thrips	*Thrips tabaci* Lindeman
4.10.3	烟蚜	green peach aphid	*Myxus persicae*（Sulzer）
4.11　药用作物			
4.11.1	枸杞锈蜘蛛	Chinese wolfberry	
4.11.1.1	枸杞刺皮瘿螨	—	*Aculops lycii* Kuang
4.11.1.2	枸杞瘿螨	—	*Aceria macrodonis* Keifer；*Eriophyes* sp.

B.1（续）

序号	中文名称	英文名称	拉丁文名称
4.11.2	枸杞蚜虫	Chinese wolfberry aphid	*Aphid* sp.
4.11.3	枸杞负泥虫	ten-spotted lema	*Lema decempunctata* Gebler
5 储粮害虫 stored grain insect			
5.1	甲虫	beetle	
5.1.1	米象	black weevil	*Sitophilus oryzae* L.
5.1.2	玉米象	maize weevil	*Sitophilus zeamais* Motschulsky
5.1.3	豌豆象	pea weevil	*Bruchus pisorum* L.
5.1.4	绿豆象	adzuki bean weevil	*Callosobruchus chinensis* L.
5.1.5	谷蠹	lesser grain borer	*Rhizopertha dominica* Fabricius
5.1.6	赤拟谷盗	red flour beetle	*Tribolium castaneum* (Herbst)
5.1.7	大谷盗	black grain beetle	*Tenebroides mauritanicus* Linnaeus
5.1.8	锯谷盗	swtoothed grain beetle	*Oryzaephilus surinamensis* L.
5.1.9	长角扁谷盗	flattened grain beetle	*Cryptolestes pusillus* Steel et Howe
5.2	蛾类	moth	
5.2.1	谷蛾	grain moth	*Tinea granella* L.
5.2.2	麦蛾	angoumois grain moth	*Sitotroga cerealella* Olivier
5.2.3	印度谷螟	Indian meal moth	*Plodia interpunctella* Hubner
6 饲料作物			
6.1	草地螟	meadow moth	*Loxostege sticticalis* Linnaeus
6.2	草原毒蛾	grassland caterpillar	
6.2.1	青海草原毒蛾	—	*Gynaephora qinghaiensis* Chou et Ying
6.2.2	金黄草原毒蛾	—	*Gynaephora aureata* Chou et Ying
6.2.3	若尔盖草原毒蛾	—	*Gynaephora ruoergensis* Chou et Ying
6.2.4	小草原毒蛾	—	*Gynaephora minora* Chou et Ying
6.3	草原蝗虫	grasshopper	
6.3.1	红翅皱膝蝗	—	*Angaracris rhodopa* Fischer Walheim
6.3.2	狭翅雏蝗	—	*Chorthippus dubius* Zubovsky
6.3.3	小翅雏蝗	—	*Chorthippus fallax* Zubovsky
6.3.4	宽须蚁蝗	—	*Mymeleotettix palpalis* Zubowsky
7 林木			
7.1	刺蛾	slug moth	
7.1.1	黄刺蛾	oriental moth	*Cnidocampa flavescens* Walker
7.1.1.1	枣奕刺蛾	—	*Iragoides conjuncta* Walder
7.1.1.2	褐边绿刺蛾	green cochlid	*Latoia consocia* Walker
7.1.1.3	丽绿刺蛾	blue-striped grub	*Parasa lepida* Cramer
7.1.1.4	褐刺蛾	brown cochlid	*Setora postornata* (Hampson)
7.1.1.5	扁刺蛾	oval slug catepillar	*Thosea sinensis* Walker

B.1（续）

序号	中文名称	英文名称	拉丁文名称
7.2	巢蛾	swammerdamia	
7.2.1	油松巢蛾	mute pine argent moth	*Ocnerostoma piniariellum* Zeller
7.2.2	水曲柳巢蛾	—	*Prays alpha* Moriuti
7.2.3	稠李巢蛾	full-spotted ermel moth	*Yponomeuta evonymelius* Linnaeus
7.2.4	卫矛巢蛾	spindle ermine moth	*Yponomeuta polyctigmellus* Felder
7.3	尺蠖	geometer	
7.3.1	春尺蠖	muberry looper	*Apocheima cinerarius* Erschoff
7.3.2	油茶尺蠖	—	*Biston marginata* Matsumura
7.3.3	木橑尺蠖	Chinese pistacia looper	*Culcula panterinaria* Bremer et Grey
7.3.4	槐尺蠖	Japanese pagodatree looper	*Semiothisa cinerearia* Bremer et Grey
7.4	毒蛾	tussock moth	
7.4.1	松茸毒蛾	pine tussock moth	*Dasychira axutha* Collenette
7.4.2	杉叶毒蛾	—	*Dasychira thwaitesi* Moore
7.4.3	舞毒蛾	gypsy moth	*Lymantria dispar* Linnaeus
7.4.4	木毒蛾	—	*Lymantria xylina* Swinhoe
7.4.5	刚竹毒蛾	—	*Pantana phyllostachysa* Chao
7.4.6	华竹毒蛾	—	*Pantana sinica* Moore
7.4.7	侧柏毒蛾	juniper tussock moth	*Parocneria furva* Leech
7.4.8	杨雪毒蛾	willow moth	*Stilpnotia candida* Staudinger
7.4.9	雪毒蛾	white satin moth	*Stilpnotia salicis* Linnaeus
7.5	蠹蛾	silverfish	
7.5.1	小线角木蠹蛾	small carpenter moth	*Holcocerus insularis* Staudinger
7.5.2	日本线角木蠹蛾	Japanese caterpillar moth	*Holcocerus japonicus* Gaede
7.5.3	相思拟木蠹蛾	—	*Lepidarbela bailbarana* Mats.
7.5.4	荔枝拟木蠹蛾	mango bark eating caterpillar	*Lepidarbela dea* Swinhoe
7.5.5	栎豹纹蠹蛾	oriental leopard moth	*Zeuzera leuconotum* Butler
7.5.6	豹纹木蠹蛾	leopard moth	*Zeuzera pyrina* Linnaeus
7.6	天牛	longhorn beetle	
7.6.1	光肩星天牛	starry sky beetle; acer borer	*Anoplophora glabripennis* Motsch.
7.6.2	杨红颈天牛	poplar longicorn bettle	*Aromia moschata orientalis* Linnaeus
7.6.3	红条天牛	red-striped longicorn beetle	*Asias halodendri* Pallas
7.6.4	云斑白条天牛	polyspot white-striped longicorn beetle	*Batocera horsfieldi* Hope
7.6.5	松天牛	pine longicorn beetle	*Monochamus alternatus* Hope
7.6.6	云杉大墨天牛	large spruce sawyer	*Monochamus urussovi* Fischer
7.6.7	青杨楔天牛	small poplar borer	*Saperda populnea* Linnaeus
7.6.8	双条杉天牛	juniper bark borer	*Semanotus bifasciatus* Motschulsky

B.1（续）

序号	中文名称	英文名称	拉丁文名称
7.6.9	粗鞘双条杉天牛	—	*Semanotus bifasciatus sinoauster* Gressitt
7.6.10	青杨脊虎天牛	grey tiger longicorn	*Xylotrechus rusticus* Linnaeus
7.6.11	松墨天牛	rusty pine longhorn beetle	*Monochamus alternatus* Hope
7.7	蚧壳虫	scale	
7.7.1	柿草履蚧	giant mealy bug	*Drosicha corpulenta* Kuwana
7.7.2	柿绒蚧	persimm nmealy bug	*Eriococcus kaki* Kuwana
7.7.3	桃球蜡蚧	kuwana coccus scale	*Eulecanium kuwanai* Kanda
7.7.4	吹绵蚧	cottony suchion scale	*Icerya purchasi* Maskell
7.7.5	云南紫胶虫	yunnan lac insect	*Kerria yunnanensis* Ou et Hong
7.7.6	辽宁松干蚧	liaoning pine scale	*Matsucoccus liaoningensis* Tang
7.8	金龟子	chafer	
7.8.1	中喙丽金龟	Chinese rose beetle	*Adoretus sinicus* Burmeister
7.8.2	小青花金龟	citrus flower chafer	*Oxycetonia jucunda* Faldermann
7.8.3	苹毛丽金龟	—	*Proagopertha lucidula* Faldermann
7.9	卷叶蛾	leaf roller	
7.9.1	异色卷蛾	maple twist moth	*Choristoneura diversana* Hubner
7.9.2	油松球果小卷蛾	pine twig moth	*Gravitarmata margarotana* Hein.
7.9.3	杨柳小卷蛾	brindled marbled bell moth	*Gypsonoma minutana* Hubner
7.9.4	茶长卷叶蛾	oriental tea tortrix	*Homonama magnanima* Diakonoff
7.9.5	松皮小卷蛾	pine berk moth	*Laspeyresia gruneritana* Ratzeburg
7.9.6	杉梢小卷蛾	—	*Polychrosis cunninghamiacola* Liu et Pai
7.10	松毛虫	pine moth	
7.10.1	云南松毛虫	yunnan pine caterpillar	*Dendrolimus houi* Lajonguiere
7.10.2	思茅松毛虫	simao pine caterpillar	*Dendrolimus kikuchii* Matsumura
7.10.3	马尾松毛虫	pine caterpillar	*Dendrolimus punctatus* Walker
7.10.4	赤松毛虫	pine lappet caterpillar	*Dendrolimus punctatus spectabilis* Zhao et Wu
7.10.5	油松毛虫	Chinese-pine caterpillar	*Dendrolimus punctatus tabulaeformis* Zhao et Wu
7.10.6	落叶松毛虫	yesso spruce lasiocampid	*Dendrolimus superans* Butler
7.11	木虱	plant louse	
7.11.1	枸杞木虱	lycium plant lice	*Poratrioza sinica* Yang & amp
7.11.2	梧桐木虱	parasol sucker	*Thysanogyna limbata* Enderlein
7.11.3	沙枣木虱	narrow-leaved oleaster sucker	*Trioza magnisetosa* Log
7.12	透翅蛾	sesioidea	
7.12.1	白杨透翅蛾	dusky clearwing moth	*Paranthrene tabaniformis* Rottenberg
7.12.2	杨干透翅蛾	—	*Sphecia sinigensis* Hsu
7.13	象甲	weevil	
7.13.1	杨干隐喙象	osier weevil	*Cryptorrhynchus lapathi* Linnaeus

B.1（续）

序号	中文名称	英文名称	拉丁文名称
7.13.2	中华山茶象	—	*Curculio chinensis* Chevrolat
7.13.3	栗实象	chestnut weevil	*Curculio davidi* Fairmaire.
7.13.4	长足弯颈象	gigant bamboo weevil	*Cyrtotrachelus longimanus* Fabricius
7.13.5	华山松木蠹象	huashan pine weevil	*Pissodes pnnetatus* Langovsitu et Zhang
7.13.6	樟子松木蠹象	pinecone weevil	*Pissodes validirostris* Gyllenhyl
7.13.7	云南木蠹象	Yunnan weevil	*Pissodes yunnanensis* Langer et Zhang
7.13.8	大灰象	big gourdshaped weevil	*Sympiezomias velatus* Chevrolat
7.13.9	萧氏松茎象	pinestem weevil	*Hylobitelus xiaoi* Zhang
7.14	蝉	cicada	
7.14.1	苦楝斑叶蝉	bead leafhopper	*Erythroneura melia* Kuoh
7.14.2	斑衣蜡蝉	Chinese blistering cicada	*Lycorma delicatula* White
7.15	叶甲	flea beetle	
7.15.1	榆紫叶甲	elm purple leaf beetle	*Ambrostoma quadriimpressum* Motschulsky
7.15.2	桤木叶甲	red-thorax blue ldaf beetle	*Chrysomela adamsi ornaticollis* Chen； *Linaeidea placida* Chen
7.15.3	漆树直缘叶甲	—	*Ophrida scaphoides* Baly
7.15.4	杨梢叶甲	poplar crown leaf beetle	*Parnops glasunowi* Jacobson
7.15.5	黄色凹缘叶甲	—	*Podontia lutea* Olivier
7.15.6	榆毛胸萤叶甲	elm green leaf beetle	*Pyrrhalta aenescens* Fairmaire
7.15.7	椰芯叶甲	palm leaf beetle	*Brontispa longissima*（Gestro）
7.16	大袋蛾	psychidae	*Eumata variegata* Snellen
7.17	竹蝗	bamboo locust	
7.17.1	青脊竹蝗	bamboo locust	*Ceracris nigricornis* Walker
7.17.2	黄脊竹蝗	yellow-spined bamboo locust	*Ceracris kiangsu* Tsai
7.17.3	黄脊阮蝗	—	*Rammeacris kiangsu*（Tsai）
7.18	叶蜂	sawfly	
7.18.1	松阿扁叶蜂	pine sawfly	*Acantholyda posticalis* Matsumura
7.18.2	落叶松叶蜂	larch sawfly	*Pristiphora erichsonii*（Hartig）
7.18.3	新松叶蜂	pine sawfly	*Neodiprion* sp.
7.18.4	杨大叶蜂	—	*Clavellaria amerinae* L.
7.19	美国白蛾	American white moth	*Hyphantria cunea*（Drury）
8 杂食性害虫			
8.1	黏虫	army worm	
8.1.1	劳氏黏虫	grain army worm	*Leucania loreyi* Duponche
8.1.2	黏虫	army worm	*Leucania separate* Walker
8.2	蝗虫	locust	
8.2.1	飞蝗	migratory locust	

B.1（续）

序号	中文名称	英文名称	拉丁文名称
8.2.1.1	东亚飞蝗	oriental migratory locust	*Locusta migratoria manilensis* Meyen
8.2.1.2	亚洲飞蝗	Asiatic migratory locust	*Locusta migratoria migratoria* Linnaeus
8.2.1.3	西藏飞蝗	tibetan migratoy locust	*Locusta migratoria tiberensis* Chen
8.2.2	土蝗	grasshopper	
8.2.2.1	中华负蝗	Chinese locust	*Atractomorpha sinensis* Bolivar
8.2.2.2	白边痂蝗	—	*Bryodema luctuosum* Zubowsky
8.2.2.3	短星翅蝗	short-winged grasshopper	*Calliptamus abbreviatus* Ikonnikov
8.2.2.4	意大利蝗	Italian locust	*Calliptamus italicus* Linnaeus
8.2.2.5	狭翅雏蝗	—	*Chorthippus dubius* Zubovsky
8.2.2.6	大垫尖翅蝗	stripe-winged grasshopper	*Epacromius coerulipes* Ivanov
8.2.2.7	笨蝗	soybeen locust	*Haplotropis brunneriana* Saussure
8.2.2.8	亚洲小车蝗	Asiatic grasshopper	*Oedaleus decorus asiaticus* B. Bienko
8.2.2.9	黄胫小车蝗	false marmorate grasshopper	*Oedaleus infernalis infernalis* Saussure
8.2.2.10	宽翅曲背蝗	—	*Pararcyptera micropter meridionalis* Ikonnikov
8.2.2.11	日本黄脊蝗	Japanese ground grasshopper	*Patanga japonica* Bolivar
8.2.2.12	印度黄脊蝗	bombay locust	*Patanga succincta* Johansson
8.2.2.13	长翅黑背蝗	dark-backed grasshopper	*Shirakiacris shirakii* Bolivar
8.3	地下害虫		
8.3.1	蛴螬	grub	
8.3.1.1	铜绿丽金龟	metallic-green beetle	*Anomala corpulenta* Motsechulsky
8.3.1.2	黄褐丽金龟	reddish brown beetle	*Anomala exoleta* Faldermann
8.3.1.3	大黑鳃金龟	big black chafer	*Holotrichia oblita* Faldermann
8.3.1.4	暗褐鳃角金龟	mulberry brown scarabacid	*Holotrichia parallela* Motschulsky
8.3.1.5	棕色鳃角金龟	brown chafer	*Holotrichia titanis* Reitter
8.3.1.6	毛黄鳃金龟	yellow-hair chafer	*Holotrichia trichophora* Fairmaire
8.3.1.7	黑绒鳃金龟	black velety chafer	*Maladera orientalis* Motschulsky
8.3.1.8	云斑鳃金龟	—	*Polyhylla laticollis* Lewis
8.3.1.9	中华弧丽金龟	four-spotted beetle	*Popillia quadriguttata* Fabricius
8.3.1.10	黑皱鳃金龟	cestigial wing scarabid	*Trematodes tenebrioides* Pallas
8.3.2	金针虫	wire worm	
8.3.2.1	细胸金针虫	slender thorax click beetle	*Agriotes fuscicollis* Miwa
8.3.2.2	褐纹金针虫	sweetpotato ireworm	*Melanotus caudex* Lewis
8.3.2.3	沟金针虫	furrowed click beetle	*Pleonomus canaliculatus* Faldermann
8.3.2.4	宽背金针虫	—	*Selatosomus latus* Fabricius
8.3.3	蝼蛄	mole cricket	
8.3.3.1	非洲蝼蛄	Africa mole cricket	*Gryllotalpa africana* Palisot de Beauvois
8.3.3.2	台湾蝼蛄	formosan mole cricket	*Gryllotalpa formosana* Saussure

B.1 （续）

序号	中文名称	英文名称	拉丁文名称
8.3.3.3	东方蝼蛄	oriental mole cricket	*Gryllotalpa orientalis* Burmeister
8.3.3.4	华北蝼蛄	Chinese mole cricket	*Gryllotalpa unispina* Saussure
8.3.4	地老虎	cut worm	
8.3.4.1	显纹地老虎	—	*Agrotis conspicua* Hubner
8.3.4.2	警纹地老虎	heart and dart moth	*Agrotis exclamationis* Linnaeus
8.3.4.3	黄地老虎	yellow cutworm	*Agrotis segetum* Schiffermüller
8.3.4.4	小地老虎	black cutworm	*Agrotis ypsilon* Rottemberg
8.3.4.5	八字地老虎	spotted cutworm	*Amathes cnigrum* Linnaeus
8.3.4.6	白边地老虎	white-margined cutworm	*Euxoa oberthuri* Leech
8.3.4.7	大地老虎	larger cutworm	*Trachea tokionis* Butler
8.4	蟋蟀	creckt	
8.4.1	黄脸油葫芦	ohmachi	*Teleogryllus emeea* (Ohmachi et Matsumura)
8.4.2	北京油葫芦	atsumura	*T. mitratus* (Burmeister)
9	卫生害虫		
9.1	蜚蠊	cockroach	
9.1.1	德国小蠊	grman cockroach	*Blattella germanica* Linnaeus
9.1.2	美洲大蠊	American cockroach	*Periplaneta americana* Linnaeus
9.1.3	东方蜚蠊	oriental cockroach	*Blatta orientalis* Linnaeus
9.1.4	澳洲大蠊	Australian cockroach	*Periplaneta australasiae* Fabricius
9.1.5	日本大蠊	Japanese cockroach	*Periplaneta japonica* Karny
9.1.6	黑胸大蠊	smokybrown cockroach	*Periplaneta fuliginosa* Serville
9.2	苍蝇/蝇幼虫	fly/fly larvae	
9.2.1	家蝇	house fly	*Musca domestica* Linnaeus
9.2.2	大头金蝇	big-head golden fly	*Chrysomya megacephala* Fabricius
9.2.3	丝光绿蝇	geenbottle fly	*Lucillia sericata* Meigen
9.2.4	市蝇	city fly	*Musca sorbens* Wiedemann
9.2.5	厩腐蝇	false stable fly	*Muscina stabulans* Fallen
9.2.6	铜绿蝇	Australian sheep blowfly	*Lucilia euprina* Wiedemann
9.3	蚊子/蚊幼虫	mosquito/mosquito larvae	
9.3.1	淡色库蚊	pipiens mosquito	*Culex pipiens pallens* Coguillett
9.3.2	致倦库蚊	Southern house mosquito	*Culex pipiens quinquefasciatus* Say
9.3.3	三带喙库蚊	tritaeniorhynchus mosquito	Culex *tritaeniorhynchus* Giles
9.3.4	白纹伊蚊	aian tiger mosquito	*Aedes albopictus* Skuse
9.3.5	埃及伊蚊	longicorn beetle ellow fever mosquito	*Aedes aegypti* (Linnaeus)
9.3.6	中华按蚊	Chinese mosquito	*Anopheles sinensis* Wiedemann
9.3.7	嗜人按蚊	anthropophagus mosquito	*Anopheles anthropophagus* Xu et Feng

B.1（续）

序号	中文名称	英文名称	拉丁文名称
9.3.8	微小按蚊	—	*Anopheles minimus* Theobald
9.3.9	大劣按蚊	—	*Anopheles dirus* Peyton et Harrison
9.4	白蛉	sand fly	
9.5	蠓	midge	
9.6	蚋	black fly	
9.7	虻	tabanid fly	
9.8	跳蚤	flea	
9.8.1	印鼠客蚤	oriental rat flea	*Xenopsylla cheopis* Rothschild
9.8.2	猫栉首蚤	cat flea	*Ctenocephalides felis* Bouche
9.8.3	犬栉首蚤	dog flea	*Ctenocephalides canis* Curtis
9.9	虱子	lice	*Anoplara*
9.10	臭虫	bed bug	
9.10.1	温带臭虫	—	*Cimex lectularius* Linnaeus
9.10.2	热带臭虫	—	*Cimex hemipterus* Fabricus
9.11	蚂蚁	ant	
9.11.1	黄家蚁	pharaoh ant	*Monomorium pharaonis* Linnaeus
9.11.2	菱结大头蚁	—	*Pheidole rhombinoda* Mayr
9.11.3	印度大头蚁	India bigheaded ant	*Pheidole indica* Mayr
9.11.4	路舍蚁	pavement ant	*Tetramorium caespitum* Linnaeus
9.12	白蚁	termite	
9.12.1	散白蚁	subterranean termite	*Reticulitermes* spp.
9.12.1.1	黑胸散白蚁	—	*Reticulitermes chinensis* Snyder
9.12.1.2	黄胸散白蚁	—	*Reticulitermes flaviceps* (Oshima)
9.12.1.3	栖北散白蚁	—	*Reticulitermes speratus* (Kolbe)
9.12.2	乳白蚁	—	*Coptotermes* spp.
9.12.2.1	台湾乳白蚁	oriental termite/formosan subterranean termite	*Coptotermes formosan* Shiraki
9.12.3	土白蚁	—	*Odontotermes* spp.
9.12.3.1	黑翅土白蚁	—	*Odontotermes formosanus* Shiraki
9.13	红火蚁	red importer fire ant，FIFA	*Solenopsis invicta* Buren
9.14	蛀虫	bristletail/moth	
9.14.1	皮蠹	hide skin beetle	
9.14.1.1	黑毛皮蠹	—	*Attagenus unicolor japonicus* Reitter
9.14.1.2	花斑皮蠹	waerhouse beetle	*Trogoderma variabile* Ballion
9.14.1.3	黑皮蠹	black carpet beetle	*Attagenus piceus* Olivier
9.14.2	衣蛾	casemaking clothes moth	
9.14.2.1	幕衣蛾	webbig clothes moth	*Tineola bisselliella* (Hummel)

B.1（续）

序号	中文名称	英文名称	拉丁文名称
9.14.2.2	袋衣蛾	case-bearing clothes moth	*Tinea pellionella*（Linnaeus）
9.15	蜱	tick	
9.16	害螨	mite	
9.16.2	革螨	gamasid mite	
9.16.5	尘螨	dust mite	
9.16.5.1	屋尘螨	—	*Dermatophagoides pteronyssinus* Trouessart
9.16.5.2	粉尘螨	—	*Dermatophagoides farinae* Hughes
9.17	蜘蛛	spider	
9.18	锥蝽	triatominae	
10 软体动物			
10.1	蜗牛	snail	
10.1.1	同型巴蜗牛	flat snail；sametype-snail	*Bradybaena similaris* Ferussac
10.1.2	灰巴蜗牛	ravida snail；grey-snail	*Bradybaena ravida* Benson
10.2	福寿螺	rice golden apple snail	*Ampullaria gigas* Spix
10.3	钉螺	oncomelenia snail	*Oncomelania hupensis* Gredler
10.4	蛞蝓	slug	
10.4.1	黄蛞蝓	yellow slug	*Limax flavus* Linnaeus
10.4.2	大蛞蝓	spotted garden slug	*Limax maxumus* Linnaeus
10.4.3	双线嗜黏液蛞蝓	two-antenna slug	*Phiolomycus bilinenatus* Benson
11 蚕寄生蝇			
11.1	桑蚕寄生蝇	—	*Tricholyga bombycum* Becher；*Exorista sorbillans* Walker
11.2	柞蚕饰腹寄蝇	—	*Crossocosmia tibialis* Chao；*Blepharipa tibialis* Chao

B.2 防治对象——病害名称

序号	中文名称	英文名称	拉丁文名称
1 粮食作物			
1.1 水稻			
1.1.1	稻瘟病	rice blast	*Phyricularia grisea*（Cooke）Sacc. [*Magnaporthe grisea*（Hebert）Barrnov.]
1.1.2	纹枯病	rice sheath blight	*Thanatephorus cucumeris*（Frank）Donk. （*Rhizoctonia solani* Kühn）
1.1.3	胡麻叶斑病	rice brown spot	*Bipolaris oryzae*（Breda de Haan）Shoem. [*Cochliobolus miyabeanus*（Ito et Kurib.）Drechsler]
1.1.4	窄条斑病	rice sclerotial stem rots	*Cercospora oryzae* Miyake
1.1.5	白叶枯病	rice bacterial leaf blight	*Xanthomonas oryzae* pv. *oryzae*（Ishiyama）Swings

B.2（续）

序号	中文名称	英文名称	拉丁文名称
1.1.6	细菌性条斑病	rice bacterial leaf streak	*Xanthomonas oryzae* pv. *oryzicola* (Fang et al) Swings
1.1.7	烂秧病	seed and seedling rot of rice	*Achlya prolifera*（Nees）De Bary.； *Fusarium graminearum* Schw.； *Fusarium oxysporum* Schlecht.； *Drechslera oryzae*（Breda de Haan）Subram. et Jain.； *Pythium oryzae* Ito et Tokun.
1.1.8	恶苗病	rice bakanae disease	*Fusarium moniliforme* Sheld var. *oryzae* Saccas ［*Gibberella fujikuroi*（Saw.）Wr.］
1.1.9	条纹叶枯病	rice stripe virus(RSV)	—
1.1.10	叶尖枯病	rice sclerotial stem rots	*Phyllosticta oryzicola* Hara ［*Tromatosphaella oryzae*（Miyake）Pawick］
1.1.11	干尖线虫病	rice nematode	*Aphelenchoides besseyi* Christie.
1.1.12	绵腐病	rice seeding blight	*Achlya oryzae* Ito. et Nagal； *A. prolifera*（Nees）de Bary.； *A. flagellata* Coker
1.1.13	立枯病	rice seeding rot	*Rhizoctonia solani* Kühn
1.1.14	稻曲病	rice false smut	*Ustilaginoidea oryzae*（Patou.）Bref； *Claviceps virens* Sakurai
1.1.15	粒黑粉病	rice kernel smut	*Tilletia barclayana*（Bref.）Sacc. et Syd.
1.1.16	云形病	rice leaf scald	*Gerlachia oryzae*（Hash. & Yok.）W. Gams ［*Monographella albescens*（Thumen）Parkinson et al.］
1.2 小麦			
1.2.1	白粉病	wheat powder mildew	*Blumeria graminis* f. sp. *tritici* Marchal
1.2.2	锈病	wheat rust	
1.2.2.1	条锈病	wheat stripe rust	*Puccinia striiformis* West. f. sp. *tritici* Eriks et Henn.
1.2.2.2	叶锈病	wheat leaf rust	*Puccinia recondita* Rob. ex Desm. f. sp. *tritici* Eriks et Henn.
1.2.2.3	杆锈病	wheat stem rust	*Puccinia graminis* Pers. var. *tritici* Eriks et Henn.
1.2.3	赤霉病	wheat head blight	*Fusarium graminearum* Schw.
1.2.4	纹枯病	wheat sheath blight	*Rhizoctonia cerealis* Vander Hoeven ［*Ceratobasidium graminearu*（Bourd.）Rogers.］
1.2.5	全蚀病	wheat take-all	*Gaeumannomyces graminis* var. *graminis*（Sacc.）Walker.
1.2.6	黑穗病	wheat smut	*Ustilago tritici*（Pers.）Rostr.； *Urocystis agropyri*（Preuss）Schrot.； *Tilletia caries*（DC.）Tul.； *T. foetida*（Wallr.）Lindr.
1.2.7	根腐病	wheat common root rot	*Bipolaris sorokiniana*（Sacc.）Shoem. ［*Cochliobolus sativus*（Ito et Kurib.）Drechsl.］

B.2（续）

序号	中文名称	英文名称	拉丁文名称
1.2.8	雪霉叶枯病	—	*Gerlachia nivalis* Ces. ex（Sacc.）Gams and Mull. ［*Monographella nivalis*（Schaffnit）E. Mull.］
1.2.9	霜霉病	wheat downy mildew	*Sclerophthora macrospora*（Sacc.）Thrium. et al.
1.3 玉米			
1.3.1	大斑病	corn northern leaf blight	*Exserohilum turcicum*（Pass.）Leonard et Suggs ［*Setosphaeria turcica*（Luttr.）Leonard et Suggs.］
1.3.2	小斑病	corn southern leaf blight	*Bipolaris maydis*（Nisikado et Miyake）Shoem. ［*Cochliobolus heterostrophus*（Drechsler）Drechsler］
1.3.3	黑穗病	corn smut	—
1.3.3.1	丝黑穗病	corn head smut	*Sphacelotheca reiliana*（Hühn）Clint.
1.3.3.2	黑粉（穗）病	corn smut	*Ustilago maydis*（DC.）Corda
1.3.4	茎基腐病（青枯病）	corn stalk rot	*Pythium* spp.；*Fusarium* spp.
1.3.5	圆斑病	corn leaf spot	*Bipolaris carbonum* Wilson （*Cochliobolus carbonum* Nelson）
1.4 高粱			
1.4.1	松黑穗病	sorghum smut	*Sporisorium cruentum*（Kühn）Vánky.
1.5 谷子			
1.5.1	黑穗病	millet head smut	*Ustilago crameri* Krn
1.5.2	白发病	millet downy mildew	*Sclerospora graminicola*（Sacc.）Schrter.
1.6 大麦			
1.6.1	黑穗病	barley smut	*Ustilago hordei*（Pers.）Lagerh.；*U. nuda*（Jens.）Rostr.
1.6.2	条纹病	barley stripe	*Drechslera graminea*（Rab. &. Schlecht.）Shoem.
1.6.3	网斑病	barley net blotch	*Drechslera teres*（Sacc.）Shoem. ［*Pyrenophor trers*（Died.）Dreechs.］
1.7 燕麦			
1.7.1	散黑穗病	oat loose smut	*Ustilago avenae*（Pres.）Rostr.
1.8 马铃薯			
1.8.1	环腐病	potato ring rot	*Clavibacter michiganense* subsp. *sepedonicum* （Spieckermann et Kotthoff）Davis et al.
1.8.2	疮痂病	potato scab	*Streptomyces scabies*（Thaxter）Waks. et Henrici.
1.8.3	黑斑病	potato black spot disease	*Streptomyces scabies*（Thaxter）Waks. et Henrici.
1.8.4	晚疫病	potato late blight	*Phytophthora infestans*（Mont.）De Bary.
1.8.5	早疫病	potato early blight	*Alternaria solani*（Ell. et Mart.）Jones et Grout.
1.8.6	黑痣病	potato black scurf	*Rhizoctonia solani* Kühn
1.9 甘薯			
1.9.1	黑斑病	sweet potato black rot	*Ceratocystis fimbriata* Ellis. et Halsted
1.9.2	茎线虫病	sweet potato stem nematode disease	*Ditylenchus destructor* Thorne

B.2（续）

序号	中文名称	英文名称	拉丁文名称
2 蔬菜类			
2.1 叶菜类			
2.1.1 大白菜			
2.1.1.1	软腐病	soft rot	*Erwinia carotovora* subsp. *carotovora*（Jones）Bergey et al.
2.1.1.2	霜霉病	downy mildew.	*Peronospora parasitica*（Pers.）Fr.
2.1.1.3	黑斑病	alternaria leaf spot	*Alternaria brassicae*（Berk.）Sacc.
2.1.1.4	白斑病	cercosporella leaf spot	*Cercosporella albo-maculans*（Ell. Ev.）Sa; *Leptosphaeria olericola* Sacc.
2.1.1.5	炭疽病	cabbage anthracnosis	*Colletotrichum higginsianum* Sacc.
2.1.1.6	白锈病	cabbage white rust	*Albugo candida*（Pers.）O. Kuntze; *A. macrospora*（Togashi）S. Ito.
2.1.1.7	根肿病	cabbage clubroot	*Plasmodiophora brassicae* Wor.
2.1.1.8	病毒病	turnip mosaic virus, TuMV tobacco mosaic virus, TMV	—
2.1.2 甘蓝			
2.1.2.1	轮斑病	cabbage leaf spot disease	*Mycosphaerella brassicicola*（Fr. ex Duby）Lindau
2.1.2.2	白粉病	leaf-vegetable powder mildew	*Erysiphe cruciferarum*（Opiz）Junell（*Oidium* sp.）
2.2 根茎类			
2.2.1	姜瘟病	blast	*Ralstonia solanacearum*（Smith）Yabunchi et al. *Pseudomonas solanacearum*（Smith）Smith
2.3 茎秆类			
2.3.1	芹菜叶斑病	celery early blight	*Cercospora apii* Fres.
2.3.2	芹菜枯萎病	celery fusarium wilot	*Fusarium oxysporum* Schled. f. sp. *apii* Snyder et Hansen
2.3.3	莴笋霜霉病	asparagus lettuce and lettuce frost mould disease	*Bremia lactucae* Regel.
2.3.4	芦笋茎枯病	asparagus wilt	*Phomopsisasparagi*（Sacc.）Bubak
2.4 豆菜类			
2.4.1	豇豆立枯病	cowpea pellicularia wilt	*Pellicularia filamentosa*（Pat.）Rogers; *P. sasskii*（Shirai）Ito
2.4.2	豇豆锈病	rust of pole bean cowpea rust	*Uromyces pisi*（Pers.）SC Hrot.; *Uromyces vignae* Barclay
2.4.3	豇豆白粉病	pea powder mildew	*Erysiphe pisi* DC.
2.4.4	豇豆细菌性疫病	bean bacterial common blight	*Xanthomonas campestris* pv. *phaseoli*（E. F. Simth）Dye.
2.5 瓜菜类			
2.5.1.1	黑星病（疮痂病）	cucumber scab	*Cladosporium cucumerinum* Ell. et Arthur.
2.5.1.2	细菌性角斑病	angular leaf spot	*Pseudomonas syringae* pv. *lachrymans*（Smith et Bryan）Young, Dye & Wilkie

B.2（续）

序号	中文名称	英文名称	拉丁文名称
2.5.1.3	花叶病	cucumber mosaic virus(CMV)	—
2.5.1.4	蔓枯病	gummy stem blight	*Mycosphaerella melonis*（Pass.）Chiu et Walker.（*Ascochyta citrullina* Smith.）
2.5.1.5	霜霉病	downy mildew	*Pseudoperonospora cubensis*（Berk. et Curt.）Rostov.
2.5.1.6	猝倒病	damping off	*Pythium* spp.
2.5.1.7	疫病	phytophthora blight	*Phytophthora melonis* Katsura
2.5.1.8	枯萎病	fusarium wilt of eggplant	*Fusarium oxysporum* f. sp. *melongenae* Matuo et Schlecht.
2.5.1.9	白粉病	powdery mildew of cucurbit crops	*Sphaerotheca cucurbitae*（Jacz.）Z. Y. Zha *Erysiphe cucurbitacearum* Zheng &. Chen
2.5.1.10	炭疽病	anthracnose of cucurbit crop	*Colletotrichum orbiculare*（Berk. &. Mont.）Arx.
2.6　茄果类			
2.6.1　番茄			
2.6.1.1	晚疫病	late blight	*Phytophthora infestans*（Mont.）De Bary
2.6.1.2	早疫病	early blight	*Alternaria solani* Sorauer
2.6.1.3	叶霉病	leaf mold	*Cladosporium fulvum*（Cooke）Ciferri.
2.6.1.4	灰霉病	gray mold	*Botrytis cinerea* Pers.
2.6.1.5	猝倒病	seeding damping-off	*Pythium aphanidermatum*（Eds.）Fitzp.
2.6.1.6	青枯病	souther bacterial wilt	*Pseudomonas solanacearum*（Smith）Smith
2.6.1.7	炭疽病	tomato anthracnose	*Colletoirichum atramentarium*（Berk. et Br.）Thumb
2.6.1.8	枯萎病	fusarium wilt	*Fusarium oxysporum*（Schl）F. sp. *lycopersici*（Sacc.）Snyder et Hansen.；*Phytophthora capsici* Leonian
2.6.1.9	根结线虫病	root-knot nematode	*Meloidogyne incognita* Chitwood.
2.6.1.10	斑枯病	septoria leaf spot	*Septoria lycopersici* Speg.
2.6.1.11	溃疡病	tomato late blight	*Clavibacter michiganensis* subsp. *michiganensis*（Smith）
2.6.2　辣椒			
2.6.2.1	白粉病	powdery mildew	*Leveillula taurica*（Liv.）Arn.
2.6.2.2	疮痂病	bacterial spot	*Xanthomonas campestris* pv. *vesicatoria*（Doidge）Dye
2.6.2.3	根腐病	root rot	*Fusarium solani*（Mart.）App. et Wollenw
2.6.2.4	炭疽病	anthracnose	*Glomerella piperata*（Stoneman）Spauld. et Schrenk；Colletotrichum gloeosporioides Penz.
2.6.2.5	疫病	phytophthora blight	*Phytophthora capsic* Leon.
2.6.2.6	斑驳病毒病	mottle virus potyvirus（PepMoV）	—
2.6.2.7	白绢病	southern blight	*Sclerotium rolfsii* Sacc.
2.6.3　茄子			
2.6.3.1	绵疫病	phytophthora rot	*Phytophthora parasitica* Dast.
2.6.3.2	青枯病	southern bacterial wilt	*Pseudomonas solanacearum*（Smithl）

B.2（续）

序号	中文名称	英文名称	拉丁文名称
2.6.3.3	枯萎病	fusarium wilt	*Fusarium oxysporum* f. sp. *melingenae* Matuo et al Shigami Schlecht
2.6.3.4	褐纹病	phomopsis blight	*Phomopsis vexans*（Sacc. et Syd.）Harter
2.7 鳞茎类			
2.7.1	韭菜灰霉病	Chinese chives gray mold	*Botrytis squamosa* Walker
2.7.2	葱紫斑病	onion alternaria leaf spot	*Alternaria porri*（Ellis）Ciferri
2.7.3	大蒜叶枯病	garlic tip blight	*Stemphylium botryosum* Wallroth ［*Pleospora herbarum*（Pers. et Fr.）Rabenhorst］
2.8 食用菌类			
2.8.1 蘑菇			
2.8.1.1	白腐病	wet bubble	*Mycogone perniciosa* Magn
2.8.1.2	菇房霉菌	mold	
2.8.2	绿霉病	green mold	
2.8.2.1.1	绿色木霉	—	*Trichoderma viride* Pers. ex Fr.
2.8.2.1.2	康宁木霉	—	*Acrostalagmus koningii*（Oudem.）Duché & R. Heim
2.8.2.2	青霉病	blue mold	
2.8.2.2.1	普通青霉	—	*Penicillium commune* Thom
2.8.2.2.2	特异青霉	—	*Penicillium chrysogenum* Thom
2.8.2.3	曲霉病	mold	
2.8.2.3.1	黄曲霉	—	*Aspergillus flavus* Link
2.8.2.3.2	黑曲霉	—	*Aspergillus niget* V. Tiegh
2.8.2.3.3	烟曲霉	—	*Aspergillus fumigatus* Fres.
2.8.2.3.4	灰绿曲霉	—	*Aspergullus glaucus* Link.
3 水果			
3.1 仁果类			
3.1.1 梨树			
3.1.1.1	白粉病	pear tree powdery mildew	*Phyllactinia pyri*（Cast.）Homma.
3.1.1.2	锈病	pear rust	*Gymnosporangium haraeanum* Syd.
3.1.1.3	黑斑病	pear black spot	*Alternaria alternata*（Fr.）Keissl.
3.1.1.4	褐斑病	pear brown spot	*Mycosphaerella sentina*（Fries）Schrot.
3.1.1.5	黑星病	pear scab	*Venturia nashicola* Tanaka et Yamamoto.
3.1.1.6	轮纹病	pear perennial canker	*Macrophoma kawatsukai* Hara. *Botryosphaeria berengerianade* Not.
3.1.1.7	腐烂病	pear canker	*Valsa ambiens*（Pers.）Fr.； *Cytospora carphosperma*. Sacc.
3.1.2 苹果树			
3.1.2.1	虎皮病	superficial scald	—
3.1.2.2	白粉病	powdery mildew	*Podosphaera leucotricha*（Ell. et Ev.）Salm.

B.2（续）

序号	中文名称	英文名称	拉丁文名称
3.1.2.3	斑点落叶病	alternaria leaf spot	*Alternaria mali* Roberts
3.1.2.4	腐烂病	apple canker	*Valsam ceratosperma*（Tode et Fr.）Maire； *Cytospora mandshurica* Miura.
3.1.2.5	根腐病	root rot	
3.1.2.5.1	圆斑根腐病	fusarium root rot	*Fusarium camptoceras* Wollenw. et. Reink.； *F. oxysporum* Schl.
3.1.2.5.2	紫纹羽病	apple purple root rot	*Helicobasidium mompa* Tanaka Jacz.
3.1.2.5.3	白纹羽病	apple tree white root rot	*Dematophora necatrix* Harting [*Rosellinia necatrix*（Hart.）Berlese]
3.1.2.5.4	白绢病	apple tree southern blight	*Sclerotium rolfsii* Sacc. [*Athelia rolfsii*（Curzi） Tu. & Kimbrough.]
3.1.2.6	根朽病	clitocybe root rot and armillaria root rot	*Armillariella tabescens*（Socp. ex Fr.）Sing.； *A. mellea* Karsten.
3.1.2.7	褐斑病	apple brown spot	*Marssonina coronaria*（Sacc. et Dearn.）Davis； *Marssonina mali*（P. Henn.）Ito
3.1.2.8	黑星病	apple scab	*Venturia inaequalis*（Cooke.）Taint.
3.1.2.9	灰斑病	gray leaf spot	*Phyllosticta pirina* Sacc.
3.1.2.10	轮纹病	ring spot	*Physalospora piricola* Nose.（*Macrophoma* *kuwatsukai* Hara）
3.1.2.11	炭疽病	anthracnose	*Glomerella cingulata*（Stoneman.）Schrenk. & Spaulding.
3.1.2.12	树梭疤	tree eusopean canker twig canker	*Nectria galligena* Bres.
3.1.2.13	果锈病	rough skin	*Apple scar skin viriod apscanviriod*
3.1.2.14	花腐病	apple blossom blight	*Monilinia mali*（Takahashi）Wetzel
3.2　核果类			
3.2.1　桃树			
3.2.1.1	根癌病	crown gall	*Argobacterium tumefaciens*（Smith et Towns）Conn.
3.2.1.2	白粉病	powdery mildew	*Podosphaera tridactyla* Wallr de Bary； *P. clandestine*（Wllk. Fr）Lev（*Oidium* sp.）； *Sphaerotheca pannosa*（Wallr.）Leveille var. *persicae* Worornichi.
3.2.1.3	褐腐病	brown rot	*Monilinia fructicola*（Wint.）Rehm.； *Monilinia laxa*（Aderh. et Ruhl.）Honey.
3.2.1.4	缩叶病	peach leaf curl	*Taphrina deformans*（Berk）Tul.
3.2.1.5	细菌性穿孔病	Shot-hole	*Xanthomonas arboricola* pv.（Smith）Vauterin et al.
3.2.2　青梅			
3.2.2.1	黑星病	—	*Fusicladium radiosum*（Lib.）Lind.
3.3　浆果类			
3.3.1　葡萄			

B.2（续）

序号	中文名称	英文名称	拉丁文名称
3.3.1.1	霜霉病	downy mildew	*Xanthomonas arboricola* pv. (Smith)Vauterin et al.
3.3.1.2	白腐病	white rot	*Coniothyriurm diplodiella*（Speg.）Sacc.
3.3.1.3	白粉病	powdery mildew	*Uncinula necate* T.（Schw.）Burr.
3.3.1.4	黑痘病	spot anthracnose	*Elsinoe ampelina*（de Bary）Shear； *Sphaceloma ampelium*（de Bary）
3.3.1.5	炭疽病	ripe rot	*Glomerella cingulata*（Stonem.）Spauld. et Schrenk
3.3.2 石榴			
3.3.2.1	麻皮病		
3.3.2.1.1	疮痂病	pomegranate stem scab	*Sphaceloma punicae* Bitane et Jenk
3.3.2.1.2	干腐病	pomegranate dry rot	*Zythia versoniana* Sacc.
3.3.3 草莓			
3.3.3.1	白粉病	stawberry powdery mildew	*Sphaerotheca macularis*（Wallr. Fr.）Lind（*Oidium* spp.）； *Sphaerotheca aphanis*（Wallr.）Braun
3.4 柑橘类			
3.4.1 柑橘			
3.4.1.1	酸腐病	sour(Oospora) rot	*Geotrichum candidum* Link ex Pers
3.4.1.2	青霉病	blue mold	*Penicillium italicum* Wehmer.
3.4.1.3	绿霉病	common green mold	*Penicillium digitatum* Sacc.
3.4.1.4	蒂腐病	stem end rot	*Phomopsis citri* Faw.； *Physalospora rhodina* Berk. et Curt.； *Diplodia natalensis* Evan.
3.4.1.5	脚腐病	brown rot	*Phytophthora parasitica* Dastar； *P. megasperma* Drechsler
3.4.1.6	疮痂病	scab	*Sphaceloma fawcettii* Jenk.
3.4.1.7	溃疡病	canker	*Xanthomonas axonopodis* pv. *citri*（Hasse）Dye.
3.4.1.8	脂病	melanose	*Diaporthe citri*（Fawcett）Wolf
3.4.1.9	线虫病	nematode	*Meloidogyne* sp. *Tylenchulus semipenetrans* Cobb.
3.4.1.10	炭疽病	anthracnose	*Colletotrichum gloeosprioides*（Peng）Sacc.； *Gloeosporium frucragenum* Berk
3.4.1.11	白粉病	powdery mildew	*Oidium tingitaninum* C. N. Carter ［*Acrosporium tingitaninum*（Carter）Subram］
3.4.1.12	黑腐病	black rot	*Alternaria citri* Ellis et Pierce
3.4.1.13	焦腐病	botryodiplodia stem-end rot	*Botryodiplodia theobromae* Pat.
3.4.1.14	黄龙病	citrus huanglongbing	*Liberrobacter asianticuum* Jagoueix et al.
3.5 坚果类			
3.5.1	核桃白粉病	walnut powdery mildew	*Microsphaera yamadai*（Salm.）Syd. *Phyllactinia fraxini*（de Candolle）Homma.
3.5.2	板栗疫病	chestnut blight	*Cryphonectria parasitica*（Murr.）Barr

B.2（续）

序号	中文名称	英文名称	拉丁文名称
3.6　热带和亚热带水果			
3.6.1　香蕉			
3.6.1.1	冠腐病	crown rot	*Fusarium moniliforme* Sheld； F. *Moniliformesheldvar*. SubglutinansMr. et Reink.； F. *dimerum* Penz/ F. *semitectum* Berk et Rav.
3.6.1.2	黑星病	macrophoma spot	*Macrophoma musae*（Cke.）Berl. et Vogl.
3.6.1.3	炭疽病	anthracnose	*Colletotrichum musae*（Berk. et Curt）v. Arx
3.6.1.4	叶斑病	leaf spot	*Cercospora musae* Zimm
3.6.1.5	轴腐病	crown rot	*Colletotrichum musae*（Berk. et Curt.）Arx； *Fusarium* spp.
3.6.2　芒果			
3.6.2.1	白粉病	powdery mildew	*Erysiphe cichoracearum* DC.（*Oidium mangiferae* Berthet.）； E . *polygoni* DC.
3.6.2.2	炭疽病	anthracnose	*Colletotrichum gloeosporioides*（Penz.）Sacc.； *Glomerella cingulata*（Stonem.）Spauld . et Schrenk
3.6.3　荔枝			
3.6.3.1	霜疫霉病	downy blight	*Peronophythora litchii* Chen ex Ko et al.
3.6.3.2	炭疽病	anthracnose	*Colletotrichum litchii* Trag C. *gloeosporioides*（Penz.）Sacc.
3.6.4　龙眼			
3.6.4.1	炭疽病	longan anthracnose	*Geomerella cingulata*（Stonem）Spauld et Schrenk （*Gloeosporium fructigenum* Berk）
3.6.5　枇杷			
3.6.5.1	叶斑病	loquat Leaf spot	*Pestalosiopsis* spp.； *Cercospora eriobotryae*（Enj.）Saw.； *Pestalotiopsis adusta*（Ell. et Ev）Stey.
3.7　柿枣类			
3.7.1	柿瘟病	blast	*Ralstonia solanacearum*（Smith）Yabunchi et al； *Pseudomonas solanacearum*（Smith）Smith
3.7.2	柿白粉病	kaki powdery mildew	*Phyllactinia kakicola* Sawada
3.7.3	柿黑星病	kaki blak spot	*Cercospora kaki* Ell. et Ev.
3.7.4	枣锈病	jujube rust	*Phakopsora zizyphi-vulgaris*（P. Henn.）Diet.
3.7.5	枣疯病	jujube witches broom	*mycoplasma-like organisms*
3.7.6	枣缩果病	jujube fruit shrink	*Erwinia juujbovora* Wang et Guo； *Dothiorella gregaria* Sacc.； *Alternaria tenuis* Nees； *Coniothyrium* sp.
3.8　瓜果类			
3.8.1　西瓜			

B.2（续）

序号	中文名称	英文名称	拉丁文名称
3.8.1.1	蔓枯病	gummy stem blight	*Mycosphaerella melonis*（Pass.）Chiu et Walker；*Mycosphaerella citrullina*（Smith）Gross.［*Didymella bryoniae*（Auersw.）Rehm］
3.8.1.2	枯萎病	fusarium wilt	*Fusarium oxysporum* f. sp. *niveum*（E. F. Smith）Snyder et Hansen.
3.8.1.3	花叶病毒病	watermelon mosaic virus（WMV）	—
3.8.2	甜瓜花叶病毒病	muskmelon mosaic virus（MMV）	—
4 经济作物			
4.1 棉花			
4.1.1	枯萎病	cotton fusarium wilt disease	*Fusarium oxysporum* f. sp. *vasinfectum*（Atk.）Synder et Hanen.
4.1.2	茎枯病	cotton ascochyta blight	*Ascochyta oxysporum* f. sp. *vasinfecyum*（Atk.）Snyder et Hansen
4.1.3	黄萎病	verticillium wilt	*Verticillium dahliae* Kleb.；*V. albo-atrum* Reinke et Berthold.
4.1.4	炭疽病	cotton anthracnose	*Colletotrichum gossypii* Southw.［*Glomerella gossypii*（Southw.）Edg.］
4.1.5	红腐病	cotton fusarium rot	*Fusarium moniliforme* var. *intermedium* Neish et Leggett；*F. graminearum* Schwabe.
4.1.6	褐斑病	brown spot	*Phyllosticta gossypina* Ell. et Martin；*P. malkoffii* Bubak.
4.1.7	疫病	phytophthora blight	*Phytophthora boehmeriae* Sawada.
4.1.8	根腐病	cotton root rot	*Phymatotrichum omniuorum*（Shear）Dugg.
4.1.9	软腐病	rhizopus boll rot	*Rhizopus nigricans* spp.
4.1.10	根结线虫病	cotton root knot nematode	*Meloidogyn incognita*（Kofoid et White）Chitwood
4.1.11	轮纹斑病	ring rot of cotton	*Alternaria macrospora* Zimm.；*A. tenuissima* Wiltsh；*A. gossypina*（Thum.）Hopk
4.1.12	黑果斑	cotton diplodia boll rot	*Diplodia gossypina* Cooke（*Physalospora gossypina* Stev.）
4.1.13	红粉病	cotton pink-mold rot	*Trichothecium roseum*（Pull.）Link
4.1.14	曲霉病	cotton aspergillus boll rot	*Aspergillus* spp.
4.2 麻类			
4.2.1	红麻炭疽病	anthracnose	*Colletotrichum hibisci* Pollacci
4.3 花生			
4.3.1	叶斑病	black spot	*Cercospora arachidicola* Hori；*Phaeoisariopsis personata*（Berk. & Curt.）V. Arx.；*Phoma arachidicola* Marass, Pauer & Boerema.

B.2（续）

序号	中文名称	英文名称	拉丁文名称
4.3.2	茎腐病（倒秧病）	stem rot	*Physalospora hossypina* Stevens； *Diplodia gossypina* Cooke McGuire & Cooper.
4.3.3	青枯病	bacterial wilt	*Pseudomonas solanacearum*（Smith）Yabuuchi et al.
4.3.4	锈病	rust	*Puccinia arachidis* Speg.
4.3.5	根结线虫病	root knot nematode	*Meloidogyne arenaria*（Neal）Chitwood； *M. hapla* Chitwood； *M. javanica* Tieub
4.4 油菜			
4.4.1	菌核病	oil rape sclertiniose	*Sclerotinia sclerotiorum*（Lib.）De Bary.
4.5 大豆			
4.5.1	花叶病	soybean mosaic virus（SMV）	—
4.5.2	胞囊线虫病	cyst nematode	*Heterodera glycines* Ichinohe.
4.5.3	锈病	soybean rust	*Phakopsora pachyrhizi* Syd.
4.5.4	紫斑病	cercospora spot	*Cercospora kikuchii*（Matsum. et Tomoyasu）Chupp.
4.5.5	菟丝子	soybean dodder	*Cuscuta chinensis* Lamb.
4.6 向日葵			
4.6.1	霜霉病	sunflower downy mildew	*Plasmopara halstedii*（Farl.）Berl. et de Toni
4.7 芝麻			
4.7.1	疫病	blight of sesame	*Phytophthora nicotianae* Breda var. *sesami* Pras.
4.7.2	茎点枯病	sesame stem wilt	*Macrophomina phaseolina*（Tassi）Gois
4.8 胡麻			
4.8.1	胡麻叶斑病	rice brown spot	*Xanthomonas aconopodis* pv. *martyniicola*（Monize）Vauterin et al.； *Xanthomonas aconopodis* pv. *pedalii*（Patel）Vauterin et al.
4.9 甘蔗			
4.9.1	凤梨病	sugarcane pineapple disease	*Ceratocystis paradoxa*（Dode）Moreau [*Thielaviopsis paradoxa*（de Seynes）V. Hohnel]
4.10 甜菜			
4.10.1	白粉病	powdery mildew	
4.10.1.1	白粉病	powdery mildew	*Erysiphe betae*（Vanha）Weltzier
4.10.1.2	蓼白粉病	—	*Erysiphe polygoni* DC.
4.10.2	根腐病	root rot	
4.10.2.1	白绢型根腐病	—	*Athelia rolfsii*（Curzi）Tu et Kimbrough
4.10.2.2	蛇眼菌黑腐病	sugarbeet phoma rot	*Phoma betae* Fra.
4.10.2.3	镰刀根腐病	fusariasis	*Fusarium culmorum*（W. G. Smith）Sacc.
4.10.3	褐斑病	cercospora leaf spot	*Cercospora beticola* Sacc.
4.11 茶树			
4.11.1	茶饼病	blister blight	*Exobasidium vexans* Massee

B. 2（续）

序号	中文名称	英文名称	拉丁文名称
4.11.2	云纹叶枯病	leaf blight	*Colletotrichum camelliae* Massee
4.11.3	褐色叶枯病	brown leaf spot	*Cercospora* sp.
4.11.4	赤叶斑病	red leaf spot	*Phyllosticta theicola* Petch
4.11.5	炭疽病	anthracnose	*Gloeosporium theae-sinesis* Miyake
4.12 桑树			
4.12.1	白粉病	powdery mildew	*Phyllactinia moricola*（P. Henn.）Homma
4.13 烟草			
4.13.1	白粉病	powdery mildew	*Erysiphe cichoracearum* DC. （*Oidium ambrosiae* Thum）
4.13.2	赤星病	brown spot	*Alternaria Naria alternata*（Fries）Keissler.
4.13.3	炭疽病	anthracnose	*Colletotrichum nicotianae* Av. Sacca.
4.13.4	黑胫病（晚疫病）	black shank	*Phytophthora imperfecta* var. *nicotianae*（Van Breda）Sarejanni
4.13.5	角斑病	angular spot	*Pseudomonas syringae* pv. *angulata*（Frome et al.）Holland
4.13.6	野火病	wild fire	*Pseudomonas syrtnga* pv. *tabaci*（Wolf et Foster）Young, Dye et Wilkie
4.13.7	猝倒病	damping-off	*Pythium aphanidermatum*（Eds.）Fitzp.； *P. debaryanum* Hesse； *P. ultimum* Trow
4.13.8	根腐病	black rootrot	*Thielaviopsis basicola*（Berk. and Br.）Ferraris
4.13.9	青枯病	tobacco bacterial wilt	*Pseudomonas solanacearum*（E. F. Smith）Smith
4.14 橡胶树			
4.14.1	白粉病	powdery mildew	*Oidium heveae* Steinm
4.14.2	条溃疡病	rubber black strip disease	*Phytophthora palmivora*（Butler）Butler； *P. meadii* Mc Rae
4.14.3	红根病	rubber red root disease	*Ganoderma pseudoferreum*（Wak.）Stein.
4.14.4	炭疽病	rubber anthracnose	*Colletotrichum gloeosporioides*（Penz）Sacc.
4.15 香辛作物			
4.15.1	胡椒瘟病	black pepper foot rot	*Phytophthora palmivora* var. *piperia* Muller
4.16 药用作物			
4.16.1	三七圆斑病	sanqi round spot	*Mycocentrospora acerina*（Hartig）Deighton
4.16.2	三七根腐病	panax notoginseng root rot	*Fusarium scirpi* Lamb.
4.16.3	枸杞白粉病	Chinese wolfberry powdery mildew	*Erysiphe cichoracearum* DC.； *Microsphaera mougeotii* Lev. （*Oidium* sp.）
4.16.4	人参黑斑病	ginseng black spot	*Alternaria panax* Whetz
5 饲料作物			
5.1	苜蓿褐斑病	brown spot	*Pseudopeziza medicaginis*（Lib.）Sacc.
5.2	苜蓿霜霉病	downy mildew	*Peronospora aestivalis* Syd.

B.2（续）

序号	中文名称	英文名称	拉丁文名称
6　花卉			
6.1　观赏花卉			
6.1.1	白粉病	ornamental plant powdery mildew	
6.1.1.1	蔷薇白粉病	rose powdery mildew	*Sphaerotheca pannosa*（Wallr.）Lev.； *Uncinula simlans* Salmon； *Oidium rosae-indicae* Sawada；
6.1.1.2	菊白粉病	cutleaf coneflower powdery mildew	*Erysiph cichoracearum* DC.
6.1.1.3	菊粉孢白粉病	chrysanthemum powdery mildew	*Oidium chrysanthemi* Rabenh.
6.1.1.4	芍药白粉病	Chinese peony powdery mildew	*Enysiphe aguilegiae* de Candolle
6.1.2	锈病	ornamental plant rust	
6.1.2.1	蔷薇锈病	rose rust	*Phragmidium rosae-rugosae* Kasai； *P. mucronatum*（Pers.）Schlecht.
6.1.2.2	芍药锈病	Chinese peony rust	*Cronartium flaccidum*（Alb. et Schw.）Wint.
6.1.2.3	菊花锈病	chrysanthemum rust	*Puccinia chrysanthemi* Roze； *Phakopsora artemisiae* Hirat.
6.1.2.4	菊花白锈病	chrysanthemum white rust	*Puccinia horiana* P. Hen
6.1.2.5	菊花黑锈病	chrysanthemum black rust	*Puccinia chrysanthemi* Roze
6.1.2.6	萱草锈病	aspidistra elatior	*Puccinia hemerocallidis* Huem
6.1.3	叶斑病	ornamental plant leaf spot	
6.1.3.1	炭疽病	anthracnose	*Colletotrichum* sp.；*Gloeosporuum* sp.
6.1.3.2	黑斑病	black spot	*Actinonem rosae*（Lib.）Died； *Alternaria lumbii*（Ell.）Enlows； *Alternaria cerasi* Potab.
6.1.3.3	褐斑病	brown spot	Ascochyta pruni Kab. et But.； *Septori fhrysanth* Pmelld Sacc.； *Septoria chrysanthemiindici* Bubak et Kabat. *Septoria callistephi* Gloger.
6.2　食用花卉			
6.2.1	百合根腐病	—	*Fusarium. oxysporum* f. sp. *lili* Synder et Hanson
7　林木			
7.1　落叶松			
7.1.1	梢枯病	—	*Guignardia laricina*（Sawada）Yama . et K. Ito
7.1.2	叶斑病	—	*Mycosphaerella laricileptolepis* K. Ito et k. Sato
7.1.3	毛竹梢枯病	tip blight of moso bamboo	*Ceratosphaeria phyllostachydis* Zhang
7.1.4	杉木炭疽病	Chinese fir anthracnose	*Colletotrichum gloeosporioides* Penz
7.1.5	苗木立枯病	damping-off of conifers	*Pythium aphanidermatum*（Eds.）Fitz.
7.1.6	松材线虫病	pine wood nematode	*Bursaphelenchus xylophilus*（Steiner et Buhrer）Nickle

B.2（续）

序号	中文名称	英文名称	拉丁文名称
7.2 木材			
7.2.1	腐朽菌	wood-decay fungi	
7.2.1.1	白腐菌	white-rot fungi	
7.2.1.1.1	彩绒革盖菌	—	*Coriolus versicolor*（L. ex Fr.）Quél.
7.2.1.1.2	乳白耙菌	—	*Irpex lacteus*(Fr. ex Fr.) Fr.
7.2.1.2	褐腐菌	brown rot fungi	
7.2.1.2.1	密粘褶菌	—	*Gloeophyllum trabeum*（Pers. ex Fr.）Murr.
7.2.1.2.2	绵腐卧孔菌	—	*Poria placenta*（Fries）Cooke
7.2.1.3	软腐菌	soft-rot fungi	
7.2.1.3.1	球毛壳菌	—	*Chaetomium globosum* Kunze ex Fr.
7.2.2	蓝变菌	blue-stain fungi	
7.2.2.1	可可球二孢菌	—	*Botryodiplodia theobromae* Pat.
7.2.3	霉菌	mould fungi	
7.2.3.1	桔青霉	—	*Penicillium citrinum* Thom
8 居室环境			
8.1	青霉菌	—	*P. notatum* Westling；*P. citreo-viride* Biourge；*P. islandicum* Sopp.

B.3 防治对象——杂草名称

序号	中文名称	英文名称	拉丁文名称
1	禾本科杂草	grassy weed	
1.1	一年生禾本科杂草	annual grassy weed	
1.1.1	节节麦	goat grass	*Aegilops tauschii* Coss.
1.1.2	看麦娘	shortawn foxtail	*Alopecurus aequalis* Sobol.
1.1.3	日本看麦娘	Japanese foxtail	*Alopecurus japonicus* Steud.
1.1.4	野燕麦	wild oat	*Avena fatua* L.
1.1.5	茵草	American sloughgrass	*Beckmannia syzigachne*（Steud.）Fernald.
1.1.6	雀麦	Japanese bromegrass	*Bromus japonicus* Thunb.
1.1.7	马唐	common crabgrass	*Digitaria sanguinalis* L. Scop
1.1.8	稗草	barnyardgrass	*Echinochloa crusgalli*（L.）Beauv.
1.1.9	牛筋草	goosegrass	*Eleusine indica*（L.）Gaertn.
1.1.10	千金子	Chinese sprangletop	*Leptochloa chinensis*（L.）Nees.
1.1.11	毒麦	darnel ryegrass	*Lolium temulentum* L.
1.1.12	早熟禾	annual bluegrass	*Poa annua* L.
1.1.13	棒头草	asia minor bluegrass	*Polypogon fugax* Nees et Steud.
1.1.14	硬草	keng stiffgrass	*Sclerochloa kengiana*（Ohwi）Tzvel
1.2	多年生禾本科杂草	perennial grassy weed	
1.2.1	狗牙根	bermudagrass	*Cynodon dactylon*（L.）Pers.

B.3（续）

序号	中文名称	英文名称	拉丁文名称
1.2.2	白茅	cogongrass	*Imperata cylindrica* （L.）Beauv.
1.2.3	黑麦草	perennial ryegrass	*Lolium perenne* L.
1.2.4	双穗雀稗	knotgrass	*Paspalum distichum* L.
1.2.5	芦苇	common reed	*Phragmites communis* Trin.
2	阔叶杂草	broadleaf weed	
2.1	一年生阔叶杂草	annual broadleaf weed	
2.1.1	反枝苋	redroot pigweed	*Amaranthus retroflexus* L.
2.1.2	荠菜	shepherd's purse	*Capsella bursa-pastoris* L. Medic.
2.1.3	碎米荠	pennsylvania bittercress	*Cardamine hirsuta* L.
2.1.4	青葙	silver cock's comb	*Celosia argentea* L.
2.1.5	藜	lambsquarters	*Chenopadium album* L.
2.1.6	菟丝子	Chinese dodder	*Cuscuta chinensis* Lam.
2.1.7	播娘蒿	flixweed	*Descurainia sophia* （L.）Webb ex Prantl
2.1.8	沟繁缕	waterwort	*Elatine orientalis* Makino
2.1.9	香薷	crested latesummer mint	*Elsholtzia ciliata* （Thunb.）Hyland.
2.1.10	陌上菜	prostrate false pimpernel	*Lindernia procumbens* （Krock.）Philcox
2.1.11	马齿苋	purslane	*Protulaca oleracea* L.
2.1.12	节节菜	Indina rotala	*Rotala indica* （Will.）Kochne
2.1.13	雀舌草	bog chickweed	*Stellaria alsine* Grimm.
2.1.15	婆婆纳	geminate speedwell	*Veronica didyma* Tenore.
2.1.16	苘麻	velvetleaf	*Abutilon theophrasti* Medicus.
2.1.17	铁苋菜	copperleaf	*Acalypha australis* L.
2.1.18	鸭跖草	common dayflower	*Commelina communis* L.
2.1.19	柳叶刺蓼	bunge's smartweed	*Polygonum bungeanum* Turcz.
2.1.20	龙葵	black nightshade	*Solanum nigrum* L.
2.1.21	苍耳	siberian cocklebur	*Xanthium sibiricum* Patrin.
2.1.22	牛繁缕	giant chickweed	*Stellaria aquatic* （L.）Scop.
2.1.23	繁缕	common chickweed	*Stellaria media* （L.）Cyrillus
2.1.24	鸭舌草	sheathed monochoria	*Monochoria vaginalis* （Burm. f.）Presl ex Kunth.
2.1.25	青（浮）萍	common duckweed	*Lemna minor* L.
2.1.26	紫萍	common duckmeat	*Spirodela polyrhiza* （L.）Schleid.
2.2	多年生阔叶杂草	perennial broadleaf weed	
2.2.1	泽泻	American waterplantain	*Alisma plantago-aquatica* L.
2.2.2	空心莲子草	alligator alternanthera	*Alternanthera philoxeroides* （Mart.）Griseb.
2.2.3	打碗花	Japanese false bindweed	*Calystegia hederacea* Wall.
2.2.4	田旋花	field bindweed	*Convolvulus arvensis* L.
2.2.5	紫茎泽兰	crofton weed	*Eupatorium coelestinum* L.

B. 3（续）

序号	中文名称	英文名称	拉丁文名称
2.2.6	眼子菜	distinct pondweed	*Potamogeton distinctus* A. Bennett
2.2.7	矮慈姑	pygmy arrowhead	*Sagittaria pygmaea* Miq.
2.2.8	狼毒	Chinese stellera	*Stellera chamaejasme* L.
2.2.9	水葫芦	waterhyacinth	*Eichhornia crassipes*（Mart.）solms
3	莎草科杂草	sedge weed	
3.1	一年生莎草科杂草	annual sedge weed	
3.1.1	碎米莎草	rice flatsedge	*Cyperus iria* L.
3.2	多年生莎草科杂草	perennial sedge weed	
3.2.1	香附子	purple nutsedge	*Cyperus rotundus* L.
3.2.2	牛毛毡	needle spikesedge	*Eleocharis yokoscensis*（Franch. et Sav.）Tang et Wang
3.2.3	水莎草	water Nutgrass	*Juncellus serotinus*（Rottb.）C. B. Clarke
3.2.4	扁秆蔗草	flatstalk bulrush	*Scirpus planiculmis* Fr. Schmidt
4	灌木	shrub	
5 以群落形式出现的杂草			
5.1	杂草	weed	
5.2	一年生杂草	annual weed	
5.3	一年生禾本科杂草及阔叶杂草	annual grassy and broadleaf weed	
5.4	一年生禾本科杂草及小粒种子阔叶杂草	annual grassy and broadleaf weeds with small seed	
5.5	一年生禾本科杂草及莎草科杂草	annual grassy and sedge weed	
5.6	阔叶杂草及莎草科杂草	broadleaf and sedge weed	

B. 4　防治对象——害鼠名称

序号	中文名称	英文名称	拉丁文名称
1	田鼠	field mouse	
1.1	东方田鼠	reed vole	*Microtus fortis* Buchner
1.2	白尾松田鼠	blyth's vole	*Microtus leucurus* Blyth
1.3	鼹形田鼠	northern mole-vole	*Ellobius talpinus*（Pallas）
1.4	橙色松田鼠	mandarin vole	*Lasioposomys mandarinus*
1.5	草原田鼠	meadow vole	*Microtus pennsylvanicus*（Ord）
2	家鼠	house mouse	
2.1	小家鼠	house mouse	*Mus musculus* Linnaeus
2.2	黑家鼠	black rat/turkestan rat	*Rattus rattus* Linnaeus
2.3	褐家鼠	norway rat	*Rattus norvegicus*（Berkenhout）
2.4	黄胸鼠	yellow-breasted rat	*Rattus tanezumi* Temmink
3	仓鼠	hamster	
3.1	黑线仓鼠	striped hamster	*Cricetulus barabensis*（Pallas）

B.4（续）

序号	中文名称	英文名称	拉丁文名称
3.2	大仓鼠	greater long-tailed hamster	*Cricetulus triton* De Winton
4	鼢鼠	zokor	
4.1	草原鼢鼠	grassland zokeor	*Myospalax aspalax* Pallas
4.2	东北鼢鼠	north-east zokor	*Myospalax psilurus* Milne-Edward
4.3	中华鼢鼠	common Chinese zokor	*Myospalax fontanieri*（Milne-Edwards）
4.4	甘肃鼢鼠	smith's zokor	*Myospalax smithi* Thomas
5	其他		
5.1	林姬鼠	wood mouse	*Apodemus sylvaticus*（Linnaeus）
5.2	黑线姬鼠	striped field mouse	*Apodemus agrarius*（Pallas）
5.3	黄毛鼠	lesser ricefield rat	*Rattus losea*（Swinhoe）
5.4	小竹鼠	lesser bamboo rat	*Cannomys badius*（Hodgson）
5.5	社鼠	Chinese white-bellied rat	*Niviventer confucianus*（Hodgson）
5.6	草原兔尾鼠	steppe lemming	*Lagurus lagurus*（Pallas）
5.7	黑唇鼠兔	black-lipped pika	*Ochotona curzoniae*（Hodgson）
5.8	达乌尔鼠兔	daurian pika	*Ochotona daurica*（Pallas）
5.9	蒙古兔	brown hare	*Lepus capensis* Linnaeus
5.10	旱獭	alpine marmot	*Marmota marmota*（Linnaeus）
5.11	马来豪猪	short-tailed porcupine	*Hystrix brachyura* Linnaeus

B.5 调节作用名称

序号	中文名称	英文名称
1	调节生长	growth regulation
1.1	促进生长	growth promotion
1.1.1	促进开花	blooming acceleration
1.1.2	促进坐果	fruiting acceleration
1.1.3	促分蘖	tiller acceleration
1.1.4	壮根	root promotion
1.1.5	增产	yield increasing
1.1.6	催芽	germination stimulation
1.1.7	催熟	mature acceleration
1.1.8	防脱落	flower/fruit premature prevention
1.1.9	打破休眠	dormancy breaking
1.2	抑制生长	growth inhibition
1.2.1	抑芽	sprout inhibition
1.2.2	杀(控)梢	shootlet inhibition
1.2.3	杀花穗	blossom clusters regulation

B.5（续）

序号	中文名称	英 文 名 称
1.3	延缓生长	growth reduction
1.3.1	矮化	plant height reduction
2	催枯	leaf desiccation acceleration
3	脱叶	defoliantion
4	育性诱导	fertility induction
4.1	杀雄	chemical induction of male sterility
5	延缓衰老	senescence delaying
5.1	保鲜	preservation
5.2	防腐	preservation

ICS 13.020
Z 06

中华人民共和国农业行业标准

NY/T 1668—2008

农业野生植物原生境保护点
建设技术规范

Technical regulation of *in situ* conservation site
construction for agricultural wild plants

2008-08-28 发布

2008-10-01 实施

1025

中华人民共和国农业部 发布

NY/T 1668—2008

前　言

本标准由中华人民共和国农业部提出并归口。

本标准主要起草单位:中国农业科学院作物科学研究所。

本标准主要起草人:杨庆文、郑殿升。

农业野生植物原生境保护点建设技术规范

1 范围

本标准规定了农业野生植物原生境保护点建设的术语和定义、保护点的选择原则和保护点的建设要求。

本标准适用于农业野生植物原生境保护点的建设。

2 规范性引用文件

下列文件中的条款通过本标准的引用而成为本标准的条款。凡是注日期的引用文件,其随后所有的修改本(不包括勘误的内容)或修订版均不适用于本标准,然而,鼓励根据本标准达成协议的各方研究是否可使用这些文件的最新版本。凡是不注日期的引用文件,其最新版本适用于本标准。

GB 50011　建筑抗震设计规范

GB 50300　建筑工程施工质量验收统一标准

3 术语和定义

下列术语和定义适用于本标准。

3.1

农业野生植物 agricultural wild plants

与农业生产有关的栽培植物的野生种和野生近缘植物。

3.2

居群 population

在生物群落中占据特定空间、起功能组成单位作用的某一物种的个体群。

3.3

原生境保护 *in situ* conservation

保护农业野生植物群体生存繁衍原有的生态环境,使农业野生植物得以正常繁衍生息,防止因环境恶化或人为破坏造成灭绝。

3.4

保护点 protected site

依据国家相关法律法规建立的以保护农业野生植物为核心的自然区域。

3.5

核心区 core area

在原生境保护点内未曾受到人为因素破坏的农业野生植物天然集中分布区域。也称隔离区。

3.6

缓冲区 buffer area

原生境保护点核心区外围、对核心区起保护作用的区域。

4 保护点的选择原则

4.1 生态系统、气候类型、环境条件应具有代表性。

4.2 农业野生植物居群较大和/或形态类型丰富。

4.3 农业野生植物具有特殊的农艺性状。

4.4 农业野生植物濒危状况严重且危害加剧。

4.5 远离公路、矿区、工业设施、规模化养殖场、潜在淹没地、滑坡塌方地质区或规划中的建设用地等。

5 保护点的建设要求

5.1 规划

5.1.1 土地规划

5.1.1.1 对纳入保护点的土地进行征用或长期租用。

5.1.1.2 核心区面积应以被保护的野生植物集中分布面积而定，自花授粉植物的缓冲区应为核心区边界外围 30 m～50 m 的区域，异花授粉植物的缓冲区应为核心区边界外围 50 m～150 m 的区域。

5.1.2 设施布局

5.1.2.1 沿核心区和缓冲区外围分别设置隔离设施。

5.1.2.2 标志碑、看护房和工作间设置于缓冲区大门旁。

5.1.2.3 警示牌固定于缓冲区围栏上。

5.1.2.4 瞭望塔设置于缓冲区外围地势最高处。

5.1.2.5 工作道路沿缓冲区外围修建。

5.2 建设

5.2.1 隔离设施

5.2.1.1 陆地围栏

用铁丝网做围栏，围栏的立柱应为高 2.3 m、宽 20 cm 方形的钢筋水泥柱，每根立柱中至少有 4 根直径为 φ12 的麻花钢或普通钢，外加 φ6 套，水泥保护层应为 1.5 cm～3.0 cm，铁丝网为 φ2.5～3 镀锌丝＋φ2～2.5 刺。立柱埋入地下深度不小于 50 cm，间距不大于 3 m；铁丝网间距 20 cm～30 cm，基部铁丝网距地面不超过 20 cm，顶部铁丝网距立柱顶不超过 10 cm，两立柱之间呈交叉状斜拉 2 条铁丝网。

5.2.1.2 水面围栏

视水面的大小和深度而定，立柱应为直径不小于 5 cm 的钢管或直径不小于 10 cm 的木(竹)桩，立柱高度应为最高水位时的水面深度值加 1.5 m，立柱埋入地下深度不少于 0.5 m。铁丝网设置按 5.2.1.1 执行，铁丝网高度为最低水位线至立柱顶端。

5.2.1.3 生物围栏

适用时，可利用当地带刺植物种植于围栏外围，用作辅助围栏。

5.2.2 标志碑和警示牌

5.2.2.1 标志碑为 3.5 m×2.4 m×0.2 m 的混凝土预制板碑面，底座为钢混结构，埋入地下深度不低于 0.5 m，高度不低于 0.5 m。

5.2.2.2 标志碑正面应有保护点的全称、面积和被保护的物种名称、责任单位、责任人等标识，标志碑的背面应有保护点的管理细则等内容。

5.2.2.3 警示牌为 60 cm×40 cm 规格的不锈钢或铝合金板材，一般设置的间隔距离为 50 m～100 m。

5.2.3 看护房和工作间

看护房和工作间为单层砖混结构，总建筑面积为 80 m²～100 m²。看护房和工作间的设计按 GB 50011 执行。

5.2.4 瞭望塔

瞭望塔应为面积 7 m²～8 m²、高度 8 m～10 m 的塔形砖混结构或塔形钢结构。瞭望塔设计按 GB 50011 执行。

5.2.5 道路

路面采用沙石覆盖,且不宽于1.8 m。

5.2.6 排灌设施

必要时,可在缓冲区外修建灌溉渠、拦水坝、排水沟等排灌设施;拦水坝蓄水高度应能保持核心区原有水面高度;排水沟采用水泥面U底梯形结构,上、下底宽和高度视当地洪涝灾害严重程度而定。

ICS 65.020
B 04

中华人民共和国农业行业标准

NY/T 1669—2008

农业野生植物调查技术规范

Technical standard for survey of agricultural wild plants

2008-08-28 发布
2008-10-01 实施

中华人民共和国农业部 发布

目　次

前　言

本标准的附录 B、C、D 为规范性附录,附录 A、E 为资料性附录。

本标准由中华人民共和国农业部提出并归口。

本标准主要起草单位:湖南省农业资源与环境保护管理站。

本标准主要起草人:唐昆、唐建初、何满庭、燕惠民、谢可军。

农业野生植物调查技术规范

1 范围

本标准规定了农业野生植物调查准备、野外调查、标本采制、资料整理和报告编写。

本标准适用于农业野生植物资源调查。

2 术语和定义

下列术语和定义适用于本标准。

2.1

农业野生植物 agricultural wild plants

与农业生产有关的栽培植物的野生种和野生近缘植物。

2.2

濒危状况 endangered condition

物种受威胁的程度。用物种濒危等级表示，濒危等级分"濒危"、"稀有"和"渐危"。

2.2.1

濒危 endangered(EN)

即临危种(endangered species)，物种在其分布的全部或显著范围内有随时灭绝的危险。这类植物通常生长稀疏，个体数和种群数低，且地理分布高度狭域。由于栖息地丧失、破坏或过度开采等原因，其生存濒危。

2.2.2

渐危 vulnerable(VU)

即脆弱或受威胁种(vulnerable species)，物种的生存受到人类活动和自然原因的威胁，这类物种由于毁林、栖息地退化及过度开采的原因，在可预见的将来，在它们整个分布区或分布区的重要部分很可能成为濒危的种类。

2.2.3

稀有 rare

即罕见种(rare species)，物种虽无灭绝的直接危险，现尚不属于濒危种、渐危种的类群，但在其分布区内有很少群体，或存在于非常有限的空间，或虽有较大分布范围，但只有零星存在，可能很快消失的种类。

2.3

生境 habitat

生物个体、种群或群落等所在的具体空间内，对其起作用的各种环境因子的总称。涉及到生物栖息环境的时候，常用"栖息地"一词代替生境。

2.4

原位点及原位点号 in situ site、in situ site number

原位点指农业野生植物的原始生存地；原位点号指每一个农业野生植物的原产地对应一个唯一的、永久的编号，即原位点号。

3 调查准备

3.1 队伍组建

由具备野外资源调查经验和能力的不同学科专业人员组成。调查队伍组成以后,应举办短期培训班,组织队员进行短期培训和试点调查训练。

3.2 资料收集

3.2.1 调查区域的地形、土壤、地质、水文、气象(温度、日照、降水量、相对湿度、蒸发量、风、霜、雪等)、植被等自然资源与生态环境状况。

3.2.2 调查区域现有耕地面积、作物种类、栽培技术、耕作制度、主要病虫害、农业发展历史、近年的农业规划和区划等。

3.2.3 调查区域的地区植物志、植物名录、过去的调查和考察报告、相关研究资料等。

3.3 方案编制

调查方案应包括下列内容:

(1)前言。包括任务来源、调查目的、调查范围、工作起止时间和有关要求。

(2)调查区域概况。包括地理位置、行政区划、自然资源与生态环境状况、社会经济状况及以往调查程度、成果和问题。

(3)调查方法和技术路线。采取的调查方法、技术手段、具体步骤等。

(4)调查内容和技术要求。主要技术指标、主要工作量及相关要求。

(5)预期成果、经费概算、计划进度、保障措施。

(6)附件。调查区域地理位置图、调查表格等相关图件、图表。

3.4 物资准备

参见附录 A。

4 野外调查

4.1 区域选择

4.1.1 特有植物的分布中心。

4.1.2 最大物种多样性中心。

4.1.3 尚未进行物种资源调查的地区。

4.1.4 物种资源濒危状况最严重的地区。

4.2 物种选择

重点调查《国家重点保护野生植物名录》(农业部分),《濒危野生动植物种国际贸易公约》及其他公约或协定中所列农业野生植物,其他有重要经济价值或有重要科学研究价值的农业野生植物。

4.3 调查时间确定

根据植物种类、生活习性、生态环境和分布规律等不同情况确定。

4.4 调查内容与方法

4.4.1 调查农业野生植物分布状况、生境状况、特征特性、濒危状况、保护与利用状况。

4.4.2 以村为基本单位,进行调查访问,做好调查访问记录。

4.4.3 实地踏勘、核实和补充已掌握的情况。按照附录 B 填写农业野生植物调查表。

5 标本采制

5.1 采集原则

5.1.1 遵守野生植物保护的法律法规。

5.1.2 按照不同物种及居群特点和要求取样。

5.2 采集地点

应根据物种分布状况、生态环境和繁育系统确定标本采集地点。

5.3 采集方法

5.3.1 标本采集之前,应全面观察和记载该采集点的生态环境情况、物种分布情况、居群的基本情况,摄制该采集点的生境、伴生植物、土壤和采集样本照片。每个采样点均有 GPS 定点坐标数据以及对应的文件号。

5.3.2 标本应具备茎、叶、花、果实、种子,能提供详尽的鉴定特征。

5.3.3 标本的记录按照附录C.1执行。

5.4 编号与制作

5.4.1 每一标本都应有一个野外编号和初步鉴定结果。野外编号方法用采样人名字的第一个大写字母开始(如 WSJ921),其号数与采集记录表上一致。从同一株个体上采集的标本应使用同一编号。同一地点不同个体,可编同一编号。不同地点、时间采集的同种植物,分别编不同的号。每份标本都应拴上号签。

5.4.2 蜡叶标本制作按照附录D执行。

5.5 标本鉴定

5.5.1 判断法

在仔细解剖、观察被鉴定植物的特征后,根据其最突出或独特或标志性特征,结合已有分类学知识,判断该植物所属的科。然后利用植物分类工具书(如《中国高等植物科属检索表》、《中国植物志》及地方植物志等)在相应的科中一一核对,直到鉴定出结果。

5.5.2 检索法

在对被鉴定对象进行仔细解剖、观察后,利用分科检索表、分属检索表及分种检索表依次检索到种。也可首先用分科检索表将被鉴定对象检索到科,然后用植物分类工具书在相应的科中一一核对,直到鉴定出结果。

5.5.3 农业野生植物标本经过鉴定之后,应在其右下角贴上定名签。定名签要标明采集号、科名、拉丁学名、鉴定人和鉴定日期。定名签样式见附录C.2。

6 资料整理

6.1 野外调查结束后,整理各项资料,核实、校对其质量和完备程度。

6.2 整理各种原始记录、表格、卡片、汇总表和统计表;野外素描图、照片和摄像资料;标本鉴定意见、结论;各类图件,包括野外工作手图、地质图、地貌图、路线图、物种分布示意图等。

7 报告编制

主要内容包括前言、调查结果、结论和建议、附件(附图和附表等)四个部分(参见附录E)。

附 录 A
（资料性附录）
农业野生植物调查物资设备清单

工具类别	名 称	要求或用途	备 注
标本采集制作用具	GPS	用于定位和导航	
	照相机、摄像机	拍摄物种生态环境和群体结构等	
	放大镜	观察物种结构	
	望远镜	用于观察地形和植物种类	
	袖珍计算器	计算数据	
	采集袋	塑料袋，最好是密封冷冻袋	
	小标本夹	由两片木质夹板组成，中间放置吸水纸，用于临时压制标本，长43 cm，宽29 cm，厚1 cm	
	吸水纸、牛皮纸袋	吸水纸可用黄草纸，纸袋盛放种子和脱落的花、果实和叶	
	铁锹、土铲、土钻	用于挖掘植物	
	枝剪、树皮刀	用于剪取木本植物枝条和割取树皮	
	大标本夹、吸水纸和绳子	由上下两块木板组成，内装吸水纸，用绳子固定，大标本夹坚固，用于压制标本。长47 cm，宽33 cm，板条厚1 cm	
	镊子、刻纸刀	用于标本整形、切开台纸	
	台纸、盖纸	用于承载和保护标本	
	白纸条、白线、针、胶水	用于固定台纸上的标本	
	广口瓶	盛放福尔马林—酒精—冰醋酸（FAA液），用于浸渍花和大型肉果	
	福尔马林—酒精—冰醋酸（FAA液）	FAA液配制比例为：福尔马林5 ml，冰醋酸5 ml，70%～80%酒精9 ml	
	野外记录复写单	内容和野外记录册完全一样，放在台纸的左上角	
	标本签	放在标本的右下角（注明采集号、登记号、科名、学名、中文名、采集人、产地、鉴定人、日期）	
安全防护及生活用具	帐篷、被子、蚊帐、衣物、护腿、雨具等	野营时必需，护腿用厚帆布制成，防蛇虫叮咬	
	手电筒、蜡烛、水壶、食品	夜间照明、野外作业用	
	简易药箱	内装治疗毒蛇咬伤蛇药，治疗外伤、中暑、感冒等药品	
业务书籍及相关图表	相应的地图、交通图、地形图底图	查看调查地点、走向，标注考察路线和采样点位	
	植物检索表、物种照片、有关书籍等	野外调查时参看	
	调查记录本、铅笔、调查考察表	野外记录考察用	

附　录　B

（规范性附录）

农业野生植物调查表

中文名称 （种名）			拉丁学名				俗名	
标本编号	野外编号			室内编号			照片编号	
所在地点	省（自治区）		市	县	乡（镇、场）		村	组
地理位置	东经（°/′/″）			北纬（°/′/″）			海拔（m）	
分布面积（公顷）				种群数量				
地貌类型								
气候环境	年平均气温（℃）	≥10℃年积温（℃）	年平均降水量（mm）		年平均日照时数		年蒸发量（mm）	
植被类型				植被覆盖率				
土壤类型				土壤肥力				
形态特征								
生物学特性								
威胁因素								
濒危状况								
保护与利用 状况								
评价和建议								

调查人：_____ ;调查日期：_____ 年_____ 月_____ 日;审查人：_____

农业野生植物调查表填写说明

1 经纬度和海拔高度

可查地形图确认或利用 GPS 仪测量出目标物种所在地经度、纬度和海拔高度。单位为米。

2 分布面积

对于分布面积较小的,利用 GPS 直接计算分布面积。

对于分布面积较大的,利用卫星影像、航空相片、地形图等资料,结合野外勘察,确定面积和分布情况,并在平面图上加以标识。

3 种群数量

对于分布面积较小的种类,采用直接计数的方法统计某种群数量。

对于分布面积较大、范围较广的种类,采用小样本估计的统计方法,根据野外调查记录,计算各样带的种群密度,根据样带种群密度计算出平均密度,然后算出种群数量。

$$d_i = N_i / 2LW$$
$$D = \sum d_i / n$$
$$M = D \times S$$

式中:

d_i——各样带的密度;

N_i——各样带中记录的某物种个体数;

L——样带长度;

W——样带的单侧宽度;

D——平均密度;

n——样带总个数;

M——种群数量;

S——分布区域面积。

4 地貌类型

以农业野生植物原生存地的主体地貌作为地貌类型,主要有山地、丘陵、高原、平原等类型,并加以特征描述。

5 气候环境

从当地气象台(站)、有关《农业气候区划》等资料中收集调查气候环境资料。

6 植被类型

1) 因生长环境的不同而被分类,植被类型可分为针叶林、阔叶林、针阔混交林、灌丛、荒漠和旱生灌丛、草原、草甸、沼泽、水生植被等植被类型;

2) 如已有植被类型调查资料,则进行野外核实,确定调查区域现有植被类型;

3） 如有卫星影像、航空相片资料,则通过判读解译,结合地形图和野外调查,确定植被类型;

4） 无上述资料的,进行野外调查,确定植被类型。

7 植被覆盖率

植被覆盖率＝(一定区域内植被总面积/同一区域内土地总面积)×100％

8 土壤类型

按照《中国土壤系统分类》,中国主要土壤类型分为红壤、棕壤、褐土、黑土、栗钙土、漠土、潮土(包括砂姜黑土)、灌淤土、水稻土、湿土(草甸、沼泽土)、盐碱土、岩性土和高山土等 12 系列。

9 土壤肥力

按土层厚度、植物种类及其生长发育状况等进行定性描述。可将土壤肥力分为好、中、差 3 级。

10 形态特征

农业野生植物茎、叶、花、果、根的主要形态特征、特性等。

11 生物学特性

包括生长习性和生育周期。

生长习性指物种对光照、水分、养料、土壤酸碱性等生长要素的需求程度。

生育周期指物种生长发育的全过程。根据生育周期的长短,将农业野生植物分为 1 年生、2 年生和多年生 3 类。

12 威胁因素

重点查清对农业野生植物产生威胁的因子、作用时间、作用方式、作用强度、已有危害及潜在威胁。主要威胁因素包括:基础设施建设和城市化、农牧渔业生产和旅游开发、环境污染、过度采伐、外来物种入侵、盐碱化、沙化、沼泽化等。

13 濒危状况

填写濒危等级。

14 保护与利用状况

现在和将要采取的保护行动(包括保护政策、规章和技术的制定与实施)起止时间、主要目的、主要措施及主要成果,以及科学考察和研究活动情况。利用现状调查应了解主要利用在哪些方面、多大规模和效益等情况。

15 评价和建议

评价多样性状况和濒危状况,提出拟保护建议。

附 录 C
（规范性附录）

C.1 农业野生植物标本采集记录表

```
采集号_____ 采集日期_____
采集单位_____ 采集人_____
采集地点_____
经度_____纬度_____海拔_____m
生境_____
性状:乔木□  灌木□  亚灌木□  草本(1年生□  2年生□  多年生□)
    直立□  平卧□  匍匐□  攀援□  缠绕□
植株高度_____m,胸径_____m
树皮_____
根_____
茎_____
叶_____
花_____
果_____
种子_____
科 名_____属 名_____种名_____
中文名_____俗 名_____
```

农业野生植物标本采集记录填写说明

1. 采集号:标本的野外编号;
2. 生境:记载标本采集地的生态环境,包括坡向、坡位、植被状况、土壤类型、光照条件和水分状况等;
3. 胸径:草本和小乔木一般不填;
4. 树皮:记载形状、颜色、裂纹、光滑度;
5. 根:矮小草本,要整株植物连根采集,记载根的形状、颜色等;
6. 茎:记载分枝方式、形状、颜色;
7. 叶:记载叶形、叶两面的颜色,有无粉质、毛、刺等;
8. 花:记载颜色、形状、花被和雌雄蕊的数目;
9. 果实:记载种类、颜色、形状及大小;
10. 种子:记载颜色、性状及大小;
11. 附记:可记用途及其他。

C.2 农业野生植物标本定名签样式

中 名_____

拉丁学名_____科 名_____

产 地_____

采集号_____标本号_____

采集人_____鉴定人_____鉴定日期_____

附 录 D
（规范性附录）
农业野生植物蜡叶标本制作技术

蜡叶标本是保存植物最简单和常用的标本。农业野生植物蜡叶标本制作需经整理、压制、换纸、消毒、上台纸和标本保存等基本过程。

D.1 整理

对标本进行初步整理，剪去多余枝叶，除掉根部污泥杂物，免致遮盖花果，准备压制。

D.2 压制

将标本夹中的一块作为底板，铺上 5 层～6 层草纸，把一份带有号牌的标本展平于草纸上，使标本的叶片展示出正面和反面，其他部分也尽量有几个不同观察面。盖上 2 层～3 层草纸，再放另一份标本。当标本压制到一定高度时，上面多放几层草纸，再盖上另一块夹板，用麻绳捆紧，置于通风干燥处。

D.3 换纸

新压制的标本，每天至少换一次纸，待标本含水量减少后，每 1 天～2 天换一次纸，以保持标本不发霉和减少变色。及时晒干或烘干换下来的潮湿纸，以供继续使用。在最初两次换纸时，结合整形，将卷曲的叶片、花瓣展平。标本上脱落下来的部分，及时收集装袋，并注上该标本号与原标本放在一起。

D.4 消毒

标本压干后，用升汞（$HgCl_2$）酒精液消毒，以杀死标本上的虫和虫卵。升汞酒精液的配方是：用升汞 1 g，70％酒精 1 000 ml 配成。可用喷雾器直接往标本上喷消毒液，或将标本放在大盆里，用毛笔蘸上消毒液，轻轻地在标本上涂刷，也可将消毒液倒在盆里，将标本放在消毒液里浸 10 s～30 s。升汞为剧毒药品，消毒时应注意安全。亦可用敌敌畏或四氯化碳、二硫化碳混合液或其他药剂消毒。消毒后的标本，应重新压干再上台纸。

D.5 上台纸（装订）

1. 取一张台纸平放在桌子上，在野外可放在木板上，将标本按自然状态摆在台纸上的适当位置，并进行最后一次整形，剪去过多的枝、叶、果。标本过长，可折曲成 V 形或 N 形。

2. 选好适当位置，用白线绕紧标本，然后穿到台纸背面打结，用透明胶带纸在台纸背面把线黏牢。

3. 压制中脱落下来而应保留的叶、花、果，可按自然着生情况装订在相应位置上或用透明纸装贴于台纸上的一角。

4. 在台纸的右下角贴上定名标签。按标本号，复写一份采集记录，贴于台纸的左上角。

D.6 保存

制成的蜡叶标本应存放在标本柜里。标本柜结构密封、防潮，大小式样可根据需要和具体情况而定，一般采用二节四门的标本柜。

D.7 注意事项

1. 尽量使枝、叶、花、果平展，并且使部分叶片背面向上，以便观察叶背特征。花的标本宜有一部分侧压,以展示花柄、花萼、花瓣等各部位形状;还应解剖几朵花,依次将雄蕊、雌蕊、花盘、胎座等各部位压在吸水纸内干燥,便于观察和识别。

2. 肉质多汁植物不易压干,宜在压制前用沸水烫 1 min～2 min 或用福尔马林液浸泡片刻,将细胞杀死后再进行压制;有很大的根、地上茎或果实的植物,不宜入标本夹,可挂上号牌另行晒干或晾干,妥善保存或用浸液保存。

3. 标本放置要注意首尾相错,以保持整叠标本平衡,受力均匀,不致倾倒。有的标本的花、果较粗大,压制时常使纸凸起,叶子因受不到压力而皱折,可用几张纸折成纸垫,垫在凸起的四周,或将较大部分切下另行风干,挂同一号的采集标签。

4. 有些植物的花、果、种子压制时常会脱落,换纸时应逐个捡起,放在小纸袋内,并写上采集号码夹在一起。

5. 标本入柜前,应先登记、编号,将每份标本按需要分类登记在登记本上,便于随时掌握存有多少标本,有哪些标本使用方便。

6. 标本柜、标本室存放标本前,应事先扫干净,晾干并用杀虫剂消毒,常用敌百虫或福尔马林喷杀或熏杀。然后将标本按登记分类顺序放入柜里保存。标本入柜后,还应经常抽查是否有发霉、虫害、损伤等,如有发现应及时处理。

7. 入柜前应使标本干透,并在标本柜里放樟脑丸、干燥剂。若标本发霉,可用毛笔轻轻扫去菌丝体,再蘸点石炭酸或福尔马林涂在标本上,也可用红外灯烘干、紫外灯消毒。入柜后遇上雨季应防止发潮。

8. 在取放标本时,因标本之间互相磨擦也会使其某部分脱落、破碎。应在操作时轻拿轻放,需要取一叠标本中的某一份标本时,应整叠取出,放在桌上再逐份翻阅,不宜从中硬抽。为减少标本之间的磨损,可用牛皮纸或硬纸将标本逐份或分类夹好。取、放标本时随手关好柜门。

附 录 E

（资料性附录）

农业野生植物调查报告编写提纲

E.1 前言

简述任务来源、目的任务和意义、工作起止时间、工作部署和方法以及完成的工作量,调查工作质量评述,本次调查工作的主要成果或进展。

E.2 调查结果

所调查的每一物种名称及其特征特性,分布区域的地理位置、分布状况及社会经济和生态环境状况,分类学地位,在作物起源、育种及其他生物科学研究中的价值,以及开发利用前景;所调查物种遭受危害程度,目前的保护措施和效果;针对濒危状况和保护价值,提出有效保护和合理利用建议。

E.3 结论和建议

总结本次调查主要工作成果,工作质量综述,本次调查工作中存在的主要问题,以及下一步工作建议。

E.4 附件

附图:调查区域行政区划图、地形地貌图、标本采集点位图、农业野生植物分布图及其他图件。

附表:农业野生植物调查表、野外记录表。

其他:记录本、卡片、照片集、录像带及其他。

ICS 65.020.30
B 44

中华人民共和国农业行业标准

NY/T 1670—2008

猪雌激素受体和卵泡刺激素β亚基单倍体型检测技术规程

Detection procedures for haplotypes of estrogen receptor &
follicular stimulating hormone beta subunit gene in pigs

2008-08-28 发布

2008-10-01 实施

中华人民共和国农业部 发布

1047

前　　言

本标准的附录 A 为规范性附录,附录 B、附录 C 为资料性附录。

本标准由中华人民共和国农业部畜牧业司提出。

本标准由全国畜牧业标准化技术委员会归口。

本标准起草单位:全国畜牧总站、中国农业大学。

本标准主要起草人:李宁、王志刚、刘丑生、张桂香、于福清、韩旭、孙秀柱。

猪雌激素受体和卵泡刺激素
β 亚基单倍体型检测技术规程

1 范围

本标准规定了猪雌激素受体(ESR)和卵泡刺激素 β 亚基(FSHβ)基因单倍体型检测规程。

本标准适用于猪 ESR 基因型和 FSHβ 基因型的单独或合并定性检测。

2 规范性引用文件

下列文件中的条款通过本标准的引用而成为本标准的条款。凡是注日期的引用文件,其随后所有的修改单(不包括勘误的内容)或修订版均不适用于本标准,然而,鼓励根据本标准达成协议的各方研究是否可使用这些文件的最新版本。凡是不注日期的引用文件,其最新版本适用于本标准。

GA/T 383 法庭科学 DNA 实验室检验规范

3 术语和定义

下列术语和定义适用于本标准。

3.1

限制性片段长度多态性 restriction fragment length polymorphism,RFLP

以限制性内切酶处理 DNA 产生的片段长度变化为依据的一种遗传标记。

4 原理

雌激素受体基因是控制猪产仔数的主效基因之一,ESR BB 基因型与产仔性状呈正相关,AA 和 AB 基因型个体的产仔性状次之。ESR 基因座等位基因的差异是由于 B 等位基因发生点突变,从而产生一个 *Pvu* Ⅱ 限制性酶切位点。卵泡刺激素 β 亚基(FSHβ)基因也是控制猪产仔数的主效基因之一,FSHβBB 基因型与产仔性状呈正相关,AA 和 AB 基因型个体的产仔性状次之。猪 FSHβ 基因等位基因的差异是由于 A 等位基因在 FSHβ 基因的第 1 个内含子中存在 1 个 292 bp 的逆转座子插入突变(A 等位基因扩增片段为 500 bp,B 等位基因为 218 bp)。ESR 和 FSHβBB - BB 单倍体型与产仔性状呈正相关,其他基因型个体的产仔性状次之。为了同时选择同效应基因型,针对 ESR 基因和 FSHβ 基因的侧翼设计引物,进行扩增,通过检测带型分布鉴别猪个体 ESR 和 FSHβ 单倍型。

5 试剂和仪器设备

5.1 试剂

以下试剂无特殊标注均为分析纯。

5.1.1 血液裂解液、组织 DNA 提取液和精子裂解液。

5.1.2 Tris 饱和酚:重蒸。

5.1.3 三氯甲烷。

5.1.4 异戊醇。

5.1.5 无水乙醇。

5.1.6 溴化乙锭(10 mg/mL)。

5.1.7 TBE 或 TAE 电泳缓冲液。

5.1.8 6×上样缓冲液。

5.1.9 琼脂糖。

5.1.10 RNA 酶(10 mg/mL)。

5.1.11 蛋白酶 K(20 mg/mL)。

5.1.12 无水碳酸钠。

5.1.13 dNTPs:dATP、dCTP、dGTP 和 dTTP。

5.1.14 Taq DNA 聚合酶(5 U/μL)。

5.1.15 限制性内切酶 Pvu Ⅱ(10 U/μL)。

5.1.16 DNA 分子量标记。

5.1.17 试剂的配方和配制见附录 A。

5.2 仪器设备

5.2.1 凝胶成像分析系统。

5.2.2 PCR 扩增仪。

5.2.3 水平电泳槽。

5.2.4 离心机。

5.2.5 涡旋震荡器。

5.2.6 可调移液器。

5.2.7 稳压稳流电泳仪。

5.2.8 超净工作台。

5.2.9 超纯水器。

5.2.10 高压灭菌器。

6 检测方法

6.1 样品的收集与保存

6.1.1 采样个体应具备该品种的典型特征,每品种采集要求三代内无血缘关系的个体不少于 60 头,其中雄性数量不少于 10%。

6.1.2 样品的采集及保存应满足提取 DNA 的要求,并详细记录材料名称、来源、系谱、采集时间、地点及保存条件。

6.1.3 DNA 样品的制备与检测参见附录 B。

6.2 引物合成和配制

6.2.1 引物序列

ESR 引物序列

上游引物 F1　5′- CCTGTTTTTACAGTGACTTTTACAGAG - 3′

下游引物 R1　5′- CACTTCGAGGGTCAGTCCAATTAG - 3′

FSHβ 引物序列

上游引物 F2　5′- ACTGGTCTATTCATCCTCTC - 3′

下游引物 R2　5′- CCTTTAAGACAGTCAATGGC - 3′

将引物管进行瞬时离心,加入灭菌双蒸水充分震荡 5 min～10 min,室温充分溶解 30 min,分装,—20℃冻存。

6.2.2 灭菌双蒸水的加入量

灭菌双蒸水加入量的计算按式(1)计算：

$$V = \frac{OD \times 33}{C \times MW} \quad\cdots\cdots\cdots\cdots\cdots\cdots\cdots\cdots\cdots\cdots\cdots\cdots\cdots\cdots\cdots\cdots \quad (1)$$

式中：

V——加入双蒸水的体积，单位为微升(μL)；

OD——引物 DNA 的浓度，即 A_{260}/A_{280} 比值，由合成引物的公司提供；

C——引物浓度，单位为 100 pmol/μL，一般配成 100 pmol/μL 贮存液；

MW——合成引物的分子量。

6.3 PCR 反应程序

94℃预变性 4 min，然后进行 30 个～35 个循环的扩增反应，每个循环包括 94℃变性 30 s～60 s，55℃～60℃退火 30 s～45 s，72℃聚合 30 s～60 s，72℃聚合延伸 10 min，4℃保存。

6.4 PCR 反应体系

PCR 反应总体积均为 25 μL，体系中各成分的用量见表 1。

表 1 PCR 反应体系

组分及浓度	使 用 量
10×buffer	2.50 μL
MgCl₂(25 mmol/L)	1.5 μL～2.5 μL
dNTPs(2.5 mmol/L)	1.5 μL～2.5 μL
上游引物 F1(10 μmol/μL)	0.4 μL～1.25 μL
上游引物 F2(10 μmol/μL)	0.5 μL～1.25 μL
下游引物 R1(10 μmol/μL)	0.4 μL～1.25 μL
下游引物 R2(10 μmol/μL)	0.5 μL～1.25 μL
DNA 模板	50 ng～100 ng
Taq DNA 聚合酶	1.0 U～2.0 U
灭菌双蒸水加至	25 μL

6.5 电泳检测 PCR 扩增产物

制备 1‰～3‰琼脂糖/TBE(或 TAE)凝胶。取 5 μL 扩增产物，与上样缓冲液混合后电泳，检测 PCR 扩增目的基因片段是否成功以及产物长度。PCR 扩增产物长度应为 120 bp 和/或 218 bp、500 bp。

6.6 RFLP 检测

6.6.1 扩增产物的 RFLP 反应体系见表 2。

表 2 扩增产物的 RFLP 反应体系

酶切组分及浓度	使用量,μL
10×buffer	2.0
*Pvu*Ⅱ限制性内切酶(10 U/μL)	0.5
PCR 产物	10
灭菌双蒸水加至	20

6.6.2 反应体系中可加入适量乙酰化 BSA。反应体系混合均匀后，37℃消化 4 h 以上。

6.7 对照实验

每次实验必须设置阴性对照、阳性对照和空白对照。

7 单体型检测与判定

7.1 单体型检测

制备 2%～4%琼脂糖/TBE(或 TAE)凝胶,凝胶含 0.5 μg/μL 溴化乙锭(EB)。取适量上样缓冲液和酶切产物混合后电泳。电泳结束后,将凝胶置于凝胶成像仪上,拍照带型分布。

7.2 单体型判定

ESR-FSHβ 单体型判定见表 3,参考图片参见附录 C。

表 3　ESR-FSHβ 单体型判定

产物长度,bp					ESR 单体型	FSHβ 单体型	ESR-FSHβ 单体型
ESR 单体型			FSHβ 单体型				
120	—	—	—	500	AA	AA	AA-AA
120	—	—	—	218	AA	BB	AA-BB
120	—	—	218	500	AA	AB	AA-AB
65	55	—	—	500	BB	AA	BB-AA
65	55	—	—	218	BB	BB	BB-BB
65	55	—	218	500	BB	AB	BB-AB
120	65	55	—	500	AB	AA	AB-AA
120	65	55	—	218	AB	BB	AB-BB
120	65	55	218	500	AB	AB	AB-AB

8　注意事项

限制性内切酶的活性要高,每次反应加入的酶量要充足;否则,会导致 PCR 产物的不完全消化,进而误判基因型。

9　结果表述

×××猪 ESR 单倍体型为 AA 型;

×××猪 ESR 单倍体型为 AB 型;

×××猪 ESR 单倍体型为 BB 型;

×××猪 FSHβ 单倍体型为 AA 型;

×××猪 FSHβ 单倍体型为 AB 型;

×××猪 FSHβ 单倍体型为 BB 型;

×××猪 ESR-FSHβ 单倍体型为 BB-BB 型;

×××猪 ESR-FSHβ 单倍体型为 BB-AB 型;

×××猪 ESR-FSHβ 单倍体型为 BB-AA 型;

×××猪 ESR-FSHβ 单倍体型为 AB-BB 型;

×××猪 ESR-FSHβ 单倍体型为 AB-AB 型;

×××猪 ESR-FSHβ 单倍体型为 AB-AA 型;

×××猪 ESR-FSHβ 单倍体型为 AA-BB 型;

×××猪 ESR-FSHβ 单倍体型为 AA-AB 型;

×××猪 ESR-FSHβ 单倍体型为 AA-AA 型。

10　防污染措施

参照 GA/T 383 规定的方法执行。

附　录　A

（规范性附录）

试剂的配方和配制

A.1　试剂的配方

A.1.1　血液裂解液配方见表 A.1。

表 A.1　血液裂解液配方

贮存液浓度	体积,mL	使用浓度
1 mol/L Tris - HCl(pH8.0)	1	10 mmol/L
0.5 mol/L EDTA(pH8.0)	20	100 mmol/L
10% SDS	20	2%
灭菌双蒸水加至	100	—

A.1.2　组织 DNA 提取液配方见表 A.2。

表 A.2　组织 DNA 提取液配方

贮存液浓度	体积,mL	使用浓度
1 mol/L Tris - HCl(pH8.0)	5	50 mmol/L
0.5 mol/L EDTA(pH8.0)	20	100 mmol/L
0.5 mol/L NaCl	20	100 mmol/L
10% SDS	20	2%
灭菌双蒸水加至	100	—

A.1.3　精子裂解液配方见表 A.3。

表 A.3　精子裂解液配方

贮存液浓度	体积,mL	使用浓度
1 mol/L Tris - HCl(pH8.0)	1	10 mmol/L
0.5 mol/L EDTA(pH8.0)	2	10 mmol/L
0.5 mol/L NaCl	20	100 mmol/L
10% SDS	20	2%
1 mol/L DTT	0.003 9	39 μmol/L
灭菌双蒸水加至	100	—

A.2　试剂的配制

A.2.1　精子洗涤液

取 37.5 mL 1 mol/L NaCl,5 mL 0.5 mol/L EDTA,加双蒸水至 250 mL。高压灭菌 20 min,备用。

A.2.2　蛋白酶 K 贮存液(20 mg/mL)

200 mg 蛋白酶 K 溶于 10 mL 灭菌双蒸水中,分装,每管 1 mL,−20℃冻存。

A.2.3　TE 缓冲液(pH8.0)

10 mmol/L Tris - HCl(pH8.0),1 mmol/L EDTA(pH8.0)。

A.2.4　电泳缓冲液

50×Tris-乙酸(TAE,pH8.5):242 g Tris-碱,57.1 mL 冰醋酸,37.2 g Na₂EDTA - 2H₂O,加水至 1 L;

10×Tris-硼酸(TBE,pH8.0):108 g Tris-碱,55 g 硼酸,40 mL 0.5 mol/L EDTA。

A.2.5 溴化乙锭溶液(EB,10 mg/mL)

用少量双蒸水溶解 1 g 溴化乙锭,磁力搅拌数小时以确保其完全溶解,定容至 100 mL,然后转移到棕色瓶或铝箔包裹容器中,室温保存。

注:溴化乙锭是强诱变剂并有中度毒性,使用时溶液务必戴上手套,称量染料时要戴口罩。

A.2.6 6×上样缓冲液

0.05%溴酚蓝,0.05%二甲苯青 FF,40%(W/V)蔗糖水溶液;或 0.05%溴酚蓝,0.05%二甲苯青 FF,30%(V/V)甘油水溶液。

A.2.7 1 mol/L 二硫苏糖醇(DTT)

用 20 mL 0.01 mol/L 乙酸钠溶液(pH5.2)溶解 3.09 g DTT,过滤除菌后分装成 1 mL 贮存于 −20℃。

注:DTT 或含有 DTT 的溶液不能进行高压处理。

附 录 B

（资料性附录）

DNA 样品的制备与检测

B.1 DNA 样品的制备

B.1.1 从血液中提取基因组 DNA

B.1.1.1 取适量血液加入等体积血液裂解液，加入 RNA 酶至终浓度为 20 μg/mL，充分混匀，37℃消化 1 h～2 h。

B.1.1.2 加入蛋白酶 K 至终浓度为 100 μg/mL，混匀，55℃水浴消化 12 h 至不见有黏稠的团块。

B.1.1.3 加入等体积 Tris 饱和酚，反复颠倒离心管，使两相溶液充分混合形成乳浊液，4℃ 12 000 r/min 离心 15 min；小心吸取上清液转移至另一洁净的离心管中。

B.1.1.4 重复一次 B.1.1.3 的工作。

B.1.1.5 加入等体积的酚：氯仿：异戊醇(25：24：1)混合液，缓慢颠倒离心管，使两相溶液充分混合，4℃ 12 000 r/min 离心 15 min。

B.1.1.6 加入等体积氯仿：异戊醇(24：1)混合液，缓慢颠倒离心管，使两相溶液充分混合，4℃ 12 000 r/min 离心 15 min；小心收集上清至另一离心管中。

B.1.1.7 将上清液吸取至较大容量的试管中，加入 1/10 体积 3 mol/L NaAc 溶液(pH5.2)和 2.5 倍体积的预冷无水乙醇，轻轻摇动试管至出现白色絮状 DNA 沉淀。

B.1.1.8 将 DNA 沉淀转移到 1.5 mL 离心管中，用 75％乙醇洗涤 2 次。

B.1.1.9 将 DNA 干燥后加入适量 TE 或灭菌双蒸水溶解。

B.1.2 从组织中提取基因组 DNA

B.1.2.1 取 0.3 g 组织置于 1.5 mL 离心管中，用眼科手术剪剪碎。

B.1.2.2 加入 500 μL 组织 DNA 提取液，然后加入 RNA 酶至终浓度为 20 μg/mL，充分混匀，37℃消化 1 h～2 h。

B.1.2.3 加蛋白酶 K 至终浓度为 150 μg/mL～200 μg/mL，充分混匀，55℃水浴消化过夜。

B.1.2.4 以下步骤同 B.1.1.3～B.1.1.9。

B.1.3 从毛发中提取基因组 DNA

B.1.3.1 用灭菌双蒸水洗涤毛发，然后剪成 0.3 cm～0.5 cm，置于小离心管中。

B.1.3.2 晾干后加入 30 μL～50 μL 组织 DNA 提取液，然后加入蛋白酶 K 至终浓度为 200 μg/mL，充分混匀，55℃消化至完全溶解。

B.1.3.3 以下步骤同 B.1.1.3～B.1.1.9。

B.1.4 从精液中提取基因组 DNA

B.1.4.1 每个体取冻精 3 支或鲜精 0.4 mL，置于 1.5 mL 离心管中。

B.1.4.2 加等量精子洗涤液，4 500 r/min 离心 6 min，弃上清。

B.1.4.3 重复洗涤精子沉淀两次，去掉其中的卵黄甘油等物质。

B.1.4.4 加 0.4 mL 精子裂解液重悬沉淀。

B.1.4.5 加入蛋白酶 K 至终浓度为 100 μg/mL,混合后于 55℃消化过夜至少 12 h。

B.1.4.6 以下步骤同 B.1.1.3～B.1.1.9。

B.1.5 也可用等效 DNA 提取试剂盒、硅珠法、Chelex 法、CTAB 法(十六烷基三甲基溴化胺)等方法提取基因组 DNA。

B.2 DNA 样品质量和浓度检测

取适量 DNA 溶液,酌情稀释,然后检测 DNA 浓度,根据测定结果再将 DNA 溶液稀释至预定值。较纯 DNA 样品的 A_{260}/A_{280} 比值为 1.8 左右;若该比值大大低于 1.8,说明样品中含有较多的蛋白质,需要进一步纯化。

附 录 C

（资料性附录）

基因型判定参考图

C.1 FSHβ 基因 PCR 扩增结果电泳图见图 C.1。

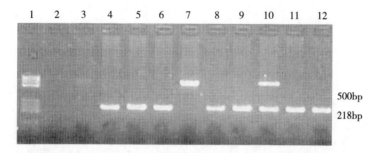

FSHβ 基因呈现 PCR 扩增多态，可分三种基因型：AA、AB、BB。

泳道 1：MARKER；

泳道 2：阴性对照；

泳道 3：空白对照；

泳道 7：AA(500bp)；

泳道 10：AB(500bp+218bp)；

泳道 4、5、6、8、9、11、12：BB(218bp)。

图 C.1 FSHβ 基因 PCR 扩增结果电泳图

C.2 ESR 基因 PCR 产物酶切结果电泳图见图 C.2。

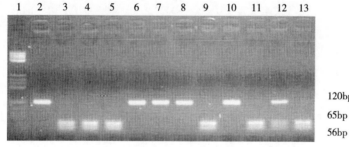

泳道 1：MARKER；

泳道 12：BB(120bp)；

泳道 2、6、7、8、10：AA(120bp+65bp+56bp)；

泳道 3、4、5、9、11、13：AB(65bp+56bp)。

图 C.2 ESR 基因 PCR 产物酶切结果电泳图

ICS 67.100.10
X 16

中华人民共和国农业行业标准

NY/T 1671—2008

乳及乳制品中共轭亚油酸(CLA)
含量测定　气相色谱法

Determination of conjugated linoleic acid (CLA) content in milk and
milk products　Gas chromatography

2008-08-28 发布   2008-10-01 实施

中华人民共和国农业部 发布

前　言

本标准中附录 A 为资料性附录。

本标准由中华人民共和国农业部畜牧业司提出。

本标准由全国畜牧业标准化技术委员会归口。

本标准起草单位：中国农业科学院北京畜牧兽医研究所、农业部奶及奶制品质量监督检验测试中心（北京）。

本标准主要起草人：卜登攀、魏宏阳、王加启、周凌云、许晓敏、刘仕军。

乳及乳制品中共轭亚油酸(CLA)含量测定
气相色谱法

1 范围

本标准规定了乳及乳制品中共轭亚油酸(CLA)含量的气相色谱测定方法。

本标准适用于乳及乳制品中 CLA 含量的测定。

本方法中,顺式 9,反式 11 共轭亚油酸(cis9,trans11 CLA)和反式 10,顺式 12 共轭亚油酸(trans10,cis12 CLA)的最低检出量分别为 9.0ng 和 13.8ng。

2 规范性引用文件

下列文件中的条款通过本标准的引用而成为本标准的条款。凡是注日期的引用文件,其随后所有的修改单(不包括勘误的内容)或修订版均不适用于本标准。然而,鼓励根据本标准达成协议的各方研究是否可使用这些文件的最新版本。凡是不注日期的引用文件,其最新版本适用于本标准。

GB/T 6682 分析实验室用水规格和试验方法

3 术语和定义

下列术语和定义适用于本标准。

3.1

共轭亚油酸 conjugated linoleic acid,CLA

具有共轭双键的亚油酸统称为共轭亚油酸(conjugated linoleic acid)。本标准特指顺式 9,反式 11 共轭亚油酸(cis9,trans11 CLA)和反式 10,顺式 12 共轭亚油酸(trans10,cis12 CLA)两种异构体。

4 原理

乳及乳制品经有机溶剂提取粗脂肪后,经碱皂化和酸酯化处理生成共轭亚油酸甲酯,再经正己烷萃取,气相色谱柱分离,用氢火焰离子化检测器测定,用外标法定量。

5 试剂

除非另有规定,在分析中仅使用确认为分析纯的试剂和 GB/T 6682 中规定的一级水。

5.1 无水硫酸钠[Na_2SO_4]。

5.2 正己烷[$CH_3(CH_2)_4CH_3$]:色谱纯。

5.3 异丙醇[$(CH_3)_2CHOH$]。

5.4 氢氧化钠甲醇溶液:称 2.0 g 氢氧化钠溶于 100 mL 无水甲醇中,混合均匀,其浓度为 20 g/L。现用现配。

5.5 100 mL/L 盐酸甲醇溶液:取 10 mL 氯乙酰[CH_3COCl]缓慢注入盛有 100 mL 无水甲醇的 250 mL 三角瓶中,混合均匀,其体积分数为 100 mL/L。现用现配。

警告:氯乙酰注入甲醇时,应在通风橱中进行,以防外溅。

5.6 硫酸钠溶液:称取 6.67 g 无水硫酸钠(5.1)溶于 100 mL 水中,其浓度为 66.7 g/L。

5.7 正己烷异丙醇混合液(3+2):将 3 体积正己烷(5.2)和 2 体积异丙醇(5.3)混合均匀。

5.8 共轭亚油酸(CLA)标准溶液:分别称取顺式 9,反式 11 共轭亚油酸(cis9,trans11CLA)甲酯和反式
10,顺式 12 共轭亚油酸(trans10,cis12CLA)甲酯标准品各 10.0 mg,置于 100 mL 棕色容量瓶中,正己
烷(5.2)溶解并定容至刻度,混匀。顺式 9,反式 11 共轭亚油酸(cis9,trans11CLA)和反式 10,顺式 12
共轭亚油酸(trans10,cis12CLA)的浓度均为 95.2 $\mu g/mL$。

6 仪器

常用设备和以下仪器。

6.1 冷冻离心机:工作温度可在 0 ℃～8 ℃之间调节,离心力应大于 2 500 g。

6.2 气相色谱仪:带 FID 检测器。

6.3 色谱柱:100%聚甲基硅氧烷涂层毛细管柱,长 100 m,内径 0.32 mm,膜厚 0.25 μm。

6.4 分析天平:感量 0.000 1 g。

6.5 带盖离心管:10 mL。

6.6 恒温水浴锅:40℃～90℃,精度±0.5℃。

6.7 带盖耐高温试管。

6.8 涡旋振荡器。

7 分析步骤

7.1 试样称取:做两份试料的平行测定。称取含粗脂肪 50 mg～100 mg 的均匀试样,精确到 0.1 mg,
置于带盖离心管(6.5)中。

7.2 粗脂肪的提取:在试样(7.1)中加入正己烷异丙醇混合液(5.7)4 mL,涡旋振荡 2 min。加入 2 mL
硫酸钠溶液(5.6),涡旋振荡 2 min 后,于 4 ℃、2 500 g 离心 10 min。

7.3 皂化与酯化:将上层正己烷相移至带盖耐高温试管(6.7)中,加入 2 mL 氢氧化钠甲醇溶液(5.4),
拧紧试管盖,摇匀,于 50℃水浴皂化 15 min。冷却至室温后,加入 2 mL 盐酸甲醇溶液(5.5),于 90℃水
浴酯化 2.5 h。

7.4 试液的制备:冷却至室温后,在酯化后的溶液(7.3)中加入 2 mL 水,分别用 2 mL 正己烷(5.2)浸
提 3 次,合并正己烷层转移至 10 mL 棕色容量瓶中,用正己烷(5.2)定容。加入约 0.5 g 无水硫酸钠
(5.1),涡旋震荡 20 s～30 s,静置 10 min～20 min。取上清液作为试液。

7.5 气相色谱参考条件:采用具有 100%聚甲基硅氧烷涂层的毛细管柱(6.3)结合二阶程序升温分离
检测。

升温程序:120℃维持 10 min,然后以 3.2 ℃/min 升温至 230 ℃,维持 35 min。

进样口温度:250℃。

检测器温度:300℃。

载气:氮气。

柱前压:190kPa。

分流比:1:50。

氢气和空气流速:分别为 30 mL/min 和 400 mL/min。

7.6 测定:取共轭亚油酸(CLA)标准溶液(5.8)及试液(7.4)各 2 μL 进样,以色谱峰面积定量。标准溶
液和试液色谱图见附录 A。

8 结果计算

8.1 CLA:试样中 CLA 含量以质量分数 X_i 计,数值以毫克每千克(mg/kg)表示,按式(1)计算:

$$X_i = \frac{A_i \times C_i \times V}{A_{is} \times m} \cdots\cdots\cdots\cdots\cdots\cdots\cdots\cdots\cdots\cdots\cdots\cdots\cdots (1)$$

式中：

A_i——试液中第 i 种 CLA 峰面积；

A_{is}——标准溶液中第 i 种 CLA 峰面积；

C_i——标准溶液中第 i 种 CLA 浓度，单位为微克每毫升(μg/mL)；

V——试液总体积，单位为毫升(mL)；

m——试样质量，单位为克(g)。

试样中 CLA 总量以质量分数 X 计，单位以毫克每千克(mg/kg)表示，按式(2)计算：

$$X = X_1 + X_2 \cdots\cdots\cdots\cdots\cdots\cdots\cdots\cdots\cdots\cdots\cdots\cdots\cdots (2)$$

测定结果用平行测定的算术平均值表示，保留 3 位有效数字。

9 精密度

在重复性条件下获得的两次独立测定结果的绝对差值不得超过算术平均数的 10%。

在再现性条件下获得的两次独立测定结果的绝对差值不得超过算术平均数的 20%。

附 录 A
（资料性附录）
标准溶液图谱和试液图谱

A.1 气相色谱法测定 CLA 甲酯标准溶液的图谱见图 A.1。

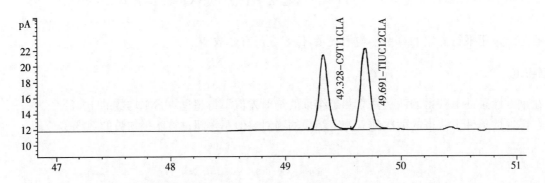

注：出峰顺序依次为：顺 9,反 11 共轭亚油酸(cis9,trans11CLA)甲酯；
反 10,顺 12 共轭亚油酸(trans10,cis12CLA)甲酯。

图 A.1　气相色谱法测定 CLA 甲酯标准溶液图谱

A.2 气相色谱法测定 CLA 甲酯试液的图谱见图 A.2。

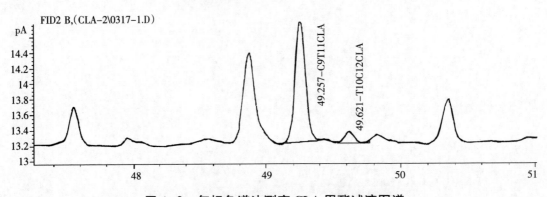

图 A.2　气相色谱法测定 CLA 甲酯试液图谱

参 考 文 献

[1] Technical committee ISO/TC 34,food products,subcommittee SC 5,Milk and milk product,and the IDF/AOAC international.. 2002. ISO 15884 ｜ IDF 182:2002(E) Milk fat-preparation of fatty acid methyl esters[S]. ISO and IDF and separately by AOAC internation.

[2] Technical committee ISO/TC 34,food products,subcommittee SC 5,Milk and milk product,and the IDF/AOAC international. 2002. ISO 15885 ｜ IDF 184:2002(E) Milk fat-determination of the fatty acid composition by gas-liquid chromatography[S]. ISO and IDF and separately by AOAC internation.

[3] Technical committee ISO/TC 34, food products, subcommittee SC 5, Milk and milk product, and the IDF/AOAC international. 2001. ISO 14156 │ IDF 172:2001(E). Milk and milk product-Extraction methods for lipids and liposolube compounds[S]. ISO and IDF and separately by AOAC internation.

[4] Technical committee ISO/TC 34, food products, subcommittee SC 5, Milk and milk product, and the IDF/AOAC internation. 2004. ISO 1740 │ IDF 6:2004(E) milk fat products and butter-determination of fat acidity (reference method) [S]. ISO and IDF and separately by AOAC internation.

[5] Cunniff P. 1995. Fatty acids in oils and fats, preparation of methyl esters, boron trifluoride method[M]. Official Methods of Analysis of AOAC International. 16th ed. , Vol. 2, AOAC Internation, Arlington.

[6] Palmquist D L, Jenkins T C. 2003. Challenges with fats and fatty acid methods[J]. Journal of Animal Science, 81:3250 - 3254.

[7] Kramer J K G, Fellner V, Dugan M E R, et al. 1997. Evaluating acid and base catalysts in the methylation of milk and rumen fatty acids with special emphasis on conjugated dienes and total trans fatty acids[J]. Lipids, 32:1219 - 1228.

[8] Hara A, Radin N S. 1978. Lipid extraction of tissues with a low toxicity solvent[J]. Analytical Biochemistry, 90:420 - 426.

[9] 卜登攀, 刘仕军, 王加启等. 2006. 牛奶脂肪酸及 CLA 的分析方法的改进[J]. 中国农学通报, 22:7 - 10.

[10] 王加启, 卜登攀, 周凌云等. 2005. 一种快速检测牛奶共轭亚油酸(CLA)组成和含量的方法: 中国, ZL200510090054.2[P].

ICS 65.020.30
B 44

中华人民共和国农业行业标准

NY/T 1672—2008

绵羊多胎主效基因Fec^B
分子检测技术规程

Technical specification of molecular detection
for prolificacy major gene Fec^B in sheep

2008-08-28 发布

2008-10-01 实施

1067

中华人民共和国农业部 发布

前　言

　　Booroola(Fec^B)基因是在绵羊中识别出的第一个高繁殖力主效基因。Fec^B 基因的遗传效应是增加排卵数和产羔数。Booroola 绵羊骨形态发生蛋白受体 IB 基因高度保守的胞内激酶信号区域发生了 A746G 突变,导致所编码的 249 位氨基酸由谷氨酰胺(Q)变成了精氨酸(R)。研究表明,该突变与 Booroola 母羊的高繁殖力密切相关。通过检测绵羊是否携带高繁殖力主效基因 Fec^B,可以加速我国绵羊多胎品系的选育步伐。特制定本标准。

　　本标准由中华人民共和国农业部畜牧业司提出。

　　本标准由全国畜牧业标准化技术委员会归口。

　　本标准起草单位:中国农业科学院北京畜牧兽医研究所。

　　本标准起草人:储明星、叶素成、方丽、刘忠慧、彭志兰、张跟喜、贾立华、孙洁、冯涛。

绵羊多胎主效基因 Fec^B 分子检测技术规程

1 范围

本标准规定了绵羊多胎主效基因 Fec^B 的分子检测方法。

本标准适用于绵羊多胎主效基因 Fec^B 的分子检测。

2 规范性引用文件

下列文件中的条款通过本标准的引用而成为本标准的条款。凡是注日期的引用文件，其随后所有的修改单（不包括勘误的内容）或修订版均不适用于本标准，然而，鼓励根据本标准达成协议的各方研究是否可使用这些文件的最新版本。凡是不注日期的引用文件，其最新版本适用于本标准。

GB/T 6682 分析试验室用水规格和试验方法

GB/T 19915.9 猪链球菌 2 型溶血素基因 PCR 检测方法

SN/T 1193 基因检验实验室技术要求

3 术语、定义和缩略语

下列术语、定义和缩略语适用于本标准。

3.1

多胎 prolificacy

指一次分娩产出两个或两个以上胎儿。

3.2

Fec^B

Fec^B 是在布鲁拉美利奴（Booroola Merino）绵羊中发现的能增加排卵数和产羔数的一个常染色体突变基因，是在绵羊中识别出的第一个高繁殖力主效基因，该主效基因已被绵羊和山羊遗传命名委员会定名为 Fec^B（即 Fec＝fecundity，B＝Booroola）。高繁殖力 Fec^B 基因被定位到绵羊 6 号染色体上对应于人染色体 4q22～23 的区间，骨形态发生蛋白受体 IB（bone morphogenetic protein receptor IB，BMPR-IB）基因位于该区间。Booroola 绵羊 BMPR-IB 基因高度保守的胞内激酶信号区域发生了 A746G 突变，导致所编码的 249 位氨基酸由谷氨酰胺（Q）变成了精氨酸（R）。研究表明，该突变与 Booroola 母羊的高繁殖力密切相关。Fec^B 即 BMPR-IB 基因的 746G 或 249R，Fec$^+$ 即 BMPR-IB 基因的 746A 或 249Q。两个 Fec^B 拷贝的携带者用 Fec^B Fec^B 表示，简记为 BB，一个 Fec^B 拷贝的携带者用 Fec^B Fec$^+$ 表示，简记为 B＋，非携带者用 Fec$^+$ Fec$^+$ 表示，简记为 ＋＋。一个 Fec^B 拷贝增加排卵数 1.3 枚～1.6 枚，两个 Fec^B 拷贝增加 2.7 枚～3.0 枚；携带一个 Fec^B 拷贝的母羊产羔数增加 0.9 只～1.2 只，携带两个 Fec^B 拷贝的母羊产羔数增加 1.1 只～1.7 只。

3.3

主效基因 major gene

主效基因是指对某一数量性状（或阈性状）的表型值产生较大效应的单个基因或基因座。

3.4

限制性内切酶 restriction endonuclease

限制性内切酶是一类能识别双链 DNA 分子中特定核苷酸序列，并由此切割 DNA 双链的核酸内切酶。

3.5

限制性片段长度多态性   restriction fragment length polymorphism(RFLP)

限制性片段长度多态性是根据基因组上限制性内切酶的酶切位点核苷酸发生突变,或酶切位点之间发生核苷酸的插入、缺失而导致酶切片段长度发生变化,对基因突变进行检测的一种方法。

3.6

单链构象多态性   single strand conformation polymorphism (SSCP)

单链构象多态性是根据单链 DNA 片段在非变性聚丙烯酰胺凝胶电泳中所呈现的不同带型来检测基因突变的一种方法。DNA 片段中的一个核苷酸发生改变可能会影响其单链的空间构象。空间构象有差异的单链 DNA 分子在聚丙烯酰胺凝胶中呈现不同的带型,据此可分辨不同的基因型。

3.7

缩略语

3.7.1   PCR:polymerase chain reaction,聚合酶链式反应

3.7.2   DNA:deoxyribonucleic acid,脱氧核糖核酸

3.7.3   dNTP:deoxyribonucleoside triphosphate,脱氧核苷三磷酸

3.7.4   bp:base pair,碱基对

3.7.5   Q:glutamine,谷氨酰胺

3.7.6   R:arginine,精氨酸

4   原理

高繁殖力 Fec^B 基因定位于绵羊 6 号染色体上对应于人染色体 4q22~23 的区间,该区间包含 BM-PR-IB 基因。绵羊 BMPR-IB 基因高度保守的胞内激酶信号区域发生 A746G 突变,可导致所编码的 249 位氨基酸由谷氨酰胺(Q)变成精氨酸(R)。研究表明,该突变与绵羊高繁殖力密切相关。基于这个点突变设计引物对该区域进行 PCR 扩增以及 RFLP 或 SSCP 分析,根据在凝胶中呈现带型的不同来判断被检测个体的基因型。

5   主要试剂配制

除另有规定,所用试剂均为分析纯,水为符合 GB/T 6682 的双蒸水(二级);高压灭菌条件为 1.034×10^5 Pa 压力,蒸汽灭菌 20 min。

5.1   抗凝剂 ACD

在 700 mL 水中溶解柠檬酸 4.8 g、柠檬酸钠 13.2 g、葡萄糖 14.7 g,加水定容至 1 L,高压灭菌。

5.2   Tris·Cl,1 mol/L

在 800 mL 水中溶解 Tris 碱 121.1 g,用浓 HCl 调节 pH 至 8.0,加水定容至 1 L,分装后高压灭菌。

5.3   EDTA(pH 8.0),0.5 mol/L

在 70 mL 水中加入乙二胺四乙酸二钠(EDTA-Na$_2$·2H$_2$O)18.6 g,加热剧烈搅拌,用 NaOH 调节溶液的 pH 至 8.0(约需要 2 g NaOH),加水定容至 100 mL,高压灭菌。

5.4   血液 DNA 抽提液

取 1 mol/L Tris·Cl 2.5 mL、0.5 mol/L EDTA(pH 8.0) 50 mL、10% SDS 12.5 mL 加水定容至 250 mL,高压灭菌,室温保存。

5.5   蛋白酶 K,20 mg/mL

取蛋白酶 K 20 mg 溶于 1 mL 灭菌双蒸水,-20℃冻存。

5.6   TE 缓冲液(pH 8.0)

取 1 mol/L Tris·Cl(pH 8.0)10 mL、0.5 mol/L EDTA(pH 8.0) 2 mL 加水定容至 1 L,高压灭菌,室温保存。

5.7 磷酸缓冲盐溶液(PBS)

在 700 mL 水中溶解 NaCl 8.0 g、KCl 0.2 g、Na_2HPO_4 1.44 g、KH_2PO_4 0.24 g,用 HCl 调节 pH 至 7.4,加水定容至 1 L,高压灭菌,室温保存。

5.8 Tris 饱和酚(pH 8.0)

新蒸苯酚,加入 8-羟基喹啉至终浓度 0.1%,加入等体积 0.5 mol/L Tris·Cl (pH 8.0)混合搅拌 15 min,两相分开后移去上层,用等体积 0.1 mol/L Tris·Cl (pH 8.0)重复抽提至酚相 pH 大于 7.8,加入 0.1 体积含有 0.2% β-巯基乙醇的 0.1 mol/L Tris·Cl (pH 8.0),保存于 4℃棕色瓶中并处于 10 mmol/L Tris·Cl (pH 8.0)覆盖之下。

5.9 氯仿：异戊醇(24：1)

氯仿和异戊醇按照体积比 24：1 混合,室温封口贮存。

5.10 酚：氯仿：异戊醇(25：24：1)

酚、氯仿和异戊醇按照体积比 25：24：1 混合,保存于 4℃棕色瓶中,并处于 0.1 mol/L Tris·Cl (pH 8.0)覆盖之下。

5.11 乙醇,70%

取 70 mL 无水乙醇加水定容至 100 mL,−20℃保存。

5.12 TBE 缓冲液,10×

在 700 mL 水中溶解 Tris 碱 108 g、硼酸 55 g,加入 0.5 mol/L EDTA 40 mL,加水定容至 1 L。

5.13 TBE 缓冲液,1×

取 10×TBE 缓冲液 100 mL,加水定容至 1 L。

5.14 TBE 缓冲液,0.5×

取 10×TBE 缓冲液 50 mL,加水定容至 1 L。

5.15 溴化乙锭,10 mg/mL

在 10 mL 水中溶解溴化乙锭 100 mg,按每 1 mL 分装,4℃保存。

注意:溴化乙锭是强诱变剂并有中度毒性,使用含有这种染料的溶液时应戴上手套,称量时应戴口罩。

5.16 聚丙烯酰胺凝胶,50%(丙烯酰胺：甲叉双丙烯酰胺=49：1)

在 800 mL 水中加入丙烯酰胺 490 g、甲叉双丙烯酰胺 10 g,定容至 1 L。

注意:丙烯酰胺有毒性,配置和使用丙烯酰胺溶液时应戴上手套,称量丙烯酰胺固体时应戴口罩。

5.17 过硫酸铵,10%

在 80 mL 水中溶解过硫酸铵 10 g,定容至 100 mL。

5.18 变性缓冲液

在 9.8 mL 去离子甲酰胺溶液中加入溴酚蓝 2.5 mg、二甲苯氰 FF 2.5 mg、甘油 200 μL,0.01 mol/L EDTA 200 μL,混匀分装,4℃保存。

5.19 乙醇,20%

取 20 mL 无水乙醇,加水定容至 100 mL。

5.20 HNO_3,1%

取 1 mL HNO_3,加水定容至 100 mL。

5.21 $AgNO_3$,0.1%

取 0.1 g $AgNO_3$,加水定容至 100 mL。

5.22 显色液

300 mL 水中加入无水碳酸钠 6 g、240 μL 甲醛,混匀,用时现配。

5.23 乙酸,4%

取 4 mL 乙酸,加水定容至 100 mL。

6 主要仪器设备

6.1 凝胶成像分析系统

6.2 基因扩增仪

6.3 高速离心机:12 000 r/min

6.4 稳压稳流电泳仪

6.5 单道可调移液器:2 μL,10 μL,20 μL,100 μL,200 μL,1 000 μL

6.6 电子天平:量程 0.001 g~100 g,感量 0.001 g

6.7 紫外分光光度计

6.8 恒温震荡器:0 r/min~200 r/min,0℃~60℃

6.9 电泳槽

6.10 旋涡混合器

6.11 水平、垂直电泳槽

6.12 高压灭菌锅:1.4×10^5 Pa~1.6×10^5 Pa

6.13 干燥箱:60℃

6.14 摇床:0 r/min~200 r/min

7 检测方法

7.1 样本采集

每只绵羊颈静脉采血量为 2 mL~5 mL,ACD(每 6 mL 新鲜血液中加入 1 mL ACD)或肝素钠(1%)等抗凝。采血后,颠倒混匀以防止血液凝固,−20℃冻存不超过 2 年。亦可采用其他方法收集样本。

7.2 DNA 提取

冷冻血液在室温融化后,取 700 μL 移至 1.5 mL 离心管中,加入等体积 PBS,充分混匀,12 000 r/min 离心 15 min,弃去上清液;再取 700 μL 血液移至同一离心管中,加入等体积 PBS,充分混匀,12 000 r/min 离心 15 min,弃去上清液;再加入 600 μL DNA 抽提液,重悬沉淀物,加入蛋白酶 K 至终浓度为 100 μg/mL,混匀,封口膜封口 55℃过夜;将溶液冷却至室温,加入等体积苯酚,缓慢地颠倒离心管 10 min,直至两相混合形成乳浊液,12 000 r/min 离心 10 min;取上清,加入等体积 Tris 饱和酚,缓慢地颠倒离心管 10 min,12 000 r/min 离心 10 min;取上清,加入等体积酚:氯仿:异戊醇,缓慢地颠倒离心管 10 min,12 000 r/min 离心 10 min;取上清,加入等体积氯仿:异戊醇,缓慢地颠倒离心管 10 min,12 000 r/min 离心 10 min;取上清,加入 2 倍体积的无水乙醇沉淀 DNA,缓慢地转动离心管,可见白色 DNA 沉淀;12 000 r/min 短暂离心后除去无水乙醇,加 4℃预冷的 70%乙醇洗 2 次,小心倾倒出乙醇;将装有 DNA 的 1.5 mL 离心管室温放置,让多余的乙醇挥发,再加 150 μL TE 缓冲液溶解,24 h 后置于 −20℃保存。也可用相应市售 DNA 提取试剂盒提取 DNA,亦可采用其他方法提取 DNA。

7.3 DNA 检测

取 2 μL DNA 溶液置入微量离心管中,用水稀释 100 倍。在紫外分光光度计 260 nm 和 280 nm 测定 OD 值。DNA 浓度($\mu g/\mu L$)=OD_{260}值×10;DNA 纯度=OD_{260}值/OD_{280}值。纯 DNA 的 OD_{260}/OD_{280} 比值应为 1.8。若比值大于 1.8,说明有 RNA 存在,应用 RNA 酶处理样品;若小于 1.8,说明样品中含有蛋白质和酚,应再用酚/氯仿抽提,以乙醇沉淀纯化 DNA。

7.4 引物序列

7.4.1 引物1序列

引物1用于RFLP检测,其预期扩增产物大小为140 bp。序列为:上游引物为5′- GTCGCTAT-GGGGAAGTTTGGATG - 3′;下游引物为5′- CAAGATGTTTTCATGCCTCATCAACACGGTC - 3′。

7.4.2 引物2序列

引物2用于SSCP检测,其预期扩增产物大小为187 bp。序列为:上游引物为5′- AGATTG-GAAAAGGTCGCTATG - 3′;下游引物为5′- ACCCTGAACATCGCTAATACA - 3′。

7.5 PCR扩增

7.5.1 PCR扩增体系

引物1和引物2的PCR扩增体系相同。PCR扩增反应总体积为25 μL,其中10×缓冲液2.5 μL(不含 Mg^{2+}),10 μmol/L上下游引物各1.0 μL,2.5 mmol/L dNTPs 2.5 μL,25 mmol/L $MgCl_2$ 1.5 μL,50 ng/μL DNA模板3.0 μL, 2.5 U/μL Taq DNA聚合酶1 μL,去离子水12.5 μL。

7.5.2 PCR扩增循环参数

引物1和引物2的PCR扩增条件相同。PCR扩增条件:94℃预变性5 min;94℃变性30 s,60℃退火30 s,72℃延伸30 s,33个循环;72℃延伸5 min,4℃保存。也可根据不同的基因扩增仪对PCR扩增循环参数做适当调整。

7.5.3 PCR产物琼脂糖凝胶电泳检测

引物1和引物2的PCR产物都用1.5%琼脂糖凝胶电泳检测。

7.5.3.1 1.5%琼脂糖凝胶制备

琼脂糖凝胶制备需要的装置有胶板、隔板、一次性手套、微波炉、三角瓶和多齿梳子等。先用水清洗制胶板,再用0.5×TBE冲洗一次,水平放置;称取琼脂糖0.6 g,溶解于40 mL 0.5×TBE中;微波炉加热煮沸,取出后室温放置降温,待温度降至约55℃时加入15 μL 溴化乙锭并混匀;将混合液缓慢倒入制胶板中,排除气泡,插入多齿梳子;约20 min后胶液凝固,拔出梳子后将凝胶转移至水平电泳槽中;往电泳槽中加入电泳缓冲液,使液面刚刚没过凝胶。

7.5.3.2 PCR产物检测

5 μL扩增产物加1 μL上样缓冲液(6×DNA Loading Buffer),DNA Marker I(0.05 mg DNA/mL)用量为4 μL。3 V/cm～5 V/cm恒压,电泳20 min～30 min;用凝胶成像仪观察,并分析记录。

7.6 RFLP分析

7.6.1 RFLP酶切体系

引物1的PCR扩增产物用 *Ava* II 限制性内切酶进行酶切,酶切反应总体积为15 μL,其中PCR产物5 μL,10×缓冲液1.5 μL,10 U/μL *Ava* II 限制性内切酶1.0 μL,去离子水7.5 μL。振荡、短暂离心(转速达12 000 r/min即可),酶切反应条件为37℃水浴4 h。

7.6.2 RFLP产物琼脂糖凝胶电泳检测

酶切产物用3.0%琼脂糖凝胶电泳检测。

7.6.2.1 3.0%琼脂糖凝胶制备

3.0%琼脂糖凝胶制备时,应称取琼脂糖1.2 g,溶解于40 mL 0.5×TBE中。凝胶制备步骤与7.5.3.1相同。

7.6.2.2 RFLP产物检测

5 μL酶切产物加1 μL上样缓冲液(6×DNA Loading Buffer),DNA Marker I(0.05 mg DNA/mL)用量为4 μL。3 V/cm～5 V/cm恒压,电泳25 min～35 min;用凝胶成像仪观察,并分析记录。

7.7 SSCP分析

7.7.1 聚丙烯酰胺凝胶制备

聚丙烯酰胺凝胶制备需要的装置有弹簧夹、试管架、玻璃胶板(平口和凹口)、一次性手套、多齿梳子、隔板(厚度一致或者边缘较窄)、烧杯和玻璃棒等。

用水或洗涤剂将玻璃胶板清洗干净后,用去离子水漂洗,置于室温下晾干(应洗净玻璃板,以确保灌胶时不会产生气泡);把平口玻璃胶板放在空的试管架上,隔板放置在玻璃板的左、右两边和下边,确保隔板接触部位无缝隙;再将带凹口的玻璃胶板在间隔片上放置妥当,对齐隔板,用弹簧夹将三边夹住;将准备好的胶模斜靠在试管架上,呈 45°角,胶膜开口向上。量取 50%(49:1)的聚丙烯酰胺凝胶溶液 7.2 mL、10×TBE 缓冲液 3.0 mL、10%过硫酸铵 0.21 mL、TEMED 10.5 μL、水 19.59 mL,共 30 mL 混匀;将凝胶液缓慢灌注到胶模中,确保凝胶中没有气泡,立即将多齿梳子的齿侧插入凝胶溶液中,梳子保持水平;将胶板平放在试管架上,约 1 h 凝胶凝固成型。慢慢地从凝胶上移走梳子、弹簧夹以及底部的隔板;安装到下槽盛有 1×TBE 电泳缓冲液的垂直电泳槽上,用弹簧夹夹紧胶模,确保凝胶底部全部接触液面;在上槽中加 1×TBE 电泳缓冲液适量,以液面超过凝胶顶部 0.5 cm 为宜;用注射器冲洗胶孔的底部,以除去多余的聚丙烯酰胺;连接垂直电泳槽和电泳仪的正负极,接通电源,15 V/cm 恒定电压下电泳 5 min~10 min。

7.7.2 聚丙烯酰胺凝胶电泳

吸取 2 μL PCR 扩增产物与 7 μL 变性缓冲液混合;98℃变性 10 min,取出后冰浴 7 min 完成变性;切断电泳槽电源,将已变性的混合液用 10 μL 的移液器准确点入每个胶孔中,静置约 10 min,使样品全部下沉;然后接通电源,15 V/cm 恒定电压下电泳 5 min~10 min,观察到溴酚蓝(深蓝色)和二甲苯氰(蓝绿色)两条带分开后,5 V/cm~7 V/cm 恒压,电泳 16 h。

7.7.3 银染

电泳结束后,将凝胶从电泳槽上卸下,小心将凝胶从玻璃胶板中取出,切去一小角作为标记,置于去离子水中浸泡,开启摇床,准备银染。

7.7.3.1 洗胶

取 500 mL 水漂洗,60 r/min 30 s。

7.7.3.2 固定

向漂洗过的凝胶中加入 500 mL 20%的乙醇,60 r/min 15 min,用水漂洗 30 s。

7.7.3.3 氧化

加入 500 mL 1% HNO_3,60 r/min 3 min,用水漂洗 30 s。

7.7.3.4 染色

加入 500 mL 0.1%的 $AgNO_3$,60 r/min 30 min,用水漂洗 30 s。

7.7.3.5 显色

加入 300 mL 2%的碳酸钠显色液,60 r/min 约 10 min 出现棕色条带,用水漂洗 30 s。

7.7.3.6 停显

加入 500 mL 4%的乙酸,60 r/min 3 min,用水漂洗 30 s。保留条带,水平切去上下多余部分,将凝胶装入自封袋中,置于白板上分辨基因型。

8 结果判定

8.1 PCR 扩增产物检测

引物 1 的扩增产物若仅出现 140 bp 条带(图 1),引物 2 的扩增产物若仅出现 187 bp 条带(图 2),则表示扩增特异性好,可进行下一步检测。

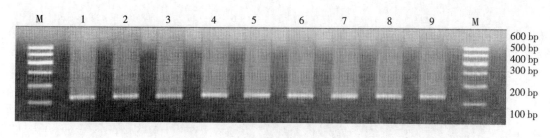

M:DNA marker I；

1～9:PCR产物。

图 1　绵羊 PCR 扩增产物(引物 1)琼脂糖凝胶电泳图谱(示特异性)

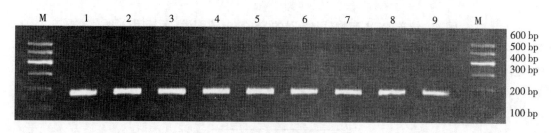

M:DNA marker I；

1～9:PCR产物。

图 2　绵羊 PCR 扩增产物(引物 2)琼脂糖凝胶电泳图谱(示特异性)

8.2　RFLP 检测

用 *Ava*Ⅱ限制性内切酶对引物 1 的 PCR 扩增产物进行酶切,不同个体结果应表现出 3 种基因型 (BB、B＋、＋＋)之一(图 3)。图 3 中的条带 1～3 表示该绵羊为两个 Fec^B 拷贝的携带者(110 bp /110 bp),即 BB 型;条带 4～6 表示该绵羊为一个 Fec^B 拷贝的携带者(140 bp /110 bp),即 B＋型;条带 7～9 表示该绵羊为 Fec^B 拷贝的非携带者(140 bp /140 bp),即＋＋型。

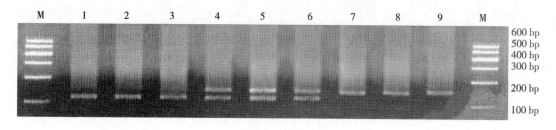

M:DNA marker I；

1～3:BB 型；

4～6:B＋ 型；

7～9:＋＋ 型。

图 3　绵羊 PCR 产物(引物 1)的 *Ava*Ⅱ酶切琼脂糖凝胶电泳图谱(示基因分型)

8.3　SSCP 检测

对引物 2 的 PCR 扩增产物进行 SSCP 分析,不同个体结果应表现出 3 种基因型(BB、B＋、＋＋)之 一(图 4):条带 1～3 表示该绵羊为两个 Fec^B 拷贝的携带者,即 BB 型;条带 4～6 表示该绵羊为一个 Fec^B 拷贝的携带者,即 B＋型;条带 7～9 表示该绵羊为 Fec^B 拷贝的非携带者,即＋＋型。

9　废弃物处理和防止污染的措施

检测过程中的废弃物应高压灭菌后再做处理,有毒有害废弃物应经过除害再做处理,处理应符合环

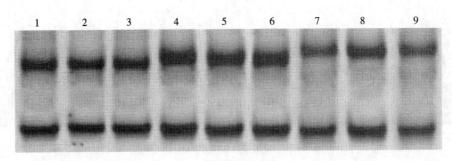

1~3:BB 型；
4~6:B＋ 型；
7~9:＋＋ 型。

图 4　绵羊 PCR 产物(引物 2)的 SSCP 电泳图谱(示基因分型)

保要求。

　　检测过程中人员安全防护和防止交叉污染的措施按照 GB/T 19915.9 和 SN/T 1193 中的规定执行。

ICS 65.020.30
B 44

NY/T 1673—2008

中华人民共和国农业行业标准

畜禽微卫星DNA遗传多样性
检测技术规程

Detection procedures of microsatellite DNA detection of
genetic diversity for domestic animals and poultry

2008-08-28 发布　　　　　　　　　　2008-10-01 实施

中华人民共和国农业部 发布

前　言

本标准的附录 A、附录 B、附录 C、附录 D、附录 E、附录 F、附录 G、附录 H、附录 I、附录 J 为资料性附录。

本标准由中华人民共和国农业部畜牧业司提出。

本标准由全国畜牧业标准化技术委员会归口。

本标准起草单位：全国畜牧总站。

本标准主要起草人：郑友民、张桂香、刘丑生、王志刚、于福清、孙秀柱、孙飞舟、赵俊金。

畜禽微卫星 DNA 遗传多样性检测技术规程

1 范围

本标准规定了猪、牛、羊、鸡等畜禽微卫星 DNA 遗传多样性检测的技术规程。

本标准适用于猪、牛、羊、鸡等畜禽遗传特性分析、遗传距离测定、亲缘关系分析等。

2 规范性引用文件

下列文件中的条款通过本标准的引用而成为本标准的条款。凡是注日期的引用文件，其随后所有的修改单(不包括勘误的内容)或修订版均不适用于本标准，然而，鼓励根据本标准达成协议的各方研究是否可使用这些文件的最新版本。凡是不注日期的引用文件，其最新版本适用于本标准。

GA/T 383　法庭科学 DNA 实验室检验规范

3 术语和定义

下列术语和定义适用于本标准。

3.1

微卫星　microsatellite

也称短串联重复序列或简单重复序列(short tandem repeats, STRs; simple sequence repeats, SSRs)，以 1 bp～6 bp 的短核苷酸序列为基本单位，呈串联重复状散在分布于生物体基因组中。

3.2

座位　locus

基因在染色体上的位置称为座位。

3.3

等位基因频率　allele frequency

给定座位上某等位基因所占的比例。

3.4

遗传杂合度　heterozygosity, h

群体中某个座位为杂合子的比例，用于衡量标记方式的信息含量程度。

3.5

平均遗传杂合度　average heterozygosity, H

反映群体在多个基因座上的遗传变异程度。

3.6

多态信息含量　polymorphism information content, PIC

在某一群体中可以利用多态性遗传标记作为遗传标志进行基因连锁分析的概率。既利用此多态性遗传标记在群体中进行基因诊断的诊断率。等位基因数目越多，等位基因频率分布越均匀，多态信息含量越大。

3.7

遗传分化系数　coefficient of gene differentiation, G_{ST}

反映群体的分化程度，其值在 0～1 之间。多座位时，平均基因分化系数是所有座位的基因分化系数的算术平均值。

3.8

遗传距离 genetic distance

衡量群体间若干性状综合遗传差异大小的指标。按多元统计分析方法计算品种间多个性状基因型值构成的多维空间的几何距离,就叫作群体间的遗传距离。主要的遗传距离分析方法有:Nei 氏标准遗传距离(Nei's standard genetic distance, D_S)、Nei 氏遗传距离(Nei's genetic distance, D_A)。

3.9

聚类分析 cluster analysis

用数学方法来具体而形象地描述群体之间的关系的科学。主要有非加权组对算术平均法聚类分析(unweighted pair-group method with arithmetic means, UPGMA)和邻近结合法聚类分析(neighbor-joining method, NJ)。

4 原理

微卫星由核心序列和两侧的侧翼序列所构成,侧翼序列使微卫星特异地定位于染色体某一部位,核心序列重复数的差异则形成微卫星高度的多态性。若某个体基因组中某个微卫星重复单位数相等,该个体在该座位的基因型为纯合子,否则为杂合子。检测方法是针对微卫星两端的侧翼序列设计引物,对模板 DNA 进行 PCR 扩增,根据结果判断个体基因型,进行统计分析。

5 检测方法

5.1 检验样品的采集和保存

5.1.1 采样个体应具备该品种的典型特征,每品种采集要求三代内无血缘关系的畜禽个体不少于 60 头(只),其中雄性数量不少于 10%。

5.1.2 样品的采集及保存应满足提取 DNA 的要求,并详细记录材料名称、来源、系谱、采集时间、地点及保存条件。

5.2 样品 DNA 的制备

样品 DNA 的制备方法见附录 A,各样品试剂配方见附录 B。

5.3 引物

5.3.1 引物选择

宜使用 FAO-ISAG 联合推荐的一套用于畜禽微卫星 DNA 遗传多样性检测的标记,参见附录 C、附录 D、附录 E、附录 F、附录 G、附录 H。

5.3.2 引物合成和配制

将引物管进行瞬时离心,加入灭菌超纯水后充分震荡,配成浓度为 100 pmol/μL 的储液,室温溶解 30 min,分装,−20℃保存。储液稀释 50 倍以后即为工作液。

其中,加入灭菌超纯水的体积 V(μL)按式(1)计算:

$$V = \frac{33 \times OD \times 10^6}{MW} \quad\quad\quad\quad\quad\quad (1)$$

式中:

V——加入灭菌超纯水的体积,单位为微升(μL);

MW——引物分子量;

OD——引物 DNA 的浓度,即 A_{260}/A_{280} 比值,由合成引物的公司提供。

注:对于双链 DNA 来说,1OD 相当于 50 μg/mL。

5.4 PCR 反应体系

PCR 反应总体积均为 15 μL,体系中各成分的用量见表 1。

表 1 微卫星标记 PCR 反应体系

单座位 PCR 反应体系		双座位 PCR 反应体系	
Buffer(10×)	1.5 μL	Buffer(10×)	1.5 μL
MgCl$_2$(25 mmol/L)	0.9 μL～2.0 μL	MgCl$_2$(25 mmol/L)	0.9 μL～2.0 μL
引物 P$_1$ A(2 pmol/μL)	0.8 μL～2.0 μL	引物 P$_1$ A(2 pmol/μL)	0.8 μL～2.0 μL
		引物 P$_1$ B(2 pmol/μL)	0.8 μL～2.0 μL
引物 P$_1$ B(2 pmol/μL)	0.8 μL～2.0 μL	引物 P$_2$ A(2 pmol/μL)	0.8 μL～2.0 μL
		引物 P$_2$ B(2 pmol/μL)	0.8 μL～2.0 μL
dNTPs(25 mmol/L)	0.12 μL～0.15 μL	dNTPs(25 mmol/L)	0.15 μL～0.18 μL
Taq E(5 U/μL)	0.2 μL	Taq E(5 U/μL)	0.3 μL
DNA	50 ng～100 ng	DNA	50 ng～100 ng
ddH$_2$O 加至	15 μL	ddH$_2$O 加至	15 μL

5.5 PCR 反应程序

PCR 反应使用的程序见表 2,关于每个座位的详细退火温度参见附录 C、附录 D、附录 E、附录 F、附录 G、附录 H。

表 2 微卫星标记 PCR 反应程序

阶　段	温　度	时　间
1	94℃	5 min
2	94℃	20 s～60 s
	50℃～65℃	30 s～60 s
	72℃	30 s～60 s
	25 个～35 个循环	
3	72℃	10 min～70 min
4	4℃保存	

5.6 扩增产物的检测

扩增产物的检测方法参见附录 I、附录 J。

5.7 基因分型

利用凝胶成像分析系统进行分析,根据分子量标记物的大小标定检测片段的大小。确定等位基因的原则是:片段大小基本在已报道的范围内;条带清晰;纯合子只有一条带,杂合子具有两条带,且两条带的着色深浅基本一致。不清楚的带型重新扩增检测。

6 数据统计分析与判定

6.1 等位基因频率 p_i

等位基因频率 p_i 按式(2)计算:

$$p_i = P + \frac{1}{2}\sum H_i \quad\text{............}\quad (2)$$

式中:

p_i——某一等位基因的频率;

P——含有某一等位基因的纯合子的频率;

H_i——含有某一等位基因的杂合子的频率。

6.2 哈代-温伯格平衡检验

哈代-温伯格平衡检验按式(3)计算:

$$\chi^2 = \sum_{i=1}^{n} \frac{(|O_i - E_i| - 0.5)^2}{E_i} \quad\text{............}\quad (3)$$

式中：

O_i——基因型 i 的观察频数；

E_i——基因型 i 的理论频数；

n——为基因型的数目。

自由度 df=1。

6.3 遗传杂合度和平均遗传杂合度

6.3.1 遗传杂合度 h 按式(4)计算

当一个标记位点的 m 个等位基因的频率分别为 P_1、P_2…P_m 时，

$$h = 1 - \sum_{i=1}^{m} P_i^2 , \dotfill (4)$$

6.3.2 平均遗传杂合度 H 按式(5)计算：

$$H = \sum_{j=1}^{r} h_j / r \dotfill (5)$$

式中：

r——检测的座位数；

P_i——第 r 个座位第 i 个等位基因的频率；

h_j——第 j 座位的遗传杂合度。

6.4 多态信息含量的计算与判定

6.4.1 多态信息含量 PIC 按式(6)计算：

$$PIC = 1 - \sum_{i=1}^{m} p_i^2 - \sum_{i=1}^{m-1} \sum_{j=i+1}^{m} 2p_i^2 p_j^2 \dotfill (6)$$

式中：

p_i——第 i 个等位基因的频率；

p_j——第 j 个等位基因的频率；

m——该座位的等位基因数。

6.4.2 多态信息含量的判定

一般来说，当 $PIC>0.5$ 时，该座位为高度多态；$0.5>PIC>0.25$ 时，为中度多态；$PIC<0.25$ 时，为低度多态。

6.5 基因分化系数的计算和判定

基因分化系数 G_{ST} 按式(7)计算：

$$G_{ST} = (H_T - H_S)/H_T \dotfill (7)$$

其中：

$$H_S = \sum_{i=1}^{n} (1 - \sum_{j=1}^{m_i} q_{ij}^2)/n$$

$$H_T = 1 - \sum_{j=1}^{m} r_j^2$$

式中：

n——所测群体的畜禽个体总数；

q_{ij}——第 i 个群体在某标记位点上第 j 个等位基因的频率；

m——该座位的等位基因数；

m_i——第 i 个群体在该座位上的等位基因数；

r_j——该座位上第 j 个等位基因在总群体中的平均频率。

多座位时，平均基因分化系数是所有座位的基因分化系数的算术平均值。

6.6 Nei 氏标准遗传距离 D_S

Nei 氏标准遗传距离 D_S 按式（8）计算：

$$D_S = -Ln(I), \quad\quad\quad\quad\quad\quad\quad (8)$$

其中：

$$I = J_{xy}/(J_x J_y)^{1/2},$$

$$J_x = \sum_{j=1}^{r} \sum_{i=1}^{m_j} X_{ij}^2 / r,$$

$$J_y = \sum_{j=1}^{r} \sum_{i=1}^{m_j} Y_{ij}^2 / r,$$

$$J_{xy} = \sum_{j=1}^{r} \sum_{i=1}^{m_j} X_{ij} Y_{ij} / r,$$

式中：

X_{ij}——X 群体中第 j 个座位上第 i 个等位基因的频率；

Y_{ij}——Y 群体中第 j 个座位上第 i 个等位基因的频率；

m_j——第 j 个座位上的等位基因数；

r——检测的座位数。

6.7 Nei 氏遗传距离 D_A

Nei 氏遗传距离 D_A 按式（9）计算：

$$D_A = 1 - \frac{1}{r} \sum_{j=1}^{r} \sum_{i=1}^{m_j} \sqrt{X_{ij} Y_{ij}} \quad\quad\quad\quad\quad (9)$$

式中：

X_{ij}——X 群体中第 j 个座位上第 i 个等位基因的频率；

Y_{ij}——Y 群体中第 j 个座位上第 i 个等位基因的频率；

m_j——第 j 个座位上的等位基因数；

r——检测的座位数。

6.8 非加权组对算术平均法聚类分析和邻近结合法聚类分析

应用软件进行数据分析，可采用 GENEPOP 计算基因频率，DISPAN 计算遗传杂合度、遗传距离以及聚类分析，采用 Bootstrap 检验可检验所得系统发生树的可靠性。一般认为，1 000 次 Bootstrap 抽样百分数在 60 以上时，认为此次聚类结果比较可靠。

7 防污染措施

遵照 GA/T 383 规定的方法执行。

附　录　A

（资料性附录）

样品的制备

A.1　DNA 样品的制备方法

A.1.1　从血液中提取基因组 DNA

A.1.1.1　取适量血液加入等体积血样裂解液，加入 RNA 酶至终浓度为 20 μg/mL，充分混匀，37℃消化 1 h～2 h。

A.1.1.2　加入蛋白酶 K 至终浓度为 100 μg/mL，混匀，55℃水浴消化 12 h 至不见有黏稠团块。

A.1.1.3　加入等体积 Tris 饱和酚，反复颠倒离心管，使两相溶液充分混合形成乳浊液，4℃ 12 000 r/min 离心 15 min；小心吸取上清液转移至另一洁净的离心管中。

A.1.1.4　重复一次 A.1.1.3 的工作。

A.1.1.5　加入等体积的酚：氯仿：异戊醇(25：24：1)混合液，缓慢颠倒离心管，使两相溶液充分混合，4℃ 12 000 r/min 离心 15 min。

A.1.1.6　加入等体积氯仿：异戊醇(24：1)混合液，缓慢颠倒离心管，使两相溶液充分混合，4℃ 12 000 r/min 离心 15 min；小心收集上清至另一离心管中。

A.1.1.7　将上清液吸至较大容量的试管中，加入 1/10 体积 3 mol/L NaAc 溶液(pH5.2)和 2.5 倍体积的预冷无水乙醇，轻轻摇动试管至出现白色絮状 DNA 沉淀。

A.1.1.8　将 DNA 沉淀转移到 1.5 mL 离心管中，用 75%乙醇洗涤 2 次。

A.1.1.9　将 DNA 干燥后加入适量 TE 缓冲液或灭菌双蒸水室温溶解 24 h。

A.1.2　从组织中提取基因组 DNA

A.1.2.1　取 0.3 g 左右组织置于 1.5 mL 离心管中，用眼科手术剪剪碎。

A.1.2.2　晾干后加入 500 μL 组织 DNA 提取液，然后加入 RNA 酶至终浓度为 20 μg/mL，充分混匀，37℃消化 1 h。

A.1.2.3　加蛋白酶 K 至终浓度为 150 μg/mL～200 μg/mL，充分混匀，55℃水浴消化过夜 12 h 以上，至不见组织块。

A.1.2.4　以下步骤同 A.1.1.3～A.1.1.9。

A.1.3　从毛发中提取基因组 DNA

A.1.3.1　用灭菌双蒸水洗涤毛发，然后剪成 0.3 cm～0.5 cm，置于 1.5 mL 离心管中。

A.1.3.2　晾干后加入 30 μL～50 μL 组织 DNA 提取液，然后加入蛋白酶 K 至终浓度为 200 μg/mL，充分混匀，55℃消化至完全溶解。

A.1.3.3　以下步骤同 A.1.1.3～A.1.1.9。

A.1.4　从精液中提取基因组 DNA

A.1.4.1　每个体取冻精 3 支或鲜精 0.4 mL，置于 1.5 mL 离心管中。

A.1.4.2　加等量精子洗涤液，4 500 r/min 离心 6 min，弃上清。

A.1.4.3　重复洗涤精子沉淀 2 次，去掉其中的卵黄甘油等物质。

A.1.4.4　用 0.4 mL 精子裂解液重悬沉淀。

A.1.4.5 加入蛋白酶 K 至终浓度为 100 μg/mL,混匀后 55℃消化过夜至少 12 h。

A.1.4.6 以下步骤同 A.1.1.3~A.1.1.9。

A.2 DNA 质量检测

A.2.1 吸出适量提取的 DNA,进行电泳检测,DNA 必须条带整齐、未见明显降解。

A.2.2 吸出适量提取的 DNA,酌情稀释,用生物分光光度仪检测 DNA 的浓度(OD),根据测定结果再将 DNA 溶液稀释至预定值。较纯 DNA 样品的 A_{260}/A_{280} 比值为 1.8 左右;若该比值大大低于 1.8,说明样品中含有较多的蛋白质,需要进一步纯化。

DNA 浓度按式(A.1)计算:

$$DNA 浓度(μg/mL) = M×OD×50 \quad\cdots\cdots\cdots\cdots\cdots\cdots\cdots\cdots\cdots\cdots\cdots\cdots (A.1)$$

式中:

M——稀释倍数;

OD——DNA 的浓度,即 A_{260}/A_{280} 比值。

注:对于双链 DNA 来说,1 OD 相当于 50 μg/mL。

附　录　B
（资料性附录）
试　剂　配　制

B.1　血液裂解液

血液裂解液配制见表 B.1。

表 B.1　血液裂解液的配制

贮存液浓度	体积，mL	使用浓度
1 mol/L Tris-HCl(pH8.0)	1	10 mmol/L
0.5 mol/L EDTA(pH8.0)	20	100 mmol/L
10% SDS	20	2%
灭菌双蒸水加至	100	—

B.2　组织 DNA 提取液

组织 DNA 提取液配制见表 B.2。

表 B.2　组织 DNA 提取液的配制

贮存液浓度	体积，mL	使用浓度
1 mol/L Tris-HCl(pH8.0)	5	50 mmol/L
0.5 mol/L EDTA(pH8.0)	20	100 mmol/L
0.5 mol/L NaCl	20	100 mmol/L
10% SDS	20	2%
灭菌双蒸水加至	100	—

B.3　精子裂解液

精子裂解液配制见表 B.3。

表 B.3　精子裂解液的配制

贮存液浓度	体积，mL	使用浓度
1 mol/L Tris-HCl(pH8.0)	1	10 mmol/L
0.5 mol/L EDTA(pH8.0)	2	10 mmol/L
0.5 mol/L NaCl	20	100 mmol/L
10% SDS	20	2%
1 mol/L DTT(现用现加)	0.003 9	39 μmol/L
灭菌双蒸水加至	100	—

B.4　精子洗涤液

取 1 mol/L 的 NaCl 37.5 mL，0.5 mol/L 的 EDTA 5 mL，加双蒸水至 250 mL。高压灭菌备用。

B.5 蛋白酶 K 贮存液(20 mg/mL)

200 mg 蛋白酶 K 溶于 10 mL 灭菌双蒸水中,分装,每管 1 mL,—20℃冻存。

B.6 TE 缓冲液(pH8.0)

10 mmol/L Tris-HCl(pH8.0),1 mmol/L EDTA(pH8.0)。

B.7 电泳缓冲液

1×Tris-乙酸(TAE):0.04 mol/L Tris-乙酸,0.01 mol/L EDTA。

0.5×Tris-硼酸(TBE):0.045 mol/L Tris-硼酸,0.01 mol/L EDTA。

B.8 溴化乙锭溶液(EB,10 mg/mL)

用少量双蒸水溶解 1 g 溴化乙锭,磁力搅拌数小时以确保其完全溶解,定容至 100 mL,然后转移到棕色瓶或铝箔包裹容器中,室温保存。

注:溴化乙锭是强诱变剂并有中度毒性,使用含有这种染料的溶液时务必戴上手套,称量染料时要戴口罩。

B.9 6×上样缓冲液

0.05%溴酚蓝,0.12%二甲苯青 FF,40%(W/V)蔗糖水溶液;或 0.05%溴酚蓝,0.12%二甲苯青 FF,30%(V/V)甘油水溶液。

B.10 1 mol/L 二硫苏糖醇(DTT)

用 20 mL 0.01 mol/L 乙酸钠溶液(pH5.2)溶解 3.09 g DTT,过滤除菌后分装成 1 mL 贮存于 —20℃。注意:DTT 或含有 DTT 的溶液不能进行高压处理。

B.11 1 mol/L Tris(pH8.0)

将 121.1 g Tris 溶于 800 mL 水中,加浓盐酸调 pH 至 8.0,定容至 1 000 mL 后高压灭菌。

B.12 0.5 mol/L EDTA(pH8.0)

将 186.1 g Na_2EDTA·$2H_2O$,加入 800 mL 水中,再加入 NaOH(约 20 g)调 pH 至 8.0,定容后高压灭菌。

B.13 10%SDS(500 mL)

将 50 g SDS 加入 400 mL 水中,60℃加热溶解,定容后过滤除菌。

B.14 30%丙烯酰胺(丙烯酰胺:甲叉双丙烯酰胺=29:1)

200 mL 水中溶解 285 g 丙烯酰胺,15 g 甲叉双丙烯酰胺,定容至 1 L,4℃保存。

B.15 10%过硫酸铵(APS)

8 mL 水中溶解 1 g 过硫酸铵,加水至 10 mL,4℃保存。

B.16 pGEM-3Zf(+)/HaeⅢ与 PBR322/MspⅠ的等量混合分子量内标

两种内标各取 20 μL,加入 580 μL 灭菌双蒸水,再加入 120 μL 上样缓冲液,充分混匀,每次上样 8 μL～10 μL。

B.17 洗液

80 g 重铬酸钾溶于 1 000 mL 蒸馏水中,搅拌溶解后,缓慢加入 100 μL 浓硫酸,小心混合均匀。注意需带防酸手套操作。

附　录　C

（资料性附录）

FAO-ISAG 推荐的评价猪微卫星 DNA 遗传多样性的座位表

序号	座位名称	染色体位置	引物序列（上下游序列均为5′→3′）	退火温度,℃	等位基因参考范围 bp
1	S0026	16	AACCTTCCCTTCCCAATCAC CACAGACTGCTTTTTACTCC	55	87～105
2	S0155	1	TGTTCTCTGTTTCTCCTCTGTTTG AAAGTGGAAAGAGTCAATGGCTAT	55	142～162
3	S0005	5	TCCTTCCCTCCTGGTAACTA GCACTTCCTGATTCTGGGTA	55	203～267
4	Sw2410	8	ATTTGCCCCCAAGGTATTTC CAGGGTGTGGAGGGTAGAAG	50	90～131
5	Sw830	10	AAGTACCATGGAGAGGGAAATG ACATGGTTCCAAAGACCTGTG	50	168～203
6	S0355	15	TCTGGCTCCTACACTCCTTCTTGATG TTGGGTGGGTGCTGAAAAATAGGA	50	244～271
7	Sw24	17	CTTTGGGTGGAGTGTGTGC ATCCAAATGCTGCAAGCG	55	95～124
8	Sw632	7	TGGGTTGAAAGATTTCCCAA GGAGTCAGTACTTTGGCTTGA	55	148～178
9	Swr1941	13	AGAAAGCAATTTGATTTGCATAATC ACAAGGACCTACTGTATAGCACAGG	55	202～224
10	Sw936	15	TCTGGAGCTAGCATAAGTGCC GTGCAAGTACACATGCAGGG	55	90～116
11	S0218	X	GTGTAGGCTGGCGGTTGT CCCTGAAACCTAAAGCAAAG	55	158～205
12	S0228	6	GGCATAGGCTGGCAGCAACA AGCCCACCTCATCTTATCTACACT	55	220～246
13	Sw122	6	CAAAAAAGGCAAAAGATTGACA TTGTCTTTTTATTTTGCTTTTGG	55	106～128
14	Sw857	14	TGAGAGGTCAGTTACAGAAGACC GATCCTCCTCCAAATCCCAT	55	141～159
15	S0097	4	GACCTATCTAATGTCATTATAGT TTCCTCCTAGAGTTGACAAACTT	55	209～250
16	sw240	2	AGAAATTAGTGCCTCAAATTGG AAACCATTAAGTCCCTAGCAAA	55	92～124
17	IGF1	5	GCTTGGATGGACCATGTTG CATATTTTTCTGCATAACTTGAACCT	55	193～209
18	Sw2406	6	AATGTCACCTTTAAGACGTGGG AATGCGAAACTCCTGAATTAGC	55	222～262

（续）

序号	座位名称	染色体位置	引物序列（上下游序列均为 5′→3′）	退火温度，℃	等位基因参考范围 bp
19	Sw72	3	ATCAGAACAGTGCGCCGT TTTGAAAATGGGGTGTTTCC	55	97～114
20	S0226	2	GCACTTTTAACTTTCATGATACTCC GGTTAAACTTTTNCCCCAATACA	55	180～210
21	S0090	12	CCAAGACTGCCTTGTAGGTGAATA GCTATCAAGTATTGTACCATTAGG	55	227～249
22	Sw2008	11	CAGGCCAGAGTAGCGTGC CAGTCCTCCCAAAAATAACATG	55	95～108
23	Sw1067	6	TGCTGGCCAGTGACTCTG CCGGGGGGATTAAACAAAAAG	55	136～176
24	S0101	7	GAATGCAAAGAGTTCAGTGTAGG GTCTCCCTCACACTTACCGCAG	58	197～221
25	Sw1828	1	AATGCATTGTCTTCATTCAACC TTAACCGGGGCACTTGTG	55	82～110
26	S0143	12	ACTCACAGCTTGTCCTGGGTGT CAGTCAGCAGGCTGACAAAAAC	55	150～167
27	S0068	13	CCTTCAACCTTTGAGCAAGAAC AGTGGTCTCTCTCCCTCTTGCT	55	211～262
28	S0178	8	TAGCCTGGGAACCTCCACACGCTG GGCACCAGGAATCTGCAATCCAGT	60	101～128
29	Sw911	9	CTCAGTTCTTTGGGACTGAACC CATCTGTGGAAAAAAAAAGCC	60	149～173
30	S0002	3	GAAGCCAAAGAGACAACTGC GTTCTTTACCCACTGAGCCA	60	186～216

附 录 D

（资料性附录）

FAO-ISAG 推荐的评价黄牛、牦牛微卫星 DNA 遗传多样性的座位表

序号	座位名称	染色体位置	引物序列(上下游序列均为 5′→3′)	退火温度,℃	等位基因参考范围 bp
1	INRA063 (D18S5)	18	ATTTGCACAAGCTAAATCTAACC AAACCACAGAAATGCTTGGAAG	55～58	167～189
2	INRA005 (D12S4)	12	CAATCTGCATGAAGTATAAATAT CTTCAGGCATACCCTACACC	55	135～149
3	ETH225 (D9S1)	9	GATCACCTTGCCACTATTTCCT ACATGACAGCCAGCTGCTACT	55～65	131～159
4	ILSTS005 (D10S25)	10	GGAAGCAATGAAATCTATAGCC TGTTCTGTGAGTTTGTAAGC	54～58	176～194
5	HEL5 (D21S15)	21	GCAGGATCACTTGTTAGGGA AGACGTTAGTGTACATTAAC	52～57	145～171
6	HEL1 (D15S10)	15	CAACAGCTATTTAACAAGGA AGGCTACAGTCCATGGGATT	54～57	99～119
7	INRA035 (D16S11)	16	ATCCTTTGCAGCCTCCACATTG TTGTGCTTTATGACACTATCCG	55～60	100～124
8	ETH152 (D5S1)	5	TACTCGTAGGGCAGGCTGCCTG GAGACCTCAGGGTTGGTGATCAG	55～60	181～211
9	INRA023 (D3S10)	3	GAGTAGAGCTACAAGATAAACTTC TAACTACAGGGTGTTAGATGAACTC	55	195～225
10	ETH10 (D5S3)	5	GTTCAGGACTGGCCCTGCTAACA CCTCCAGCCCACTTTCTCTTCTC	55～65	207～231
11	HEL9 (D8S4)	8	CCCATTCAGTCTTCAGAGGT CACATCCATGTTCTCACCAC	52～57	141～173
12	CSSM66 (D14S31)	14	ACACAAATCCTTTCTGCCAGCTGA AATTTAATGCACTGAGGAGCTTGG	55～65	171～209
13	INRA032 (D11S9)	11	AAACTGTATTCTCTAATAGCTAC GCAAGACATATCTCCATTCCTTT	55～58	160～204
14	ETH3 (D19S2)	19	GAACCTGCCTCTCCTGCATTGG ACTCTGCCTGTGGCCAAGTAGG	55～65	103～133
15	BM2113 (D2S26)	2	GCTGCCTTCTACCAAATACCC CTTCCTGAGAGAAGCAACACC	55～60	122～156
16	BM1824 (D1S34)	1	GAGCAAGGTGTTTTTCCAATC CATTCTCCAACTGCTTCCTTG	55～60	176～197
17	HEL13 (D11S15)	11	TAAGGACTTGAGATAAGGAG CCATCTACCTCCATCTTAAC	52～57	178～200
18	INRA037 (D10S12)	10	GATCCTGCTTATATTTAACCAC AAAATTCCATGGAGAGAGAAAC	57～58	112～148

（续）

序号	座位名称	染色体位置	引物序列(上下游序列均为5′→3′)	退火温度,℃	等位基因参考范围 bp
19	BM1818 (D23S21)	23	AGCTGGGAATATAACCAAAGG AGTGCTTTCAAGGTCCATGC	56~60	248~278
20	ILSTS006 (D7S8)	7	TGTCTGTATTTCTGCTGTGG ACACGGAAGCGATCTAAACG	55	277~309
21	MM12 (D9S20)	9	CAAGACAGGTGTTTCAATCT ATCGACTCTGGGGATGATGT	50~55	101~145
22	CSRM60 (D10S5)	10	AAGATGTGATCCAAGAGAGAGGCA AGGACCAGATCGTGAAAGGCATAG	55~65	79~115
23	ETH185 (D17S1)	17	TGCATGGACAGAGCAGCCTGGC GCACCCCAACGAAAGCTCCCAG	58~67	214~246
24	HAUT24 (D22S26)	22	CTCTCTGCCTTTGTCCCTGT AATACACTTTAGGAGAAAAATA	52~55	104~158
25	HAUT27 (D26S21)	26	TTTTATGTTCATTTTTTGACTGG AACTGCTGAAATCTCCATCTTA	57	120~158
26	TGLA227 (D18S1)	18	CGAATTCCAAATCTGTTAATTTGCT ACAGACAGAAACTCAATGAAAGCA	55~56	75~105
27	TGLA126 (D20S1)	20	CTAATTTAGAATGAGAGAGGCTTCT TTGGTCTCTATTCTCTGAATATTCC	55~58	115~131
28	TGLA122 (D21S6)	21	CCCTCCTCCAGGTAAATCAGC AATCACATGGCAAATAAGTACATAC	55~58	136~184
29	TGLA53 (D16S3)	16	GCTTTCAGAAATAGTTTGCATTCA ATCTTCACATGATATTACAGCAGA	55	143~191
30	SPS115 (D15)	15	AAAGTGACACAACAGCTTCTCCAG AACGAGTGTCCTAGTTTGGCTGTG	55~60	234~258

附 录 E

（资料性附录）

FAO-ISAG 推荐的评价水牛微卫星 DNA 遗传多样性的座位表

序号	座位名称	引物序列（上下游序列均为 5'→3'）	染色体位置	退火温度,℃	等位基因参考范围 bp
1	CSSM033	CAC TGT GAA TGC ATG TGT GTG AGC CCC ATG ATA AGA GTG CAG ATG ACT	17	65	154～175
2	CSSM038	TTC ATA TAA GCA GTT TAT AAA CGC ATA GGA TCT GGT AAC TTA CAG ATG	11	55	163～187
3	CSSM043	AAA ACT CTG GGA ACT TGA AAA CTA GTT ACA AAT TTA AGA GAC AGA GTT	1p	55	222～258
4	CSSM047	TCT CTG TCT CTA TCA CTA TAT GGC CTG GGC ACC TGA AAC TAT CAT CAT	3q	55	127～162
5	CSSM036	GGA TAA CTC AAC CAC ACG TCT CTG AAG AAG TAC TGG TTG CCA ATC GTG	1p	55	162～176
6	CSSM019	TTG TCA GCA ACT TCT TGT ATC TTT TGT TTT AAG CCA CCC AAT TAT TTG	1q	55	131～161
7	CSSM060	AAG ATG TGA TCC AAG AGA GAG GCA AGG ACC AGA TCG TGA AAG GCA TAG	11	60	95～135
8	CSSM029	CGT GAG AAC CGA AAG TCA CAC ATT C GCT CCA TTA TGC ACA TGC CAT GCT	9	55	174～196
9	CSSM041	AAT TTC AAA GAA CCG TTA CAC AGC AAG GGA CTT GCA GGG ACT AAA ACA	21	55	129～147
10	CSSM057	GTC GCT GGA TAA ACA ATT AAA GT TGT GGT GTT TAA CCC TTG TAA TCT	9	60	102～130
11	BRN	CCT CCA CAC AGG CTT CTC TGA CTT CCT AAC TTG CTT GAG TTA TTG CCC	11	60	121～147
12	CSSM032	TTA TTT TCA GTG TTT CTA GAA AAC TAT AAT ATT GCT ATC TGG AAA TCC	1q	55	208～224
13	CSSM008	CTT GGT GTT ACT AGC CCT GGG GAT ATA TTT GCC AGA GAT TCT GCA	—	55	179～193
14	CSSM045	TAG AGG CAC AAG CAA ACC TAA CAC TTG GAA AGA TGC AGT AGA ACT CAT	2q	60	102～122
15	CSSM022	TCT CTC TAA TGG AGT TGG TTT TTG ATA TCC CAC TGA GGA TAA GAA TTC	4q	55～60	203～213
16	CSSM046	GGC TAT TAA CTG TTT TCT AGG AAT TGC ACA ATC GGA ACC TAG AAT ATT	11	55	152～160
17	CSSM013	ATA AGA GAT TAC CCT TCC TGA CTG AGG TAA ATG TTC CTA TTT GCT AAC	5p	55	162～172
18	ETH003	GAA CCT GCC TCT CCT GCA TTG G ACT CTG CCT GTG GCC AAG TAG G	3p	65	96～192

（续）

序号	座位 名称	引物序列（上下游序列均为 5'→3'）	染色体 位置	退火 温度,℃	等位基因 参考范围 bp
19	CSSM061	AGG CCA TAT AGG AGG CAA GCT TAC TTC AGA AGA GGG CAG AGA ATA CAC	—	60	100～126
20	BMC1031	AAA AAT GAT GCC AAC CAA ATT TAG GTA GTG TTC CTT ATT TCT CTG G	3p	54	217～239
21	DRB3	GAG AGT TTC ACT GTG CAG CGC GAA TTC CCA GAG TGA GTG AAG TAT CT	2p	50～55	142～198
22	CSSM062	GTT TAA ACC CCA GAT TCT CCC TTG AGA TGT AAC AGC ATC ATG ACT GAA	—	55	124～136
23	CSSM070	TTC TAA CAG CTG TCA CTC AGG C ATA CAG ATT AAA TAC CCA CCT G	3p	50～55	119～139
24	ETH121	CCA ACT CCT TAC AGG AAA TGT C ATT TAG AGC TGG CTG GTA AGT G	2q	59	182～198
25	ILSTS008	GAA TCA TGG ATT TTC TGG GG TAG CAG TGA GTG AGG TTG GC	15	58	168～176
26	RM099	CCA AAG AGT CTA ACA CAA CTG AG ATC CGA ACC AAA ATC CCA TCA AG	3p	60	87～119
27	HMH1R	GGC TTC AAC TCA CTG TAA CAC ATT TTC TTC AAG TAT CAC CTC TGT GGC C	21	60	169～187
28	ILSTS005	GGA AGC AAT GAA ATC TAT AGC C TGT TCT GTG AGT TTG TAA GC	11	55	173～186
29	ILSTS030	CTG CAG TTC TGC ATA TGT GG CTT AGA CAA CAG GGG TTT GG	2q	55	146～158
30	ILSTS033	TAT TAG AGT GGC TCA GTG CC ATG CAG ACA GTT TTA GAG GG	13	55	126～138

附 录 F

（资料性附录）

FAO-ISAG 推荐的评价绵羊微卫星 DNA 遗传多样性的座位表

序号	座位名称	起源	引物序列（上下游序列均为5′→3′）	退火温度，℃	等位基因参考范围 bp
1	MAF65	OAR15	AAAGGCCAGAGTATGCAATTAGGAG CCACTCCTCCTGAGAATATAACATG	60	123～127
2	OarFCB193	OAR11	TTCATCTCAGACTGGGATTCAGAAAGGC GCTTGGAAATAACCCTCCTGCATCCC	54	96～136
3	OarJMP29	OAR24	GTA TAC ACG TGG ACA CCG CTT TGT AC GAA GTG GCA AGA TTC AGA GGG GAA G	56	96～150
4	OarJMP58	OAR26	GAAGTCATTGAGGGGTCGCTAACC CTTCATGTTCACAGGACTTTCTCTG	58	145～169
5	OarFCB304	OAR19	CCCTAGGAGCTTTCAATAAAGAATCGG CGCTGCTGTCAACTGGGTCAGGG	56	150～188
6	BM8125	OAR17	CTCTATCTGTGGAAAAGGTGGG GGGGGTTAGACTTCAACATACG	50	110～130
7	OarFCB128	OAR2	ATTAAAGCATCTTCTCTTTATTTCCTCGC CAGCTGAGCAACTAAGACATACATGCG	55	96～130
8	OarCP34	OAR3	GCTGAACAATGTGATATGTTCAGG GGGACAATACTGTCTTAGATGCTGC	50	112～130
9	OarVH72	OAR25	GGCCTCTCAAGGGGCAAGAGCAG CTCTAGAGGATCTGGAATGCAAAGCTC	57	121～145
10	OarHH47	OAR18	TTTATTGACAAACTCTCTTCCTAACTCCACC GTAGTTATTTAAAAAAATATCATACCTCTTAAGG	58	130～152
11	DYMS1	OAR20	AACAACATCAAACAGTAAGAG CATAGTAACAGATCTTCCTACA	59	159～211
12	SRCRSP1	CHI13	TGC AAG AAG TTT TTC CAG AGC ACC CTG GTT TCA CAA AAG G	54	116～148
13	SRCRSP5	OAR18	GGA CTC TAC CAA CTG AGC TAC AAG GTT TCT TTG AAA TGA AGC TAA AGC AAT GC	56	126～158
14	SRCRSP9	CHI12	AGA GGA TCT GGA AAT GGA ATC GCA CTC TTT TCA GCC CTA ATG	55	99～135
15	MCM140	OAR6	GTT CGT ACT TCT GGG TAC TGG TCT C GTC CAT GGA TTT GCA GAG TCA G	60	167～193
16	MAF33	OAR9	GAT CTT TGT TTC AAT CTA TTC CAA TTT C GAT CAT CTG AGT GTG AGT ATA TAC AG	60	121～141
17	MAF209	OAR17	GAT CAC AAA AAG TTG GAT ACA ACC GTG G TCA TGC ACT TAA GTA TGT AGG ATG CTG	63	109～135
18	INRA063	OAR14	ATTTGCACAAGCTAAATCTAACC AAACCACAGAAATGCTTGGAAG	58	163～199

（续）

序号	座位名称	起源	引物序列（上下游序列均为5′→3′）	退火温度，℃	等位基因参考范围 bp
19	OarFCB20	OAR2	AAATGTGTTTAAGATTCCATACAGTG GGAAAACCCCCATATATACCTATAC	56	95～120
20	BM1329	OAR6	TTGTTTAGGCAAGTCCAAAGTC AACACCGCAGCTTCATCC	50	160～182
21	MAF214	OAR16	GGG TGA TCT TAG GGA GGT TTT GGA GG AAT GCA GGA GAT CTG AGG CAG GGA CG	58	174～282
22	ILSTS11	OAR9	GCT TGC TAC ATG GAA AGT GC CTA AAA TGC AGA GCC CTA CC	55	256～294
23	MCM527	OAR5	GTCCATTGCCTCAAATCAATTC AAACCACTTGACTACTCCCAA	58	165～187
24	OarFCB226	OAR2	CTA TAT GTT GCC TTT CCC TTC CTG C GTG AGT CCC ATA GAG CAT AAG CTC	60	119～153
25	ILSTS28	OAR3	TCC AGA TTT TGT ACC AGA CC GTC ATG TCA TAC CTT TGA GC	53	105～177
26	MAF70	OAR4	CACGGAGTCACAAAGAGTCAGACC GCAGGACTCTACGGGGCCTTTGC	60	124～166
27	BM1824	OAR1	GAGCAAGGTGTTTTTCCAATC CATTCTCCAACTGCTTCCTTG	58	
28	OarAE129	OAR5	AATCCAGTGTGTGAAAGACTAATCCAG GTAGATCAAGATATAGAATATTTTTCAACACC	54	133～159
29	HUJ616	OAR13	TTCAAACTACACATTGACAGGG GGACCTTTGGCAATGGAAGG	54	114～160
30	OarCP38	OAR10	CAACTTTGGTGCATATTCAAGGTTGC GCAGTCGCAGCAGGCTGAAGAGG	52	117～129
31	ILSTS5	OAR7	GGA AGC AAT GAA ATC TAT AGC C TGT TCT GTG AGT TTG TAA GC	55	174～218

附 录 G

（资料性附录）

FAO-ISAG 推荐的评价山羊微卫星 DNA 遗传多样性的座位表

序号	座位名称	染色体位置	引物序列(上下游序列均为 5′→3′)	退火温度,℃	等位基因参考范围 bp
1	SRCRSP5	CHI21	GGACTCTACCAACTGAGCTACAAG TGAAATGAAGCTAAAGCAATGC	55	156～178
2	MAF065	OAR15	AAAGGCCAGAGTATGCAATTAGGAG CCACTCCTCCTGAGAATATAACATG	58	116～158
3	MAF70	BTA4	CACGGAGTCACAAAGAGTCAGACC GCAGGACTCTACGGGGCCTTTGC	65	134～168
4	SRCRSP23		TGAACGGGTAAAGATGTG TGTTTTTAATGGCTGAGTAG	58	81～119
5	OarFCB48	OAR17	GAGTTAGTACAAGGATGACAAGAGGCAC GACTCTAGAGGATCGCAAAGAACCAG	58	149～173
6	INRA023	BTA3	GAGTAGAGCTACAAGATAAACTTC TAACTACAGGGTGTTAGATGAACT	58	196～215
7	SRCRSP9	CHI12	AGAGGATCTGGAAATGGAATC GCACTCTTTTCAGCCCTAATG	58	99～135
8	OarAE54	OAR25	TACTAAAGAAACATGAAGCTCCCA GGAAACATTTATTCTTATTCCTCAGTG	58	115～138
9	SRCRSP8		TGCGGTCTGGTTCTGATTTCAC GTTTCTTCCTGCATGAGAAAGTCGATGCTTAG	55	215～255
10	SPS113	BTA10	CCTCCACACAGGCTTCTCTGACTT CCTAACTTGCTTGAGTTATTGCCC	58	134～158
11	INRABERN172	BTA26	CCACTTCCCTGTATCCTCCT GGTGCTCCCATTGTGTAGAC	58	234～256
12	OarFCB20	OAR2	GGAAAACCCCCATATATACCTATAC AAATGTGTTTAAGATTCCATACATGTG	58	93～112
13	CSRD247	OAR14	GGACTTGCCAGAACTCTGCAAT CACTGTGGTTTGTATTAGTCAGG	58	220～247
14	McM527	OAR5	GTCCATTGCCTCAAATCAATTC AAACCACTTGACTACTCCCCAA	58	165～187
15	ILSTS087	BTA6	AGCAGACATGATGACTCAGC CTGCCTCTTTTCTTGAGAG	58	135～155
16	INRA063	CHI18	GACCACAAAGGGATTTGCACAAGC AAACCACAGAAATGCTTGGAAG	58	164～186
17	ILSTS011	BTA14	GCTTGCTACATGGAAAGTGC CTAAAATGCAGAGCCCTACC	58	256～294
18	SRCRSP7	CHI6	TCTCAGCACCTTAATTGCTCT GGTCAACACTCCAATGGTGAG	55	117～131

（续）

序号	座位名称	染色体位置	引物序列（上下游序列均为 5′→3′）	退火温度,℃	等位基因参考范围 bp
19	ILSTS005	BTA10	GGAAGCAATTGAAATCTATAGCC TGTTCTGTGAGTTTGTAAGC	55	172～218
20	SRCRSP15		CTTTACTTCTGACATGGTATTTCC TGCCACTCAATTTAGCAAGC	55	172～198
21	SRCRSP3	CHI10	CGGGGATCTGTTCTATGAAC TGATTAGCTGGCTGAATGTCC	55	98～122
22	ILSTS029	BTA3	TGTTTTGATGGAACACAG TGGATTTAGACCAGGGTTGG	55	148～170
23	TGLA53	BTA16	GCTTTCAGAAATAGTTTGCATTCA ATCTTCACATGATATTACAGCAGA	55	126～160
24	ETH10	CHI5	GTTCAGGACTGGCCCTGCTAACA CCTCCAGCCCACTTTCTCTTCTC	55	200～210
25	MAF209	CHI17	GATCACAAAAGTTGGATACAACCGTG TCATGCACTTAAGTATGTAGGATGCTG	55	100～104
26	INRABERN185	CHI18	CAATCTTGCTCCCACTATGC CTCCTAAAACACTCCCACACTA	55	261～289
27	BM6444	BTA2	CTCTGGGTACAACACTGAGTCC TAGAGAGTTTCCCTGTCCATCC	65	118～200
28	P19 (DYA)		AACACCATCAAACAGTAAGAG CATAGTAACAGATCTTCCTACA	55	160～196
29	TCRVB6	BTA10	GAGTCCTCAGCAAGCAGGTC CCAGGAATTGGATCACACCT	55	217～255
30	DRBP1	BTA23	ATGGTGCAGCAGCAAGGTGAGCA GGGACTCAGTCTCTCTATCTCTTTG	58	195～229

附　录　H

（资料性附录）

FAO-ISAG 推荐的评价鸡微卫星 DNA 遗传多样性的座位表

序号	座位名称	染色体位置	引物序列上下游均为 5′→3′	退火温度,℃	等位基因参考范围 bp
1	ADL0268	1	CTCCACCCCTCTCAGAACTA CAACTTCCCATCTACCTACT	60	110~117
2	MCW0206	2	ACATCTAGAATTGACTGTTCAC CTTGACAGTGATGCATTAAATG	60	235
3	LEI0166	3	CTCCTGCCCTTAGCTACGCA TATCCCCTGGCTGGGAGTTT	60	267
4	MCW0295	4	ATCACTACAGAACACCCTCTC TATGTATGCACGCAGATATCC	60	99~107
5	MCW0081	5	GTTGCTGAGAGCCTGGTGCAG CCTGTATGTGGAATTACTTCTC	60	134
6	MCW0014	6	TATTGGCTCTAGGAACTGTC GAAATGAAGGTAAGACTAGC	58	187
7	MCW0183	7	ATCCCAGTGTCGAGTATCCGA TGAGATTTACTGGAGCCTGCC	58	311
8	ADL0278	8	CCAGCAGTCTACCTTCCTAT TGTCATCCAAGAACAGTGTG	60	119~122
9	MCW0067	10	GCACTACTGTGTGCTGCAGTTT GAGATGTAGTTGCCACATTCCGAC	60	178~184
10	MCW0104	13	TAGCACAACTCAAGCTGTGAG AGACTTGCACAGCTGTGTACC	60	208
11	MCW0123	14	CCACTAGAAAAGAACATCCTC GGCTGATGTAAGAAGGGATGA	60	94
12	MCW0330	17	TGGACCTCATCAGTCTGACAG AATGTTCTCATAGAGTTCCTGC	60	277~290
13	MCW0165	23	CAGACATGCATGCCCAGATGA GATCCAGTCCTGCAGGCTGC	60	120
14	MCW0069	26	GCACTCGAGAAAACTTCCTGCG ATTGCTTCAGCAAGCATGGGAGGA	60	168
15	MCW0248	1	GTTGTTCAAAAGAAGATGCATG TTGCATTAACTGGGCACTTTC	60	220~225
16	MCW0111	1	GCTCCATGTGAAGTGGTTTA ATGTCCACTTGTCAATGATG	60	102
17	MCW0020	1	TCTTCTTTGACATGAATTGGCA GCAAGGAAGATTTTGTACAAAATC	60	189
18	MCW0034	2	TGCACGCACTTACATACTTAGAGA TGTCCTTCCAATTACATTCATGGG	60	227

（续）

序号	座位名称	染色体位置	引物序列上下游均为 5′→3′	退火温度,℃	等位基因参考范围 bp
19	LEI0234	2	ATGCATCAGATTGGTATTCAA CGTGGCTGTGAACAAATATG	60	
20	MCW0103	3	AACTGCGTTGAGAGTGAATGC TTTCCTAACTGGATGCTTCTG	64	271~274
21	MCW0222	3	GCAGTTACATTGAAATGATTCC TTCTCAAAACACCTAGAAGAC	60	220~225
22	MCW0016	3	ATGGCGCAGAAGGCAAAGCGATAT TGGCTTCTGAAGCAGTTGCTATGG	60	187
23	MCW0037	3	ACCGGTGCCATCAATTACCTATTA GAAAGCTCACATGACACTGCGAAA	64	159
24	MCW0098	4	GGCTGCTTTGTGCTCTTCTCG CGATGGTCGTAATTCTCACGT	60	225~243
25	LEI0094	4	GATCTCACCAGTATGAGCTGC TCTCACACTGTAACACAGTGC	60	285
26	MCW0284	4	CAGAGCTGGATTGGTGTCAAG GCCTTAGGAAAAACTCCTAAGG	60	239~246
27	MCW0078	5	CCACACGGAGAGGAGAAGGTCT TAGCATATGAGTGTACTGAGCTTC	60	137
28	LEI0192	6	TGCCAGAGCTTCAGTCTGT GTCATTACTGTTATGTTTATTGC	60	270
29	ADL0112	10	GGCTTAAGCTGACCCATTAT ATCTCAAATGTAATGCGTGC	58	
30	MCW0216	13	GGGTTTTACAGGATGGGACG AGTTTCACTCCCAGGGCTCG	60	148

附 录 I
（资料性附录）
扩增产物的银染检测方法

I.1 聚丙烯酰胺凝胶银染检测

I.1.1 试剂

以下无特殊标明均为分析纯。

I.1.1.1 血液裂解液、组织 DNA 提取液和精子裂解液。

I.1.1.2 Tris 饱和酚：重蒸。

I.1.1.3 三氯甲烷。

I.1.1.4 异戊醇。

I.1.1.5 无水乙醇。

I.1.1.6 溴化乙锭（10 mg/mL）。

I.1.1.7 10×TBE 或 TAE 电泳缓冲液。

I.1.1.8 6×上样缓冲液。

I.1.1.9 100 bp DNA 分子量标记。

I.1.1.10 冰乙酸。

I.1.1.11 琼脂糖。

I.1.1.12 RNA 酶（10 mg/mL）。

I.1.1.13 蛋白酶 K（20 mg/mL）。

I.1.1.14 丙烯酰胺。

I.1.1.15 甲叉双丙烯酰胺。

I.1.1.16 过硫酸铵。

I.1.1.17 硝酸银（$AgNO_3$）。

I.1.1.18 N,N,N′,N′—四甲基乙二胺（TEMED）。

I.1.1.19 无水碳酸钠。

I.1.1.20 dNTPs：dATP、dCTP、dGTP 和 dTTP。

I.1.1.21 Taq DNA 聚合酶（5 U/μL）。

I.1.1.22 pGEM-3Zf(+)/Hae Ⅲ 与 PBR322/Msp I 的等量混合分子量内标。

I.1.1.23 PCR Buffer。

I.1.1.24 重铬酸钾。

I.1.1.25 浓硫酸。

I.1.1.26 硝酸。

I.1.1.27 甲醛。

I.1.1.28 超纯水。

I.1.2 仪器设备

I.1.2.1　凝胶成像分析系统。

I.1.2.2　PCR仪。

I.1.2.3　低温高速离心机。

I.1.2.4　紫外分光光度计。

I.1.2.5　稳压稳流电泳仪。

I.1.2.6　八道电子可调移液器(量程5 μL～100 μL)。

I.1.2.7　单道可调移液器(2 μL,10 μL,20 μL,100 μL,200 μL,1 000 μL)。

I.1.2.8　电子天平(量程0.01 mg～300 mg)。

I.1.2.9　水浴恒温震荡器。

I.1.2.10　电泳槽。

I.1.2.11　普通离心机。

I.1.2.12　紫外检测仪。

I.1.2.13　超声波清洗器。

I.1.2.14　超纯水器。

I.1.2.15　高压灭菌器。

I.1.3　方法步骤

I.1.3.1　在两块配套玻璃板两侧和底部夹入垫片,用透明胶带密封,夹子夹紧,留出上部的灌胶孔。

I.1.3.2　取30%丙烯酰胺9.5 mL加入25 mL的蒸馏水中,然后加入700 μL的50×TAE,再加入200 μL 10%过硫酸铵和25 μL TEMED,迅速混合后倒入已封好的玻璃板中,插入梳子。

I.1.3.3　室温聚合约1 h后,拔出梳子,用蒸馏水冲洗点样孔,然后将其固定于电泳槽上,加入1×TAE,100 V预电泳5 min。

I.1.3.4　取10 μL PCR产物,加入2 μL上样缓冲液,混匀。用微量进样器点样,同时在标记的泳道点上分子量标记物。

I.1.3.5　根据座位片段的大小选择电压和电泳时间。一般选择范围是100 V～200 V,30 mA～50 mA,电泳7 h～12 h。

I.1.3.6　取出电泳后的凝胶,放入染色盒中用蒸馏水洗涤2次。

I.1.3.7　将蒸馏水倒出,加入25%的乙醇变性3 min。

I.1.3.8　回收乙醇,用蒸馏水洗涤凝胶一次;加入1%的硝酸溶液固定3 min,待溴酚蓝的蓝色大部分褪尽后停止固定。

I.1.3.9　用蒸馏水洗涤凝胶一次;加入0.2%的AgNO₃染色30 min,AgNO₃溶液可以重复使用2次～3次。

I.1.3.10　用蒸馏水洗涤凝胶2次;加入显色液(0.2%甲醛、3%碳酸钠)显色。待凝胶上显出清晰的DNA带型时,适时倒掉碳酸钠溶液,加入10%的乙酸溶液终止显色反应。

I.1.3.11　将凝胶用蒸馏水清洗后,用凝胶成像系统扫描成像。

附 录 J

（资料性附录）

扩增产物的荧光检测方法

J.1 试剂

J.1.1 血液裂解液、组织 DNA 提取液和精子裂解液。

J.1.2 Tris 饱和酚：重蒸。

J.1.3 三氯甲烷。

J.1.4 异戊醇。

J.1.5 无水乙醇。

J.1.6 溴化乙锭(10 mg/mL)。

J.1.7 10×TBE 或 TAE 电泳缓冲液。

J.1.8 6×上样缓冲液。

J.1.9 Taq DNA 聚合酶(5 U/μL)。

J.1.10 RNA 酶(10mg/mL)。

J.1.11 蛋白酶 K(20mg/mL)。

J.1.12 dNTPs：dATP、dCTP、dGTP 和 dTTP。

J.1.13 琼脂糖。

J.1.14 甲酰胺。

J.1.15 POP4 凝胶。

J.1.16 500ROX 分子量内标：标记发射荧光颜色为红色，共有 14 条片段。

J.1.17 双蒸水。

J.1.18 PCR Buffer。

J.2 仪器

J.2.1 PCR 仪。

J.2.2 低温高速离心机。

J.2.3 生物分光光度计。

J.2.4 稳压稳流电泳仪。

J.2.5 八道电子可调移液器(量程 5 μL～100 μL)。

J.2.6 八道电子可调移液器(量程 0.2 μL～10 μL)。

J.2.7 单道可调移液器(2 μL,10 μL,20 μL,100 μL,200 μL,1 000 μL)。

J.2.8 电子天平(量程 0.01 mg～300 mg)。

J.2.9 水浴恒温震荡器。

J.2.10 普通离心机。

J.2.11 紫外检测仪。

J.2.12 超声波清洗器。

J.2.13 超纯水器。

J.2.14 ABI 全自动遗传分析仪。

J.2.15 高压灭菌器。

J.3 荧光检测步骤

J.3.1 琼脂糖凝胶电泳检测 PCR 产物

取适量 PCR 产物，上样于 1%～3% 的琼脂糖凝胶中进行电泳，检测本次扩增反应是否成功。

J.3.2 样品 PCR 产物变性

取 1 μL PCR 产物，与 9.75 μL 甲酰胺和 0.25 μL ROX500 分子量内标混合，95℃ 变性 4 min～5 min，立即转移到 4℃ 条件下放置 10 min。

J.3.3 打开数据收集软件（V2.0），在 Protocol Manager 窗口下为本次反应编辑 1 个 Protocol，在 Result Group 窗口下为本次反应编辑 1 个 Result Group，在 Plate Manager 窗口下为本次反应的样品板命名，所有程序编辑好后，启动仪器进行分析。以样品峰长度值和分子量内标的峰长度值比较定量。

J.4 对照实验

对照实验指加入对照样品 DNA 和不加任何样品 DNA 的情况下，采用完全相同的测定步骤进行平行操作。每次实验必须设置对照实验和空白实验。

ICS 65.020.30
B 44

NY/T 1674—2008

中华人民共和国农业行业标准

牛羊胚胎质量检测技术规程

Detection procedures for quality evaluation
in embryos of bovine and ovine

2008-08-28 发布

2008-10-01 实施

中华人民共和国农业部 发布

前　言

本标准的附录 A 为规范性附录,附录 B 和附录 C 为资料性附录。

本标准由中华人民共和国农业部畜牧业司提出。

本标准由全国畜牧业标准化技术委员会归口。

本标准起草单位:全国畜牧总站。

本标准主要起草人:王志刚、刘丑生、朱玉林、赵俊金、孙秀柱、于福清、张桂香、孙飞舟。

牛羊胚胎质量检测技术规程

1 范围

本标准规定了牛羊胚胎形态评定和发育情况检测技术规程。

本标准适用于新鲜的、冷冻的体内胚胎和体外胚胎的质量检测。

2 规范性引用文件

下列文件中的条款通过本标准的引用而成为本标准的条款。凡是注日期的引用文件,其随后所有的修改单(不包括勘误的内容)或修订版均不适用于本标准,然而,鼓励根据本标准达成协议的各方研究是否可使用这些文件的最新版本。凡是不注日期的引用文件,其最新版本适用于本标准。

GB/T 5458 液氮生物容器

GB/T 18088 出入境动物检疫采样

3 术语

下列术语和定义适用于本标准。

3.1

超低温保存 cryopreservation

在−196℃的超低温度中,胚胎新陈代谢停止,从而使其长期保存。

3.2

胚胎解冻 embryo thawing

将冷冻保存的胚胎按一定的程序融化,并脱除冷冻保护剂,使胚胎恢复新陈代谢的过程。

3.3

胚胎体外培养 embryo in vitro culture

胚胎在体外培养液中模拟体内环境培养,使其继续发育的过程。

4 抽样方法和保存

4.1 抽样方法

抽样方法和数量参照 GB/T 18088。

4.2 样品的保存

样品应保存在−196℃的液氮环境中,并符合如下条件:

——存放冷冻胚胎的低温容器应符合 GB/T 5458 规定,使用前经过清洗后加入液氮。取放样品时,在空气中暴露时间不能超过 5 s。

——样品由专人保管,不能脱离液氮。

4.3 信息的记录

抽样时,应详细记录样品包装上标记的信息。

5 检测环境

应在洁净环境条件下进行检测。

6 检测方法

牛羊胚胎质量检测操作方法见附录 A。

7 结果表述

××胚胎的发育阶段为×××;级别为××;在 38℃～39℃、5％二氧化碳、95％空气和相对饱和湿度条件下培养 24 h(或 48 h),胚胎由××阶段发育到××阶段。

附 录 A
（规范性附录）
牛羊胚胎质量检测操作方法

A.1 试剂

A.1.1 胚胎培养液(推荐使用 TCM199＋20％FCS)

A.1.2 甘油

A.1.3 乙二醇(EG)

A.1.4 蔗糖

A.1.5 PBS 配方

PBS 配方见表 A.1。

表 A.1 PBS 配方

	试剂名称	浓 度
A 液	NaCl	8.0 g/L
	KCl	0.20 g/L
	$CaCl_2$	0.10 g/L
	$MgCl_2 \cdot 6H_2O$	0.20 g/L
B 液	$Na_2HPO_4 \cdot 7H_2O$	2.16 g/L
	KH_2PO_4	0.20 g/L

A.1.5.1 配制好的 A、B 液分别高压灭菌,保存待用。

A.1.5.2 使用前,把 B 液缓慢倒入 A 液,充分混合,每 1 L 溶液中添加丙酮酸钠 0.036 g、葡萄糖 1.0 g、牛血清白蛋白 4.0 g(或灭活血清 10 mL～20 mL)和抗生素(青霉素 100 U/mL、链霉素 100 μg/mL),充分混合后定容,用 0.22 μm 滤器过滤除菌,待用。配成的 PBS 液 pH 为 7.2～7.3,渗透压 290 mOsm～300 mOsm。

A.1.6 成品 PBS 配制

A.1.6.1 用灭菌双蒸水分别将 A、B 原粉溶解,用容量瓶定容到 1 000 mL。

A.1.6.2 加入灭活血清 10 mL～20 mL,充分混匀待用。

A.1.7 保存液:含 0.4％牛血清白蛋白的 PBS 液。

A.2 仪器设备

A.2.1 二氧化碳培养

A.2.2 胚胎冷冻仪

A.2.3 液氮罐

A.2.4 体视显微镜

A.2.5 恒温台

A.2.6 电子天平(精确到 0.1 mg)

A.2.7 超净工作台

A.2.8 超声波清洗器

A.2.9 超纯水器

A.2.10 电热鼓风干燥箱

A.2.11 高压灭菌器

A.3 检测内容与方法

A.3.1 待检胚胎应有完整的系谱资料(适用于体内胚胎和活体采卵体外受精胚胎)

A.3.2 样品包装的标记应规范完整

A.3.3 胚胎质量

A.3.3.1 检测方法

A.3.3.1.1 胚胎的形态学检测

借助于显微镜对胚胎的发育阶段和发育状况进行形态学观察。

A.3.3.1.2 胚胎的体外发育能力检测

在38℃～39℃,5%二氧化碳、95%空气和相对饱和湿度的条件下,对胚胎进行体外培养并于24 h或48 h观察胚胎的存活情况和发育阶段。

A.3.3.1.3 冷冻胚胎应按照程序要求进行解冻后检测,胚胎解冻程序参见附录B。

A.3.3.2 胚胎质量检测内容

A.3.3.2.1 胚胎发育阶段

胚胎的发育阶段应与标注的阶段一致。植入前胚胎各个阶段主要特点如下:

    a) 桑椹胚(morula)——可观察到球状的细胞团,细胞团占透明带内腔50%～60%。

    b) 致密桑椹胚(compacted morula,CM)——卵裂球细胞进一步分裂变小,细胞团占透明带内腔60%～70%。

    c) 早期囊胚(early blastocyst,EB)——内细胞团的一部分出现囊胚腔,但难以分清内细胞团和滋养层,细胞团占透明带内腔70%～80%。

    d) 囊胚(blastocyst,BL)——内细胞团和滋养层界限清晰,囊胚腔明显,细胞充满透明带内腔。

    e) 扩张囊胚(expanded blastocyst,EXB)——囊腔体积增大到原来的1.2倍～1.5倍,透明带变薄。

    f) 孵化囊胚(hatched blastocyst,HB)——囊胚腔继续扩大,透明带破裂,细胞团脱出。

A.3.3.2.2 胚胎发育状况

正常发育胚胎透明带完整,形态规则,色调均匀一致,透明度适中。根据形态学及发育程度划分,胚胎质量分为A、B、C、D四个等级,参考图片参见附录C。

A.3.3.2.2.1 A级

胚胎的发育阶段与预期的发育阶段一致。胚胎形态完整,轮廓清晰,呈球形,分裂球大小均匀,结构紧凑,色调和透明度适中,胚胎细胞团呈均匀对称的球形,透明带光滑完整,厚度适中,不规则的细胞相对较少,变性细胞不高于15%。

A.3.3.2.2.2 B级

胚胎的发育阶段与预期的发育阶段基本一致。胚胎形态较完整,轮廓清晰,色调及细胞密度良好,透明带光滑完整,厚度适中,存在一定数量大小和形状不规则的细胞或细胞团,有一定数量细胞的颜色明暗不一、密度不均匀,但变性细胞不高于50%。

A.3.3.2.2.3 C级

胚胎的发育阶段与预期的发育阶段不一致。胚胎形态不完整,轮廓不清晰,色调发暗,结构较松散,游离的细胞较多,但变性细胞不高于75%。

A.3.3.2.2.4 D 级

胚胎的发育阶段与预期的发育阶段不一致,包括退化的胚胎、未受精卵或1细胞胚胎及16细胞以下的受精卵。内细胞团有较多碎片、轮廓不清晰、结构松散,变性细胞比例高于75%。

A.3.3.3 相关要求

A.3.3.3.1 每次至少2人参加检测,独立评定,得出综合评定结果。如果二者差异较大,另外安排2人重新进行评定。

A.3.3.3.2 鉴定结果应做鉴定记录,资料存档待查。

附 录 B
（资料性附录）
冷冻胚胎解冻方法

B.1 甘油冷冻胚胎的解冻程序

B.1.1 配制解冻液
分别配制含 10%、6%、3% 甘油的 0.1 mol/L 蔗糖 PBS 解冻液，用 0.22 μm 滤器过滤除菌。

B.1.2 胚胎解冻
从液氮罐中取出装有胚胎的细管，室温下空气浴 10 s 后投入 32℃～35℃ 水浴中 2 min。

B.1.3 脱除甘油
用消毒卫生纸擦干细管，剪去封口端，将胚胎推入培养皿中；然后，将胚胎依次移入 6%、3%、0% 甘油的 0.1 mol/L 蔗糖 PBS 解冻液中，分别停留 5 min；最后，用保存液洗 3 次，镜检。

B.2 乙二醇冷冻胚胎的解冻程序

B.2.1 胚胎解冻
胚胎解冻操作步骤同 B.1.2。

B.2.2 脱除乙二醇
用消毒卫生纸擦干细管，剪去封口端，将胚胎推入培养皿，用保存液洗 3 次，镜检。

附 录 C
（资料性附录）
胚胎图片示例

C.1 桑椹胚胚胎质量示例

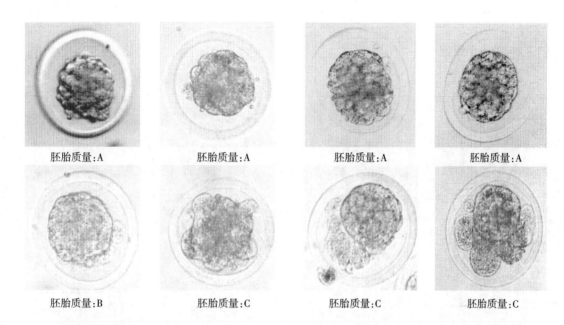

胚胎质量:A	胚胎质量:A	胚胎质量:A	胚胎质量:A
胚胎质量:B	胚胎质量:C	胚胎质量:C	胚胎质量:C

C.2 囊胚胚胎质量示例

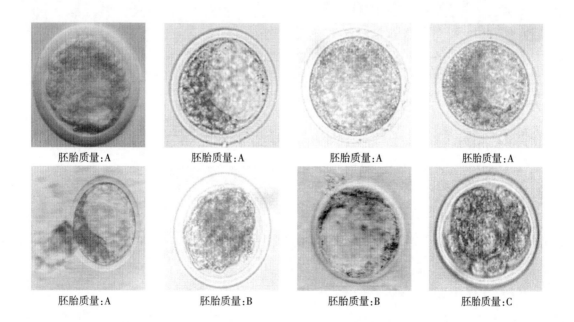

胚胎质量:A	胚胎质量:A	胚胎质量:A	胚胎质量:A
胚胎质量:A	胚胎质量:B	胚胎质量:B	胚胎质量:C

C.3 D级胚胎质量示例

C.3.1 未受精卵

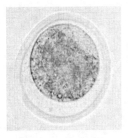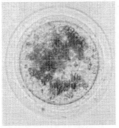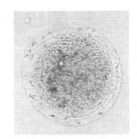

C.3.2 2细胞～16细胞

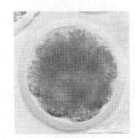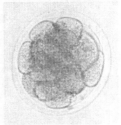

C.3.3 变异胚胎

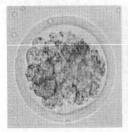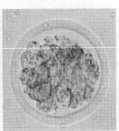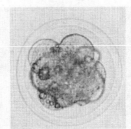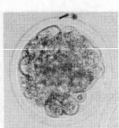

ICS 65.020
B 15

中华人民共和国农业行业标准

NY/T 1675—2008

农区草地螟预测预报技术规范

Rules for forecast technology of the meadow moth
[*Loxostege sticticalis* (Linnaeus)] in agricultural area

2008-08-28 发布

2008-10-01 实施

中华人民共和国农业部 发布

前　言

本标准附录 A、附录 B 是规范性附录;附录 C、附录 D、附录 E、附录 F 为资料性附录。

本标准由中华人民共和国农业部种植业管理司提出并归口。

本标准主要起草单位:农业部全国农业技术推广服务中心。

本标准主要起草人:姜玉英、屈西峰、夏冰、曾娟。

农区草地螟预测预报技术规范

1 范围

本标准规定了农区(草地螟多发生在农田与草场、林地、荒地等交错分布的生境区域,其中农田比例大于或等于60％的地区称为农区)草地螟秋季越冬基数调查、春季越冬幼虫存活率调查、化蛹羽化进度观察、成虫观测、卵量调查、幼虫调查、防治和挽回损失统计、发生程度划分方法、预报方法和数据汇总与传输等方面内容。

本标准适用于草地螟田间虫情调查和预报。

2 秋季越冬基数调查

2.1 前期踏查

2.1.1 踏查时间的推算

在末代草地螟成虫发生期(发生期是指成虫始见至终见的一段时间,其他虫态同此注释),当出现蛾量盛期(发生盛期通常指始盛期始至盛末期止,成虫发生数量达该代累计总量的16％、50％、84％的日期分别称始盛期、高峰期、盛末期,其他虫态同此注释)时,解剖雌蛾卵巢发育级别在3级以上的比例大于或等于50％时,由此日向后推12 d(卵期3.5 d＋一龄期3.1 d＋二龄期2.7 d＋三龄期2.0 d＋1/2的四龄期0.9 d),即为开展踏查的时间。

2.1.2 踏查适期

根据推算出的开展踏查时间,到田间见末代幼虫发育至四龄以上所占比例大于或等于50％时踏查。

2.1.3 踏查方法

在当地末代幼虫所有可能发生的地带,每2人～3人编成一组,人与人之间保持10 m～20 m的距离,按预定路线步行目测虫情。首先观察草地螟喜食寄主是否有明显的被害症状,如有则应粗略调查幼虫密度。反之,则继续步行目测。

2.1.4 设置标识

在发现末代幼虫的地段,设置明显的标识,并绘制示意图和填写表格。注明所在乡镇、村庄、生境、植被、地形、面积、密度等。有条件的可使用GPS进行地理定位。

2.1.5 测算发生范围

在踏查工作结束后,按不同生境类型区估计出末代幼虫的发生面积、发生范围,并绘制分布简图。

2.2 实地调查

2.2.1 调查时间

9月下旬至10月中旬在当地土壤未封冻以前进行。如未进行前期踏查,则调查时间应适当提前。一般掌握在幼虫已入土、寄主植物尚未干枯前,最晚在牧草和大田作物收获前进行。

2.2.2 调查工具

四齿铁耙(用8号铅丝制成,齿距2.5 cm,齿高4 cm,全长25 cm)、铁筛、铁锹、卷尺等。

2.2.3 调查方法

在不同生境区域,选择适合草地螟幼虫越冬的各种寄主植物田进行调查。每种寄主植物至少取5块田,按田块大小、地形或地貌及草地螟越冬虫茧的发生分布特点(参考因素见附录C),每块田随机选取4个点,每点按50 cm×50 cm取样。调查时,用铁丝耙扒松样点内0.5 cm～3 cm深的表土,再将表土轻轻移出,即可显现竖立在土层中的虫茧,用小土铲将虫茧逐个挖出;或将样点内(0～6)cm深的土壤挖出过筛、拣出虫茧,计数,将其装在已分类编号的纸袋内,带回室内鉴定。

2.2.4 室内鉴定

从纸袋中取出虫茧,观察外壁是否有孔洞,然后由上(羽化口处)而下轻轻剖开,检查茧内幼虫状态,即活茧或死茧;若为死茧,应检查其被捕食、蝇类寄生、蜂类寄生、真菌感染、细菌感染等情况,不属于以上情形者(包括不明原因的空茧)归入其他类(鉴别方法见附录D)。

2.2.5 计算总虫量

根据以上调查的不同生境类型区寄主植物田草地螟幼虫越冬面积和密度,按公式(1)计算越冬总虫量。结果记入附录A表A.1中。

$$G_1 = \sum (S \times d_1) \quad\cdots\cdots\cdots\cdots (1)$$

式中:

G_1——草地螟越冬总虫量,万头;

S——越冬寄主面积,hm²;

d_1——越冬寄主植物平均虫茧密度,头/m²。

3 春季越冬幼虫存活率调查

3.1 调查时间

于3月下旬至4月上旬越冬幼虫化蛹之前(物候为多年生禾本科牧草返青始期)进行。

3.2 调查方法

从冬前调查见虫的各种生境类型、各种寄主植物田中各选一块田,随机多点取土茧50个～100个,解剖后,检查和记载其中活茧数和死茧数,计算越冬幼虫存活率,结果记入附录A表A.2中。

4 化蛹羽化进度观察

在冬前调查越冬基数或冬后调查越冬幼虫存活率时,从田间取含有活幼虫的土茧200个～300个,依自然状态集中掩埋于花盆中,再将花盆埋于土内,上边用细纱笼罩罩起,以防天敌与蚂蚁危害。于5月上旬开始,每5d检查一次,每次剖查50个土茧,计算化蛹率、羽化率和死亡率,直到羽化全部完成为止。结果记入附录A表A.3中。

5 成虫诱测

5.1 灯光诱蛾

宜在常年适于成虫发生的场所,设置1台多功能自动虫情测报灯(注释见附录E.1)或20瓦黑光灯诱蛾。要求其四周没有高大建筑物或树木遮挡,灯管下端与地表面垂直距离为1.5m。诱蛾时间从4月下旬开始到9月30日结束。定时检查诱到的成虫,计数并辨别雌、雄蛾,将结果记入附录A表A.4中。

5.2 扫网捕蛾

在各代成虫发生期,选择有代表性的农田、草地和林地等不同类型生境,每种类型各选择2～3块田,利用捕虫网(结构见附录E.2)进行扫网调查。每天在9:00～10:00调查。每块田每次随机扫10个网次(持捕虫网从左挥向右,再由右挥向左,计作1个网次);虫量少时可酌情增加扫网次数。计数并辨别雌、雄蛾,将调查结果记入附录A表A.4中。

5.3 百步惊蛾

在各代成虫发生期,选择有代表性的农田、草地和林地等不同类型生境,每种类型各选择2～3块田进行调查。每天在9:00～10:00调查。每块田随机选点正常步幅走百步,边走边目测惊起的蛾量。将调查结果记入附录A表A.4中。

5.4 雌蛾卵巢发育情况检查

在各代成虫发生盛期,每天从灯诱或网捕的成虫中随机取雌蛾 20 头,不足 20 头时全部检查,检查雌蛾卵巢发育级别、数量和雌虫交尾情况(划分方法见附录 F),计算交尾率,结果记入附录 A 表 A.5 中。

6 卵量调查

6.1 调查地点

选当代草地螟喜食作物或杂草(如藜科、蓼科、菊科、豆科植物等)较多、湿度条件适宜其发生的场所 2～3 块田进行重点调查。

6.2 调查时间

在各代成虫发生盛期进行,每 3 d 调查一次。

6.3 调查方法

采用棋盘式取样法,每块田取 10 点,每点 33 cm×33 cm,仔细检查调查样点内的作物、杂草和地面枯枝落叶以及地表上的卵块,数清卵粒数,以当代累计卵量代表全代总卵量。按公式(2)、(3)计算多种作物平均卵量和累计卵量。结果记入附录 A 表 A.6 中。

$$a = \frac{\sum c}{n} \quad\quad (2)$$

式中:

a——多种作物平均卵量,粒/m²;

c——每一种作物田 10 个样点合计卵量,粒/m²;

n——作物田块数。

$$b = \sum a \quad\quad (3)$$

式中:

b——累计卵量,粒/m²。

7 幼虫调查

7.1 防治前的普查
7.1.1 普查时间

宜在各代成虫发生盛期、田间一至三龄幼虫大量出现时,对本地区适宜草地螟发生的作物及地边杂草进行一次全面普查。应普查面积不少于当地寄主作物播种面积的 3%,根据普查结果确定防治田块。

7.1.2 取样方法

每块田随机选取 5 个点,密植作物和杂草每点取 33 cm×33 cm,可以把作物和杂草上的幼虫拍打在塑料布上,计数虫量;稀植作物每点 5 株～10 株,最后把查到的虫量按行距和株距折算成每平方米虫量。

7.2 残虫量及危害损失普查
7.2.1 普查时间

宜在每代幼虫发生盛期,对当代受害作物和草场进行一次普查。

7.2.2 普查方法

选择适宜各代草地螟发生为害的作物、草场等进行。每种主要寄主作物各选 3 块田,每块田取 5 点,密植作物每点 33 cm×33 cm;稀植作物每点 5 株～10 株,最后按株距和行距折算成每平方米虫量,查清其中幼虫数量。按公式(4)计算每代草地螟幼虫总虫量;统计当地各类作物发生面积,估算危害损失情况。将结果记入附录 A 表 A.7 中。

各代幼虫总虫量计算公式:

$$G_2 = \sum (S \times d_2) \quad\quad (4)$$

式中：

G_2——某代幼虫总虫量，万头；

S——某代幼虫在某种作物上的发生面积，hm^2；

d_2——某种作物田平均幼虫密度，头$/m^2$。

8 防治和挽回损失统计

各代防治情况及挽回损失统计宜在各世代防治结束时进行。统计各代防治面积、估算挽回损失，结果记入附录 A 表 A.8 中。全年发生和防治情况记入附录 A 表 A.9 中。

9 发生程度划分方法

按照以下原则进行 5 级划分：

1 级：轻发生。当地主要寄主作物需化学防治面积与作物总面积比率等于或小于 5% 的平均幼虫数量；

2 级：偏轻发生。当地主要寄主作物需化学防治面积与作物总面积比率在 6%～10% 范围内的平均幼虫数量；

3 级：中发生。当地主要寄主作物需化学防治面积与作物总面积比率在 11%～30% 范围内的平均幼虫数量；

4 级：偏重发生。当地主要寄主作物需化学防治面积与作物总面积比率在 31%～40% 范围内的平均幼虫数量；

5 级：大发生。当地主要寄主作物需要用化学农药防治面积与作物总面积比率在 41% 以上的平均幼虫数量。

10 预报方法

10.1 长期预报

10.1.1 每年秋末冬初，根据越冬幼虫土茧分布和气象部门长期气候预测，综合分析评价后，做出翌年草地螟发生趋势预报。

10.1.2 每年 5 月底至 6 月初，根据越冬幼虫和化蛹期的死亡率高低，结合气象部门对第一代草地螟发生期间的气候预测及蜜源植物生长情况，做出第一代草地螟发生趋势预报。

10.2 中期预报

10.2.1 在每个世代成虫出现高峰前后，解剖雌蛾卵巢、观察发育情况，当 3～4 级雌蛾占 50% 以上时，由此时向后推迟 9 d～16 d（卵期 3 d～5 d，一龄期 2 d～5 d，二龄期 2 d～3 d，三龄期 2 d～3 d），即可做出防治适期预报。

10.2.2 根据当代成虫数量、雌蛾卵巢抱卵级别和田间卵量，结合当地气候、作物分布与生长情况，做出当代幼虫发生量预报。

11 数据汇总和传输

11.1 数据汇总

在各项调查结束时，填写"草地螟调查资料表册"（见附录 A）和草地螟模式报表（见附录 B）。"草地螟调查资料表册"用于各地留档保存当年草地螟发生测报资料；草地螟模式报表是植保系统内按规定格式、时间和内容汇报的格式报表，其中，发生程度分别用 1、2、3、4、5 表示，同历年比较的早、增、多、高用"＋"表示，晚（迟）、减、少、低用"－"表示，与历年相同和相近用"0"表示，缺测项用"××"表示。

11.2 数据传输

主要采用互联网和传真机等传输工具及时快速传输。

附　录　A

（规范性附录）

农作物病虫调查资料表册

草　地　螟

（　　　年）

站　　　名＿＿＿＿＿＿＿＿＿＿盖章

站　　　址＿＿＿＿＿＿＿＿

（北纬：＿＿＿＿＿东经：＿＿＿＿＿海拔：＿＿＿＿＿）

测报员＿＿＿＿＿＿＿＿

负责人＿＿＿＿＿＿＿＿

表 A.1 草地螟越冬基数调查统计表

调查日期		当年越冬寄主		虫茧总数	活茧数	虫茧密度(头/m²)								越冬总虫量(万头)	备注
月	日	名称	面积(hm²)			死茧数									
						被捕食	蝇类寄生	蜂类寄生	真菌感染	细菌感染	其他	合计			
越冬面积合计															

注:备注中说明出现大量活虫茧的原因、地形、植被等,适用于文中所有表备注。

表 A.2 草地螟越冬幼虫存活情况调查表

调查时间		调查地点		虫茧数（头）			越冬幼虫存活率（%）	备注
月	日	寄主作物	生境类型	总茧数	活茧数	死茧数		

表 A.3 草地螟越冬代幼虫化蛹和成虫羽化进度观察表

观察日期		检查虫数 (头)	其中				累计			备注
月	日		幼虫数 (头)	蛹数 (头)	羽化虫数 (头)	死虫数 (头)	化蛹率 (%)	羽化率 (%)	死亡率 (%)	

表A.4 草地螟成虫诱测记载表

调查日期		灯光诱蛾量（头）			10网次捕蛾量（头）			百步惊蛾量（头）	备注
月	日	雌蛾	雄蛾	合计	雌蛾	雄蛾	合计		

表 A.5　草地螟雌蛾卵巢发育和交尾率记载表

调查日期		雌虫来源	检查虫数（头）	雌蛾卵巢发育级别数量和比率								交尾率（%）	备注
				1级		2级		3级		4级			
月	日			头数	比率	头数	比率	头数	比率	头数	比率		
		各代平均											

表 A.6 草地蝗卵量调查统计表

调查日期		地点	作物	10点合计		多种作物平均卵量（粒/m²）	累计卵量（粒/m²）	备注
月	日			卵块数（块/m²）	卵粒数（粒/m²）			
各代累计								

表 A.7　草地螟各代幼虫发生危害损失调查统计表

调查日期		发生世代	作物名称	播种面积 (hm²)	发生面积 (hm²)	平均幼虫密度 (头/m²)	总虫量 (万头)	毁种面积 (hm²)	损失产量 (kg)	损失产值 (万元)	备注
月	日										
各代累计											

表 A.8 草地螟各世代防治情况及挽回损失统计表

统计日期		发生世代	作物名称	防治面积 （hm²）	挽回损失		备注
月	日				产量(kg)	产值(万元)	
各代累计							

表 A.9 草地螟发生防治基本情况统计表

耕地面积	hm²	草场面积	hm²
林地面积	hm²	荒地面积	hm²
亚麻(胡麻)面积	hm²	向日葵面积	hm²
甜菜面积	hm²	玉米面积	hm²
小麦面积	hm²	蔬菜面积	hm²
大豆面积	hm²	其他寄主作物名称和面积	hm²
发生程度:一代	二代	三代	
成虫发生面积:一代	hm²;二代	hm²;三代	hm²
幼虫发生面积:一代	hm²;二代	hm²;三代	hm²
简述发生概况和特点:			

附　录　B

（规范性附录）
草地螟模式报表

B.1　草地螟发生动态模式报表

表 B.1.1　草地螟发生动态省（直辖市、自治区）汇报模式报表（MCDD$_1$A）

要求汇报时间：草地螟发生期每周一次

序号	编报项目	编报程序
1	报表代码	MCDD$_1$A
2	省（直辖市、自治区）植保站名称	
3	汇报日期（月、日）	
4	草地螟发生世代	
5	当代成虫农田发生面积（hm^2）	
6	当代成虫草场发生面积（hm^2）	
7	当代成虫林地发生面积（hm^2）	
8	当代幼虫农田发生面积（hm^2）	
9	当代幼虫草场发生面积（hm^2）	
10	当代幼虫林地发生面积（hm^2）	
11	当代幼虫农田平均密度（头／m^2）	
12	当代幼虫农田防治面积（hm^2）	
13	当代幼虫草场防治面积（hm^2）	
14	当代幼虫林地防治面积（hm^2）	
注：发生世代，采用以一个世代卵开始出现的时间作为一个世代的始期。一律按"越冬代、第一代、第二代…"格式表述。		

表 B.1.2 草地螟发生动态区域测报站汇报模式报表(MCDD₂A)

要求汇报时间:草地螟发生期每周一次

序号	编报项目	编报程序
1	报表代码	MCDD₂A
2	县、市(旗)测报站名称	
3	汇报日期(月、日)	
4	草地螟发生世代	
5	调查日期(月、日)	
6	当代成虫始见期(月、日)	
7	始见期比历年早晚(天)	
8	当代20W黑光灯累计诱蛾量(头/台)	
9	诱蛾量比历年平均增减比率(%)	
10	1、2级雌蛾比率(%)	
11	3、4级雌蛾比率(%)	
12	平均百步惊蛾量(头)	
13	10网次捕蛾量(头)	
14	当代成虫农田发生面积(hm²)	
15	当代成虫草场发生面积(hm²)	
16	当代成虫林地发生面积(hm²)	
17	当代幼虫为害始见期(月、日)	
18	当代幼虫农田平均密度(头/m²)	
19	当代幼虫农田发生面积(hm²)	
20	当代幼虫草场发生面积(hm²)	
21	当代幼虫林地发生面积(hm²)	
22	当代幼虫农田防治面积(hm²)	
23	当代幼虫草场防治面积(hm²)	
24	当代幼虫林地防治面积(hm²)	

B.2 秋季草地螟越冬情况调查模式报表

表 B.2.1 草地螟越冬情况模式报表一(MCDQ₁A)

要求汇报时间:11 月底以前进行一次

序号	编报项目	编报程序
1	报表代码	MCDQ₁A
2	省(直辖市、自治区)名称	
3	汇报日期(月、日)	
4	越冬总面积(hm²)	
5	越冬活茧密度(头/m²)	
6	越冬活茧密度比历年平均增减比率(%)	
7	越冬总虫量比上年增减比率(%)	
8	越冬虫茧分布县市名称	

注:各项内容由省(直辖市、自治区)为单位统计。

表 B.2.2 草地螟越冬情况模式报表二(MCDQ₂A)

要求汇报时间:11 月底以前进行一次

序号	编报项目	编报程序
1	报表代码	MCDQ₂A
2	汇报日期(月、日)	
3	省(直辖市、自治区)名称	
4	旗(县、市)序列号	1
5	旗(县、市)名称	
6	越冬总面积(hm²)	
7	越冬活茧密度(头/m²)	
8	旗(县、市)序列号	2
9	旗(县、市)名称	
10	越冬总面积(hm²)	
11	越冬活茧密度(头/m²)	
12	旗(县、市)序列号	3
13	旗(县、市)名称	
14	越冬总面积(hm²)	
15	越冬活茧密度(头/m²)	
⋮		
n		

注:各项内容由省(直辖市、自治区)为单位统计,此表数据用于绘制全国草地螟越冬虫茧发生分布图,需统一登记到县(旗)。

表 B.2.3 草地螟越冬情况模式报表三(MCDQ₃A)

要求汇报时间:11月底以前进行一次

序号	编报项目	编报程序
1	报表代码	MCDQ₃A
2	汇报日期(月、日)	
3	省(直辖市、自治区)名称	
4	旗(县、市)名称	
5	调查田块序号	1
6	活茧密度(头/m²)	
7	植被类型	
8	海拔高度	
9	土壤质地	
10	越冬虫茧发生面积(hm²)	
11	调查田块序号	2
12	活茧密度(头/m²)	
13	植被类型	
14	海拔高度	
15	土壤质地	
16	越冬虫茧发生面积(hm²)	
⋮		
n		

注:1. 各省(直辖市、自治区)安排 1~2 个重点县(旗)进行调查;

2. 植被类型按农田、荒地、草场、林地分类,注明各植被类型和主要寄主植物,如:农田(大豆),荒地(灰菜),草场(碱草),林地(苹果)等。

B.3 春季草地螟存活情况模式报表

表 B.3 春季草地螟存活情况模式报表(MCDCA)

要求汇报时间:5 月 25 日之前进行一次

序号	编报项目	编报程序
1	报表代码	MCDCA
2	汇报日期(月、日)	
3	省(直辖市、自治区)名称	
4	旗(县、市)序列号	1
5	旗(县、市)名称	
6	调查取样面积(m^2)	
7	活虫密度(头/m^2)	
8	幼虫越冬面积(hm^2)	
9	幼虫越冬死亡率(%)	
10	旗(县、市)序列号	2
11	旗(县、市)名称	
12	调查取样面积(m^2)	
13	活虫密度(头/m^2)	
14	幼虫越冬面积(hm^2)	
15	幼虫越冬死亡率(%)	
⋮		
n		

B.4 草地螟发生预测模式报表

表 B.4.1 越冬代成虫发生实况及一代预测模式报表(MCDY₁A)

要求汇报时间:6月10日以前

序号	编报项目	编报程序
1	报表代码	MCDY₁A
2	省(直辖市、自治区)名称	
3	汇报日期(月/日)	
4	成虫始见期(月/日)	
5	成虫始见期比历年早晚(天)	
6	灯光累计诱蛾量(头)	
7	灯光累计诱蛾量比历年平均增减比率(%)	
8	解剖雌蛾日期(月/日)	
9	1级~2级雌蛾所占比率(%)	
10	3级~4级雌蛾所占比率(%)	
11	成虫已发生面积(hm²)	
12	成虫发生面积比历年平均增减比率(%)	
13	主要寄主对越冬代成虫、一代幼虫发生有利程度	
14	预计一代发生程度(级)	
15	预计一代发生面积(hm²)	
16	预计一代农田发生面积(hm²)	
17	一代农田发生面积比上年增减比率(%)	
18	预计一代草场发生面积(hm²)	
19	一代草场发生面积比上年增减比率(%)	
20	预计一代林地发生面积(hm²)	
21	一代林地发生面积比上年增减比率(%)	
22	预计一代发生县、市名称	

表 B.4.2　一代草地螟发生实况及二、三代预测模式报表(MCDY₂M)

要求汇报时间:7月20日以前

序号	编报项目	编报程序
1	报表代码	MCDY₂A
2	省(直辖市、自治区)名称	
3	一代幼虫发生程度(级)	
4	越冬代成虫农田发生面积(hm²)	
5	越冬代成虫农田发生面积比历年平均增减比率(%)	
6	越冬代成虫草场发生面积(hm²)	
7	越冬代成虫林地发生面积(hm²)	
8	一代幼虫农田发生面积(hm²)	
9	一代幼虫农田发生面积比历年平均增减比率(%)	
10	一代幼虫草场发生面积(hm²)	
11	一代幼虫林地发生面积(hm²)	
12	一代幼虫农田密度(头/m²)	
13	一代幼虫农田密度比历年平均增减比率(%)	
14	一代幼虫农田防治面积(hm²)	
15	一代幼虫草场防治面积(hm²)	
16	一代幼虫林地防治面积(hm²)	
17	一代幼虫农田残留面积(hm²)	
18	一代幼虫农田残留面积比历年平均增减比率(%)	
19	一代幼虫草场残留面积(hm²)	
20	一代幼虫林地残留面积(hm²)	
21	一代幼虫农田残留密度(头/m²)	
22	一代幼虫农田残留密度比历年平均增减比率(%)	
23	一代幼虫发生县、市名称	
24	寄主作物对二、三代成、幼虫发生有利程度和原因	
25	预计二代幼虫发生程度(级)	
26	预计二代幼虫发生为害盛期(月、日~月、日)	
27	预计二代幼虫发生面积(hm²)	
28	预计二代幼虫农田发生面积(hm²)	
29	二代幼虫农田发生面积比上年增减比率(%)	
30	预计二代幼虫草场发生面积(hm²)	
31	预计二代幼虫林地发生面积(hm²)	
32	预计二代幼虫发生县、市名称	
33	预计三代幼虫发生程度(级)	
34	预计三代幼虫发生为害盛期(月、日~月、日)	
35	预计三代幼虫发生面积(hm²)	
36	预计三代幼虫农田发生面积(hm²)	
37	三代幼虫农田发生面积比上年增减比率(%)	
38	预计三代幼虫草场发生面积(hm²)	
39	预计三代幼虫林地发生面积(hm²)	
40	预计三代幼虫发生县、市名称	

附　录　C
（资料性附录）
不同生境草地螟越冬调查选点参考因素

在秋雨较多的年份，末代草地螟幼虫多选择地势相对较高的土内结茧，如草原的波状缓坡和凸起地带、丘陵山地向阳荒坡、农牧交界带的地埂、坡梁地农田等。在少雨年份多选择植被茂盛处的土内结茧，如网围栏草库伦、人工牧草地、撂荒地、休闲地、地埂、喜食作物田及其周围等。在低湿草甸草原、茂密森林、雨后积水的低洼地带、植被稀疏的荒漠草原和砾石质荒坡等，一般草地螟虫茧较少。草地螟幼虫结茧处或者附近，应有藜科、菊科、苋科、豆科、蔷薇科等一年生或多年生阔叶植物。草地螟幼虫在多种土质中均可结茧越冬，但以壤土、轻壤土、沙壤土为宜。

附　录　D

（资料性附录）

草地螟越冬茧及其死亡原因识别方法

草地螟的茧为丝质袋状，长2 cm～5 cm，直径0.3 cm～0.4 cm，中部略粗，一般在土质坚硬处结茧较短，反之结茧较长。茧外面黏有细土或细沙粒，外观颜色与结茧处的土壤颜色一致。茧垂直于土壤表层，羽化口与地面平行，状似小的枯草(木)棍。

在虫茧侧壁有比较规则的孔洞，茧内遗留被天敌吃剩的草地螟幼虫头壳，或留有灰白色的天敌粪便，即为被捕食。在幼虫前胸背板处可见1粒～4粒灰白色的寄生蝇卵粒，如寄生蝇完成幼虫态发育，茧内可留有寄生蝇围蛹，即被蝇类寄生；在幼虫、蛹体上可观察到蜂类产卵螫扎后愈合的伤口，如寄生蜂已完成幼虫态发育，在茧内可查到一个(单寄生)或数个(多寄生)蜂蛹，即为被蜂类寄生；幼虫死虫体比较完整，外观可见到白色或绿色的菌丝，即为被真菌感染；如虫体发生腐烂，如死亡时间较长则遗留有干燥的头壳、表皮等残体，即为幼虫被细菌感染；不属于以上情形者归入其他类。

附　录　E
（资料性附录）
草地螟成虫观测工具

E.1　多功能自动虫情测报灯

多功能自动虫情测报灯是在我国长期应用 20 W 黑光灯为光源的基础上，开发出的一种先进诱虫测报灯具。该灯具采用光电控制技术，光源能自动开闭；能自动转换接虫袋，每天分别保存虫体；采用远红外线杀死昆虫，使虫体保持干燥、完整、新鲜，以便分类、鉴定。

E.2　捕虫网

捕虫网的网圈用 0.35 cm 的粗铁丝弯成，直径 33 cm。将铁丝的两端长出部分弯成直角形小钩，用以插入网柄小孔内来对网圈加以固定。为了携带方便，可以将铁丝等分为两段，另一端用小圆圈互相勾连。网袋用透气、坚韧、淡色的尼龙纱（蚊帐纱）制成，长度 67 cm。袋口用布镶边，内穿网圈。袋底略圆，以便从网中取出落网的昆虫。网柄长 1 m，用木材或铝合金制成。在网柄一端两侧，挖一 0.35 cm 宽、深的槽，钻两个上下错开的 1.4 cm 的圆洞，其上罩一长度 9 cm 的金属网箍。使用时，将已套好网袋的网圈一端的两个小钩分别插入网柄的槽和小孔中，将套在网柄上的网箍向上推，使网圈与网柄套在一起。

附　录　F
（资料性附录）
草地螟雌蛾卵巢发育级别和交尾划分方法

1级:腹内有大量脂肪体,卵巢管呈透明状或卵黄沉积在1/3以下;

2级:腹内有较多脂肪体,卵巢管内卵黄沉积在1/3以上或卵黄沉积已完成;

3级:腹内脂肪体明显减少,卵巢管内有大量成熟待产的卵粒或部分卵已产出;

4级:腹内脂肪体很少,卵巢管已萎缩或仅有少量遗卵。

凡雌蛾交尾囊扩大变硬呈淡紫色,并具有1个~2个精珠的,可认定为已交尾个体;交尾囊柔软透明、内无精包的,则为未交尾个体。

ICS 67.080
B 04

中华人民共和国农业行业标准

NY/T 1676—2008

食用菌中粗多糖含量的测定

Determination of crude mushroom polysaccharides

2008-08-28 发布   2008-10-01 实施

中华人民共和国农业部 发布

前　言

本标准的附录 A 为规范性附录。

本标准由中华人民共和国农业部提出并归口。

本标准起草单位：农业部食用菌产品质量监督检验测试中心（上海）、上海市农业科学院食用菌研究所。

本标准主要起草人：邢增涛、门殿英、唐庆九、王南、李明容、关斯明。

食用菌中粗多糖含量的测定

1 范围

本标准规定了食用菌粗多糖的比色测定法。

本标准适用于各种干、鲜食用菌产品中粗多糖及食用菌制品中粗多糖含量的测定,不适于添加淀粉、糊精组分的食用菌产品,以及食用菌液体发酵或固体发酵产品。

本标准方法的检出限 0.5 mg/kg。

2 规范性引用文件

下列文件中的条款通过本标准的引用而成为本标准的条款。凡是注日期的引用文件,其随后所有的修改单(不包括勘误的内容)或修订版均不适用于本标准,然而,鼓励根据本标准达成协议的各方研究是否可使用这些文件的最新版本。凡是不注日期的引用文件,其最新版本适用于本标准。

GB/T 6682 分析实验室用水规格和实验方法

3 术语和定义

下列术语和定义适用于本标准。

3.1

粗多糖 crude polysaccharides

以 β-D-葡聚糖或 α-D-葡聚糖或其他碳糖为主链的一系列高分子化合物。

4 原理

多糖在硫酸作用下,先水解成单糖,并迅速脱水生成糖醛衍生物,与苯酚反应生成橙黄色溶液,在 490 nm 处有特征吸收,与标准系列比较定量。

5 试剂和材料

除非另有说明,在分析中仅使用确认为分析纯的试剂和符合 GB/T 6682 中的蒸馏水。

5.1 硫酸(H_2SO_4),$\rho=1.84$ g/mL。

5.2 无水乙醇(C_2H_6O)。

5.3 苯酚(C_6H_6O),重蒸馏。

5.4 80%乙醇溶液。

5.5 葡萄糖($C_6H_{12}O_6$),使用前应于105℃恒温烘干至恒重。

5.6 80%苯酚溶液:称取 80 g 苯酚(5.3)于 100 mL 烧杯中,加水溶解,定容至 100 mL 后转至棕色瓶中,置 4℃冰箱中避光贮存。

5.7 5%苯酚:吸取 5 mL 苯酚溶液(5.6),溶于 75 mL 水中,混匀,现用现配。

5.8 100 mg/L 标准葡萄糖溶液:称取 0.100 0 g 葡萄糖(5.5)于 100 mL 烧杯中,加水溶解,定容至 1 000 mL,置 4℃冰箱中贮存。

6 仪器

6.1 可见分光光度计。

6.2 分析天平,感量为 0.001 g。

6.3 超声提取器。

6.4 离心机。

7 分析步骤

7.1 样品中淀粉、糊精有无的判定

按附录 A 进行判定。若样品中含有淀粉和糊精,则此样品中多糖含量的测定不适于使用本方法。若样品中不含淀粉和糊精,则进行下一个测定步骤。

7.2 样品的提取

称取 0.5 g~1.0 g 粉碎过 20 mm 孔径筛的样品,精确到 0.001 g,置于 50 mL 具塞离心管内。用 5 mL 水浸润样品,缓慢加入 20 mL 无水乙醇,同时使用涡旋振荡器振摇,使混合均匀,置超声提取器中超声提取 30 min。提取结束后,于 4 000 r/min 离心 10 min,弃去上清液。不溶物用 10 mL 乙醇溶液 (5.4) 洗涤、离心。用水将上述不溶物转移入圆底烧瓶,加入 50 mL 蒸馏水,装上磨口的空气冷凝管,于沸水浴中提取 2 h。冷却至室温,过滤,将上清液转移至 100 mL 容量瓶中,残渣洗涤 2 次~3 次,洗涤液转至容量瓶中,加水定容。此溶液为样品测定液。

7.3 标准曲线

分别吸取 0、0.2 mL、0.4 mL、0.6 mL、0.8 mL、1.0 mL 的标准葡萄糖工作溶液 (4.8) 置 20 mL 具塞玻璃试管中,用蒸馏水补至 1.0 mL。向试液中加入 1.0 mL 苯酚溶液 (5.7),然后快速加入 5.0 mL 硫酸 (与液面垂直加入,勿接触试管壁,以便与反应液充分混合),静置 10 min。使用涡旋振荡器使反应液充分混合,然后将试管放置于 30℃水浴中反应 20 min,490 nm 测吸光度。以葡聚糖或葡萄糖质量浓度为横坐标,吸光度值为纵坐标,制定标准曲线。

7.4 测定

吸取 1.00 mL 样品溶液于 20 mL 具塞试管中,按 7.2 至 7.3 步骤操作,测定吸光度。同时做空白试验。

8 结果计算

样品中多糖含量以质量分数 w 计,单位以克每百克(g/100 g)表示,按公式(1)计算:

$$w = \frac{m_1 \times V_1}{m_2 \times V_2} \times 0.9 \times 10^{-4} \quad\cdots\cdots\cdots\cdots\cdots\cdots\cdots\cdots\cdots\cdots\cdots\cdots\cdots\cdots \text{(1)}$$

式中:

m_1——从标准曲线上查得样品测定液中含糖量,单位为微克(μg);

V_1——样品定容体积,单位为毫升(mL);

V_2——比色测定时所移取样品测定液的体积,单位为毫升(mL);

m_2——样品质量,单位为克(g);

0.9——葡萄糖换算成葡聚糖的校正系数。

计算结果保留至小数点后两位。

9 精密度

在重复性条件下获得的两次独立测试结果的绝对差值不大于 10%,以大于 10% 的情况不超过 5% 为前提。

附 录 A

(规范性附录)

淀粉和糊精的定性鉴别

A.1 碘溶液的配制:称取 3.6 g 碘化钾溶于 20 mL 水中,加入 1.3 g 碘,溶解后加水稀释至 100 mL。

A.2 样品的处理

A.2.1 称取 1.0 g 粉碎过 20 mm 孔径筛的样品,置于 20 mL 具塞离心管内。

A.2.2 加入 25 mL 水后,使用涡旋振荡器使样品充分混合或溶解,4 000 r/min 离心 10 min。

A.2.3 量取 10 mL 上清液至 20 mL 具塞玻璃试管内,加入 1 滴碘溶液,使用涡旋振荡器混合几次,观察是否有淀粉或糊精与碘溶液反应后呈现的蓝色或红色。

A.3 结果判定

若出现呈色反应,则判定样品中含有淀粉和糊精。

———————————

ICS 67.080
B 04

中华人民共和国农业行业标准

NY/T 1677—2008

破壁灵芝孢子粉破壁率的测定

Determination of sporoderm–broken rate of *Ganoderma* spore product

2008-08-28 发布

2008-10-01 实施

中华人民共和国农业部 发布

NY/T 1677—2008

前　言

本标准由中华人民共和国农业部提出并归口。

本标准起草单位:农业部食用菌产品质量监督检验测试中心(上海)、上海市农业科学院农产品质量标准与检测技术研究所、上海市农业科学院食用菌研究所。

本标准主要起草人:邢增涛、赵晓燕、倪伟锋、尚晓冬、李明容、赵志辉、谢宝贵。

破壁灵芝孢子粉破壁率的测定

1 范围

本标准规定了破壁灵芝孢子粉破壁率的测定方法。

本标准适用于未添加任何辅料破壁灵芝孢子粉破壁率的测定。

2 规范性引用文件

下列文件中的条款通过本标准的引用而成为本标准的条款。凡是注日期的引用文件,其随后所有的修改单(不包括勘误的内容)或修订版均不适用于本标准,然而,鼓励根据本标准达成协议的各方研究是否可使用这些文件的最新版本。凡是不注日期的引用文件,其最新版本适用于本标准。

GB/T 6682 分析实验室用水规格和试验方法

3 原理

通过血球计数板对未破壁灵芝孢子粉进行计数,建立灵芝孢子粉质量与孢子个数之间的标准曲线,利用此标准曲线确定同批次一定质量待测破壁孢子粉中未破壁孢子粉的孢子个数,获得破壁孢子粉的破壁率。

4 试剂

4.1 水,GB/T 6682,二级。

4.2 无水硫酸锌($ZnSO_4$)。

4.3 无水乙醇(C_2H_5OH)。

4.4 70.0 g/L硫酸锌溶液:称取 7.0 g 在110℃干燥至恒重的无水硫酸锌($ZnSO_4$),溶于 100 mL 水中。

4.5 **悬浮用溶液**

取硫酸锌溶液(4.3)与无水乙醇以 10+1 的比例充分混合,现用现配。

5 仪器设备

5.1 分析天平 感量 0.001 g。

5.2 干燥箱。

5.3 血球计数板。

5.4 超声波仪。

5.5 涡旋混合器。

5.6 普通光学显微镜(目镜×10,物镜×20)。

5.7 具塞比色管,容量 25 mL。

6 分析步骤

6.1 未破壁孢子粉的清洗除杂

称取 0.10 g 与待测破壁孢子粉同批次的未破壁孢子粉,置于 0.2 mm 筛子上,用 100 mL 水冲洗,

250 mL 锥形瓶收集孢子粉悬浮液,定性滤纸过滤悬浮液,如果滤液比较浑浊,用水冲洗,直至滤液变澄清,弃去滤液。洗净后的孢子粉 60℃ 烘干至恒重,置于干燥器中保存。

6.2 待测破壁孢子粉的预处理

待测样品 60℃ 烘干至恒重,置于干燥器中保存,待测。

6.3 标准曲线的绘制

6.3.1 样品稀释

分别称取未破壁孢子粉约 0.01、0.03、0.04、0.05 g(精确到 1 mg)于 25 mL 比色管中,加入 10 mL 悬浮计数用溶液(4.4),在涡旋混合器上涡旋振荡,使结块的孢子粉散开。

6.3.2 孢子粉悬浮液的超声处理

将装有孢子粉悬浮液的比色管放入超声波仪中,超声处理 60 min。超声处理期间,每隔 15 min 手摇数次,使下沉的孢子悬浮起来,继续进行超声处理,最终使孢子分散均匀。再用悬浮计数用溶液(4.4)定容至 25 mL。

6.3.3 制片

将洁净的盖玻片盖于血球计数板上,吸取孢子粉悬浮液 8.0 μL,进样。进样时应缓慢匀速,使盖玻片下无气泡。进样完成后静置约 30 s,等待孢子充分扩散和沉降。

6.3.4 观察计数

光学显微镜 100 倍下粗调,确定视野后在 200 倍(必要时增大倍数)下进行计数。计数时,应对焦距进行微调,充分统计处于计数板上不同空间位置的孢子。部分孢子粉会处于中格边线上,计数时应仅统计位于中格四个边线的其中两个边线的孢子粉数。

使用 16 个中格×25 个小格的计数板时,只计算四个角上的四个中格的孢子数目(即以 100 个小格为一个计数单位);当使用 25 个中格×16 个小格的计数板时,除计算四个角上的四个中格外,还需计算中央一个中格的孢子数目(即以 80 个小格为一个计数单位)。每个样品观察计数时应去掉离群较大的值,有效观察计数不少于 6 次,然后取其平均值。

6.3.5 绘制标准曲线

按上述计数步骤分别对上述预处理后的未破壁孢子粉悬浮液进行计数,然后以质量为横坐标,以每个计数单位的孢子平均数为纵坐标,制作标准曲线。

6.4 待测样品计数

称取待测样品约 0.04 g,精确到 1 mg,按 6.3.1～6.3.5 的操作步骤进行处理,计数。

7 结果计算

破壁率以质量分数 w 计,单位以 10^{-2} 或%表示,按公式(1)计算:

$$W = \frac{N_1 - N_2}{N_1} \times 100 \quad \cdots\cdots\cdots\cdots\cdots\cdots\cdots\cdots\cdots\cdots\cdots\cdots (1)$$

式中:

N_1——从标准曲线查到的与待测样品相同质量的未破壁孢子粉的数目,单位为个;

N_2——观察统计的一定质量破壁孢子粉样品中未破壁孢子粉的数目,单位为个。

计算结果保留到小数点后一位。

8 精密度

破壁率≤30%:在重复性条件下获得的两次独立测试结果的绝对差值不大于 20%,以大于 20%的情况不超过 5%为前提;

破壁率≥30%：在重复性条件下获得的两次独立测试结果的绝对差值不大于10%，以大于10%的情况不超过5%为前提。

———————

ICS 67.100.10
X 16

中华人民共和国农业行业标准

NY/T 1678—2008

乳与乳制品中蛋白质的测定
双缩脲比色法

Determination of protein in milk and dairy products
Biuret spectrophotometry method

2008-10-20 发布   2008-10-20 实施

1155

中华人民共和国农业部 发布

前　言

本标准由中华人民共和国农业部畜牧业司提出。

本标准由全国畜牧业标准化技术委员会归口。

本标准起草单位：中国农业大学，农业部奶及奶制品质量监督检验测试中心（北京），农业部食品质量监督检验测试中心（上海），农业部乳品质量监督检验测试中心。

本标准主要起草人：侯彩云、王加启、刘凤岩、韩奕奕、魏宏阳、刘莹、王旭、牛巍、安瑜、芮闯、孙建平、陈婧。

本标准为首次发布。

乳与乳制品中蛋白质的测定
双缩脲比色法

1 范围

本标准规定了测定乳与乳制品中蛋白质含量的方法。

本标准适用于乳与乳制品中蛋白质含量的测定。

本方法检出限为 5×10^{-5} g/100 g。

2 规范性引用文件

下列文件中的条款通过本标准的引用而成为本标准的条款。凡是注日期的引用文件,其随后所有的修改单(不包括勘误的内容)或修订版均不适用于本标准,然而,鼓励根据本标准达成协议的各方研究是否可使用这些文件的最新版本。凡是不注日期的引用文件,其最新版本适用于本标准。

GB/T 6682 分析实验室用水规格和试验方法

3 原理

利用三氯乙酸沉淀样品中的蛋白质,将沉淀物与双缩脲试剂进行显色,通过分光光度计测定显色液的吸光度值,采用外标法定量,计算样品中蛋白质含量。

4 试剂与材料

除非另有规定,仅使用分析纯试剂和符合 GB/T 6682 的二级水。

4.1 四氯化碳。

4.2 酪蛋白标准品(纯度≥99%)。

4.3 10 mol/L 氢氧化钾溶液:准确称取 560 g 氢氧化钾,加水溶解并定容至 1 L。

4.4 250 g/L 酒石酸钾钠溶液:准确称取 250 g 酒石酸钾钠,加水溶解并定容至 1 L。

4.5 40 g/L 硫酸铜溶液:准确称取 40 g 硫酸铜,加水溶解并定容至 1 L。

4.6 150 g/L 三氯乙酸溶液:准确称取 150 g 三氯乙酸,加水溶解并定容至 1 L。

4.7 双缩脲试剂:将 10 mol/L 氢氧化钾溶液 10 mL 和 250 g/L 酒石酸钾钠溶液 20 mL 加到约 800 mL 蒸馏水中,剧烈搅拌,同时慢慢加入 40 g/L 硫酸铜溶液 30 mL,定容至 1 000 mL。

5 仪器和设备

5.1 天平,感量±0.000 1 g。

5.2 高速冷冻离心机。

5.3 分光光度计。

5.4 超声波清洗器。

6 测定步骤

6.1 标准曲线的制备

取 6 支试管,按表 1 加入酪蛋白标准品和双缩脲试剂,充分混匀。

表 1　标准曲线的制作

管　　号	0	1	2	3	4	5
酪蛋白标准品,mg	0	10	20	30	40	50
双缩脲试剂,mL	20.0	20.0	20.0	20.0	20.0	20.0
蛋白质浓度,mg/mL	0	0.5	1.0	1.5	2.0	2.5

6.2　样品前处理

6.2.1　固体试样

准确称取 0.2 g 试样,置于 50 mL 离心管中,加入 5 mL 水。

6.2.2　液体试样

准确称取 1.5 g 试样,置于 50 mL 离心管中。

6.2.3　沉淀和过滤

加入 150 g/L 的三氯乙酸溶液 5 mL,静置 10 min 使蛋白充分沉淀,在 10 000 r/min 下离心 10 min,倾去上清液,经 95％乙醇 10 mL 洗涤。向沉淀中加入四氯化碳 2 mL 和双缩脲试剂 20 mL,置于超声波清洗器中震荡均匀,使蛋白溶解,静置显色 10 min,在 10 000 r/min 下离心 20 min,取上层清液,待测。

6.3　蛋白质含量的测定

在 6.1 制备的标准溶液中,以 0 管调零,540 nm 下测定各标准溶液的吸光度值,以吸光度值为纵坐标,以表 1 中的蛋白质浓度为横坐标,绘制标准曲线。同时测定 6.2.3 提取的蛋白液的吸光度值,并根据标准曲线的线性回归方程读取制备样品的蛋白浓度 c。

7　结果计算

试样中蛋白质含量以质量分数 m 计,数值以克每百克(g/100 g)表示,结果按式(1)计算:

$$m = \frac{2c}{m_0} \quad\cdots\cdots\cdots\cdots\cdots\cdots\cdots\cdots\cdots\cdots\cdots\cdots\cdots\cdots\cdots\cdots \quad (1)$$

式中:

m——100 g 奶粉中蛋白质的含量,单位为克每百克(g/100 g);

m_0——取样量,单位为克(g);

c——试液中蛋白浓度,单位为毫克每毫升(mg/mL)。

注:测定结果用平行测定的算术平均值表示,保留三位有效数字。

8　精密度

在重复性条件下获得的两次独立测试结果的绝对差值不得超过算术平均值的 10％。

ICS 67.080.20
B 31

中华人民共和国农业行业标准

NY 5003—2008
代替 NY 5003—2001,NY 5213—2004

无公害食品 白菜类蔬菜

2008-05-16 发布　　　　　　　　　　　　2008-07-01 实施

中华人民共和国农业部 发布

前　言

本标准代替 NY 5003—2001《无公害食品　白菜类蔬菜》和 NY 5213—2004《无公害食品　普通白菜》。

本标准与 NY 5003—2001 相比主要变化如下：

——术语和定义中只保留烧心和裂球，其余均去掉；

——将表 1 修改为文字描述，规格用整齐度表示改为用规格的允许误差表示；

——将"无机械伤"改为"允许有少量机械伤"；

——将限度从"总不合格率不得超过 5％"修改为"总不合格率不应超过 10％"；

——卫生指标中去掉六六六、滴滴涕、马拉硫磷、杀螟硫磷、敌百虫、抗蚜威、多菌灵、砷、汞等，保留项目的指标按 GB 2762—2005 和 GB 2763—2005 的标准对限量值进行了修订；

——除灭幼脲外，其他农药残留的试验方法修改为 NY/T 761《蔬菜和水果中有机磷、有机氯、拟除虫菊酯和氨基甲酸酯类农药多种残留检测方法》；

——去掉检验规则中型式检验、交收检验、组批检验和判定规则的部分内容，按 NY/T 5430 规定执行；

——将 8.3.2 贮存温度"0℃～1℃"修改为"适宜产品的贮存温度"。

本标准由中华人民共和国农业部市场与经济信息司提出并归口。

本标准起草单位：农业部农产品质量安全中心、农业部蔬菜品质监督检验测试中心（北京）。

本标准主要起草人：刘肃、廖超子、钱洪、丁保华、刘中笑。

本标准于 2001 年首次发布，本次为第一次修订。

无公害食品　白菜类蔬菜

1　范围

本标准规定了无公害食品白菜类蔬菜的术语和定义、要求、试验方法、检验规则、标志和标签、包装、运输和贮存。

本标准适用于无公害食品大白菜、小白菜、菜心、菜薹、乌塌菜、薹菜和日本水菜等白菜类蔬菜。

2　规范性引用文件

下列文件中的条款通过本标准的引用而成为本标准的条款。凡是注日期的引用文件，其随后所有的修改单（不包括勘误的内容）或修订版均不适用于本标准，然而，鼓励根据本标准达成协议的各方研究是否可使用这些文件的最新版本。凡是不注日期的引用文件，其最新版本适用于本标准。

GB/T 5009.12　食品中铅的测定

GB/T 5009.15　食品中镉的测定

GB/T 5009.18　食品中氟的测定

GB/T 5009.135　植物性食品中灭幼脲残留量的测定

GB/T 8868　蔬菜塑料周转箱

GB/T 15401　水果、蔬菜及其制品亚硝酸盐和硝酸盐含量的测定

NY/T 761　蔬菜和水果中有机磷、有机氯、拟除虫菊酯和氨基甲酸酯类农药多种残留检测方法

NY/T 5340　无公害食品　产品检验规范

NY/T 5444.3　无公害食品　产品抽样规范　第3部分：蔬菜

3　术语和定义

下列术语和定义适用于本标准。

3.1

烧心　heart rot

菜体内层叶片因生理或病理、环境等因素所造成的干枯现象。

3.2

裂球　head bursting

因成熟过度或侧芽萌发或抽薹而造成的叶球开裂。

4　要求

4.1　感官

同一品种或相似品种，菜体新鲜、清洁，无裂球（大白菜）、烧心、腐烂、异味、冻害、病虫害，允许有少量机械伤。每批次产品中不符合感官要求的按质量计，总不合格率不应超过10%。同一批次产品规格允许误差应小于10%。

注：烧心、腐烂和病虫害为主要缺陷。

4.2　安全指标

应符合表1的规定。

表1 安全指标   单位为毫克每千克

序号	项目	指标
1	乐果(dimethoate)	≤1
2	敌敌畏(dichlorvos)	≤0.2
3	毒死蜱(chlorpyrifos)	≤0.1
4	乙酰甲胺磷(acephate)	≤1
5	辛硫磷(phoxim)	≤0.05
6	氯氰菊酯(cypermethrin)	≤2
7	溴氰菊酯(deltamethrin)	≤0.5
8	氰戊菊酯(fenvalerate)	≤0.5
9	氯氟氰菊酯(fenvalerate)	≤0.2
10	灭幼脲(chlorbenzuron)	≤3
11	百菌清(chlorothalonil) ·	≤5
12	铅(以 Pb 计)	≤0.3
13	镉(以 Cd 计)	≤0.05
14	氟(以 F 计)	≤1.0
15	亚硝酸盐(以 $NaNO_2$ 计)	≤4

注:其他有毒有害物质的限量应符合国家有关的法律法规、行政规范和强制性标准的规定。

5 试验方法

5.1 感官

将按 NY/T 5444.3 规定抽取的样品量进行检验。品种特征、裂球、新鲜、清洁、烧心、腐烂、冻害、病虫害及机械伤害等,用目测法检测。病虫害有明显症状或症状不明显而有怀疑者,应取样用小刀解剖检验,如发现内部症状,则需扩大一倍样品数量。异味用嗅的方法检测。

5.2 安全指标

5.2.1 乐果、敌敌畏、毒死蜱、乙酰甲胺磷、辛硫磷、氯氰菊酯、溴氰菊酯、氰戊菊酯、氯氟氰菊酯、百菌清

按 NY/T 761 规定执行。

5.2.2 灭幼脲

按 GB/T 5009.135 规定执行。

5.2.3 铅

按 GB/T 5009.12 规定执行。

5.2.4 镉

按 GB/T 5009.15 规定执行。

5.2.5 氟

按 GB/T 5009.18 规定执行。

5.2.6 亚硝酸盐

按 GB/T 15401 规定执行。

6 检验规则

6.1 检验分类与组批

按 NY/T 5340 规定执行。

6.2 抽样

按照 NY/T 5444.3 有关规定执行。报验单填写的项目应与实货相符,凡与实货单不符,品种、规格混淆不清,包装容器严重损坏者,应由交货单位重新整理后再行抽样。

6.3 包装检验

应按第 8 章的规定进行。

6.4 判定规则

按 NY/T 5340 规定执行。其中,限度范围:每批受检样品,不合格率按其所检单位(如每箱、每袋)的平均值计算,总的不应超过所规定限度。如同一批次某单位包装样品不合格百分率超过规定的限度时,为避免不合格率变异幅度太大,规定如下:限度总计不超过 10％者,则任何包装不合格百分率的上限不应超过 20％。

7 标志、标签

7.1 标志

无公害农产品标志的使用应符合有关规定。

7.2 标签

应包括产品名称、产品的执行标准、生产者及详细地址、产地、净含量、生产日期和包装日期等,要求字迹清晰、完整、准确。

8 包装、运输和贮存

8.1 包装

8.1.1 用于产品包装的容器如塑料箱、纸箱等应按产品的大小规格设计,同一规格应大小一致,整洁、干燥、牢固、透气、美观、无污染、无异味,内壁无尖突物,无虫蛀、腐烂、霉变等,纸箱无受潮、离层现象。塑料箱应符合 GB/T 8868 的要求。

8.1.2 按产品的规格分别包装,同一包装内的产品需摆放整齐紧密。

8.2 运输

运输前应进行预冷,运输过程中要保持适当的温度和湿度。注意防冻、防雨淋、防晒、通风散热,不应与有毒、有害物质混运。

8.3 贮存

8.3.1 贮存时应按品种、规格分别贮存,不应与有毒、有害物质混贮。

8.3.2 贮存温度:适宜产品的贮存温度。

8.3.3 贮存湿度:空气相对湿度应保持在 90％～95％。

8.3.4 库内堆码时应保证气流均匀流通。

ICS 67.080.20
B 31

中华人民共和国农业行业标准

NY 5005—2008
代替 NY 5005—2001

无公害食品 茄果类蔬菜

2008-05-16 发布

2008-07-01 实施

中华人民共和国农业部 发布

前　言

本标准代替 NY 5005—2001《无公害食品　茄果类蔬菜》。

本标准与 NY 5005—2001 相比主要变化如下：

——去掉术语和定义；

——将表1修改为文字描述，品种增加相似品种，规格用整齐度表示改为用规格的允许误差表示；

——卫生指标中去掉六六六、滴滴涕、乙酰甲胺磷、马拉硫磷、杀螟硫磷、敌百虫、喹硫磷、氯菊酯、砷、汞等，增加氯氰菊酯和联苯菊酯，保留项目的指标按 GB 2762—2005 和 GB 2763—2005 的标准对限量值进行了修订；

——除多菌灵外，其他农药残留的试验方法修改为 NY/T 761《蔬菜和水果中有机磷、有机氯、拟除虫菊酯和氨基甲酸酯类农药多种残留检测方法》；

——去掉检验规则中型式检验、交收检验、组批检验和判定规则的部分内容，按 NY/T 5430 规定执行；

——去掉包装中 8.1.3"每件包装净含量不得超过 10 kg，误差不超过 2%"的规定。

本标准由中华人民共和国农业部市场与经济信息司提出并归口。

本标准起草单位：农业部农产品质量安全中心、农业部蔬菜品质监督检验测试中心（北京）。

本标准主要起草人：钱洪、廖超子、丁保华、刘肃、林桓、靳松。

本标准于 2001 年首次发布，本次为第一次修订。

无公害食品 茄果类蔬菜

1 范围

本标准规定了无公害食品茄果类蔬菜的要求、试验方法、检验规则、标志和标签、包装、运输和贮存。

本标准适用于无公害食品番茄、茄子、辣椒、甜椒、酸浆等茄果类蔬菜。

2 规范性引用文件

下列文件中的条款通过本标准的引用而成为本标准的条款。凡是注日期的引用文件,其随后所有的修改单(不包括勘误的内容)或修订版均不适用于本标准,然而,鼓励根据本标准达成协议的各方研究是否可使用这些文件的最新版本。凡是不注日期的引用文件,其最新版本适用于本标准。

GB/T 5009.12 食品中铅的测定

GB/T 5009.15 食品中镉的测定

GB/T 5009.188 蔬菜、水果中甲基托布津、多菌灵的测定

GB/T 8855 新鲜水果和蔬菜的取样方法

GB/T 8868 蔬菜塑料周转箱

GB/T 15401 水果、蔬菜及其制品亚硝酸盐和硝酸盐含量的测定

NY/T 761 蔬菜和水果中有机磷、有机氯、拟除虫菊酯和氨基甲酸酯类农药多种残留检测方法

NY/T 5340 无公害食品 产品检验规范

NY/T 5444.3 无公害食品 产品抽样规范 第3部分:蔬菜

3 要求

3.1 感官

同一品种或相似品种;果实已充分发育,种子已形成(番茄、辣椒),种子未完全形成(茄子);果形只允许有轻微的不规则,并不影响果实的外观;果实新鲜、清洁;无腐烂、异味、灼伤、裂果(番茄)、冻害、病虫害,允许有少量机械伤。每批次样品中不符合感官要求的按质量计,总不合格率不应超过5%,其中腐烂、异味和病虫害不应检出。

同一批次样品规格允许误差应小于10%。

注:腐烂、裂果(番茄)和病虫害为主要缺陷。成熟度的要求不适用于植物生长调节剂处理坐果的番茄果实。

3.2 安全指标

应符合表1的规定。

表 1 安全指标   单位为毫克每千克

序号	项 目	指 标
1	乐果(dimethoate)	≤0.5
2	敌敌畏(dichlorvos)	≤0.2
3	辛硫磷(phoxim)	≤0.05
4	毒死蜱(chlorpyrifos)	≤0.5
5	氯氰菊酯(cypermethrin)	≤0.5
6	溴氰菊酯(deltamethrin)	≤0.2
7	氰戊菊酯(fenvalerate)	≤0.2

表1(续)

序号	项　　目	指　　标
8	联苯菊酯(biphenthrin)	≤0.5
9	氯氟氰菊酯(fenvalerate)	≤0.2
10	百菌清(chlorothalonil)	≤5
11	多菌灵(carbendazim)	≤0.5,≤0.1辣椒
12	铅(以 Pb 计)	≤0.1
13	镉(以 Cd 计)	≤0.05
14	亚硝酸盐(以 NaNO₂ 计)	≤4
注:其他有毒有害物质的限量应符合国家有关的法律法规、行政规范和强制性标准的规定。			

4　试验方法

4.1　感官

将按 NY/T 5444.3 规定抽取的样品量进行检验。品种特征、果形、新鲜、果面清洁、腐烂、灼伤、冻害、病虫害及机械伤害,用目测法检测。病虫害有明显症状或症状不明显而有怀疑者,应取样用小刀解剖检验,如发现内部症状,则需扩大一倍样品数量。

4.2　安全指标

4.2.1　乐果、敌敌畏、毒死蜱、辛硫磷、氯氰菊酯、溴氰菊酯、氰戊菊酯、联苯菊酯、氯氟氰菊酯、百菌清

按 NY/T 761 规定执行。

4.2.2　多菌灵

按 GB/T 5009.188 规定执行。

4.2.3　铅

按 GB/T 5009.12 规定执行。

4.2.4　镉

按 GB/T 5009.15 规定执行。

4.2.5　亚硝酸盐

按 GB/T 15401 规定执行。

5　检验规则

5.1　检验分类与组批

按 NY/T 5340 规定执行。

5.2　抽样

按照 NY/T 5444.3 中的有关规定执行。报验单填写的项目应与实货相符,凡与实货不符,品种、规格混淆不清,包装容器严重损坏者,应由交货单位重新整理后再行抽样。

5.3　包装检验

应按第 7 章的规定进行。

5.4　判定规则

按 NY/T 5340 规定执行。其中,限度范围:每批受检样品,不合格率按其所检单位(如每箱、每袋)的平均值计算,其值不应超过所规定限度。如果一批次某件样品不合格品百分率超过规定的限度时,为避免不合格率变异幅度太大,规定如下:规定限度总计不超过 5%者,则任何包装不合格品百分率的上限不应超过 10%。

6 标志和标签

6.1 标志

无公害农产品标志的使用应符合有关规定。

6.2 标签

应包括产品名称、产品的执行标准、生产者及详细地址、产地、净含量、生产日期和包装日期等,要求字迹清晰、完整、准确。

7 包装、运输和贮存

7.1 包装

7.1.1 用于产品包装的容器如塑料箱、纸箱等应按产品的大小规格设计,同一规格应大小一致,整洁、干燥、牢固、透气、美观、无污染、无异味,内壁无尖突物,无虫蛀、腐烂、霉变等,纸箱无受潮、离层现象。塑料箱应符合 GB/T 8868 的要求。

7.1.2 按产品的规格分别包装,同一包装内的产品需摆放整齐紧密。

7.2 运输

运输前应进行预冷,运输过程中要保持适当的温度和湿度。注意防冻、防雨淋、防晒、通风散热,不应与有毒、有害物质混运。

7.3 贮存

7.3.1 贮存时应按品种、规格分别贮存,不应与有毒、有害物质混贮。

7.3.2 贮存温度:番茄应保持在 6℃～10℃,空气相对湿度保持在 85%～90%;带果柄的辣椒应保持在 8℃～10℃,空气相对湿度保持在 85%～90%;茄子应保持在 7℃～10℃,空气相对湿度保持在85%～90%。

7.3.3 库内堆码应保证气流均匀流通。

————————

ICS 67.080.20
B 31

中华人民共和国农业行业标准

NY 5008—2008
代替 NY 5008—2001

无公害食品 甘蓝类蔬菜

2008-05-16 发布

2008-07-01 实施

1171

中华人民共和国农业部 发布

前　言

本标准代替 NY 5008—2001《无公害食品　甘蓝类蔬菜》。

本标准与 NY 5008—2001 相比主要变化如下：

——术语和定义中只保留裂球、绒毛花蕾和枯黄花蕾，其余均去掉；

——将表 1 修改为文字描述，规格用整齐度表示改为用规格的允许误差表示；

——卫生指标中去掉六六六、滴滴涕、马拉硫磷、杀螟硫磷、敌百虫、喹硫磷、亚胺硫磷、氯菊酯、砷、汞等，保留项目的指标按 GB 2762—2005 和 GB 2763—2005 的标准对限量值进行了修订；

——除抗蚜威外，其他农药残留的试验方法修改为 NY/T 761《蔬菜和水果中有机磷、有机氯、拟除虫菊酯和氨基甲酸酯类农药多种残留检测方法》；

——去掉检验规则中型式检验、交收检验、组批检验和判定规则的部分内容，按 NY/T 5430 规定执行；

——去掉包装中 8.1.3"每件包装净含量不得超过 10 kg，误差不超过 2％"的规定。

本标准由中华人民共和国农业部市场与经济信息司提出并归口。

本标准起草单位：农业部农产品质量安全中心、农业部蔬菜品质监督检验测试中心（北京）。

本标准主要起草人：刘肃、丁保华、钱洪、廖超子、靳松、林桓。

本标准于 2001 年首次发布，本次为第一次修订。

无公害食品 甘蓝类蔬菜

1 范围

本标准规定了无公害食品甘蓝类蔬菜的术语和定义、要求、试验方法、检验规则、标志和标签、包装、运输和贮存。

本标准适用于无公害食品结球甘蓝、花椰菜、青花菜和芥蓝等甘蓝类蔬菜。

2 规范性引用文件

下列文件中的条款通过本标准的引用而成为本标准的条款。凡是注日期的引用文件,其随后所有的修改单(不包括勘误的内容)或修订版均不适用于本标准,然而,鼓励根据本标准达成协议的各方研究是否可使用这些文件的最新版本。凡是不注日期的引用文件,其最新版本适用于本标准。

GB/T 5009.12 食品中铅的测定

GB/T 5009.15 食品中镉的测定

GB/T 5009.18 食品中氟的测定

GB/T 5009.104 植物性食品中氨基甲酸酯类农药残留量的测定

GB/T 8868 蔬菜塑料周转箱

GB/T 15401 水果、蔬菜及其制品 亚硝酸盐和硝酸盐含量的测定

NY/T 761 蔬菜和水果中有机磷、有机氯、拟除虫菊酯和氨基甲酸酯类农药多种残留检测方法

NY/T 5340 无公害食品 产品检验规范

NY/T 5444.3 无公害食品 产品抽样规范 第3部分:蔬菜

3 术语和定义

下列术语和定义适用于本标准。

3.1

裂球 head bursting

叶球因成熟过度、侧芽萌发或抽薹而造成的叶球开裂。

3.2

绒毛花蕾 downy bud

因采收过迟或遇高温而引起花芽进一步分化形成黄绿或红色的萼片突出到花球表面的绒毛状花蕾。

3.3

枯黄花蕾 withered and yellow bud

遇高温、收获过迟、贮藏不当或贮藏期过长引起的花蕾枯黄。

4 要求

4.1 感官

同一品种或相似品种,叶(花)球达到该品种适期收获时的紧实程度,叶(花)球的帮、叶、球有光泽、脆嫩,叶(花)球新鲜、清洁、修整良好,无裂球(结球甘蓝)、绒毛花蕾(花椰菜)、枯黄花蕾(青花菜)、腐烂、异味、冻害、病虫害,允许有2%机械伤。每批次样品中不符合感官要求的按质量计,总不合格率不应超过10%。

同一批次样品规格允许误差应小于 20%。

注:枯黄花蕾、腐烂、病虫害为主要缺陷。

4.2 安全指标

安全指标应符合表 1 的规定。

表 1 安全指标
单位为毫克每千克

序　号	项　　目	指　　标
1	乐果(dimethoate)	≤1
2	敌敌畏(dichlorvos)	≤0.2
3	毒死蜱(chlorpyrifos)	≤1
4	乙酰甲胺磷(acephate)	≤1
5	氯氰菊酯(cypermethrin)	≤2
6	溴氰菊酯(deltamethrin)	≤0.5
7	氰戊菊酯(fenvalerate)	≤0.5
9	氟氯氰菊酯(cyhalothrin)	≤0.1
8	灭多威(methomyl)	≤2
10	抗蚜威(permethrin)	≤1
11	百菌清(chlorothalonil)	≤5
12	铅(以 Pb 计)	≤0.3
13	镉(以 Cd 计)	≤0.05
14	氟(以 F 计)	≤1
15	亚硝酸盐(以 $NaNO_2$ 计)	≤4

注:其他有毒有害物质的限量应符合国家有关的法律法规、行政规范和强制性标准的规定。

5 试验方法

5.1 感官

将按 NY/T 5444.3 规定抽取的样品量进行检验。品种特征、新鲜、清洁、裂球、整修、绒毛花蕾、枯黄花蕾、腐烂、冻害、病虫害和机械伤等,用目测法检测。外观有明显病虫害症状或怀疑有病虫害的样品,应取样用小刀纵向解剖方法检验,如发现内部症状,则需扩大一倍样品数量。异味用嗅的方法检测。用手触感检测甘蓝的紧密程度;花椰菜、青花菜紧密程度用目测法检测。

5.2 安全指标

5.2.1 乐果、敌敌畏、毒死蜱、乙酰甲胺磷、氯氰菊酯、溴氰菊酯、氰戊菊酯、氟氯氰菊酯、灭多威、百菌清

按 NY/T 761 规定执行。

5.2.2 抗蚜威

按 GB/T 5009.104 规定执行。

5.2.3 铅

按 GB/T 5009.12 规定执行。

5.2.4 镉

按 GB/T 5009.15 规定执行。

5.2.5 氟

按 GB/T 5009.18 规定执行。

5.2.6 亚硝酸盐

按 GB/T 15401 规定执行。

6 检验规则

6.1 检验分类与组批

按 NY/T 5340 规定执行。

6.2 抽样

按照 NY/T 5444.3 中的有关规定执行。报验单填写的项目应与实货相符。凡与实货不符,品种、规格混淆不清,包装容器严重损坏者,应由交货单位重新整理后再行抽样。

6.3 包装检验

应按第 8 章的规定进行。

6.4 判定规则

按 NY/T 5340 规定执行。其中限度范围:每批受检样品,不合格率按其所检单位(如每箱、每袋)的平均值计算,其值不应超过所规定限度。如果一批次某件样品不合格品百分率超过规定的限度时,为避免不合格率变异幅度太大,规定如下:规定限度总计不超过 10％者,则任何包装不合格品百分率的上限不应超过 20％。

7 标志和标签

7.1 标志

无公害农产品标志的使用应符合有关规定。

7.2 标签

应包括产品名称、产品的执行标准、生产者及详细地址、产地、净含量、生产日期和包装日期等,要求字迹清晰、完整、准确。

8 包装、运输和贮存

8.1 包装

8.1.1 用于包装甘蓝类蔬菜的包装容器如塑料箱、纸箱等应按产品的大小规格设计,同一规格应大小基本一致,整洁、干燥、牢固、透气、美观、无污染、无异味,内壁无尖突物,无虫蛀、腐烂、霉变等,纸箱无受潮、离层现象。塑料箱应符合 GB/T 8868 的要求。

8.1.2 产品应按同品种、同规格进行包装,同一包装内需摆放整齐紧密。

8.2 运输

运输前应进行预冷。运输过程中适宜的温度为 1℃～4℃,相对湿度 85％～90％。运输过程中注意防冻、防雨林、防晒、通风散热,不应与有毒有害物质混运。

8.3 贮存

8.3.1 贮存时应按品种、规格分别贮存,不应与有毒有害物质混贮。

8.3.2 贮存叶(花)球温度应保持在 1℃～4℃,空气相对湿度保持在 90％～95％,库内堆码应保证气流均匀流通。

ICS 67.080.10
B 31

中华人民共和国农业行业标准

NY 5021—2008

代替 NY 5021—2001

无公害食品　香蕉

2008-05-16 发布

2008-07-01 实施

1177

中华人民共和国农业部 发布

前　言

本标准代替 NY 5021—2001《无公害食品　香蕉》

本标准与 NY 5021—2001《无公害食品　香蕉》相比主要变化如下：

——将 GB 8855 新鲜水果和蔬菜的取样方法更改为 NY/T 5344.4《无公害食品　产品抽样规范　第4部分:水果》

——去掉术语和定义一章;

——基本要求"应符合 GB 9827 规定的合格品质量要求"更改为用具体的的文字描述;

——安全指标中去掉"砷、汞、铅、镉、铬、六六六、滴滴涕、乐果、甲拌磷、克百威、氰戊菊酯、甲胺磷、二嗪农、倍硫磷、氰戊菊酯、敌百虫、对硫磷、敌敌畏、乙酰甲胺磷。"保留项目的指标按 GB 2762—2005 和 GB 2763—2005 的标准对限量值进行修订;增加"乙烯利、咪鲜胺、丙环唑",指标按 GB 2763—2005 标准限量值;

——检测方法修改为溴氰菊酯按 NY/T 761《蔬菜和水果中有机磷、有机氯、拟除虫菊酯和氨基甲酸酯类农药多残留检测方法》执行;增加的"乙烯利、咪鲜胺、丙环唑"分别按 NY/T 1016《水果蔬菜中乙烯利残留量的测定　气相色谱法》、NY/T 1456《水果中咪鲜胺残留量的测定　气相色谱法》、SN 0159《出口粮谷中丙环唑残留量的检验方法》执行;

——去掉检测规则中型式检验、交收检验、组批检验的部分内容,改为按 NY/T 5340《无公害食品　产品检验规范》执行;

——标志、包装、运输、贮存各章节表述做了修改。

本标准由中华人民共和国农业部市场与经济信息司提出并归口。

本标准起草单位:农业部农产品质量安全中心、农业部热带农产品质量监督检验测试中心。

本标准主要起草人:刘洪升、廖超子、吴莉宇、丁保华、袁宏球、曾莲、韩丙军、章程辉。

原标准于 2001 年首次发布,本次为第一次修订。

无公害食品 香蕉

1 范围

本标准规定了无公害食品香蕉的要求、检验方法、检验规则、包装、标志和标签、贮存和运输等。

本标准适用于无公害食品香蕉。

2 规范性引用文件

下列文件中的条款通过本标准的引用而成为本标准的条款。凡是注日期的引用文件,其随后所有的修改单(不包括勘误的内容)或修订版均不适用于本标准,然而,鼓励根据本标准达成协议的各方研究是否可使用这些文件的最新版本。凡是不注日期的引用文件,其最新版本适用于本标准。

GB/T 5009.13 食品中铜的测定

GB/T 5009.18 食品中氟的测定

GB 7718 预包装食品标签通则

NY/T 761 蔬菜和水果中有机磷、有机氯、拟除虫菊酯和氨基甲酸酯类农药多残留检测方法

NY/T 1016 水果蔬菜中乙烯利残留量的测定 气相色谱法

NY/T 1456 水果中咪鲜胺残留量的测定 气相色谱法

NY/T 5340 无公害食品 产品检验规范

NY/T 5444.4 无公害食品 产品抽样规范 第4部分:水果

SN 0159 出口粮谷中丙环唑残留量的检验方法

3 要求

3.1 感官指标

同一品种,同一梳中规格基本一致,梳果正常,果实新鲜,形状完整,皮色青绿或浅绿,清洁,无病虫害;成熟适度、无腐烂、无异味;无明显机械损伤、冷害、冻伤。

3.2 安全指标

无公害食品香蕉安全卫生指标应符合表1规定。

表 1 安全指标   单位为毫克每千克

序号	项 目	指 标
1	氟(以 F^- 计)	≤0.5
2	铜(以 Cu 计)	≤10
3	溴氰菊酯(deltamethrin)	≤0.05
4	乙烯利(ethephon)	≤2
5	咪鲜胺(prochlornz)	≤5
6	丙环唑(prapiconaole)	≤0.1
注:其他有害、有毒物质的限量应符合国家有关的法律法规、行政规范和强制性标准的规定。		

4 试验方法

4.1 感官

将样品置于干净的检验台上,用目测法对果实的新鲜度、均匀度、洁净度、缺陷果、病虫害项目逐一进行检测。

4.2 安全指标

4.2.1 氟

按 GB/T 5009.18 规定执行。

4.2.2 铜

按 GB/T 5009.13 规定执行。

4.2.3 溴氰菊酯

按 NY/T 761 规定执行。

4.2.4 乙烯利

按 NY/T 1016 规定执行。

4.2.5 咪鲜胺

按 NY/T 1456 规定执行。

4.2.6 丙环唑

按 SN 0159 规定执行。

5 检验规则

5.1 产品分类、组批和判定规则

按 NY/T 5340 规定执行。

5.2 抽样方法

按 NY/T 5444.4 规定执行。

6 标志和标签

6.1 标志

无公害农产品标志的使用应符合有关规定。

6.2 标签

应包括产品名称、产品的执行标准、生产者及详细地址、产地、净含量、生产日期和包装日期等,要求字迹清晰、完整、准确。

7 包装、运输、贮存

7.1 包装

包装物应清洁、牢固、无毒、无污染、无异味,包装物应符合国家有关标准和规定;特殊情况按贸易双方合同规定执行。

7.2 运输

7.2.1 运输工具应清洁,有防晒、防雨和通风设施或制冷设施。

7.2.2 运输过程中不得与有毒物质、有害物质混运,小心装卸,严禁重压。

7.2.3 到达目的地后,应尽快卸货入库或立即分发销售或加工。

7.3 贮存

7.3.1 贮存场地要求:清洁、阴凉通风、有防晒防雨设施或制冷设施,库温宜控制在 13℃～15℃,相对湿度 80%～90%。不得与有毒、有异味的物品或可释放乙烯的水果混存。

7.3.2 应分种类、等级堆放,必须批次分明、堆码整齐、层数不宜过多。堆放和装卸时要轻搬轻放。

ICS 13.060
S 815.2

中华人民共和国农业行业标准

NY 5027—2008
代替 NY 5027—2001

无公害食品 畜禽饮用水水质

2008-05-16 发布　　　　　　　　　　2008-07-01 实施

中华人民共和国农业部 发布

1181

前　言

本标准代替 NY 5027—2001《无公害食品　畜禽饮用水水质》。

本标准与 NY 5027—2001 相比主要修改如下：

——水质指标检验方法引用 GB/T 5750《生活饮用水标准检验方法》；

——修改了 pH、总大肠菌群和硝酸盐 3 项指标；

——增加了型式检验内容；

——删除饮用水水质中肉眼可见物和氯化物 2 个检测项；

——删除了农药残留限量。

本标准由中华人民共和国农业部市场与经济信息司提出并归口。

本标准起草单位：农业部农产品质量安全中心、中国农业科学院北京畜牧兽医研究所、徐州师范大学。

本标准主要起草人：侯水生、张春雷、丁保华、廖超子、樊红平、黄苇、王艳红、谢明。

本标准于 2001 年 9 月首次发布，本次为第一次修订。

无公害食品 畜禽饮用水水质

1 范围

本标准规定了生产无公害畜禽产品过程中畜禽饮用水水质的要求、检验方法。

本标准适用于生产无公害食品的畜禽饮用水水质的要求。

2 规范性引用文件

下列文件中的条款通过本标准的引用而成为本标准的条款。凡是注日期的引用文件，其随后所有的修改单（不包括勘误的内容）或修订版均不适用于本标准，然而，鼓励根据本标准达成协议的各方研究是否可使用这些文件的最新版本。凡是不注日期的引用文件，其最新版本适用于本标准。

GB/T 5750.2　生活饮用水标准检验方法　水样的采集与保存

GB/T 5750.4　生活饮用水标准检验方法　感官性状和物理指标

GB/T 5750.5　生活饮用水标准检验方法　无机非金属指标

GB/T 5750.6　生活饮用水标准检验方法　金属指标

GB/T 5750.12　生活饮用水标准检验方法　微生物指标

3 要求

畜禽饮用水水质应符合表1的规定。

表 1　畜禽饮用水水质安全指标

项　目		标　准　值	
		畜	禽
感官性状及一般化学指标	色	≤30°	
	浑浊度	≤20°	
	臭和味	不得有异臭、异味	
	总硬度（以 $CaCO_3$ 计），mg/L	≤1 500	
	pH	5.5～9.0	6.5～8.5
	溶解性总固体，mg/L	≤4 000	≤2 000
	硫酸盐（以 SO_4^{2-} 计），mg/L	≤500	≤250
细菌学指标	总大肠菌群，MPN/100mL	成年畜100,幼畜和禽10	
毒理学指标	氟化物（以 F^- 计），mg/L	≤2.0	≤2.0
	氰化物，mg/L	≤0.20	≤0.05
	砷，mg/L	≤0.20	≤0.20
	汞，mg/L	≤0.01	≤0.001
	铅，mg/L	≤0.10	≤0.10
	铬（六价），mg/L	≤0.10	≤0.05
	镉，mg/L	≤0.05	≤0.01
	硝酸盐（以 N 计），mg/L	≤10.0	≤3.0

4 检验方法

4.1 色

按 GB/T 5750.4 规定执行。

4.2 浑浊度

按 GB/T 5750.4 规定执行。

4.3 臭和味

按 GB/T 5750.4 规定执行。

4.4 总硬度(以 $CaCO_3$ 计)

按 GB/T 5750.4 规定执行。

4.5 溶解性总固体

按 GB/T 5750.4 规定执行。

4.6 硫酸盐(以 SO_4^{2-} 计)

按 GB/T 5750.5 规定执行。

4.7 总大肠菌群

按 GB/T 5750.12 规定执行。

4.8 pH

按 GB/T 5750.4 规定执行。

4.9 铬(六价)

按 GB/T 5750.6 规定执行。

4.10 汞

按 GB/T 5750.6 规定执行。

4.11 铅

按 GB/T 5750.6 规定执行。

4.12 镉

按 GB/T 5750.6 规定执行。

4.13 硝酸盐

按 GB/T 5750.5 规定执行。

4.14 氟化物(以 F^- 计)

按 GB/T 5750.5 规定执行。

4.15 砷

按 GB/T 5750.6 规定执行。

4.16 氰化物

按 GB/T 5750.5 规定执行。

5 检验规则

5.1 水样的采集与保存

按 GB 5750.2 规定执行。

5.2 型式检验

型式检验应检验技术要求中全部项目。在下列情况之一时应进行型式检验：

　　a) 申请无公害农产品认证和进行无公害农产品年度抽查检验；

b) 更换设备或长期停产再恢复生产时。

5.3 判定规则

5.3.1 全部检验项目均符合本标准时,判为合格;否则,判为不合格。

5.3.2 对检验结果有争议时,应对留存样品进行复检。对不合格项复检,以复检结果为准。

———————————

ICS 13.060
TS 251.7

中华人民共和国农业行业标准

NY 5028—2008
代替 NY 5028—2001

无公害食品 畜禽产品加工用水水质

2008-05-16 发布

2008-07-01 实施

中华人民共和国农业部 发布

1187

前　言

本标准代替 NY 5028—2001《无公害食品　畜禽产品加工用水水质》。

本标准与 NY 5028—2001 相比,主要修改如下:

——水质指标检验方法引用 GB/T 5750《生活饮用水标准检验方法》;

——将化学指标中"硫酸"改为"硫酸盐",将"总溶解性固体"改为"溶解性总固体";

——将深加工用水水质卫生要求改为"应符合 GB/T 5749 的要求";

——增加了感官指标、总大肠菌群和粪大肠菌群检测方法;

——增加了检验规则。

本标准由中华人民共和国农业部市场与经济信息司提出并归口。

本标准起草单位:农业部农产品质量安全中心、中国农业科学院北京畜牧兽医研究所、徐州师范大学。

本标准主要起草人:张春雷、侯水生、丁保华、廖超子、樊红平、黄苇、王艳红、谢明。

本标准于 2001 年 9 月首次发布,本次为第一次修订。

无公害食品 畜禽产品加工用水水质

1 范围

本标准规定了无公害畜禽产品加工用水水质的术语和定义、要求、试验方法和检验规则。

本标准适用于无公害畜禽产品的加工用水水质要求。

2 规范性引用文件

下列文件中的条款通过本标准的引用而成为本标准的条款。凡是注日期的引用文件，其随后所有的修改单（不包括勘误的内容）或修订版均不适用于本标准，然而，鼓励根据本标准达成协议的各方研究是否可使用这些文件的最新版本。凡是不注日期的引用文件，其最新版本适用于本标准。

GB 5749 生活饮用水卫生标准

GB/T 5750.2 生活饮用水标准检验方法 水样的采集与保存

GB/T 5750.4 生活饮用水标准检验方法 感观性状和物理指标

GB/T 5750.5 生活饮用水标准检验方法 无机非金属指标

GB/T 5750.6 生活饮用水标准检验方法 金属指标

GB/T 5750.12 生活饮用水标准检验方法 微生物指标

GB/T 18920 城市污水再生利用 城市杂用水水质

3 术语和定义

下列术语和定义适用于本标准。

3.1

屠宰加工用水

在特定的屠宰车间内将畜禽屠宰加工成胴体或初分割过程中需要的生产性用水。

3.2

畜禽制品深加工用水

畜禽产品（包括肉、蛋、奶）加工成制品（成品）或半制品（初级产品或分割制品）过程中需要的生产性用水，包括添加水和原料洗涤用水。

4 要求

4.1 屠宰加工用水水质卫生要求

卫生安全指标应符合表 1 规定。

表 1 安全指标

指 标		卫 生 要 求
感官指标	色	≤20°
	浑浊度	≤10°
	臭和味	不得有异臭，异味
	肉眼可见物	不得含有

表 1（续）

指　　　标		卫 生 要 求
化学指标	总硬度（以 CaCO₃ 计），mg/L	≤550
	pH	5.5～9.0
	硫酸盐，mg/L	≤300
	氯化物，mg/L	≤300
	溶解性总固体，mg/L	≤1 500
	氟化物，mg/L	≤1.20
	氰化物，mg/L	≤0.05
	砷，mg/L	≤0.05
	汞，mg/L	≤0.001
	铅，mg/L	≤0.05
	铬（六价），mg/L	≤0.05
	镉，mg/L	≤0.01
	硝酸盐（以 N 计），mg/L	≤20
微生物指标	总大肠菌群，MPN/100 mL	≤10
	粪大肠菌群，MPN/100 mL	≤0

4.2　畜禽制品深加工用水水质卫生要求

应符合 GB 5749 的要求。

4.3　其他用水

包括循环冷却水、设备冲洗用水，应符合 GB/T 18920 中车辆冲洗用水水质要求。

5　试验方法

5.1　色

按 GB/T 5750.4 规定执行。

5.2　浑浊度

按 GB/T 5750.4 规定执行。

5.3　臭和味

按 GB/T 5750.4 规定执行。

5.4　肉眼可见物

按 GB/T 5750.4 规定执行。

5.5　总硬度（以 CaCO₃）

按 GB/T 5750.4 规定执行。

5.6　溶解性总固体

按 GB/T 5750.4 规定执行。

5.7　硫酸盐

按 GB/T 5750.4 规定执行。

5.8　pH

按 GB/T 5750.4 规定执行。

5.9 铬(六价)

按 GB/T 5750.6 规定执行。

5.10 汞

按 GB/T 5750.6 规定执行。

5.11 铅

按 GB/T 5750.6 规定执行。

5.12 镉

按 GB/T 5750.6 规定执行。

5.13 硝酸盐

按 GB/T 5750.5 规定执行。

5.14 氟化物

按 GB/T 5750.5 规定执行。

5.15 砷

按 GB/T 5750.6 规定执行。

5.16 氰化物

按 GB/T 5750.5 规定执行。

5.17 氯化物

按 GB/T 5750.5 规定执行。

5.18 总大肠菌群

按 GB/T 5750.12 规定执行。

5.19 粪大肠菌群

按 GB/T 5750.12 规定执行。

6 检验规则

6.1 水样的采集与保存

按 GB 5750.2 规定执行。

6.2 型式检验

型式检验应检验技术要求中全部项目。在下列情况之一时应进行型式检验：

a) 申请无公害农产品认证和进行无公害农产品年度抽查检验；

b) 更换设备或长期停产再恢复生产时。

6.3 判定规则

6.3.1 全部检验项目均符合本标准时,判为合格;否则,判为不合格。

6.3.2 对检验结果有争议时,应对留存样品进行复检。对不合格项复检,以复检结果为准。

ICS 67.120.10
TS 251.5

中华人民共和国农业行业标准

NY 5029—2008
代替 NY 5029—2001

无公害食品　猪肉

2008-05-16 发布

2008-07-01 实施

中华人民共和国农业部 发布

前　言

本标准代替 NY 5029—2001《无公害食品　猪肉》。

本标准与 NY 5029—2001 相比，主要修改如下：

——增加了感官指标的具体内容；

——删除了猪肉中解冻失水率、六六六、滴滴涕、氯霉素 4 个检测项目；

——修订了猪肉中金霉素、土霉素、伊维菌素、磺胺类药物含量的检测方法；

——修订了汞和铅的残留限量；

——增加了莱克多巴胺、喹乙醇 2 个检测项目；

——增加了检验规则。

本标准由中华人民共和国农业部市场与经济信息司提出并归口。

本标准起草单位：农业部农产品质量安全中心、中国农业科学院北京畜牧兽医研究所、徐州师范大学。

本标准主要起草人：张春雷、丁保华、谢明、樊红平、侯水生、刘继红、黄苇、王艳红。

本标准于 2001 年 9 月首次发布，本次为第一次修订。

无公害食品　猪肉

1　范围

本标准规定了无公害猪肉的质量安全要求、试验方法、标志、包装、贮存和运输。

本标准适用于无公害猪肉的质量安全评定。

2　规范性引用文件

下列文件中的条款通过本标准的引用而成为本标准的条款。凡是注日期的引用文件,其随后所有的修改单(不包括勘误的内容)或修订版均不适用于本标准,然而,鼓励根据本标准达成协议的各方研究是否可使用这些文件的最新版本。凡是不注日期的引用文件,其最新版本适用于本标准。

GB 4789.2　食品卫生微生物学检验　菌落总数

GB 4789.3　食品卫生微生物学检验　大肠菌群

GB 4789.4　食品卫生微生物学检验　沙门氏菌

GB 4789.17　食品卫生微生物学检验　肉与肉制品检验

GB/T 5009.11　食品中总砷及无机砷的测定

GB/T 5009.12　食品中铅的测定

GB/T 5009.15　食品中镉的测定

GB/T 5009.17　食品中总汞的测定

GB/T 5009.44　肉与肉制品卫生标准的分析方法

GB/T 5009.123　食品中铬的测定

GB 9687　食品包装用聚乙烯成型品卫生标准

GB 11680　食品包装用原纸卫生标准

GB 12694　肉类加工厂卫生规范

GB/T 17236　生猪屠宰操作规程

GB/T 17996　生猪屠宰产品品质检验规程

GB/T 20759　畜禽中十六种磺胺类药物残留量的测定　液相色谱—串联质谱法

GB/T 20764　可食动物肌肉中土霉素、四环素、金霉素、强力霉素残留量的测定　液相色谱—紫外检测法

GB/T 20797　肉与肉制品中喹乙醇残留量的测定　液相色谱法

NY 467　畜禽屠宰卫生检疫规范

NY/T 468　动物组织中盐酸克伦特罗的测定　气相色谱—质谱法

NY 5030　无公害食品　畜禽饲养兽药使用准则

NY 5031　无公害食品　生猪饲养兽医防疫准则

NY/T 5033　无公害食品　生猪饲养管理准则

NY/T 5344.6　无公害食品　产品抽样规范　畜禽产品

农业部 781 号公告—5—2006　动物源性食品中阿维菌素类药物残留量的测定　高效液相色谱法

农业部 958 号公告—3—2007　动物源性食品中莱克多巴胺残留量的测定　高效液相色谱法

3　要求

3.1　原料

3.2 屠宰加工

生猪屠宰按 GB/T 17236 和 NY 467 规定进行,屠宰加工过程中的卫生要求按 GB 12694 执行。

3.3 感官指标

感官指标应符合表1的规定。

表 1 感官指标

	鲜猪肉	冻猪肉
色泽	肌肉有光泽,红色均匀,脂肪乳白色	肌肉有光泽,红色或稍暗,脂肪白色
组织状态	纤维清晰,有坚韧性,指压后凹陷立即恢复	肉质紧密,有坚韧性,解冻后指压凹陷恢复较慢
黏度	外表湿润,不粘手	外表湿润,切面有渗出液,不粘手
气味	具有鲜猪肉固有的气味,无异味	解冻后具有鲜猪肉固有的气味,无异味
煮沸后肉汤	澄清透明,脂肪团聚于表面	澄清透明或稍有浑浊,脂肪团聚于表面

3.4 理化指标

理化指标应符合表2规定。

表 2 理化指标

项 目	指标
挥发性盐基氮,mg/100g	≤15
总汞(以 Hg 计),mg/kg	≤0.05
铅(以 Pb 计),mg/kg	≤0.2
无机砷(以 As 计),mg/kg	≤0.05
镉(以 Cd 计),mg/kg	≤0.1
铬(以 Cr 计),mg/kg	≤1.0
金霉素,mg/kg	≤0.10
土霉素,mg/kg	≤0.10
磺胺类(以磺胺类总量计),mg/kg	≤0.10
伊维菌素(脂肪中),mg/kg	≤0.02
喹乙醇,mg/kg	不得检出
盐酸克仑特罗,μg/kg	不得检出
莱克多巴胺,μg/kg	不得检出
注:其他农药和兽药残留量应符合国家有关规定。	

3.5 微生物指标

微生物指标应符合表3规定。

表 3 微生物指标

项 目	鲜猪肉	冻猪肉
菌落总数,cfu/g	≤1×10^6	≤1×10^5
总大肠菌群,MPN/100g	≤1×10^4	≤1×10^3
沙门氏菌	不得检出	不得检出

4 试验方法

4.1 感官检验

按 GB/T 5009.44 规定执行。

4.2 理化检验

4.2.1 挥发性盐基氮

按 GB/T 5009.44 规定执行。

4.2.2 汞

按 GB/T 5009.17 规定执行。

4.2.3 铅

按 GB/T 5009.12 规定执行。

4.2.4 砷

按 GB/T 5009.11 规定执行。

4.2.5 镉

按 GB/T 5009.15 规定执行。

4.2.6 铬

按 GB/T 5009.123 规定执行。

4.2.7 金霉素

按 GB/T 20764 规定执行。

4.2.8 土霉素

按 GB/T 20764 规定执行。

4.2.9 磺胺类

按 GB/T 20759 规定执行。

4.2.10 伊维菌素

按农业部 781 号公告—5—2006 规定执行。

4.2.11 喹乙醇

按 GB/T 20797 规定执行。

4.2.12 盐酸克仑特罗

按 NY/T 468 规定执行。

4.2.13 莱克多巴胺

按农业部 958 号公告—3—2007 规定执行。

4.3 微生物检验

4.3.1 菌落总数

按 GB 4789.2 规定执行。

4.3.2 总大肠菌群

按 GB 4789.3 规定执行。

4.3.3 沙门氏菌

按 GB 4789.4 规定执行。

5 检验规则

5.1 组批

以来源于同一地区、同一养殖场、同一时段屠宰的分割加工猪肉为一组批。

5.2 抽样

按 NY/T 5344.6 的规定执行。

5.3 型式检验

型式检验应检验卫生要求中全部项目。在下列之一情况时应进行型式检验：

a) 申请无公害农产品认证和进行无公害农产品年度抽查检验；

b) 活猪来源发生变化时；

c) 屠宰加工条件或工艺发生变化时；

d) 质量监督检验机构或有关主管部门提出进行例行检验的要求时。

5.4 判定规则

5.4.1 以本标准的试验方法和要求为判定方法和依据。

5.4.2 感官指标仅作为判定的参考，不作为产品合格或不合格的依据。

5.4.3 若检验结果符合本标准要求则为合格。检验结果如有一项理化指标或一项微生物学指标不符合本标准要求，即判为本批产品不合格。

5.4.4 若对检验结果有争议，可申请复检。复检时应对留存样进行复检，或在同批次产品中按本标准规定重新加倍抽样，对不合格项复验，按复验结果判定本批产品是否合格。

6 标志、包装、贮存、运输

6.1 标志

按农业部无公害农产品标志有关规定执行。

6.2 包装

包装材料按 GB 9687 和 GB 11680 规定执行。

6.3 贮存

产品应贮存在通风良好的场所，不得与有毒、有害、有异味、易挥发、易腐蚀的物品同处贮存。冷却分割猪肉应贮存在 0℃～4℃，相对湿度 80%～95%，冷冻分割猪肉应贮存在低于－18℃的冷藏库内。

6.4 运输

应使用符合卫生要求的冷藏车(船)或保温车(船)，市内运输可使用封闭、防尘车辆，不得与对产品发生不良影响的物品混装。

ICS 67.120.10
X 22

中华人民共和国农业行业标准

NY 5044—2008
代替 NY 5044—2001

无公害食品 牛肉

2008-05-16 发布

2008-07-01 实施

1199

中华人民共和国农业部 发布

前　言

本标准代替 NY 5044—2001《无公害食品　牛肉》。

本标准与 NY 5044—2001 相比主要修改如下：

——增加了牛肉感官指标的内容；增加了检验规则；

——修改了牛肉中微生物学指标；修改了牛肉中汞、砷的测定指标和最高限量；

——删除了牛肉安全指标中解冻失水率、六六六、滴滴涕和金霉素的检测项目。

本标准由中华人民共和国农业部市场与经济信息司提出并归口。

本标准起草单位：农业部农产品质量安全中心、中国农业大学动物科技学院。

本标准主要起草人：周振明、孟庆翔、瘳超子、夏兆刚、任丽萍、薛丰。

本标准于 2001 年 9 月首次发布，本次为第一次修订。

无公害食品 牛肉

1 范围

本标准规定了无公害牛肉的要求、试验方法、检验规则、标志、包装、贮存和运输。

本标准适用于无公害牛肉的质量安全评定。

2 规范性引用文件

下列文件中的条款通过本标准的引用而成为本标准的条款。凡是注日期的引用文件,其随后所有的修改单(不包括勘误的内容)或修订版均不适合于本标准,然而,鼓励根据本标准达成协议的各方研究是否可使用这些文件的最新版本。凡是不注日期的引用文件,其最新版本适用于本标准。

GB/T 4789.2 食品卫生微生物学检验 菌落总数测定

GB/T 4789.3 食品卫生微生物学检验 大肠菌群测定

GB/T 4789.4 食品卫生微生物学检验 沙门氏菌检验

GB/T 5009.11 食品中总砷及无机砷的测定

GB/T 5009.12 食品中铅的测定

GB/T 5009.15 食品中镉的测定

GB/T 5009.17 食品中总汞及有机汞的测定

GB/T 5009.44 肉与肉制品卫生标准的分析方法

GB/T 5009.116 畜、禽肉中土霉素、四环素、金霉素残留量的测定(高效液相色谱法)

GB/T 5009.123 食品中铬的测定

GB 9687 食品包装用聚乙烯成型品卫生标准的分析方法

GB/T 9960 鲜、冻四分体带骨牛肉

GB 11680 食品包装用原纸卫生标准

GB/T 19477 牛屠宰操作规程

GB/T 20759 畜禽肉中十六种磺胺类药物残留量的测定 液相色谱—串联质谱法

NY/T 815 肉牛饲养标准

NY 5030 无公害食品 畜禽饲养兽药使用准则

NY 5032 无公害食品 畜禽饲料和饲料添加剂使用准则

NY/T 5128 无公害食品 肉牛饲养管理准则

NY/T 5339 无公害食品 畜禽饲养兽医防疫准则

NY/T 5344.6 无公害食品 产品抽样规范第6部分:畜禽产品

农业部781号公告—5—2006 动物源食品中阿维菌素类药物残留量的测定 高效液相色谱法

3 要求

3.1 原料

活牛应来自非疫区,其饲养规程符合 NY/T 815、NY/T 5128、NY 5030、NY 5032 和 NY/T 5339 的要求,经检疫合格,附产地动物卫生监督机构检疫合格证书和相关可溯源信息。

3.2 屠宰加工

屠宰加工按 GB/T 19477 规定执行。

3.3 感官指标

鲜、冻牛肉感官指标应符合表1规定。

表1 感官指标

项 目	鲜牛肉	冻牛肉(解冻后)
色泽	肌肉有光泽,色鲜红或深红;脂肪呈乳白或淡黄色	肌肉色鲜红,有光泽;脂肪呈白色或微黄色
黏度	外表微干或有风干膜,不粘手	肌肉外表微干或有风干膜,外表湿润,不粘手
弹性(组织状态)	指压后的凹陷立即恢复	肌肉结构紧密,有坚实感,肌纤维韧性强
气味	具有鲜牛肉正常的气味	具有牛肉正常的气味
煮沸后肉汤	透明澄清,脂肪团聚于表面,具特有香味	澄清透明,脂肪团聚于表面,具有牛肉汤固有的香味和鲜味

3.4 安全指标

安全指标应符合表2的要求。

表2 安全指标

项 目	指 标
挥发性盐基氮,mg/100 g	≤15
总汞(以 Hg 计),mg/kg	≤0.05
铅(以 Pb 计),mg/kg	≤0.2
无机砷,mg/kg	≤0.05
镉(以 Cd 计),mg/kg	≤0.1
铬(以 Cr 计),mg/kg	≤1.0
土霉素,mg/kg	≤0.10
磺胺类(以磺胺类总量计),mg/kg	≤0.10
伊维菌素(脂肪中),mg/kg	≤0.04
注:其他兽药、农药最高残留限量和有毒有害物质限量应符合国家相关规定。	

3.5 微生物指标

微生物指标应符合表3规定。

表3 微生物指标

项 目	指 标	
	鲜牛肉	冻牛肉
菌落总数,cfu/g	≤1×10⁶	≤5×10⁵
大肠菌群,MPN/100 g	≤1×10⁴	≤1×10³
沙门氏菌	不得检出	

4 试验方法

4.1 感官指标

按 GB/T 9960 规定执行。

4.2 安全指标

4.2.1 挥发性盐基氮

按 GB/T 5009.44 规定执行。

4.2.2 总汞

按 GB/T 5009.17 规定执行。

4.2.3 铅

按 GB/T 5009.12 规定执行。

4.2.4 无机砷

按 GB/T 5009.11 规定执行。

4.2.5 镉

按 GB/T 5009.15 规定执行。

4.2.6 铬

按 GB/T 5009.123 规定执行。

4.2.7 土霉素

按 GB/T 5009.116 规定执行。

4.2.8 磺胺类

按 GB/T 20759 规定执行。

4.2.9 伊维菌素

按农业部 781 号公告—5—2006 规定执行。

4.3 微生物指标

4.3.1 菌落总数

按 GB/T 4789.2 规定执行。

4.3.2 大肠菌落

按 GB/T 4789.3 规定执行。

4.3.3 沙门氏菌

按 GB/T 4789.4 规定执行。

5 检验规则

5.1 组批

以来源于同一地区、同一养殖场、同一时段屠宰的分割加工牛肉为一组批。

5.2 抽样

按 NY/T 5344.6 的规定执行。

5.3 型式检验

在下列之一情况时应进行型式检验：

a) 申请无公害农产品认证和进行无公害农产品年度抽查检验；

b) 活牛来源发生变化时；

c) 屠宰加工条件或工艺发生变化时；

d) 质量监督检验机构或有关主管部门提出进行例行检验的要求时。

5.4 判定规则

5.4.1 以本标准的试验方法和要求为判定方法和依据。

5.4.2 感官指标仅作为判定的参考，不作为产品合格或不合格的依据。

5.4.3 若检验结果符合本标准要求则为合格。检验结果如有一项安全指标或一项微生物指标不符合本标准要求，即判为本批产品不合格。

5.4.4 若对检验结果有争议，可申请复检。复检时应对留存样进行复检，或在同批次产品中按本标准5.2 规定重新加倍抽样，对不合格项复验，按复验结果判定本批产品是否合格。

6 标志、包装、贮存、运输

6.1 标志

按农业部无公害农产品标志有关规定执行。

6.2 包装

牛肉包装材料按 GB 11680 和 GB 9687 规定执行。

6.3 贮存

牛肉应贮存在通风良好的场所,不得与有毒、有害、有异味、易挥发、易腐蚀的物品同处贮存。冷却分割牛肉应贮存在 0℃～4℃,相对湿度 80%～95%,冷冻分割牛肉应贮存在低于－18℃的冷藏库内。

6.4 运输

应使用符合卫生要求的冷藏车(船)或保温车(船),市内运输可使用封闭、防尘车辆,不得与对牛肉发生不良影响的物品混装。

ICS 67.120.30
B 50

中华人民共和国农业行业标准

NY 5045—2008

代替 NY 5045—2001

无公害食品 生鲜牛乳

2008-05-16 发布

2008-07-01 实施

1205

中华人民共和国农业部 发布

前　言

本标准为强制性标准。

本标准代替 NY 5045—2001《无公害食品　生鲜牛乳》。

本标准与 NY 5045—2001《无公害食品　生鲜牛乳》相比主要修改如下：

——按照 GB/T 1.1—2000 对标准文本格式进行修改；

——增加了 3.1、3.2 的要求（见 3.1、3.2）；

——增加了 3.3 的要求（见 2001 版 4.6，本版的 3.3）；

——增加了"冰点、酒精试验"指标（见 3.6）；

——修改了"酸度"指标（见 2001 版 4.3；本版的 3.6）；

——修改了"砷"指标为"无机砷≤0.05 mg/kg"（见 2001 版 4.4；本版的 3.7）；

——删除了"六六六、滴滴涕、马拉硫磷、倍硫磷、甲胺磷"指标（见 2001 版 4.4；本版的 3.7）；

——修改了"黄曲霉毒素 M_1"指标（见 2001 版 4.4；本版的 3.7）；

——增加了"磺胺类、氨苄青霉素、四环素、土霉素、金霉素"指标（见 2001 版 4.4；本版的 3.7）；

——增加了"体细胞"指标（见本版的 3.8）；

——删除了"交收检验"（见 2001 版 6.4；本版的第 5 章）；

——增加了第 6 章标志（见本版的第 6 章）；

——增加了规范性附录 A 和规范性附录 B。

本标准附录 A、附录 B 均为规范性附录。

本标准由中华人民共和国农业部市场与经济信息司提出并归口。

本标准主要起草单位：农业部农产品质量安全中心、农业部食品质量监督检验测试中心（上海）。

本标准主要起草人：孟瑾、韩奕奕、丁保华、廖超子、郑冠树、陈思、邹明晖、吴榕。

本标准于 2001 年首次发布，本次为第一次修订。

无公害食品　生鲜牛乳

1　范围

本标准规定了无公害食品生鲜牛乳的要求、试验方法、检验规则、标志、盛装、贮存和运输。

本标准适用于无公害食品生鲜牛乳的质量安全评定。

2　规范性引用文件

下列文件中的条款通过本标准的引用而成为本标准的条款。凡是注日期的引用文件,其随后所有的修改单(不包括勘误的内容)或修订版均不适用于本标准,然而,鼓励根据本标准达成协议的各方研究是否可使用这些文件的最新版本。凡是不注日期的引用文件,其最新版本适用于本标准。

GB 191　包装储运图示标志

GB/T 4789.2　食品卫生微生物学检验　菌落总数测定

GB/T 4789.18　食品卫生微生物学检验　乳与乳制品检验

GB/T 4789.27　食品卫生微生物学检验　鲜乳中抗生素残留量检验

GB/T 5009.11　食品中总砷及无机砷的测定

GB/T 5009.12　食品中铅的测定方法

GB/T 5009.17　食品中总汞及有机汞的测定

GB/T 5009.123　食品中铬的测定

GB/T 5409—1985　牛乳检验方法

GB/T 5413.1　婴幼儿配方食品和乳粉　蛋白质的测定

GB/T 5413.30　乳与乳粉　杂质度的测定

GB/T 5413.32　乳粉　硝酸盐、亚硝酸盐的测定

GB/T 6682　分析实验室用水规格和试验方法

GB/T 18980　乳和乳粉中黄曲霉毒素 M_1 的测定　免疫亲和层析净化高效液相色谱法和荧光光度法

NY/T 800　生鲜牛乳中体细胞测定方法

NY/T 829　牛奶中氨苄青霉素残留检测方法　高效液相色谱法

NY 5030　无公害食品　畜禽饲养兽药使用准则

NY 5032　无公害食品　畜禽饲料和饲料添加剂使用准则

NY 5047　无公害食品　奶牛饲养兽医防疫准则

NY/T 5049　无公害食品　奶牛饲养管理准则

NY 5140—2005　无公害食品　液态乳

NY/T 5344.6　无公害食品　产品抽样规范第 6 部分:畜禽产品

农业部 781 号公告—12—2006　牛乳中磺胺类药物残留量的测定　液相色谱—串联质谱法

3　要求

3.1　奶牛饲养管理应符合 NY 5030、NY 5032、NY/T 5047 和 NY/T 5049 的要求。

3.2　产犊后 7d 内的初乳、使用抗生素期间和休药期内的乳汁及变质乳,均不应用作无公害食品生鲜牛乳出售。

3.3　无公害食品生鲜牛乳中不得有任何添加物。

3.4 感官

应符合表1规定。

表1 感 官

项 目	指 标
色泽	呈乳白色或稍带微黄色
组织状态	呈均匀的胶态流体,无沉淀,无凝块,无肉眼可见杂质和其他异物
滋味与气味	具有新鲜牛乳固有的香味,无其他异味

3.5 理化指标

应符合表2规定。

表2 理化指标

项 目	指 标
相对密度(ρ_1^{20})	1.028~1.032
冰点,℃	-0.550~-0.510
脂肪,g/100 g	≥3.2
蛋白质,g/100 g	≥3.0
非脂乳固体,g/100 g	≥8.3
酸度,°T	12.0~18.0
酒精试验(72°)	阴性
杂质度,mg/kg	≤4

3.6 安全指标

应符合表3规定。

表3 安全指标

项 目	指 标
总汞,mg/kg	≤0.01
无机砷,mg/kg	≤0.05
铅,mg/kg	≤0.05
铬,mg/kg	≤0.3
硝酸盐(以 $NaNO_3$ 计),mg/kg	≤8.0
亚硝酸盐(以 $NaNO_2$ 计),mg/kg	≤0.2
黄曲霉毒素 M_1,μg/kg	≤0.5
磺胺类,μg/kg	≤100
四环素,μg/kg	≤100
土霉素,μg/kg	≤100
金霉素,μg/kg	≤100
氨苄青霉素,μg/kg	≤10
青霉素、卡那霉素、链霉素、庆大霉素	阴性
注:其他兽药、农药最高残留限量和有毒有害物质限量应符合国家相关规定。	

3.7 生物学指标

应符合表4规定。

表4 生物学指标

项 目	指 标
菌落总数,cfu/mL	≤500 000
体细胞,个/mL	≤600 000

4 试验方法

4.1 感官指标

4.1.1 色泽和组织状态

取适量试样于 50 mL 烧杯中,在自然光下观察色泽和组织状态。

4.1.2 滋味和气味

取适量试样于 150 mL 三角瓶中,闻气味,加热至 70℃~80℃,冷却至 25℃时,用温开水漱口后,再品尝样品的滋味。生鲜牛乳不可吞食并漱净。

4.2 理化指标

4.2.1 密度

按 GB/T 5409 的规定执行。

4.2.2 冰点

按 GB/T 5409—1985 附录 B 的规定执行。

4.2.3 脂肪

按 GB/T 5409 的规定执行。

4.2.4 蛋白质

按 GB/T 5413.1 的规定执行。

4.2.5 非脂乳固体

按 GB/T 5409 的规定检验。

4.2.6 酸度

按 GB/T 5409 的规定执行。

4.2.7 酒精试验

按 GB/T 5409 的规定执行。

4.2.8 杂质度

按 GB/T 5413.30 的规定执行。

4.3 安全检验

4.3.1 总汞

按 GB/T 5009.17 的规定执行。

4.3.2 无机砷

按 GB/T 5009.11 的规定执行。

4.3.3 铅

按 GB/T 5009.12 的规定执行。

4.3.4 铬

按 GB/T 5009.123 的规定执行。

4.3.5 硝酸盐、亚硝酸盐

按 GB/T 5413.32 的规定执行。

4.3.6 黄曲霉毒素 M_1

使用国际通用的双流向竞争性酶联免疫吸附分析法(附录 A)快速筛选,阳性样品按 GB/T 18980 规定执行。

4.3.7 磺胺类

按农业部 781 号公告—12—2006 的规定执行。

4.3.8 四环素、土霉素、金霉素

按 NY 5140—2005 中附录 A 的规定执行。

4.3.9 氨苄青霉素

按 NY/T 829 的规定执行。

4.3.10 青霉素、链霉素、庆大霉素、卡那霉素

按 GB/T 4789.27 规定执行或使用国际通用的双流向竞争性酶联免疫吸附分析法(附录 B)快速筛选。

4.4 生物学检验

4.4.1 菌落总数

按 GB/T 4789.18 及 GB/T 4789.2 的规定执行或使用国际通用的菌落总数快速测定仪。

4.4.2 体细胞

按 NY/T 800 的规定执行。

5 检验规则

5.1 组批规则

以装载在同一贮存或运输器具中的产品为一组批。

5.2 抽样方法

按 NY/T 5344.6 的规定执行。

5.3 型式检验

型式检验是对产品进行全面考核,即检验技术要求中全部项目。在下列情况之一时应进行型式检验:

    a) 申请无公害农产品认证和进行无公害农产品年度抽查检验;

    b) 新建牧场首次投产运行时;

    c) 正式生产后,牛乳发生质量问题时;

    d) 乳牛饲料的组成发生变更或用量调整时;

    e) 牧场长期停产后,恢复生产时;

    f) 国家质量监督机构和有关主管部门提出进行例行检验的要求时。

5.4 判定规则

全部检验项目均符合本标准时,判为合格品;否则,判为不合格品。

6 标志

按无公害农产品标志的有关规定执行。

7 盛装、贮存和运输

7.1 应采用表面光滑、无毒无害的有制冷作用的容器盛装。

7.2 应采取机械化挤奶、管道输送,用奶槽车运往加工厂,挤出的生鲜牛乳应在 2 h 内冷却至 4℃左右,贮存期间的温度不得超过 6℃。

7.3 生鲜牛乳运输应在密闭保温的容器内,避免雨淋、日晒,不应同有毒、有害、有异味等可对其发生不良影响的物品混装运输。生鲜牛乳应在挤出后 24 h 内运送到加工企业或生鲜牛乳收购站。

7.4 所有的贮运生乳的容器应在每次使用后及时清洗和消毒。

附 录 A

（规范性附录）

生鲜牛乳中黄曲霉毒素 M₁ 的测定

（双流向竞争性酶联免疫吸附分析法）

A.1　方法提要

采用双流向竞争性酶联免疫吸附分析法对样品中的黄曲霉毒素 M_1 残留进行测定。

A.2　试剂和材料

除方法另有规定外，试剂均为分析纯，实验室用水符合 GB/T 6682 中二级水的规定。

A.2.1　双流向酶联免疫试剂盒，0℃～7℃保存（室温下可保存 1 d）。

A.2.2　与黄曲霉毒素 M_1 反应的酶联免疫试剂颗粒，0℃～7℃保存（室温下可保存 1 d）。

A.3　仪器与设备

A.3.1　样品试管（带有密封盖）。

A.3.2　移液器（450μL±50μL）或相同的移液管。

A.3.3　酶联免疫检测加热器。

A.3.4　酶联免疫检测读数器。

A.4　检测前的准备

检测应在 18℃～29℃下进行。检测前，从冰箱中取出带有铝箔包装的双流向酶联免疫检测试剂盒（A.2.1）待用，（检测时不需恢复至室温），并检查试剂盒（A.2.1）是否完好。将加热器（A.3.3）预热到 45℃±5℃，并至少保持 15 min。将试样振摇混匀。检查酶联免疫试剂颗粒（A.2.2）是否受潮，且处于样品试管（A.3.1）的底部（如不是，轻轻拍打试管使试剂颗粒重新回到底部）。

A.5　操作方法

先将酶联免疫检测试剂盒（A.2.1）置于加热器中。将试样振摇混匀。使用移液器（管）（A.3.2），移取试样 450μL 至带酶联免疫试剂颗粒（A.2.2）样品试管（A.3.2）中。振摇样品试管（A.3.1），使酶联免疫试剂颗粒（A.2.2）溶解。将样品试管（A.3.1）在预先加热至 45℃±5℃的加热器内保温，时间准确控制在 5 min～6 min（最少 5 min，最多 6 min）。将样品试管的全部内容物均倒入已置于加热器（A.3.3）中的酶联免疫试剂盒的样品池中，样品将流经"结果显示窗口"向绿色的"激活环"流去。当激活环的绿色开始消失变为白色时，立即将激活环按键用力按下至底部。将试剂盒继续放置在加热器（A.3.3）中保持 4 min 使呈色反应完成。将试剂盒从加热器（A.3.3）中取出水平放置，立即执行检测结果判定程序。

A.6　检测结果的判定

A.6.1　目测判读结果

检测结果为阴性：试样点的颜色深于质控点，或两者颜色相当。

检测结果为阳性：试样点的颜色浅于质控点。

A.6.2 用酶联免疫检测读数器(A.3.4)判读结果,立即将试剂盒水平插入酶联免疫检测读数器
(A.3.4)照触摸式屏幕的提示操作。

    检测结果为阴性:显示 Negative;

    检测结果为阳性:显示 Positive。

A.7 精密度

    本方法中黄曲霉毒素 M_1 的检测限为 $0.5~\mu g/kg$。

附 录 B
（规范性附录）
生鲜牛乳中抗生素残留的测定
（双流向竞争性酶联免疫吸附分析法）

B.1 方法提要

采用双流向竞争性酶联免疫吸附分析法对生鲜牛乳中的抗生素（β-内酰胺类、四环素类、庆大霉素）残留进行测定。

B.2 设备和材料

除方法另有规定外，试剂均为分析纯，实验室用水符合 GB/T 6682 中二级水的规定。

B.2.1 双流向酶联免疫试剂盒，0℃～7℃保存（室温下可保存 1 d）。

B.2.2 与抗生素反应的酶联免疫试剂颗粒，0℃～7℃保存（室温下可保存 1 d）。

B.3 仪器设备

B.3.1 酶联免疫检测加热器。

B.3.2 酶联免疫检测读数器。

B.3.3 样品试管（带有密封盖）。

B.3.4 移液器（450 μL±50 μL）或相同的移液管。

B.4 检测前的准备

检测应在 18℃～29℃下进行。检测前，从冰箱中取出带有铝箔包装的双流向酶联免疫检测试剂盒（B.2.1）待用，（检测时不需恢复至室温），并检查试剂盒是否完好。将加热器（B.3.1）预热到 45℃±5℃，并至少保持 15 min。将试样振摇混匀。检查酶联免疫试剂颗粒（B.2.2）是否受潮，且处于样品试管（B.3.3）的底部（如不是，轻轻拍打试管使试剂颗粒重新回到底部）。

B.5 操作方法

B.5.1 将酶联免疫检测试剂盒（B.2.1）置于酶联免疫检测加热器（B.3.1）中。将试样振摇混匀。使用移液器（管）（B.3.4），移取试样 450 μL 至带酶联免疫试剂颗粒（B.2.2）样品试管（B.3.3）中。振摇样品试管（B.3.3），使酶联免疫试剂颗粒（B.2.2）溶解。将样品试管（B.3.3）在预先加热至 45℃±5℃的酶联免疫检测加热器（B.3.1）内保温：β-内酰胺类 5 min，四环素类及庆大霉素 2 min。

B.5.2 将样品试管的全部内容物均倒入已置于加热器中的酶联免疫试剂盒（B.2.1）的样品池中，样品将流经"结果显示窗口"向"激活环"流去。

B.5.3 当试剂盒上的激活环的颜色（β-内酰胺类试剂盒蓝色，四环素类试剂盒粉红色，庆大霉素试剂盒橙色）开始消失变为白色时，立即将激活环按键用力按下至底部。

B.5.4 将试剂盒继续放置在加热器（B.3.1）中保持：β-内酰胺类试剂盒 4 min，四环素类和庆大霉素试剂盒 7 min，使呈色反应完成。

B.5.5 将试剂盒从加热器（B.3.1）中取出水平放置，立即执行检测结果判定程序。

B.6 检测结果的判定

B.6.1 目测判读结果

检测结果为阴性:试样点的颜色深于质控点,或两者颜色相当。

检测结果为阳性:试样点的颜色浅于质控点。

B.6.2 用酶联免疫检测读数器(B.3.2)判读结果,立即将试剂盒水平插入读数器(B.3.2),按照触摸式屏幕的提示操作。

检测结果为阴性:显示 Negative。

检测结果为阳性:显示 Positive。

B.7 精密度

本方法的检测限:β-内酰胺类为 3 μg/kg,四环素类为 20 μg/kg,庆大霉素为 30 μg/kg。

ICS 67.120.30
B 51

中华人民共和国农业行业标准

NY 5062—2008
代替 NY 5062—2001

无公害食品 扇贝

2008-05-16 发布

2008-07-01 实施

1215

中华人民共和国农业部 发布

前　言

本标准代替 NY 5062—2001《无公害食品　海湾扇贝》。

本标准与 NY 5062—2001《无公害食品　海湾扇贝》相比，主要修改如下：

——修改了标准名称，标准名称改为《无公害食品　扇贝》；

——扩大了标准的适用范围，适用范围扩大为海湾扇贝、栉孔扇贝、虾夷扇贝及其他扇贝类；

——修订了无机砷、镉、多氯联苯、麻痹性贝类毒素限量指标；

——删除了汞、铜、六六六、滴滴涕限量指标；

——增加了有关农药、兽药残留量应符合国家有关规定的要求；

——对感官要求及部分章、条内容做了修改与补充。

本标准由中华人民共和国农业部市场与经济信息司提出并归口。

本标准起草单位：农业部农产品质量安全中心、广东海洋大学。

本标准主要起草人：黄和、丁保华、廖超子、夏杏州、陈思。

本标准于 2001 年首次发布，本次为第一次修订。

无公害食品 扇贝

1 范围

本标准规定了无公害食品扇贝的要求、试验方法、检验规则、标志、包装、运输和贮存。

本标准适用于海湾扇贝(*Argopecten irradians*)、栉孔扇贝(*Chlamys farreri*)、虾夷扇贝(*Patinopecten yessoensis*)的活体。其他扇贝的活体可参照执行。

2 规范性引用文件

下列文件中的条款通过本标准的引用而成为本标准的条款。凡是注日期的引用文件,其随后所有的修改单(不包括勘误的内容)或修订版均不适用于本标准,然而,鼓励根据本标准达成协议的各方研究是否可使用这些文件的最新版本。凡是不注日期的引用文件,其最新版本适用于本标准。

GB/T 5009.11 食品中总砷及无机砷的测定

GB/T 5009.12 食品中铅的测定

GB/T 5009.15 食品中镉的测定

GB/T 5009.17 食品中总汞及有机汞的测定

GB/T 5009.190 食品中指示性多氯联苯含量的测定

GB 17378.6 海洋监测规范 第6部分:生物体分析

NY 5052 无公害食品 海水养殖用水水质

SC/T 3016—2004 水产品抽样方法

SC/T 3023 麻痹性贝类毒素的测定 生物法

SC/T 3024 腹泻性贝类毒素的测定 生物法

3 要求

3.1 感官

感官指标见表1。

表1 感官指标

项 目	要 求
外观	贝壳无破碎,附着物少,表面无泥污
活力	离水时双壳闭合有力或可以自主开合,外套膜伸展并紧贴壳口
气味	具有扇贝正常气味,无异味
组织形态	肌肉组织致密有弹性,呈扇贝正常色泽
杂质	无外来杂质

3.2 安全指标

安全指标见表2。

表2 安全指标

项 目	指 标
甲基汞,mg/kg	≤0.5
无机砷,mg/kg	≤0.5
铅,mg/kg	≤1.0

表 2（续）

项　　目	指　　标
镉,mg/kg	≤4.0
多氯联苯,mg/kg (以 PCB 28、PCB 52、PCB 101、PCB 118、PCB 138、PCB 153 和 PCB 180 总和计) PCB 138,mg/kg PCB 153,mg/kg	≤2.0 ≤0.5 ≤0.5
石油烃,mg/kg	≤15
麻痹性贝类毒素(PSP),MU/100 g	≤400
腹泻性贝类毒素(DSP),MU/g	不得检出
注:其他农药、兽药残留量应符合国家有关规定。	

4 试验方法

4.1 感官指标

在光线充足、无异味的环境中,将样品置于白色搪瓷盘或不锈钢工作台上,用肉眼观察外观、活力、组织形态和杂质,并嗅其是否有异味。

4.2 安全指标

4.2.1 甲基汞的测定

按 GB/T 5009.17 的规定执行。

4.2.2 无机砷的测定

按 GB/T 5009.11 的规定执行。

4.2.3 铅的测定

按 GB/T 5009.12 的规定执行。

4.2.4 镉的测定

按 GB/T 5009.15 的规定执行。

4.2.5 多氯联苯的测定

按 GB/T 5009.190 的规定执行。

4.2.6 石油烃的测定

按 GB 17378.6 的规定执行。

4.2.7 麻痹性贝类毒素的测定

按 SC/T 3023 的规定执行。

4.2.8 腹泻性贝类毒素的测定

按 SC/T 3024 的规定执行。

5 检验规则

5.1 组批规则

以同一海域环境条件相同、同时收获的产品为一个检验批。

5.2 抽样方法

按 SC/T 3016 的规定执行。

5.3 试样制备

用于安全指标检验的样品：将样品清洗后去除贝壳，取闭壳肌、外套膜、性腺等可食部分绞碎混合均匀后备用。试样量为 400 g，分为两份，其中一份用于检验，另一份作为留样。

5.4 检验分类

产品检验分为出厂检验和型式检验。

5.4.1 出厂检验

每批产品应进行出厂检验。出厂检验由生产者执行，检验项目为感官检验。

5.4.2 型式检验

有下列情况之一时，应进行型式检验，检验项目为本标准中规定的全部项目。

  a) 申请使用无公害农产品标志时；

  b) 新建扇贝养殖厂（场）；

  c) 养殖条件或海域环境发生变化，可能影响产品质量时；

  d) 有关行政主管部门提出进行型式检验要求时；

  e) 出厂（场）检验与上次型式检验有较大差异时；

  f) 正常生产时，每个生产周期至少进行一次检验。

5.5 判定规则

5.5.1 感官检验结果的判定，按 SC/T 3016—2004 中表 1 的规定执行。

5.5.2 安全指标的检验结果中有一项及一项以上指标不合格，则判本批产品不合格，不得复检。

6 标志、包装、运输和贮存

6.1 标志

应按无公害农产品标志有关规定执行。

6.2 包装

所用包装容器应符合食品卫生要求，并具有较好的通气条件。

6.3 运输

运输工具应清洁卫生、无污染，运输中应避免日晒、雨淋，不应与有毒有害物质混运。

6.4 贮存

应在阴凉、通风、卫生的环境下，置于清洁的容器中贮存，暂养及净化时，所用海水应符合 NY 5052 的要求。

ICS 67.120.30
B 52

中华人民共和国农业行业标准

NY 5068—2008
代替 NY 5068—2001

无公害食品 鳗鲡

2008-05-16 发布

2008-07-01 实施

中华人民共和国农业部 发布

前　言

本标准代替 NY 5068—2001《无公害食品　鳗鲡》。

本标准与 NY 5068—2001《无公害食品　鳗鲡》相比,主要修改如下:

——修订了无机砷限量指标;

——增加了氟甲砜霉素、恶喹酸等安全指标;

——删除了汞、铬、氟、铜、氯霉素、呋喃唑酮、喹诺酮类、己烯雌酚、六六六、滴滴涕等指标;

——增加了有关农药、兽药残留量应符合国家有关规定的要求;

——删除了产品规格;

——对感官要求及部分章、条内容做了修改与补充。

本标准由中华人民共和国农业部市场与经济信息司提出并归口。

本标准起草单位:农业部农产品质量安全中心、中国水产科学研究院长江水产研究所。

本标准主要起草人:邹世平、丁保华、廖超子、周瑞琼。

本标准于 2001 年首次发布,本次为第一次修订。

无公害食品 鳗鲡

1 范围

本标准规定了无公害食品活鳗鲡的要求、试验方法、检验规则、标志、包装、运输与暂养。

本标准适用于日本鳗鲡(*Anguilla japonica*)、欧洲鳗鲡(*Anguilla anguilla*)等的活体。

2 规范性引用文件

下列文件中的条款通过本标准的引用而成为本标准的条款。凡是注日期的引用文件,其随后所有的修改单(不包括勘误的内容)或修订版均不适用于本标准,然而,鼓励根据本标准达成协议的各方研究是否可使用这些文件的最新版本。凡是不注日期的引用文件,其最新版本适用于本标准。

GB/T 5009.11 食品中总砷及无机砷的测定

GB/T 5009.12 食品中铅的测定

GB/T 5009.15 食品中镉的测定

GB/T 5009.17 食品中总汞及有机汞的测定

NY 5051 无公害食品 淡水养殖用水水质

SC/T 3015 水产品中土霉素、四环素、金霉素残留的测定

SC/T 3016—2004 水产抽样方法

SC/T 3028 水产品中恶喹酸残留量的测定 液相色谱法

农业部 958 号公告—12—2007 水产品中磺胺类残留量的测定 液相色谱法

农业部 958 号公告—13—2007 水产品中氯霉素、甲砜霉素、氟甲砜霉素残留量的测定 气相色谱法

3 要求

3.1 感官

鱼体健康,游动活泼。体态匀称,无畸形。具有鳗鲡固有的光泽。

3.2 安全指标

安全指标见表1。

表 1 安全指标

项 目	指 标
无机砷,mg/kg	≤0.1
铅,mg/kg	≤0.5
镉,mg/kg	≤0.1
甲基汞,mg/kg	≤0.5
土霉素,mg/kg	≤0.1
四环素,mg/kg	≤0.1
金霉素,mg/kg	≤0.1
磺胺类(以总量计),mg/kg	≤0.1
恶喹酸,mg/kg	≤0.3
氟甲砜霉素,mg/kg	≤1.0
注:其他农药、兽药残留量应符合国家有关规定。	

4 试验方法

4.1 感官指标

将试样放于清洁的白桶中,按3.1逐项检验,在自然光线下目测。

4.2 无机砷

按GB/T 5009.11方法执行。

4.3 铅

按GB/T 5009.12方法执行。

4.4 镉

按GB/T 5009.15方法执行。

4.5 甲基汞

按GB/T 5009.17方法执行。

4.6 土霉素、四环素、金霉素

按SC/T 3015方法执行。

4.7 磺胺类

按农业部958公告—12—2007方法执行。

4.8 恶喹酸

按SC/T 3028方法执行。

4.9 氟甲砜霉素

按农业部958公告—13—2007方法执行。

5 检验规则

5.1 检验批

按同一时间、同一来源(同一鱼池或同一养殖场)的同一品种为同一检验批。

5.2 抽样方法

按SC/T 3016的规定方法执行。

5.3 检验分类

产品分为出场检验和型式检验。

5.3.1 出场检验

每批产品应进行出场检验。出场检验由生产单位的质量检验部门执行,检验项目为感官检验。

5.3.2 型式检验

有下列情况之一时,应进行型式检验,检验项目为本标准中规定的全部项目。

 a) 申请使用无公害农产品标志时;

 b) 新建养殖场饲养的鳗鲡;

 c) 养殖环境发生变化,可能影响产品质量时;

 d) 国家质量监督机构提出型式检验要求时;

 e) 出场检验与上次型式检验有大差异时;

 f) 正常生产时,每个生产周期至少进行一次检验。

5.4 试样制备

用于安全指标检验的样品:至少取3尾鱼清洗后,去头、骨、内脏,取背部肌肉绞碎混合均匀后备用;试样量为400g,分为两份,其中一份用于检验,另一份作为备样。

5.5　检验结果的评定

5.5.1　感官检验结果判定,按 SC/T 3016—2004 表 1 的规定执行。

5.5.2　安全指标的检验结果中,有一项及一项以上指标不合格,则判为本批产品不合格,不得复检。

6　标志、包装、运输和暂养

6.1　标志

应按无公害农产品标志有关规定执行。

6.2　包装及运输

活鳗鲡采用薄膜袋充氧包装。包装材料应无毒无害,运输用水应符合 NY 5051 的要求。

6.3　暂养

暂养所用的场地、设备应安全卫生,防止有毒有害物质污染;暂养用水的水质,应符合 NY 5051 的要求。

ICS 67.060
X 11

中华人民共和国农业行业标准

NY 5115—2008
代替 NY 5115—2002

无公害食品　稻米

2008-05-16 发布

2008-07-01 实施

中华人民共和国农业部 发布

前　言

本标准代替 NY 5115—2002《无公害食品　大米》。

本标准与 NY 5115—2002 相比主要变化如下：

——使用范围调整为"本标准适用于无公害食品稻谷、糙米和大米"，并在试验方法中规定安全指标取稻米可食部分进行检验；

——"砷"调整为"无机砷"；

——删除汞、克百威、三环唑、甲胺磷和亚硝酸盐等项目；

——增加杀螟硫磷、三唑磷、乐果、丁草胺和草甘膦等项目；

——毒死蜱、杀螟硫磷、三唑磷和乐果改用 NY/T 761《蔬菜和水果中有机磷、有机氯、拟除虫菊酯和氨基甲酸酯类农药多种残留检测方法》检测。

本标准由中华人民共和国农业部市场与经济信息司提出并归口。

本标准起草单位：农业部农产品质量安全中心、中国水稻研究所、农业部稻米及制品质量监督检验测试中心、农业部食品质量监督检验测试中心（上海）、浙江省瑞安市农业局。

本标准主要起草人：朱智伟、丁保华、陈铭学、廖超子、孟瑾、陈能、金连登、吴树业。

本标准于 2002 年首次发布，本次为第一次修订。

无公害食品　稻米

1　范围

本标准规定了无公害食品稻米的要求、试验方法和检验规则及标志、标签、包装、运输、贮存。

本标准适用于无公害食品稻谷、糙米和大米。

2　规范性引用文件

下列文件中的条款通过本标准的引用而成为本标准的条款。凡是注日期的引用文件，其随后所有的修改单(不包括勘误的内容)或修订版均不适用于本标准，然而，鼓励根据本标准达成协议的各方研究是否可使用这些文件的最新版本。凡是不注日期的引用文件，其最新版本适用于本标准。

GB/T 5009.11　食品中总砷及无机砷的测定

GB/T 5009.12　食品中铅的测定

GB/T 5009.15　食品中镉的测定方法

GB/T 5009.22　食品中黄曲毒素 B_1 的测定

GB/T 5009.36　粮食卫生标准的分析方法

GB/T 5009.114　大米中杀虫双残留量的测定

GB/T 5009.164　大米中丁草胺残留量的测定

GB/T 5009.184　粮食、蔬菜中噻嗪酮残留量的测定

GB/T 5492　粮食、油料检验　色泽、气味、口味鉴定方法

GB/T 5494　粮食、油料检验　杂质、不完善粒检验法

GB/T 5496　粮食、油料检验　黄粒米及裂纹粒检验法

GB/T 5497　粮食、油料检验　水分测定法

GB 7718　预包装食品标签通则

GB/T 17109　粮食销售包装

NY/T 761　蔬菜和水果中有机磷、有机氯、拟除虫菊酯和氨基甲酸酯类农药多种残留检测方法

NY/T 1096　食品中草甘膦残留量测定

NY/T 5340　无公害食品　产品检验规范

中华人民共和国农业部第70号令　农产品包装和标识管理办法

3　要求

3.1　加工质量

加工质量应符合表1的规定。

表 1　加工质量要求

项　　目	指　　标	
	粳米	籼米
水分，%	≤15.5	≤14.5
杂质，%	≤0.3	≤0.3
不完善粒，%	≤5.0	≤5.0
黄粒米，%	≤0.5	≤0.5
色泽、气味、口味	正常	正常

3.2 安全指标

安全指标应符合表 2 的规定。

表 2 安全指标 　　　　　　　　　　　　　　　单位为毫克每千克

序　号	项　目	指　标
1	无机砷(以 As 计)	≤0.15
2	铅(Pb)	≤0.2
3	镉(Cd)	≤0.2
4	杀螟硫磷(fenitrothion)	≤1.0
5	三唑磷(triazoophos)	≤0.05
6	乐果(dimethoate)	≤0.05
7	毒死蜱(chlorpyrifos)	≤0.1
8	草甘膦(glyhosate)	≤0.1
9	丁草胺(butachlor)	≤0.5
10	杀虫双(bisultap)	≤0.2
11	噻嗪酮(buprofezin)	≤0.3
12	磷化物(phosphide)	≤0.05
13	黄曲霉毒素 B₁	≤0.01

注:其他有毒有害物质的限量应符合国家有关的法律法规、行政规范和强制性标准的规定。

3.3 净含量

单件定量包装商品(不含粮食制品生产中的出厂包装)的净含量质量之差应符合 GB/T 17109 的规定。

4 试验方法

安全指标项目取稻米可食部分进行测试。

4.1 水分

按 GB/T 5497 规定执行。

4.2 杂质、不完善粒

按 GB/T 5494 规定执行。

4.3 黄粒米

按 GB/T 5496 规定执行。

4.4 色泽、气味、口味

按 GB/T 5492 规定执行。

4.5 无机砷

按 GB/T 5009.11 规定执行。

4.6 铅

按 GB/T 5009.12 执行。

4.7 镉

按 GB/T 5009.15 执行。

4.8 杀螟硫磷、三唑磷、乐果、毒死蜱

称 5.00 g 样品,用 15 mL 水浸泡 30 min 后,按 NY/T 761 规定执行。

4.9 草甘膦

按 NY/T 1096 规定执行。

4.10 丁草胺

按 GB/T 5009.164 规定执行。

4.11 杀虫双

按 GB/T 5009.114 规定执行。

4.12 噻嗪酮

按 GB/T 5009.184 规定执行。

4.13 磷化物

按 GB/T 5009.36 规定执行。

4.14 黄曲霉毒素 B_1

按 GB/T 5009.22 规定执行。

5 检验规则

按 NY 5340 规定执行。

6 标志和标签

6.1 标志

无公害农产品标志的使用应符合有关规定。

6.2 标签

产品标志按 GB 7718 的规定,标明产品名称、质量等级、净含量、生产厂(公司)名称和地址、生产日期、贮存方法、产品标准编号等。

7 包装、运输和贮存

7.1 包装

无公害食品稻米的销售包装应符合中华人民共和国农业部第 70 号令《农产品包装和标识管理办法》和 GB/T 17109 的有关规定,所有包装材料均应清洁、卫生、干燥、无毒、无异味,符合食品卫生要求。所有包装应牢固,不泄漏物料。

7.2 运输

7.2.1 成品运输工具、车辆应清洁、卫生、干燥,无其他污染物。

7.2.2 成品运输过程中,应遮盖,防雨防晒、严禁与有毒有害和有异味的物品混运。

7.3 贮存

7.3.1 成品不应露天堆放。成品仓库必须清洁、干燥、通风、无鼠虫害。

7.3.2 成品堆放应有垫板,离地 10 cm 以上,离墙 20 cm 以上。

7.3.3 成品不应有与毒有害、腐败变质、有不良气味或潮湿的物品同仓库存放。

ICS 65.140
B 47

中华人民共和国农业行业标准

NY 5134—2008
代替 NY 5134—2002

无公害食品　蜂蜜

2008-05-16 发布

2008-07-01 实施

1233

中华人民共和国农业部 发布

前　言

本标准代替 NY 5134—2002《无公害食品　蜂蜜》。

本标准与 NY 5134—2002 相比主要修改如下：

——将范围中的"天然蜂蜜"改为"无公害蜂蜜"，定义中作了相应的修订；

——理化指标中去掉了灰分和酸度两个项目，将"还原糖"改为"果糖和葡萄糖含量"；

——4.4 中"有毒有害物质限量"改为"安全指标"，去掉了六六六、滴滴涕、铁、锌项目，增加了双甲脒、磺胺、氯霉素项目；

——去掉了"其他要求"，增加了"真实性要求"。

本标准由中华人民共和国农业部市场与经济信息司提出并归口。

本标准起草单位：农业部农产品质量安全中心、农业部蜂产品质量监督检验测试中心（北京）。

本标准主要起草人：陈兰珍、丁保华、赵静、刘继红、陈思、李熠、薛晓锋。

本标准于 2002 年首次发布，本次为第一次修订。

无公害食品 蜂蜜

1 范围

本标准规定了无公害蜂蜜的要求、试验方法、检验规则和标志、包装、贮存和运输。

本标准适用于无公害蜂蜜的质量安全评定。

2 规范性引用文件

下列文件中的条款通过本标准的引用而成为本标准的条款。凡是注日期的引用文件,其随后所有的修改单(不包括勘误的内容)或修订版不适用于本标准,然而,鼓励根据本标准达成协议的各方研究是否可使用这些文件的最新版本。凡是不注日期的引用文件,其最新版本适用于本标准。

GB 4789.2 食品卫生微生物学检验 菌落总数测定

GB 4789.3 食品卫生微生物学检验 大肠菌群测定

GB 4789.4 食品卫生微生物学检验 沙门氏菌检验

GB 4789.5 食品卫生微生物学检验 志贺氏菌检验

GB 4789.10 食品卫生微生物学检验 金黄色葡萄球菌检验

GB 4789.11 食品卫生微生物学检验 溶血性链球菌检验

GB 4789.15 食品卫生微生物学检验 霉菌和酵母计数

GB/T 5009.12 食品中铅的测定

GB 14963 蜂蜜卫生标准

GB 18796 蜂蜜

GB/T 18932.1 蜂蜜中碳-4植物糖含量测定方法 稳定碳同位素比率法

GB/T 18932.2 蜂蜜中高果糖淀粉糖浆测定方法 薄层色谱法

GB/T 18932.4 蜂蜜中土霉素、四环素、金霉素、强力霉素残留量的测定方法 液相色谱—紫外检测法

GB/T 18932.5 蜂蜜中磺胺醋酰、磺胺吡啶、磺胺甲基嘧啶、磺胺甲氧哒嗪、磺胺对甲氧嘧啶、磺胺氯哒嗪、磺胺甲基异噁唑、磺胺二甲氧嘧啶残留量的测定方法 液相色谱法

GB/T 18932.12 蜂蜜中钾、钠、钙、镁、锌、铁、铜、锰、铬、铅、镉含量的测定方法 原子吸收光谱法

GB/T 18932.16 蜂蜜中淀粉酶值的测定方法 分光光度法

GB/T 18932.17 蜂蜜中16种磺胺残留量的测定方法 液相色谱—串联质谱法

GB/T 18932.18 蜂蜜中羟甲基糠醛含量的测定方法 液相色谱—紫外检测法

GB/T 18932.19 蜂蜜中氯霉素残留量的测定方法 液相色谱—串联质谱法

GB/T 18932.20 蜂蜜中氯霉素残留量的测定方法 气相色谱—质谱法

GB/T 18932.21 蜂蜜中氯霉素残留量的测定方法 酶联免疫法

GB/T 18932.22 蜂蜜中果糖、葡萄糖、蔗糖、麦芽糖含量的测定方法 液相色谱—示差折光检测法

GB/T 18932.23 蜂蜜中土霉素、四环素、金霉素、强力霉素残留量的测定方法 液相色谱—串联质谱法

NY/T 1243 蜂蜜中农药残留限量(一)

SN/T 0852—2000 进出口蜂蜜检验方法

农业部781号公告—8—2006 蜂蜜中双甲脒残留量的测定 气相色谱—质谱法

农业部781号公告—9—2006 蜂蜜中氟胺氰菊酯残留量的测定 气相色谱法

3 要求

3.1 感官

感官应符合表1规定。

表1 感官

项 目	指 标
色 泽	具有该品种所特有的色泽,依品种不同从水白色至深琥珀色或深色
气味与滋味	单花种蜂蜜有该种蜜源植物或花的香气,口感甜润或甜腻。某些品种略有微苦、涩等刺激味。无酸味、酒味等其他异味
状 态	常温下呈透明、半透明黏稠流体或结晶状。无发酵。无杂质

3.2 理化指标

理化指标应符合表2规定。

表2 理化指标

项 目	指 标
水分,g/100 g	≤24
果糖和葡萄糖含量,g/100 g	≥60
蔗糖,g/100 g	≤5
淀粉酶活性(1%淀粉溶液),(mL/g·h)	≥4
羟甲基糠醛(HMF),mg/kg	≤40
注:荔枝蜂蜜、龙眼蜂蜜、柑橘蜂蜜、鹅掌柴蜂蜜等蜜种淀粉酶活性指标≥2 mL/(g·h)。桉树蜜、柑橘蜜和紫苜蓿蜜等蔗糖含量≤10 g/100 g。	

3.3 安全指标

安全指标应符合表3规定。

表3 安全指标

项 目	指 标
铅(以Pb计),mg/kg	≤1.0
双甲脒,mg/kg	≤0.2
氟胺氰菊酯,mg/kg	≤0.05
四环素族抗生素,mg/kg	≤0.05
氯霉素	不得检出
磺胺类(磺胺醋酰、磺胺吡啶、磺胺甲基嘧啶、磺胺甲氧哒嗪、磺胺对甲氧嘧啶、磺胺氯哒嗪、磺胺甲基异噁唑、磺胺二甲氧嘧啶),mg/kg	≤0.05
注:其他兽药、农药最高残留限量和有毒有害物质限量应符合国家有关规定。	

3.4 微生物指标

微生物指标应符合表4规定。

表4 微生物指标

项 目	指 标
菌落总数,cfu/g	≤1 000
大肠菌群,MPN/100 g	≤30
霉菌总数,cfu/g	≤200
致病菌(沙门氏菌、志贺氏菌、金黄色葡萄球菌、溶血性链球菌)	不得检出

3.5 真实性

不得添加或混入任何淀粉类、糖类、代糖类等物质。采用 GB/T 18932.1 方法试验时,试验结果(蜂蜜中碳-4 植物糖的百分含量)不得大于 7。采用 GB/T 18932.2 方法试验时,试验结果(蜂蜜中高果糖淀粉糖浆含量)呈阴性。

4 试验方法

4.1 感官指标

4.1.1 色泽、气味、味道

按 SN/T 0852—2000 中 3.2 和 3.3 规定执行。

4.1.2 状态

试样放在透明容器中,目测观察透明度、结晶和杂质。轻微倾斜容器,然后用洁净的玻璃棒搅动试样,观察其流动性和黏稠度。用玻璃棒挑起试样,鼻嗅和口尝试样,鉴别发酵状况。

4.2 理化指标

4.2.1 水分

按 SN/T 0852—2000 中 3.4 规定执行。

4.2.2 葡萄糖和果糖、蔗糖

按 GB/T 18932.22 规定执行。

4.2.3 淀粉酶活性

按 GB/T 18932.16 规定执行。

4.2.4 羟甲基糠醛

按 GB/T 18932.18 规定执行。

4.3 安全指标

4.3.1 铅

按 GB/T 5009.12 或按 GB/T 18932.12 规定执行。

4.3.2 双甲脒

按农业部 781 号公告—8 规定执行。

4.3.3 氟胺氰菊酯

按农业部 781 号公告—9 规定执行。

4.3.4 四环素族

按 GB/T 18932.4 或按 GB/T 18932.23 规定执行。

4.3.5 氯霉素

按 GB/T 18932.19、GB/T 18932.20 或 GB/T 18932.21 规定执行。

4.3.6 磺胺

按 GB/T 18932.17 或 GB/T 18932.5 规定执行。

4.4 微生物指标

4.4.1 菌落总数

按 GB 4789.2 规定执行。

4.4.2 大肠菌群

按 GB 4789.3 规定执行。

4.4.3 霉菌总数

按 GB 4789.15 规定执行。

4.4.4 致病菌

按 GB 4789.4、GB 4789.5、GB 4789.10 或 GB 4789.11 规定执行。

5 检验规则

5.1 组批规则

5.1.1 原料品质、工艺条件、生产班次、品种、规格、包装相同的产品为一批。

5.1.2 原料品质、工艺条件、生产班次、品种、规格相同、班产量小于 2t 时,可把生产时间连续的 2 个班次产品合为一批。

5.2 出厂检验

产品出厂前,应由生产方最终检验部门按本标准 3.1、3.2、3.3、3.4 进行检验。检验合格后并附合格证方可出厂。

出厂检验项目也可根据产品接受方要求进行。进入流通领域应按有关规定和标准检验。

5.3 型式检验

在下列之一情况时应进行型式检验:

    a) 申请无公害农产品认证和进行无公害农产品年度抽查检验;

    b) 变更原料供应方时;

    c) 长期停产后,恢复生产时;

    d) 人员、设备、原料、工艺条件、环境等条件变化,可能影响产品质量时。

5.4 判定规则

5.4.1 感官指标中色泽、气味与滋味、状态不作为蜂蜜的合格或不合格项判定,可以合格或不合格项形式作为蜂蜜品质指标的参考。

5.4.2 理化指标、安全指标、微生物指标、真实性要求中有一个项目不合格,即判定该样品不合格。

6 标志、包装、贮存和运输

6.1 标志

按无公害农产品标志有关规定执行。

6.2 包装

包装材料应符合国家食品包装卫生安全标准要求。

6.3 贮存和运输

应符合 GB 18796 的要求。

ICS 67.120.10
X 22

中华人民共和国农业行业标准

NY 5147—2008
代替 NY 5147—2002

无公害食品　羊肉

2008-05-16 发布
2008-07-01 实施

1239

中华人民共和国农业部 发布

前　言

本标准代替 NY 5147—2002《无公害食品　羊肉》。

本标准与 NY 5147—2002 相比主要修改如下：

——增加了畜禽屠宰卫生检疫规范；

——增加了检验规则；

——增加了冻羊肉感观指标；

——增加了依维菌素的测定项目和检测方法；

——更新了土霉素、四环素、金霉素残留测定方法（高效液相色谱法）；

——更新了食品中铬的测定；

——更新了畜禽肉中十六种磺胺类药物残留量的测定　液相色谱—串联质谱法；

——更新了无公害食品　畜禽饲养兽药使用准则；

——更新了无公害食品　畜禽饲料使用规则；

——更新了无公害食品　畜禽饲养兽医防疫准则；

——更新了无公害食品　畜禽饲养兽医防疫准则；

——修改了微生物学指标；

——修改了食品中砷的含量；

——修改了食品中铅的含量；

——修改了感官检验的方法；

——删除了六六六、滴滴涕残留量的测定项目；

——删除了金霉素、四环素的检测项目。

本标准由中华人民共和国农业部市场与经济信息司提出并归口。

本标准起草单位：农业部农产品质量安全中心、中国农业大学动物科技学院。

本标准主要起草人：任丽萍、夏兆刚、廖超子、孟庆翔、丁保华、周振明、李洪根。

本标准于 2002 年 9 月首次发布，本次为第一次修订。

无公害食品　羊肉

1　范围

本标准规定了无公害食品羊肉的要求、试验方法、检验规则、标志、包装、运输和贮存等。

本标准适用于无公害食品羊肉质量安全评定。

2　规范性引用文件

下列文件中的条款通过本标准的引用而成为本标准的条款。凡是注日期的引用文件,其随后所有的修改单(不包括勘误的内容)或修订版不适合于本标准,然而,鼓励根据本标准达成协议的各方研究使用这些文件的最新版本。凡是不注日期的引用文件,其最新版本适用于本标准。

GB/T 4789.2　食品卫生微生物学检验　菌落总数测定

GB/T 4789.3　食品卫生微生物学检验　大肠菌群测定

GB/T 4789.4　食品卫生微生物学检验　沙门氏菌检验

GB/T 5009.11　食品中总砷及无机砷的测定

GB/T 5009.12　食品中铅的测定

GB/T 5009.15　食品中镉的测定

GB/T 5009.17　食品中总汞及有机汞的测定

GB/T 5009.44　肉与肉制品卫生标准的分析方法

GB/T 5009.116　畜禽肉中土霉素、四环素、金霉素残留量测定(高效液相色谱法)

GB/T 5009.123　食品中铬的测定

GB 6388　运输包装收发货标志

GB 7718　预包装食品标签通则

GB 9687　食品包装用聚乙烯成型品卫生标准的分析方法

GB 9961　鲜、冻胴体羊肉

GB 11680　食品包装用原纸卫生标准

GB 18394　畜禽肉水分限量

GB/T 20759　畜禽肉中十六种磺胺类药物残留量的测定(液相色谱-串联质谱法)

NY 467　畜禽屠宰卫生检疫规范

NY 5030　无公害食品　畜禽饲养兽药使用准则

NY 5032　无公害食品　畜禽饲料和饲料添加剂使用准则

NY/T 5151　无公害食品　肉羊饲养管理准则

NY/T 5339　无公害食品　畜禽饲养兽医防疫准则

NY/T 5334.6　无公害食品　产品抽样规范第 6 部分:畜禽产品

农业部 781 号公告—5—2006　动物源性食品中阿维菌素类药物残留量测定　高效液相色谱法

3　要求

3.1　原料

活羊应来自非疫区,其饲养规程符合 NY 5030、NY/T 5339 NY 5032、NY/T 5151 的要求,屠宰加工应符合 GB 9961.4 和 NY 467 规定。产品需要附产地动物卫生监督检疫合格证书与相关可溯源信息。

3.2 感官指标

感官指标应符合表1的规定。

表 1 感官指标

项 目	鲜羊肉	冻羊肉(解冻后)
色泽	肌肉有光泽,色鲜红或深红;脂肪呈乳白或淡黄色	肌肉色鲜红,有光泽;脂肪呈白色或微黄色
黏度	外表微干或有风干膜,不粘手	肌肉外表微干或有风干膜,外表湿润,不粘手
弹性(组织状态)	指压后的凹陷立即恢复	肌肉结构紧密,有坚实感,肌纤维韧性强
气味	具有鲜羊肉正常的气味	具有羊肉正常的气味
煮沸后肉汤	透明澄清,脂肪团聚于表面,具特有香味	澄清透明,脂肪团聚于表面,具有牛肉汤固有的香味和鲜味

3.3 安全指标

安全指标应符合表2的规定。

表 2 安全指标

项 目	指 标
挥发性盐基氮,mg/100 g	≤15.0
总汞(以 Hg 计),mg/kg	≤0.05
铅(以 Pb 计),mg/kg	≤0.20
无机砷(以 As 计),mg/kg	≤0.05
铬(以 Cr 计),mg/kg	≤1.00
镉(以 Cd 计),mg/kg	≤0.10
土霉素,mg/kg	≤0.10
磺胺类(以磺胺类总量计),mg/kg	≤0.10
依维菌素(脂肪中),mg/kg	≤0.04
注:其他兽药、农药及有害有毒物质限量应符合国家相关规定。	

3.4 微生物学指标

微生物学指标应符合表3的规定。

表 3 微生物指标

项 目	指 标	
	鲜羊肉	冻羊肉
菌落总数,cfu/g	≤1×10⁶	≤5×10⁵
大肠菌群,MPN/100 g	≤1×10⁴	≤1×10³
沙门氏菌	不得检出	

4 试验方法

4.1 感官指标

按 GB/T 9961.5.1 的规定执行。

4.2 理化指标

4.2.1 挥发性盐基氮

按 GB/T 5009.44 的规定执行。

4.2.2 总汞

按 GB/T 5009.17 的规定执行。

4.2.3 铅

按 GB/T 5009.12 的规定执行。

4.2.4 无机砷

按 GB/T 5009.11 的规定执行。

4.2.5 铬

按 GB/T 5009.123 的规定执行。

4.2.6 镉

按 GB/T 5009.15 的规定执行。

4.2.7 土霉素

按 GB/T 5009.116 的规定执行。

4.2.8 磺胺类

按 GB/T 20759 的规定执行。

4.2.9 依维菌素

按农业部 781 号公告—5—2006 的规定执行。

4.3 微生物学指标

4.3.1 菌落总数

按 GB/T 4789.2 的规定执行。

4.3.2 大肠菌落

按 GB/T 4789.3 的规定执行。

4.3.3 沙门氏菌

按 GB/T 4789.4 的规定执行。

5 检验规则

5.1 组批

以来源于同一地区、同一养殖场、同一时段屠宰的分割加工的羊肉为一组批。

5.2 抽样

按 NY/T 5344.6 的规定执行。

5.3 型式检验

在下列之一情况时应进行型式检验：

a) 申请无公害农产品认证和进行无公害农产品年度抽查检验；

b) 新建畜牧场首次投产运营时；

c) 活羊来源发生变化时；

d) 屠宰加工条件或工艺发生变化时；

e) 质量监督检验机构或有关主管部门提出进行例行检验的要求时。

5.4 判定规则

5.4.1 以本标准的试验方法和要求为判定方法和依据。

5.4.2 感官指标仅作为判定的参考，不作为产品合格或不合格的依据。

5.4.3 若检验结果符合本标准要求则为合格。检验结果如有一项安全指标或一项微生物学指标不符合本标准要求，即判为本批产品不合格。

5.4.4 若对检验结果有争议，可申请复检。复检时应对留存样进行复检，或在同批次产品中按本标准5.2规定重新加倍抽样，对不合格项复检，按复检结果判定本批产品是否合格。

6 标志、包装、贮存、运输

6.1 标志

按农业部无公害农产品标志有关规定执行。

6.2 包装

包装应符合 GB 6388、GB 7718、GB 9687 和 GB 11680 的规定。

6.3 贮存

产品不应与有毒、有害、有异味、易挥发、易腐蚀的物品同处贮存。冷鲜羊肉在−1℃～4℃，相对湿度80%～95%条件下贮存，冷冻羊肉在−18℃冷藏库内贮存。冷冻羊肉保质期不大于12个月。

6.4 运输

产品运输时，应使用符合食品卫生要求的冷藏车(船)或保温车，且不应与有毒、有害、有气味的物品混放。

ICS 67.120.30
B 51

中华人民共和国农业行业标准

NY 5154—2008
代替 NY 5154—2002

无公害食品　牡蛎

2008-05-16 发布

2008-07-01 实施

1245

中华人民共和国农业部 发布

前　言

本标准代替 NY 5154—2002《无公害食品　近江牡蛎》。

本标准与 NY 5154—2002《无公害食品　近江牡蛎》相比,主要修改如下:

——修改了标准名称,标准名称改为《无公害食品　牡蛎》;

——扩大了标准的适用范围,适用范围扩大为近江牡蛎、褶牡蛎、太平洋牡蛎及其他牡蛎类;

——增加了甲基汞、多氯联苯限量指标;

——修订了无机砷、镉、麻痹性贝类毒素限量指标;

——删除了汞、铜、铬限量指标;

——增加了有关农药、兽药残留量应符合国家有关规定的要求;

——对感官要求及部分章、条内容做了修改与补充。

本标准由中华人民共和国农业部市场与经济信息司提出并归口。

本标准起草单位:农业部农产品质量安全中心、广东海洋大学。

本标准主要起草人:黄和、丁保华、廖超子、夏杏州、陈思。

本标准于 2002 年首次发布,本次为第一次修订。

无公害食品 牡蛎

1 范围

本标准规定了无公害食品牡蛎的要求、试验方法、检验规则、标志、包装、运输和贮存。

本标准适用于近江牡蛎（*Crassostrea rivularis*）、褶牡蛎（*Ostrea plicatula*）、太平洋牡蛎（*Crassostrea gigas*）的活体和贝肉。其他牡蛎的活体和贝肉可参照执行。

2 规范性引用文件

下列文件中的条款通过本标准的引用而成为本标准的条款。凡是注日期的引用文件，其随后所有的修改单（不包括勘误的内容）或修订版均不适用于本标准，然而，鼓励根据本标准达成协议的各方研究是否可使用这些文件的最新版本。凡是不注日期的引用文件，其最新版本适用于本标准。

GB/T 4789.4 食品卫生微生物学检验 沙门氏菌检验

GB/T 4789.6 食品卫生微生物学检验 致泻大肠埃希氏菌检验

GB/T 5009.11 食品中总砷及无机砷的测定

GB/T 5009.12 食品中铅的测定

GB/T 5009.15 食品中镉的测定

GB/T 5009.17 食品中总汞及有机汞的测定

GB/T 5009.190 食品中指示性多氯联苯含量的测定

GB 17378.6 海洋监测规范 第6部分：生物体分析

NY 5052 无公害食品 海水养殖用水水质

SC/T 3016—2004 水产品抽样方法

SC/T 3023 麻痹性贝类毒素的测定 生物法

SC/T 3024 腹泻性贝类毒素的测定 生物法

3 要求

3.1 感官

感官指标见表1。

表 1 感官指标

项 目	要 求	适用产品类型
外观	表面干净无泥污，外壳完整，允许边缘有少量破损	活体
活力	离水时双壳闭合有力	活体
气味	具有牡蛎正常气味，无异味	活体、贝肉
组织形态	外套膜呈乳白色或灰白色，有光泽	活体、贝肉
杂质	无外来杂质	活体、贝肉

3.2 安全指标

安全指标见表2。

表 2 安全指标

项　目	指　标
甲基汞，mg/kg	≤0.5
无机砷，mg/kg	≤0.5
铅，mg/kg	≤1.0
镉，mg/kg	≤4.0
多氯联苯，mg/kg （以 PCB28、PCB52、PCB101、PCB118、PCB138、PCB153 和 PCB180 总和计） 　PCB138，mg/kg 　PCB153，mg/kg	≤2.0 ≤0.5 ≤0.5
石油烃，mg/kg	≤15
麻痹性贝类毒素(PSP)，MU/100 g	≤400
腹泻性贝类毒素(DSP)，MU/g	不得检出
沙门氏菌	不得检出
致泻大肠埃希氏菌	不得检出
注：其他农药、兽药残留量应符合国家有关规定。	

4 试验方法

4.1 感官指标

在光线充足、无异味的环境中，将样品置于白色搪瓷盘或不锈钢工作台上，用肉眼观察外观、活力、组织形态和杂质，并嗅其是否有异味。

4.2 安全指标

4.2.1 甲基汞的测定

按 GB/T 5009.17 的规定执行。

4.2.2 无机砷的测定

按 GB/T 5009.11 的规定执行。

4.2.3 铅的测定

按 GB/T 5009.12 的规定执行。

4.2.4 镉的测定

按 GB/T 5009.15 的规定执行。

4.2.5 多氯联苯的测定

按 GB/T 5009.190 的规定执行。

4.2.6 石油烃的测定

按 GB 17378.6 的规定执行。

4.2.7 麻痹性贝类毒素的测定

按 SC/T 3023 的规定执行。

4.2.8 腹泻性贝类毒素的测定

按 SC/T 3024 的规定执行。

4.2.9 沙门氏菌检验

按 GB/T 4789.4 的规定执行。

4.2.10 致泻大肠埃希氏菌检验

按 GB/T 4789.6 的规定执行。

5 检验规则

5.1 组批规则

以同一海域环境条件相同、同时收获的产品为一个检验批。

5.2 抽样方法

按 SC/T 3016 的规定执行。

5.3 试样制备

用于安全指标检验的样品:将样品清洗后开壳剥离,收集全部的软组织和体液匀浆;试样量为 400 g,分为两份,其中一份用于检验,另一份作为留样。

5.4 检验分类

产品检验分为出厂检验和型式检验。

5.4.1 出厂检验

每批产品应进行出厂检验。出厂检验由生产者执行,检验项目为感官检验。

5.4.2 型式检验

有下列情况之一时,应进行型式检验,检验项目为本标准中规定的全部项目。

a) 申请使用无公害农产品标志时;

b) 新建牡蛎养殖厂(场);

c) 养殖条件或海域环境发生变化,可能影响产品质量时;

d) 有关行政主管部门提出进行型式检验要求时;

e) 出厂(场)检验与上次型式检验有较大差异时;

f) 正常生产时,每个生产周期至少进行一次检验。

5.5 判定规则

5.5.1 感官检验结果的判定,按 SC/T 3016—2004 中表1的规定执行。

5.5.2 安全指标的检验结果中有一项及一项以上指标不合格,则判本批产品不合格,不得复检。

6 标志、包装、运输和贮存

6.1 标志

应按无公害农产品标志有关规定执行。

6.2 包装

所用包装容器应符合食品卫生要求。活体的包装容器要求牢固、通气;贝肉的包装容器要求防水、保温,温度应保持在 0℃~4℃。

6.3 运输

运输工具应清洁卫生、无污染,运输中应避免日晒、雨淋,不应与有毒有害物质混运。贝肉用冷藏或保温车船运输,保持贝肉温度在 0℃~4℃。

6.4 贮存

活体应在阴凉、通风、卫生的环境下,置于清洁的容器中贮存,暂养及净化时,所用海水应符合 NY 5052的要求。贝肉应置于清洁的容器中贮存,并保持贝肉温度在 0℃~4℃。

———————

ICS 67.120.30
B 51

中华人民共和国农业行业标准

NY 5162—2008
代替 NY 5162—2002、NY 5276—2004

无公害食品　海水蟹

2008-05-16 发布 　　　　　　　　　　　　　　　2008-07-01 实施

中华人民共和国农业部 发布

前　言

本标准代替 NY 5162—2002《无公害食品　三疣梭子蟹》、NY 5276—2004《无公害食品　锯缘青蟹》。

本次修订的主要内容为：

——标准的适用范围扩大为海水蟹；

——增加了甲基汞、多氯联苯限量指标；

——删除了汞限量；

——调整了无机砷、铅、镉限量指标；

——增加了有关农药、兽残留量应符合国家有关规定的要求；

——检测方法也作了相应调整。

本标准由中华人民共和国农业部市场与经济信息司提出并归口。

本标准起草单位：农业部农产品质量安全中心、国家水产品质量监督检验中心。

本标准主要起草人：王联珠、丁保华、廖超子、刘天红、翟毓秀、陈思。

本标准于 2002 年首次发布，本次为第一次修订。

无公害食品 海水蟹

1 范围

本标准规定了无公害食品海水蟹的要求、试验方法、检验规则、标志、包装、运输与贮存。

本标准适用于三疣梭子蟹（*Portunus trituberculatus*）、锯缘青蟹（*Scylla serrate*）的活品和鲜品，其他海水蟹可参照执行本标准。

2 规范性引用文件

下列文件中的条款通过本标准的引用而成为本标准的条款。凡是注日期的引用文件，其随后所有的修改单（不包括勘误的内容）或修订版均不适用于本标准，然而，鼓励根据本标准达成协议的各方研究是否可使用这些文件的最新版本。凡是不注日期的引用文件，其最新版本适用于本标准。

GB/T 5009.11 食品中总砷及无机砷的测定

GB/T 5009.12 食品中铅的测定

GB/T 5009.15 食品中镉的测定

GB/T 5009.17 食品中总汞及有机汞的测定

GB/T 5009.190 食品中指示性多氯联苯含量的测定

农业部 958 号公告—12—2007 水产品中磺胺类药物的测定 液相色谱法

NY 5052 无公害食品 海水养殖用水水质

SC/T 3015 水产品中土霉素、四环素、金霉素残留量的测定

SC/T 3016—2004 水产品抽样方法

3 要求

3.1 感官

感官指标见表1。

表 1 感官指标

项 目	要 求
外 观	体表色泽正常，有光泽，脐上部无胃印
滋气味	具有活蟹固有气味，无异味
鳃	鳃丝清晰，呈灰白色或微褐色，无异味
活 力	反应灵敏，行动敏捷、有力，步足与躯体连接紧密（仅限于活品）
水煮试验	具海水蟹固有的鲜美滋味，无异味，肌肉组织紧密有弹性

3.2 安全指标

安全指标见表2。

表 2 安全指标

项 目	指 标
无机砷（以 As 计），mg/kg	≤0.5
甲基汞（以 Hg 计），mg/kg	≤0.5
铅（以 Pb 计），mg/kg	≤0.5

表 2（续）

项 目	指 标
镉（以 Cd 计）,mg/kg	≤3.0
多氯联苯（PCBS）（以 PCB28、PCB52、PCB101、PCB118、PCB138、PCB153、PCB180 总和计）,mg/kg 　其中： 　PCB138,mg/kg 　PCB153,mg/kg	≤2.0 ≤0.5 ≤0.5
土霉素,mg/kg	≤0.1（养殖蟹）
磺胺类（总量）,mg/kg	≤0.1（养殖蟹）
注：其他农药、兽药残留量应符合国家有关规定。	

4 试验方法

4.1 感官指标

4.1.1 在光线充足,无异味的环境中,将试样置于白色搪瓷盘或不锈钢工作台上进行外观、滋气味、鳃、活力等感官检验。

4.1.2 水煮试验:在容器中加入 500 mL 饮用水,将水烧开后,用清水洗净 2 只～3 只整蟹,放于容器中,加盖,蒸 8 min～10 min 后,打开盖,闻气味,品尝肉质。

4.2 安全指标

4.3 无机砷的测定

按 GB/T 5009.11 的规定进行。

4.4 甲基汞的测定

按 GB/T 5009.17 的规定进行。

4.5 铅的测定

按 GB/T 5009.12 的规定进行。

4.6 镉的测定

按 GB/T 5009.15 的规定执行。

4.7 多氯联苯的测定

按 GB/T 5009.190 的规定进行。

4.8 土霉素的测定

按 SC/T 3015 的规定进行。

4.9 磺胺类的测定

磺胺类按农业部 958 号公告—12—2007 的规定执行。

5 检验规则

5.1 组批规则与抽样方法

5.1.1 组批规则

养殖海水蟹以同一养殖场、同时收获的、养殖条件相同的为一个检验批次;海捕海水蟹以同时捕获、置于同船舱的蟹为一检验批。

5.1.2 抽样方法

按 SC/T 3016 的规定执行。

至少取 3 只蟹清洗后,取可食部分(肉及性腺),绞碎混合均匀后备用;试样量为 200g,分为两份,其中一份用于检验,另一份作为留样。

5.2 检验分类

产品检验分为出厂检验和型式检验。

5.2.1 出厂检验

每批产品必须进行出厂检验。出厂检验由生产者执行,检验项目为感官。

5.2.2 型式检验

有下列情况之一时,应进行型式检验,检验项目为本标准中规定的全部项目。

a) 申请使用无公害农产品标志时;

b) 新建养殖场的产品;

c) 养殖条件发生变化,如水质、饲料等发生变化,可能影响产品质量时;

d) 捕捞海区变化,可能影响产品质量时;

e) 有关行政主管部门提出进行型式检验要求时;

f) 出厂检验与上次型式检验有较大差异时;

g) 正常生产时,每个生产周期至少一次的周期性检验。

5.3 判定规则

5.3.1 感官检验结果判定按 SC/T 3016—2004 表 1 的规定执行。

5.3.2 安全指标的检验结果中有一项及一项以上指标不合格,则判本批产品不合格,不得复验。

6 标志、包装、运输、贮存

6.1 标志

按无公害农产品标志有关规定执行。

6.2 包装

6.2.1 包装材料

所用包装材料应坚固、洁净、无毒、卫生、无异味,符合相关卫生标准规定。

6.2.2 包装要求

活蟹:蟹足扎紧,将活蟹腹部向下,整齐排列于容器中;鲜蟹:将蟹的腹部向下,整齐排列于容器中。

6.3 运输

6.3.1 海水蟹应在低温清洁的环境中运输。

6.3.2 运输工具应清洁卫生,无异味,运输中防止日晒、虫害、有害物质的污染、不得靠近或接触有腐蚀性物质。

6.4 贮存

活蟹应暂养、贮存于洁净环境中,暂养用水的水质应符合 NY 5052 要求;鲜蟹应在 0℃～4℃ 的温度中贮存。暂养或低温贮存过程中,防止有害物质的污染及其他损害。

—————————

ICS 67.120.30
B 52

中华人民共和国农业行业标准

NY 5164—2008
代替 NY 5164—2002

无公害食品 乌鳢

2008-05-16 发布

2008-07-01 实施

中华人民共和国农业部 发布

前　言

本标准代替 NY 5164—2002《无公害食品　乌鳢》。

本标准与 NY 5164—2002《无公害食品　乌鳢》相比,主要修改如下:

——增加了甲基汞、无机砷等的限量指标;

——删除了砷、汞、氯霉素、呋喃唑酮、喹乙醇、沙门氏菌、致泻大肠埃氏菌、绦虫蚴等指标;

——增加了有关农药、兽药残留量应符合国家有关规定的要求;

——对感官要求及部分章、条内容做了修改与补充。

本标准由中华人民共和国农业部市场与经济信息司提出并归口。

本标准起草单位:农业部农产品质量安全中心、中国水产科学研究院长江水产研究所。

本标准主要起草人:邹世平、丁保华、廖超子、周瑞琼、方耀林。

本标准于 2002 年首次发布,本次为第一次修订。

无公害食品 乌鳢

1 范围

本标准规定了无公害食品乌鳢的要求、试验方法、检验规则、标志、包装、运输及贮存。

本标准适用于乌鳢(*Chana argus*)活体。

2 规范性引用文件

下列文件中的条款通过本标准的引用而成为本标准的条款。凡是注日期的引用文件,其随后所有的修改单(不包括勘误的内容)或修订版均不适用于本标准,然而,鼓励根据本标准达成协议的各方研究是否可使用这些文件的最新版本。凡是不注日期的引用文件,其最新版本适用于本标准。

GB/T 5009.11 食品中总砷及无机砷的测定

GB/T 5009.12 食品中铅的测定

GB/T 5009.15 食品中镉的测定

GB/T 5009.17 食品中总汞及有机汞的测定

NY 5051 无公害食品 淡水养殖用水水质

SC/T 3015 水产品中土霉素、四环素、金霉素残留量的测定

SC/T 3016—2004 水产品抽样方法

3 要求

3.1 感官

感官指标见表1。

表 1 感官指标

项 目	要 求
形态	体态匀称,无伤痕,无畸形 具固有的体色和光泽;鳞片完整紧密,不易脱落,无其他赘出物
鳃	色鲜红或紫红,鳃丝清晰,无黏液或有少量透明黏液
气味	无异味
肛门	紧缩不外凸,不红肿(繁殖期除外)

3.2 安全指标

安全指标见表2。

表 2 安全指标

项 目	指 标
无机砷(以 As 计),mg/kg	≤0.1
铅(以 Pb 计),mg/kg	≤0.5
镉(以 Cd 计),mg/kg	≤0.1
甲基汞(以 Hg 计),mg/kg	≤0.5
土霉素,mg/kg	≤0.1
注:其他农药、兽药残留量应符合国家有关规定。	

4 试验方法

4.1 感官指标

在光线充足、无异味的环境中,将样品置于白色搪瓷盘或不锈钢工作台上检查形态、鳃、气味、组织。

4.2 无机砷

按 GB/T 5009.11 方法执行。

4.3 铅

按 GB/T 5009.12 方法执行。

4.4 镉

按 GB/T 5009.15 方法执行。

4.5 甲基汞

按 GB/T 5009.17 方法执行。

4.6 土霉素

按 SC/T 3015 方法执行。

5 检验规则

5.1 组批规则与抽样方法

5.1.1 组批规则

同一养殖场中、同时收获的、养殖条件相同的乌鳢为一个检验批次。

5.1.2 抽样方法

按 SC/T 3016 的规定执行。

5.1.3 试样制备

用于安全指标检验的样品:至少取 3 尾鱼清洗后,去头、骨、内脏,取背部肌肉绞碎混合均匀后备用;试样量为 400 g,分为两份,其中一份用于检验,另一份作为备样。

5.2 检验分类

产品检验分为出厂检验和型式检验。

5.2.1 出厂检验

每批产品应进行出厂检验。出厂检验由生产者执行,检验项目为感官指标。

5.2.2 型式检验

有下列情况之一时,应进行型式检验,检验项目为本标准中规定的全部项目。

 a) 申请使用无公害农产品标志时;

 b) 新建养殖场养殖的乌鳢;

 c) 养殖条件发生变化,可能影响产品质量时;

 d) 有关行政主管部门提出进行型式检验要求时;

 e) 出厂检验与上次型式检验有较大差异时;

 f) 正常生产时,每个生产周期至少进行一次检验。

5.3 判定规则

5.3.1 感官检验结果判定按 SC/T 3016—2004 表 1 的规定执行。

5.3.2 安全指标的检验结果中有一项及一项以上指标不合格,则判本批产品不合格,不得复验。

6 标志、运输、贮存

6.1 标志

应按无公害农产品标志有关规定执行。

6.2 运输

运输包装容器应坚固、洁净、无毒、无异味。运输工具应洁净、无毒、无异味,严防运输污染。

6.3 贮存

活体可在洁净、无异味的水泥池、水族箱等容器中暂养与贮存,暂养用水应符合 NY 5051 的规定。

————————————————

ICS 65.120.30
B 52

中华人民共和国农业行业标准

NY 5166—2008
代替 NY 5166—2002

无公害食品　鳜

2008-05-16 发布

2008-07-01 实施

1263

中华人民共和国农业部 发布

前　言

本标准代替 NY 5166—2002《无公害食品　鳜》。

本标准与 NY 5166—2002《无公害食品　鳜》相比，主要修改如下：

——增加了甲基汞、无机砷、氟甲砜霉素等限量指标；

——删除了砷、汞、氯霉素、呋喃唑酮等指标；

——增加了有关农药、兽药残留量应符合国家有关规定的要求；

——对感官要求及部分章、条内容做了修改与补充。

本标准由中华人民共和国农业部市场与经济信息司提出并归口。

本标准起草单位：农业部农产品质量安全中心、中国水产科学研究院长江水产研究所。

本标准主要起草人：邹世平、廖超子、丁保华、方耀林、周瑞琼。

本标准于 2002 年首次发布，本次为第一次修订。

无公害食品 鳜

1 范围

本标准规定了无公害食品鳜的要求、试验方法、检验规则、标志、包装、运输及贮存。

本标准适用于鳜(*Siniperca chuatsi* Basilewsky)的活鱼、鲜鱼。

2 规范性引用文件

下列文件中的条款通过本标准的引用而成为本标准的条款。凡是注日期的引用文件,其随后所有的修改单(不包括勘误的内容)或修订版均不适用于本标准,然而,鼓励根据本标准达成协议的各方研究是否可使用这些文件的最新版本。凡是不注日期的引用文件,其最新版本适用于本标准。

GB/T 5009.11 食品中总砷及无机砷的测定

GB/T 5009.12 食品中铅的测定

GB/T 5009.15 食品中镉的测定

GB/T 5009.17 食品中总汞及有机汞的测定

NY 5051 无公害食品 淡水养殖用水水质

SC/T 3015 水产品中土霉素、四环素、金霉素残留量的测定

SC/T 3016—2004 水产品抽样方法

农业部 958 号公告—12—2007 水产品中磺胺类残留量的测定 液相色谱法

农业部 958 号公告—13—2007 水产品中氯霉素、甲砜霉素、氟甲砜霉素残留量的测定 气相色谱法

3 要求

3.1 感官

3.1.1 活鱼

鱼体健康,游动活泼,无病态;鱼体呈鳜固有形状、体色,具光泽;体态匀称,无畸形;鳞片紧密。

3.1.2 鲜鱼

鲜鱼感官指标见表1。

表 1 感官指标

项 目	要 求
外观	体态匀称,无畸形;鳞片完整紧密,不易脱落;鱼体具固有的体色和光泽
鳃	鳃丝清晰,色鲜红或紫红,无黏液或有少量透明黏液,无异味
眼球	眼球饱满,角膜透明
气味	具有鳜固有气味,无异味
组织	肌肉有弹性

3.2 安全指标

安全指标见表2。

表 2 安全指标

项 目	指 标
甲基汞(以 Hg 计),mg/kg	≤0.5
无机砷(以 As 计),mg/kg	≤0.1
铅(以 Pb 计),mg/kg	≤0.5
镉(以 Cd 计),mg/kg	≤0.1
土霉素,mg/kg	≤0.1
磺胺类(以总量计),mg/kg	≤0.1
氟甲砜霉素,mg/kg	≤1.0
注:其他农药、兽药残留量应符合国家有关规定。	

4 试验方法

4.1 感官指标

4.1.1 在光线充足、无异味的环境中,将样品置于白色搪瓷盘或不锈钢工作台上,检查外观、鳃、气味、组织。当气味、组织不能判定产品质量时,进行水煮试验。

4.1.2 水煮试验:在容器中加入 500 mL 饮用水,将水煮沸后,取约 100 g 用清水洗净的鱼,切块(不大于 3 cm×3 cm),放于容器中,加盖,煮 5 min 后,打开容器盖,闻气味,品尝肉质。

4.2 安全指标

4.2.1 无机砷

按 GB/T 5009.11 方法执行。

4.2.2 铅

按 GB/T 5009.12 方法执行。

4.2.3 镉

按 GB/T 5009.15 方法执行。

4.2.4 甲基汞

按 GB/T 5009.17 方法执行。

4.2.5 土霉素

按 SC/T 3015 方法执行。

4.2.6 磺胺类

按农业部 958 号公告—12—2007 中规定的方法执行。

4.2.7 氟甲砜霉素

按农业部 958 号公告—13—2007 中规定的方法执行。

5 检验规则

5.1 组批规则与抽样方法

5.1.1 组批规则

活鱼以同一鱼池、同一网箱或同一养殖场中养殖条件相同的产品为一检验批;鲜鱼以来源及大小相同的产品为一个检验批。

5.1.2 抽样方法

按 SC/T 3016 的规定执行。

5.1.3 试样制备

至少取 3 尾鱼清洗后,去头、骨、内脏,取背部肌肉绞碎混合均匀后备用;试样量为 400 g,分为两份,其中一份用于检验,另一份作为备样。

5.2 检验分类

产品检验分为出厂检验和型式检验。

5.2.1 出厂检验

每批产品应进行出厂检验。出厂检验由生产者执行,检验项目为感官指标。

5.2.2 型式检验

有下列情况之一时,应进行型式检验,检验项目为本标准中规定的全部项目。

a) 申请使用无公害农产品标志时;

b) 新建养殖场养殖的鳜;

c) 养殖环境发生变化,可能影响产品质量时;

d) 有关行政主管部门提出进行型式检验要求时;

e) 出厂检验与上次型式检验有较大差异时;

f) 正常生产时,每个生产周期至少进行一次检验。

5.3 判定规则

5.3.1 感官检验结果判定,按 SC/T 3016—2004 表 1 的规定执行。

5.3.2 安全指标的检验结果中有一项及一项以上指标不合格,则判本批产品不合格,不得复检。

6 标志、包装、运输、贮存

6.1 标志

应按无公害农产品标志有关规定执行。

6.2 包装

6.2.1 包装材料

所用包装材料应牢固、洁净、无毒、无异味,符合卫生要求。

6.2.2 包装要求

6.2.2.1 活鱼暂养的水质应符合 NY 5051 的规定,保证所需氧气充足。

6.2.2.2 鲜鱼应装于洁净的保温鱼箱中,装箱(桶)应腹部向上,层鱼层冰,并加封顶冰,使鱼体不外露,确保鱼的鲜度及鱼体的完好。

6.3 运输

6.3.1 活鱼运输中应保持所需氧气充足,水质应符合 NY 5051 的规定。

6.3.2 鲜鱼运输应采取保温保鲜措施,应维持鱼体温度在 0℃～4℃。

6.3.3 运输工具洁净、无毒、无异味,运输中应避免日晒、雨淋,严防运输污染。

6.4 贮存

6.4.1 活鱼暂养用水水质,应符合 NY 5051 的规定。

6.4.2 鲜鱼应采取措施保持鱼体的温度 0℃～4℃之间,贮存过程中应避免鱼体挤压与碰撞。

6.4.3 贮存环境应洁净、无毒、无异味、无污染,符合卫生要求。

ICS 65.120.30
B 51

中华人民共和国农业行业标准

NY 5272—2008
代替 NY 5272—2004

无公害食品 鲈

2008-05-16 发布

2008-07-01 实施

中华人民共和国农业部 发布

前　　言

本标准代替 NY 5272—2004《无公害食品　鲈鱼》。

本标准与 NY 5272—2004《无公害食品　鲈鱼》相比，主要修改如下：

——修改了标准名称，标准名称改为《无公害食品　鲈》；

——扩大了标准的适用范围，适用范围扩大为花鲈、尖吻鲈；

——增加了甲基汞、磺胺类、氟甲砜霉素限量指标；

——修订了无机砷限量指标；

——删除了汞、氯霉素、呋喃唑酮限量指标；

——增加了有关农药、兽药残留量应符合国家有关规定的要求；

——对感官要求及部分章、条内容做了修改与补充。

本标准由中华人民共和国农业部市场与经济信息司提出并归口。

本标准起草单位：农业部农产品质量安全中心、广东海洋大学。

本标准主要起草人：黄和、丁保华、廖超子、夏杏州、陈思。

本标准于 2004 年首次发布，本次为第一次修订。

无公害食品 鲈

1 范围

本标准规定了无公害食品鲈的要求、试验方法、检验规则、标志、包装、运输和贮存。

本标准适用于花鲈（*Lateolabrax japonicus*）、尖吻鲈（*Lates calcarifer*）等的活鱼和鲜鱼。

2 规范性引用文件

下列文件中的条款通过本标准的引用而成为本标准的条款。凡是注日期的引用文件,其随后所有的修改单(不包括勘误的内容)或修订版均不适用于本标准,然而,鼓励根据本标准达成协议的各方研究是否可使用这些文件的最新版本。凡是不注日期的引用文件,其最新版本适用于本标准。

GB/T 5009.11 食品中总砷及无机砷的测定

GB/T 5009.12 食品中铅的测定

GB/T 5009.15 食品中镉的测定

GB/T 5009.17 食品中总汞及有机汞的测定

NY 5051 无公害食品 淡水养殖用水水质

NY 5052 无公害食品 海水养殖用水水质

SC/T 3015 水产品中土霉素、四环素、金霉素残留量的测定

SC/T 3016—2004 水产品抽样方法

农业部958号公告—12—2007 水产品中磺胺类残留量的测定 液相色谱法

农业部958号公告—13—2007 水产品中氯霉素、甲砜霉素、氟甲砜霉素残留量的测定 气相色谱法

3 要求

3.1 感官

3.1.1 活鱼

3.1.1.1 鱼体健康,游动正常,无病态。

3.1.1.2 鱼体具有鲈正常的体色和光泽;体态匀称,无畸形;鳞被完整、鳞片紧密。

3.1.1.3 具有鲈固有的气味,无异味。

3.1.2 鲜鱼

鲜鱼感官指标见表1。

表 1 感官指标

项目	要　　求
外观	体态匀称、无畸形;鳞被完整、鳞片排列紧密;体色正常、有光泽;眼球饱满,角膜清晰;无疾病症状
鳃	鳃丝完整、排列整齐,呈鲜红色,黏液透明
气味	具有鲈固有的气味,无异味
组织	肌肉坚实,富有弹性

3.2 安全指标

安全指标见表2。

表 2 安全指标

项 目	指 标
甲基汞,mg/kg	≤0.5
无机砷,mg/kg	≤0.1
铅,mg/kg	≤0.5
镉,mg/kg	≤0.1
土霉素,μg/kg	≤100(养殖产品)
磺胺类(以总量计),μg/kg	≤100(养殖产品)
氟甲砜霉素,μg/kg	≤1 000(养殖产品)
注:其他农药、兽药残留量应符合国家有关规定。	

4 试验方法

4.1 感官指标

4.1.1 在光线充足、无异味的环境中,将样品置于白色搪瓷盘或不锈钢工作台上检查外观、鳃、气味、组织。当气味、组织不能判定产品质量时,进行水煮试验。

4.1.2 水煮试验:在容器中加入 500 mL 饮用水,将水煮沸后,取约 100 g 用清水洗净的鱼,切块(不大于 3 cm×3 cm),放于容器中,加盖,煮 5 min 后,打开容器盖,闻气味,品尝肉质。

4.2 安全指标

4.2.1 甲基汞的测定

按 GB/T 5009.17 的规定执行。

4.2.2 无机砷的测定

按 GB/T 5009.11 的规定执行。

4.2.3 铅的测定

按 GB/T 5009.12 的规定执行。

4.2.4 镉的测定

按 GB/T 5009.15 的规定执行。

4.2.5 土霉素的测定

按 SC/T 3015 的规定执行。

4.2.6 磺胺类的测定

按农业部 958 号公告—12—2007 的规定执行。

4.2.7 氟甲砜霉素的测定

按农业部 958 号公告—13—2007 的规定执行。

5 检验规则

5.1 组批规则

捕捞产品:以同一捕捞船、同一航次的产品为一检验批。

养殖产品:以同一鱼池、同一网箱或同一养殖场中养殖条件相同的产品为一检验批。

5.2 抽样方法

按 SC/T 3016 的规定执行。

5.3 试样制备

用于安全指标检验的样品:至少取 3 尾鱼清洗后,取背部肌肉等可食部分绞碎混合均匀后备用。试样量为 400 g,分为两份,其中一份用于检验,另一份作为备样。

5.4 检验分类

产品检验分为出厂检验和型式检验。

5.4.1 出厂检验

每批产品应进行出厂检验。出厂检验由生产者执行,检验项目为感官检验。

5.4.2 型式检验

有下列情况之一时,应进行型式检验,检验项目为本标准中规定的全部项目。

a) 申请使用无公害农产品标志时;

b) 新建养殖场养殖的鲈;

c) 养殖环境发生变化,可能影响产品质量时;

d) 有关行政主管部门提出进行型式检验要求时;

e) 出厂检验与上次型式检验有较大差异时;

f) 正常生产时,每个生产周期至少进行一次检验。

5.5 判定规则

5.5.1 感官检验结果判定按 SC/T 3016—2004 表 1 的规定执行。

5.5.2 安全指标的检验结果中有一项及一项以上指标不合格,则判本批产品不合格,不得复检。

6 标志、包装、运输和贮存

6.1 标志

应按无公害农产品标志有关规定执行。

6.2 包装

6.2.1 包装材料

所用包装材料应坚固、洁净、无毒、无异味,符合相应的卫生标准和有关规定。

6.2.2 包装要求

6.2.2.1 活鱼包装中应保证所需氧气充足。

6.2.2.2 鲜鱼应装于洁净的保温鱼箱中,确保鱼的鲜度及鱼体的完好。

6.3 运输

6.3.1 活鱼运输中应保证所需氧气充足,水质应符合 NY 5052 或 NY 5051 的规定。

6.3.2 鲜鱼用冷藏或保温车船运输,鱼体温度宜保持在 0℃～4℃。

6.3.3 运输工具应清洁卫生、无污染,运输中应避免日晒、雨淋,不应与有毒有害物质混运。

6.4 贮存

6.4.1 活鱼暂养的水质应符合 NY 5052 或 NY 5051 的要求,所需氧气充足,温度适宜,必要时采取降温措施。

6.4.2 鲜鱼贮存时宜保持鱼体温度在 0℃～4℃,贮存环境应清洁、无毒、无异味,符合卫生要求。

————————